GIESSENER GEOGRAPHISCHE SCHRIFTEN

herausgegeben von den Hochschullehrern des Geographischen Institutes
der Justus-Liebig-Universität Giessen

Heft 79

Jochen Karl

LANDSCHAFTSBEWERTUNG IN DER PLANUNG

Verfahren zur flächenbezogenen Analyse und Bewertung des Naturhaushalts und zur Prognose der Wirkungen von Eingriffsplanungen und Kompensationsmaßnahmen am Beispiel der kommunalen Bauleitplanung in Hessen

2001

Selbstverlag des Geographischen Institutes
der Justus-Liebig-Universität

Schriftleitung:	G. Kasperek
	P. Pohle
Textverarbeitung:	J. Karl
Reproduktion:	G. Thiele
Druck:	R. Stolper

ISSN 0435-978X
ISBN 3-928209-12-4

Geographisches Institut
Senckenbergstraße 1
D-35390 Giessen
Germany

VORWORT

Naturschutz war für mich lange Zeit gleichbedeutend mit dem Schutz unserer Tierwelt. Erst durch mein Studium, vor allem die zweijährige Geländetätigkeit im Rahmen meiner Diplomarbeit, erwachte in mir das Interesse an der Vegetations- und Bodenkunde und auf dem Umweg über die Kunstgeschichte schließlich auch das Bewußtsein um die kulturhistorischen Dimension des Landschaftsschutzes. Zu erkennen, daß auch die scheinbar ungeordnete Natur Gesetzmäßigkeiten unterliegt, diese zu analysieren sind und eine zumindest teilweise Systematisierung erlauben, drängte mich später angesichts der tagtäglichen beruflichen Auseinandersetzung mit Fragen der Bewertung und Bilanzierung von Eingriffen fast zwangsläufig zu dem Unterfangen, im Rahmen einer Dissertation die Möglichkeiten modellhafter Landschaftsbewertungen zu untersuchen und bestehende fachliche Erkenntnisse zusammenzuführen.

Die Bedeutung des Naturschutzes in ihrer ganzen Tragweite zu erkennen, setzt aber nicht nur Wissen um die einzelnen Funktionen des Naturhaushaltes voraus, sondern auch ein umfassendes Verständnis für Natur und Landschaft in ihrer Gesamtheit. Die jahrhundertelange Nutzung unserer Umwelt durch den Menschen hat nicht nur eine Vielzahl spezialisierter Pflanzengesellschaften hervorgebracht und zahllosen Tierarten neuen Lebensraum erschlossen, sie stellt letztlich auch das Bindeglied dar zwischen den abiotischen, die Landnutzung bestimmenden Standorteigenschaften und der sie widerspiegelnden Pflanzen- und Tierwelt. Kulturlandschaft ist folglich mehr als nur der ästhetische Ausdruck einer mit Habitaten angereicherten Umwelt. Sie besitzt einen eigenen ökologischen und kulturhistorischen Rang, der sich nicht in ihrem Erlebniswert oder ihrem Biotopangebot erschöpft, sondern seine Entsprechung findet in oft verborgenen Zeugnissen längst vergangenen menschlichen Wirkens, im Gesang der Vögel und im Duft der Wiesen. Landschaft zu bewerten, bedeutet deshalb - weitab der Möglichkeiten schematisierender Bewertungsansätze - stets auch, Natur und Landschaft emotional zu erfassen und wirken zu lassen. Jedweder Bewertungsansatz kann hier immer nur eine ergänzende, untergeordnete Rolle spielen gegenüber der Einsicht um die ethische Verpflichtung des Menschen zum Erhalt seiner Umwelt.

Mein besonderer Dank gilt an dieser Stelle Herrn Prof. Dr. V. Seifert, der mir die Durchführung der vorliegende Arbeit am Geographischen Institut ermöglichte und ihren Fortgang mit viel Verständnis für einen „nebenberuflichen“ Doktoranden über fünf Jahre hinweg betreute. Bei Herrn Prof. Dr. W. Haffner möchte ich mich für seine kritischen Anregungen sowie die Anfertigung des Zweitgutachtens bedanken. Bedanken möchte ich mich insbesondere auch bei Herrn Dipl.-Biologen Frank Henning und Frau Dr. Brigitte Schottler für die kompetente Durchsicht der tierökologischen Kapitel und die wertvolle Hilfe bei der englische Übersetzung, Herrn Dipl.-Biologen Ernst Brockmann für die fachkundigen Hinweise zur Indikatortabelle der Tagfalter sowie Frau Exam. Biologin Sabine Hille und Herrn Dipl.-Biologen Johannes Frisch für manch wichtige Anregung und kritische Diskussion. Frau Dipl.-Geographin Ulrike Ewelt, Frau Dipl.-Geographin Marion Steinhaus und Frau Christina Hoyer-Jakobi opferten viel Freizeit für die Durchsicht der Bewertungsansätze bzw. die Mitarbeit an der Übersetzung, weshalb Ihnen ebenso Dank gebührt wie Herrn Dr. G. Kasperek sowie Herrn R. Stolper für die Unterstützung bei der Drucklegung bzw. den Druck der Arbeit.

Gewidmet ist die vorliegende Arbeit meiner lieben Frau Steffi, deren Verständnis und Unterstützung mir die Fertigstellung und Veröffentlichung der Arbeit sehr erleichtert hat.

Januar 2001 Jochen Karl

INHALTSVERZEICHNIS

VERZEICHNIS DER ABBILDUNGEN

VERZEICHNIS DER TABELLEN

1 EINFÜHRUNG

1.1 PROBLEMSTELLUNG

Natur ist wertfrei. Einem elegant am Himmel kreisenden Falken läßt sich ebenso wenig eine hohe Bedeutung im Naturhaushalt zumessen wie der allerorten vertretenen Kohlmeise eine geringe, nur weil diese das Überleben ihrer Art - ohne sich dessen bewußt sein zu können - nicht durch körperliche Überlegenheit, sondern auf der Basis hoher Reproduktionsraten sichert. Und der nach seiner weitgehenden Ausrottung in Deutschland langsam wieder Fuß fassende Kolkrabe verliert nicht dadurch an Wert, daß er in der Roten Liste der bestandsgefährdeten Brutvogelarten Hessens seinen bis 1997 eingenommenen Listenplatz in der Kategorie 1 mittlerweile eingebüßt hat und „nur" noch als gefährdet gilt.

Natur ist funktionslos. Das stark simplifizierende Bild des ökologischen Gleichgewichts, in dem jeder Organismus eine ihm zugewiesene Rolle einnähme, täuscht darüber hinweg, daß Natur im nur scheinbar stabilen Gefüge der Umwelt das Ergebnis unzähliger Zufälle ist, als deren einstweiliger Entwicklungsstand sich uns die heutigen Tiere und Pflanzen, aber auch die Böden, Grundwasserleiter und Luftleitbahnen quasi in einer Momentaufnahme präsentieren. Tiere und Pflanzen füllen hierbei aber keine ehedem vakanten Planstellen des Naturhaushalts aus, sondern unterliegen seit jeher einem permanentem Konkurrenzdruck seitens anderer Organismen und sind auch ohne menschliche Einflußnahme auf lange Sicht vom Aussterben bedroht.

Jeder Boden würde den Anspruch weit von sich weisen, eine wie auch immer geartete Funktion im Naturhaushalt einnehmen zu wollen, trägt das ihn über seine Grobporen durchziehende und in seinem Mittelporenvolumen als nutzbare Feldkapazität zwischengespeicherte Wasser doch vor allem zu seiner allmählichen Zerstörung bei - genauso, wie es ursprünglich erst seine Entstehung ermöglichte. Nahezu alle dem Boden vom Menschen zugesprochenen Funktionen basieren auf seiner Belastbarkeit gegenüber Nährstoffverlust oder Stoffeintrag und sind somit immer auf andere Schutzgüter oder direkt auf die menschliche Nutzung gerichtet. Ein eigener Wert wird dem Boden bestenfalls als Ergebnis erd- und kulturgeschichtlicher Vorgänge zugebilligt - ohne diesem im Rahmen von Bewertungsvorgängen jedoch in angemessener Weise Rechnung zu tragen.

Beschreibung, Klassifizierung und Bewertung sind der Natur wesensfremd. Erst der Mensch übertrug die von ihm geschaffenen Prinzipien analytischen Denkens auch auf seine unbelebte und belebte Umwelt - letztlich nur, um diese aus eigennützigen Interessen deuten und verstehen zu können. Bewertung und deren auf die Spitze getriebene Konsequenz, die Bilanzierung, sind im Hinblick auf die Umwelt deshalb durchweg in menschlichen Nutzungsansprüchen begründet und folglich immer einseitig. Selbst scheinbar im ausschließlichen Interesse der Natur liegende Bewertungen, wie die zur Ausweisung eines Naturschutzgebietes erforderlichen „Schutzwürdigkeits"-Gutachten, dienen letztlich nur der Ausscheidung von Flächen, auf denen anderweitige Nutzungsinteressen zurückzustehen haben und bewirken folglich nur eine Lenkung von Eingriffen, nicht aber deren Vermeidung.

Trotz oder gerade wegen ihres Ursprungs in menschlichem Opportunitätsdenken sind Bewertungen des Naturhaushalts aber mehr denn je unabdingbare Voraussetzung zur Bewahrung zumindest von Teilen unserer Kulturlandschaft und zur Sicherung unserer eigenen Lebensgrundlagen.

Daß hierbei jedweder Bewertungsansatz immer nur eine relative Einordnung von Zuständen in der Natur zuläßt, muß im Interesse zielgerichteten Handelns ebenso in Kauf genommen werden wie die zwangsläufige Abstrahierung und sektorale Gliederung der Umwelt, die in ihrer Fülle niemals durch einheitliche Parameter hinreichend beschrieben werden kann.

Die Differenzierung des Naturhaushalts in verschiedene „Schutzgüter“ ist indes nicht das Ergebnis eines vorausschauenden Umweltmanagements, sondern im Gegenteil der Versuch, traditionell isoliert betrachtete Teile unserer Umwelt zumindest näherungsweise als gleichrangig nebeneinander zu stellen. Die Segregation der Umwelt nach Vegetation und Tierwelt, Boden, Wasserhaushalt, Klima und Landschaftsbild folgt hierbei weniger funktionalen Kriterien als vielmehr der klassischen Trennung in die schöne, aber vermeintlich nutzlose biotische Welt und die für die menschliche Existenz unabdingbaren Naturgüter Boden, Wasser und Luft.

Begreift man naturschutzfachliche Bewertungen in ihrer kausalen Verflechtung mit Eingriffen in den Naturhaushalt, so wird ersichtlich, daß gerade flächenintensive Eingriffsvorhaben, also insbesondere Siedlungs- und Verkehrsplanungen, vorrangig des Einsatzes fachlich haltbarer und nachvollziehbarer Verfahren bedürfen. Ursprünglich als unabhängige Fachplanung konzipiert, hat sich hier in den letzten Jahrzehnten die Landschaftsplanung als maßstabsgleiche Bewertungsgrundlage sowohl der Flächennutzungsplanung als auch der verbindlichen Bauleitplanung auf Ebene des Bebauungsplans etabliert. Es liegt deshalb nahe, die Erfordernisse, Möglichkeiten und Grenzen naturschutzfachlicher Bewertungen am Beispiel der kommunalen Landschaftsplanung zu erörtern, ohne hierbei eine prinzipielle Unterscheidung zwischen den verschiedenen Maßstabsebenen vornehmen zu wollen. Die Problematik berührt aber in gleicher Weise die Felder der Umweltverträglichkeitsprüfung und Eingriffsregelung auf der einen und die Schutzgebiets- und Entwicklungsplanung auf der anderen Seite, weshalb praktikable Ansätze zur Bewertung des Naturhaushalts grundsätzlich universell einsetzbar sein sollten.

Als nicht ganz widerspruchsfreies Konstrukt einer vom Träger der Bauleitplanung durchzuführenden Fachplanung entfaltet der Landschaftsplan in den meisten Bundesländern keine rechtliche Bindung (vgl. KARL, 1994a). Seine wachsende Bedeutung in der Raumplanung begründet sich allein in seiner Eigenschaft als Abwägungsgrundlage - und das nicht allein auf der Ebene des Bebauungsplans (vgl. Kap. 1.2). Gerade der Wegfall der Anzeigepflicht für aus dem Flächennutzungsplan (FNP) entwickelte Bebauungspläne durch das Baugesetzbuch (BauGB)[1] wird dazu beitragen, daß im Rahmen der Fortschreibung des kommunalen FNP seitens der Genehmigungsbehörden und beteiligten Träger öffentlicher Belange künftig verstärktes Gewicht auf eine alle Schutzgüter erfassende Beurteilung von Planungsvorhaben bereits durch den Landschaftsplan gelegt wird.

Vor diesem Hintergrund kommt der ursprünglichen Funktion der Landschaftsplanung als unabhängiger und anlaßfreier Fachplanung mit FELDER (1994) eine erweiterte Bewertungs- und Regelungstiefe zu, die im Rahmen der Bauleitplanung jedoch auf eine Reihe fachlicher Probleme stößt:

- Im Rahmen der Landschaftsplanung sind detaillierte Untersuchungen der verschiedenen Schutzgüter in aller Regel nicht durchführbar, geeignete Grundlagendaten von den zuständigen Landesämtern aber oft nicht in ausreichendem Umfang verfügbar, was in der Praxis vor allem zur Vernachlässigung der abiotischen Schutzgüter führt.

[1] Baugesetzbuch (BauGB) i.d.F. vom 27. August 1997 (BGBl. I S. 2141)

- Selbst im Falle ausreichender Kenntnisse über bestehende Biotope, Bodenvorkommen oder Landschaftselemente in einem Gebiet zeigt sich in der Praxis bei allen Schutzgütern ein augenfälliger Mangel im Hinblick auf eine nachvollziehbare und dem wissenschaftlichen Gebot der Wiederholbarkeit Rechnung tragende Analyse der Daten. So fehlt es bislang nicht nur an klaren Bewertungsvorschriften zur Beurteilung der Aussagekraft beispielsweise bestimmter Tierarten oder Bodenformen, sondern bereits an einer gängigen Übereinkunft zur Definition von Gefährdungspotentialen und wertgebenden Funktionen einschließlich ihrer Ausprägung.

- Die Bauleitplanung stellt keine Eingriffsplanung dar, sondern bereitet diese als Angebotsplanung lediglich vor. Art und Ausmaß ihrer praktischen Umsetzung sind zum Zeitpunkt der Abwägung nicht abschließend zu beurteilen, weshalb eine detaillierte Eingriffsbewertung nur unter Vorbehalt möglich ist.

- Die landschaftsplanerische Eingriffs- und Ausgleichsbewertung vollzieht sich im Spannungsfeld zwischen der formaljuristischen Definition des "Ausgleichs" und dem naturwissenschaftlichen Anspruch im Sinne einer "funktionsidentischen Wiederherstellung des biologischen status quo ante" (BERKEMANN, 1993). Eine rein fachliche, d.h. ausschließlich naturwissenschaftliche Bewertung von Eingriff und Ausgleich ist mithin in der Planungspraxis gar nicht möglich, will man der vom Gesetz vorgesehenen Systematik *Vermeidung-Minimierung-Ausgleich-Ersatz* gerecht werden.

- Eine abschließende Regelung des Ausgleichsbedarfs und damit eine qualifizierte Eingriffs- und Ausgleichsbilanzierung erfordert nicht nur eine hinreichende Prognose der Eingriffsfolgen, sondern auch eine begründete Einschätzung der Kompensationswirkung vorgesehener Maßnahmen innerhalb des Plangebietes oder auf externen Ersatzflächen. Diese stößt aber unweigerlich auf beträchtliche Unwägbarkeiten mangels ausreichend verifizierter Grundlagenforschung, insbesondere im Bereich biozönotischer Wechselwirkungen, und ist überdies im konkreten Einzelfall immer nur ansatzweise darstellbar.

Die Landschaftsplanung begibt sich folglich, abseits des sicheren Pfades naturwissenschaftlicher Erkenntnisse, auf das weite Feld der prognostizierenden Bewertung und mithin in einen Bereich steter Angreifbarkeit. Dies erscheint um so problematischer, als daß die auf ihr basierenden Eingriffs- und Ausgleichsbilanzierungen die fachliche Grundlage zur Bemessung von Kostenerstattungsbeträgen nach § 135a BauGB darstellen. Aus den genannten Problemen und Defiziten ergeben sich für die landschaftsplanerische Bewertung und Bilanzierung im Rahmen der Bauleitplanung die folgenden Prämissen:

- Alle Schutzgüter sind gleichrangig zu betrachten und entsprechend der sie prägenden Kriterien zu bewerten. Diese müssen eindeutig definiert und geeignet sein, die wesentlichen wertgebenden Eigenschaften des jeweiligen Schutzgutes repräsentativ wiederzugeben. Das heißt insbesondere, daß eine klare Trennung zwischen immanenten Werten (Eigenwert), andere Naturgüter betreffenden Schutzfunktionen und Gefährdungen vorzunehmen ist, da letztgenannte keinen Bewertungsparamater darstellen können.

- Eine Vermengung funktional nicht in Beziehung stehender Bewertungskriterien ist grundsätzlich zu vermeiden. Da unter Verweis auf Kap. 3 keine allgemeingültigen Kriterien zur Bewertung des Naturhaushalts benannt werden können, ist eine aggregierende Gesamtbetrachtung aller Schutzgüter erst aufbauend auf sektoralen Bewertungen möglich.

- Zum Einsatz im Rahmen der Bauleitplanung sowie der Führung kommunaler Ökokonten müssen Bewertungsverfahren einen konkreten Flächenbezug besitzen, gleichzeitig aber auch funktionale Zusammenhänge einbeziehen. Die Abgrenzung des Bewertungsgebiets darf sich folglich nicht am Geltungsbereich des Vorhabens orientieren, sondern muß näherungsweise alle direkt oder indirekt betroffenen Grundflächen umfassen. Da dieser Wirkungsbereich maßgeblich durch tierökologische Kriterien oder landschaftsbildwirksame Einflüsse bestimmt wird, bedarf es zur Bestimmung eines Eingriffsgebiets vereinfachter, aber fachlich begründeter Zuordnungsvorschriften.

- Das Gebot des Flächenbezugs bedingt eine Beschränkung im Rahmen dieser Arbeit auf Schutzgüter, deren Wert maßgeblich aus der Beschaffenheit der zu bewertenden Fläche selbst erwächst. Das heißt, daß mehr oder weniger „willkürliche“ Eigenschaften, wie die Nutzung eines Ackerschlags als Rastplatz von Zugvögeln, durch flächenbezogene Normierungen nicht erfaßt werden können und ggf. separat zu gewichten sind. Nicht erfaßt werden kann auch das Schutzgut Grundwasser, sofern die Betrachtung über die einer Fläche zuweisbare potentielle Grundwasserzuführung hinausgeht. Schließlich muß auch das Kleinklima im Rahmen der nachfolgenden Untersuchung ausgespart bleiben, da die Eigenschaften der im Gelände durchaus abgrenzbaren Klimatope nur im Hinblick auf eng begrenzte Fragestellungen bewertet werden können und durch übergeordnete, nicht auf eine Fläche projizierbare klimatische Einflüsse in hohem Maße überformt werden.

- Sowohl Bestands- als auch Eingriffsbewertung bedürfen angesichts des naturwissenschaftlichen Anspruchs der Landschaftsökologie dringend einer seriöseren Vorgehensweise hinsichtlich der Normierung von Einflußgrößen und Skalierungen. Diese sind so weit wie möglich aus naturwissenschaftlichen Erkenntnissen zu entwickeln, unter definierten Voraussetzungen aber grundsätzlich einheitlich zu verwenden. Dies bedeutet nicht, daß im begründeten Einzelfall keine Abweichungen vorgenommen werden können, ist aber unabdingbare Voraussetzung für nachvollziehbare und wiederholbare Bewertungen.

- Die Landschaftsplanung muß sich auf der Grundlage einer angemessenen Bestandsaufnahme mit den zu erwartenden Folgen von Eingriffsplanungen und den anzunehmenden Wirkungen vorgesehener Kompensationsmaßnahmen ausführlich und fachlich begründet auseinandersetzen. Eine bloße "Berechnung" von Eingriff und Ausgleich und deren Gegenüberstellung genügt nicht, zumal sie leicht den Anschein erwecken kann, die Ausgleichbarkeit von Eingriffen sei berechenbar.[2]

- Auch eine rein argumentative Bilanzierung hält in vielen Fällen einer Prüfung kaum stand und ist zumeist nicht geeignet, im Widerstreit der Interessen als Abwägungsgrundlage Anerkennung zu finden. Um in der Praxis verwertbar zu sein, bedarf die Gegenüberstellung von Eingriff und Ausgleich folglich einer verbal-argumentativen Bewertung, ergänzt um einen hieraus nachvollziehbar abgeleiteten flächenbezogenen Bilanzierungsansatz. Die Landschaftsplanung muß zwangsläufig den "Sprung" von der naturwissenschaftlich mehr oder weniger belegbaren Bestandsbewertung zur prognostizierenden Eingriffsbewertung und -bilanzierung wagen, was mit Hilfe eines antizipierten Bewertungsverfahrens nicht immer fundierter, zumindest aber nachvollziehbarer und vergleichbarer möglich ist.

---

[2] Vgl. VGH Kassel, Urteil vom 12.2.1993 - 4 UE 2744/90 (VG Gießen). NuR, 15(7): 338-339.

Zusammenfassend kann festgehalten werden, daß naturschutzfachliche Zustandsbewertungen und Prognosen in nachvollziehbarer, fachlich haltbarer und planungsverwertbarer Form am ehesten durch vereinfachte, aber grundsätzlich an naturwissenschaftlichen Erkenntnissen ausgerichtete sektorale „Landschaftsmodelle" bewältigt werden können. Wie in Kap. 2 nachzuweisen sein wird, sind derartige Ansätze aber bis heute nicht verwirklicht. Zwar finden sich in der Literatur vielfältige Vorschläge für Bewertungsverfahren von Vegetation und Tierwelt, diesen fehlt aber zumeist eine fundierte Herleitung der Zuordnungsvorschriften. Funktionale Zusammenhänge bleiben in der Regel unbeachtet oder finden nur in Gestalt willkürlicher Zu- oder Abschläge Eingang in die Bewertung.

Noch gravierender sind die Defizite im Bereich der nicht biotischen Schutzgüter Boden und Bodenwasserhaushalt sowie der Erscheinung und der kulturhistorischen Bedeutung der Landschaft einzustufen. Für letztgenannte liegen verwertbare flächenbezogene Bewertungsvorschriften als Voraussetzung für eine Eingriffs- und Ausgleichsbilanzierung bislang überhaupt nicht vor, während im Bereich des Bodenschutzes zwar Einzelberechnungen für die verschiedenen naturschutzrelevanten Bodenfunktionen entwickelt worden sind, eine aggregierende Gesamtbetrachtung dieser miteinander in Beziehung stehenden Parameter für den Bereich der Landschaftsplanung bis zur Veröffentlichung des unter 3.1 beschriebenen Ansatzes aber ausstand.

Gemein ist allen abiotischen Bewertungsansätzen schließlich das Fehlen von Prognosedaten zur Einstufung der Auswirkungen von Eingriffsplanungen und Kompensationsmaßnahmen, so daß im Ergebnis eine Bilanzierung, wie sie sich aus dem Naturschutzrecht als zwingende Notwendigkeit ergibt (s. Kap. 1.2), bislang schlichtweg nicht möglich ist.

Der im Rahmen dieser Arbeit beispielhaft für die kommunale Bauleitplanung entwickelte Ansatz zur flächenbezogenen Analyse und Bewertung des Naturhaushalts versucht, die umrissenen Defizite in der Landschaftsbewertung durch konkrete Verfahrensvorschriften abzubauen und zu einer nachvollziehbareren Beurteilung der Landschaft im Rahmen der Planung beizutragen - wohl wissend, daß ein nicht unerheblicher Teil aktueller Umweltveränderungen in mehr oder weniger „diffusen" Eingriffen durch Landwirtschaft und zunehmenden Erholungsdruck begründet ist. Die hierbei zugrunde gelegten Landschaftsmodelle basieren weitestgehend auf der Auswertung vorliegender Untersuchungen und Erkenntnisse, stehen Korrekturen, Ergänzungen und Präzisierungen aber jederzeit offen.

Dem Verfasser ist durchaus bewußt, daß bestimmte Zuordnungen, wie beispielsweise die Indikatorwirkung einer Tierart, nicht frei von subjektiven Einschätzungen getroffen werden können. Angesichts der Fülle noch ungeklärter Fragen vor allem in der Tierökologie erscheint es aber statthaft, im Falle mangelhafter Datenlage auf Erfahrungen und Schätzwerte zurückzugreifen und diese als Vorschlag für eine Konvention zur Diskussion zu stellen, denn weniger der einzelne Wert einer Zuordnung als vielmehr die Sinnhaftigkeit des zugrunde liegenden Modells ist ausschlaggebend für eine künftige Verbesserung landschaftsökologischer Bewertungen.

1.2 RECHTLICHE RAHMENBEDINGUNGEN

1.2.1 Planungsrecht und Eingriffsregelung

Mit Inkrafttreten des Investitionserleichterungs- und Wohnbaulandgesetzes (InvWoBauLG) am 1. Mai 1993 wurde das Verhältnis der naturschutzrechtlichen Eingriffsregelung zum Bauplanungsrecht durch die Einfügung der als Bundesrecht unmittelbar geltenden §§ 8a-c in das Bundesnaturschutzgesetz[3] neu geregelt (vgl. FELDER, 1994). Ziel der Gesetzesänderung war die Erleichterung und Beschleunigung von Investitionen und die verstärkte Ausweisung von Bauland für Wohnzwecke[4], indem die Eingriffsregelung von der Ebene des Baugenehmigungsverfahrens in die vorlaufende Bauleitplanung verlagert wurde (vgl. BLUME, 1993). Die naturschutzrechtlichen Gebote des § 8 (2) Satz 1 BNatSchG, vermeidbare Beeinträchtigungen zu unterlassen und unvermeidbare Beeinträchtigungen auszugleichen, fließen damit direkt in die bauleitplanerische Abwägung als gleichberechtigte Belange ein.

Folgerichtig übernimmt das neue Baugesetzbuch erstmals die naturschutzrechtliche Eingriffsregelung direkt in das Bauplanungsrecht (§ 1a BauGB), woraus sich für die Praxis der Bauleitplanung die Notwendigkeit zur abschließenden Klärung des Ausgleichsbedarfs und seiner Umsetzung auf der Grundlage einer umfassenden Bestandsaufnahme und Eingriffsprognose ergibt. Die landesrechtlichen Eingriffs- und Ausgleichsregelungen, in Hessen nach § 6 HENatG, sind nicht mehr anzuwenden (BLUME, 1993)[5]. Das heißt, daß das bislang im Rahmen des Baugenehmigungsverfahrens angewandte Instrument der Ausgleichsabgabe zugunsten einer vorzunehmenden Realkompensation durch Aufnahme geeigneter Ausgleichs- und Ersatzflächen und -maßnahmen in den Bebauungsplan entfällt. Dies bedingt wiederum eine fachliche Bewertung dieser Flächen hinsichtlich ihres aktuellen Zustandes und potentieller Verbesserungsmöglichkeiten, da die bloße Absicherung einer ökologisch wertvollen Fläche keine Kompensationsmaßnahme im Sinne des Gesetzes darstellt (BLUME, 1993).

Gemäß § 9 (1a) BauGB können durch die Gemeinden Darstellungen und Festsetzungen, die dazu dienen, die zu erwartenden Beeinträchtigungen der Leistungsfähigkeit des Naturhaushalts oder des Landschaftsbildes auszugleichen, Grundstücksflächen, auf denen Eingriffe aufgrund sonstiger Festsetzungen zu erwarten sind, für Ausgleichs- oder Ersatzmaßnahmen ganz oder teilweise zugeordnet werden. Hierzu soll nach § 135b BauGB als Verteilungsmaßstab neben der überbaubaren Grundstücksfläche und der zulässigen Grundfläche auch die Schwere der zu erwartenden Eingriffe herangezogen werden, sofern diese innerhalb des Plangebietes deutlich unterschiedlich ist. Auch wenn man, was fachlich durchaus begründet ist, die Eingriffswirkungen bei Umsetzung eines Bebauungsplans als Gesamteingriff bewertet und keine Differenzierung hinsichtlich der Schwere einzelner Eingriffstatbestände vornimmt, so ergibt sich dennoch das Erfordernis einer Aufschlüsselung der Planung nach Eingriff und Ausgleich, um die Refinanzierung über eine Erstattungsbetragssatzung nach § 135a BauGB zu ermöglichen.

Die Herleitung des angesetzten Kompensationsbedarfs aus der im Landschaftsplan beschriebenen Eingriffserheblichkeit ist von den beteiligten Naturschutzbehörden in vielen Fällen nicht nachvollziehbar, da aus einer verbalen Beschreibung der Eingriffsfolgen direkt auf einen bestimmten Flächenansatz geschlossen wird. Die schlüssige Herleitung des Ausgleichsbedarfs und

---

[3] Bundesnaturschutzgesetz (BNatSchG) i.d.F. vom 12. März 1987, zuletzt geändert durch Art. 2 des Gesetzes vom 6. August 1993 (BGBl. I S. 1458)

[4] BT-Drs. 122/3944 S. 2 und 21

[5] Dies gilt nicht für Vorhaben im Außenbereich nach § 35 BauGB.

letztendlich also auch die Beurteilung, ob die im Bebauungsplan vorgesehenen Maßnahmen zur Kompensation der Eingriffe ausreichen, ist aber Voraussetzung zur Anerkennung des Landschaftsplans als Abwägungsgrundlage durch die zu beteiligenden Träger öffentlicher Belange. Geschieht dies nicht, liegt ein formaler Rechtsverstoß vor, der nicht abgewogen werden kann, d.h. der Bebauungsplan kann nicht als Satzung beschlossen werden.

Die Gesamtabwägung aller öffentlichen Belange wird gemäß § 1 (6) BauGB von der Gemeinde nach Durchführung des Beteiligungsverfahrens der Träger öffentlicher Belange nach § 4 BauGB vorgenommen. Hierbei sind alle maßgeblichen, in § 1 (5) BauGB aufgeführten Belange, also auch der Natur- und Landschaftsschutz, *gleichrangig* zu berücksichtigen. Aufgrund des Vermeidungsgebotes des § 8 (2) BNatSchG ist zwar eine vollständige Kompensation anzustreben, über den Stellenwert des Belanges und den tatsächlichen Umfang der Kompensation ist aber in der Abwägung zu entscheiden (HMLWLFN, 1994). Das heißt, daß das Vermeidungs-, Ausgleichs- und Ersatzgebot nicht als Planungsleitsatz wirkt, sondern einer Abwägung zugänglich ist, die bei gegebenem städtebaulichem Erfordernis im Einzelfall einen Verzicht auf Vollkompensation nach sich ziehen kann (SCHINK, 1994).

Ungeachtet dessen hat der Planungsträger das fachlich begründete Ausmaß einer anzustrebenden Vollkompensation festzulegen und anhand einer nachvollziehbaren Eingriffs- und Ausgleichsbilanzierung nachzuweisen. Diese kann selbstverständlich nicht Teil der gemeindlichen Abwägung sein, sondern muß, wie die Eingriffsbewertung und die Bemessung des Kompensationsbedarfs, durch einen qualifizierten Landschaftsplan bzw. einen landespflegerischen Planungsbeitrag vorgenommen werden, der als Fachgutachten die Belange des Naturschutzes bei der bauleitplanerischen Abwägung vertritt.

1.2.2 Schutz von Boden und Landschaft

1.2.2.1 Bodenschutz

Formalrechtlich genießt der Bodenschutz spätestens seit Inkrafttreten des Bundesnaturschutzgesetzes (BNatSchG) gleichrangige Bedeutung neben den „traditionellen“ Schutzgütern Vegetation und Fauna. So ist der Boden gemäß § 2 (1) Nr. 4 BNatSchG zu erhalten und der Verlust seiner natürlichen Fruchtbarkeit zu vermeiden. Aber erst das neue Bundes-Bodenschutzgesetz (BBodSchG)[6] und die Novelle des Baugesetzbuches haben sowohl formalrechtlich als auch praktisch zu einer verstärkten Berücksichtigung abiotischer Ressourcen beigetragen. Entsprechend den Grundnormen des § 1 (5) BauGB sind bei der Aufstellung der Bauleitpläne insbesondere zu berücksichtigen:

Nr.7: gemäß § 1a die Belange des Umweltschutzes, auch durch die Nutzung erneuerbarer Energien, des Naturschutzes und der Landschaftspflege, insbesondere des Naturhaushalts, des Wassers, der Luft und des Bodens einschließlich seiner Rohstoffvorkommen, sowie das Klima.

[6] Art 1 des Gesetzes zum Schutz des Bodens vom 17. März 1998 (BGBl. I S. 502)

Auch die sog. Bodenschutzklausel des neu aufgenommene § 1a BauGB zum sparsamen und schonenden Umgang mit Grund und Boden zielt darauf ab, unnötigen Landschaftsverbrauch und nicht notwendige Oberflächenversiegelung zu vermeiden. Dem Schutz des Bodens und seiner Funktion für den Wasserhaushalt wird folglich in den kommenden Jahren ein noch höherer Stellenwert einzuräumen sein. Es ist absehbar, daß künftig alle technisch möglichen und ökonomisch vertretbaren Maßnahmen der Versickerungsförderung und der Brauchwassernutzung obligatorischen Eingang in die städtebauliche Planung finden müssen, wenn dem Gebot des § 1 (5) Nr. 7 BauGB Rechnung getragen werden soll.

1.2.2.2 Landschaftsschutz

In Anerkennung der Bedeutung einer Landschaft nicht nur als Lebensraum für Pflanzen und Tiere postuliert das Bundesnaturschutzgesetz nicht zuletzt auch den Schutz des Landschaftsbildes. Auf Initiative des Deutschen Nationalkomitees für Denkmalschutz (EIDLOTH, 1997) wurde hierzu 1980 der Begriff der „historischen Kulturlandschaft" gesetzlich verankert (STÜHLINGER, 1996) und in § 2 (1) Nr. 13 BNatSchG formuliert: „Historische Kulturlandschaften und -teile von besonderer charakteristischer Eigenart sind zu erhalten. Dies gilt auch für die Umgebung geschützter Kultur-, Bau- und Bodendenkmäler, sofern dies für die Erhaltung der Eigenart und Schönheit des Denkmals erforderlich ist."

Das Hessische Naturschutzgesetz (HENatG) i.d.F. vom 18. Dezember 1997 stellt in § 1 (2) unter den „Zielen und Grundsätzen" des Naturschutzes und der Landschaftspflege heraus: „Die Kulturlandschaften des Landes sind in ihrer Vielgestaltigkeit zu erhalten und ihren naturräumlichen Eigenarten entsprechend zu entwickeln und zu gestalten." Der Regionale Raumordnungsplan Mittelhessen (RROPM 1995) fordert darüber hinaus den Schutz „naturnaher, wenig beeinträchtigter Teilräume und charakteristischer Erscheinungsformen der Kulturlandschaft einschließlich der Beibehaltung ihrer Nutzungsstruktur".

Auch wenn das Hessische Naturschutzgesetz im Anforderungskatalog des § 4 (6) HENatG an Form und Inhalt der Landschaftspläne auf konkrete Vorgaben zur Umsetzung dieser Bestimmungen verzichtet, ergibt sich der Auftrag an die Landschaftsplanung zur Berücksichtigung des Landschaftsschutzes allein schon aus ihrer vorbereitenden Funktion bei der Ausweisung von Schutzgebieten sowie ihrer entscheidenden Rolle bei der Anerkennung von Maßnahmen des kommunalen „Ökokontos", also der Verbuchung vorlaufend durchgeführter Kompensationsmaßnahmen. So können Gebiete, in denen ein besonderer Schutz von Natur und Landschaft [...] „wegen der Vielfalt, Eigenart oder Schönheit des Landschaftsbildes oder wegen ihrer besonderen Bedeutung für die Erholung erforderlich ist", nach § 13 HENatG als Landschaftsschutzgebiet ausgewiesen werden. Um dem gesetzlichen Auftrag an die Landschaftsplanung entsprechen zu können, bedarf es demzufolge sowohl auf der Ebene des kommunalen Landschaftsplans als auch bei der Beurteilung von Eingriffen in die Landschaft, beispielsweise durch die Ausweisung von Baugebieten, einer nachvollziehbaren und fachlich haltbaren, d.h. nicht einseitig auf die Vielfalt und den Erlebniswert einer Landschaft ausgerichteten Bewertung.

1.3 FACHLICHE UND METHODISCHE RAHMENBEDINGUNGEN

1.3.1 Bewertung im Spannungsfeld zwischen ganzheitlicher und sektoraler Sichtweise

Gesetzgebung und Rechtsprechung spiegeln in einem pluralistischen Gemeinwesen - wenn auch oft zeitverzögert - die gesellschaftliche Entwicklung, ihre Werte und Prioritäten, aber auch Schwachpunkte und akute Problemfelder wider. Es verwundert deshalb keineswegs, daß nicht nur bei der Betrachtung der rechtlichen Grundlagen der Landschaftsbewertung, sondern auch in der allgemeinen Naturschutzdiskussion dem abiotischen Ressourcenschutz erst in jüngster Zeit mehr Aufmerksamkeit gewidmet wird.

Während die Auswirkungen von Siedlungserweiterungen und Straßenbau auf die Pflanzen- und Tierwelt schon vor Jahren ins Blickfeld der Öffentlichkeit geraten sind, erlangen die abiotischen Landschaftsfaktoren Boden, Wasserhaushalt und Klima erst in jüngerer Zeit Beachtung im Naturschutz. Die Gründe hierfür sind vor allem darin zu sehen, daß sich die Eingriffswirkungen durch Überbauung beispielsweise auf das Bodenleben und insbesondere auch den Wasserhaushalt eines Gebietes erst längerfristig niederschlagen und die ursächlichen Zusammenhänge oft nicht erkannt werden.

Wenn im Zusammenhang mit den sich in den letzten Jahren häufenden Hochwasserkatastrophen an Rhein, Mosel und Oder der Verlust an Retentionsflächen in den Flußauen verantwortlich gemacht wird, so mag darin eine wichtige Ursache für die massiven Auswirkungen von Hochwasserereignissen erkannt sein, steigende Hochwasserspitzen bereits an den Oberläufen der Flüsse vermag dies aber nur teilweise zu erklären. In der Diskussion um die Wiederherstellung naturnaher Flußauen darf nicht übersehen werden, daß ein wichtiger Grund von Überflutungskatastrophen im Verlust von Retentionsraum im gesamten Einzugsgebiet eines Flußlaufes, also insbesondere auch in den Quellgebieten und entlang der Bäche zu sehen ist. Vor allem die Begradigung und Vertiefung kleiner Fließgewässer sowie die Drainierung von Wiesen und Ackerland haben in den letzten Jahrzehnten die Funktionsfähigkeit der Böden als natürliche Wasserspeicher beeinträchtigt und zu einem massiven Verlust unterirdischen Retentionsraums geführt, als dessen Folge nicht zuletzt sinkende Grundwasserspiegel und steigende Kosten der Trinkwassergewinnung zu beklagen sind. Selbst innerhalb des auf den ersten Blick so naturnahen Waldes sorgen Wegeseitengräben und künstliche Entwässerungsrinnen für zunehmende Grundwasserflurabstände und beschleunigten Abfluß.

Betrachtet man den Umfang anthropogener Entwässerungen ehemaliger Bachniederungen, das Ausmaß der Umwandlung von Feuchtwiesen in Ackerland und den zum "Vorfluter" verkommenen Zustand zahlreicher kleiner Fließgewässer, so deutet vieles darauf hin, daß der Einfluß von Siedlungserweiterungen und Straßenbau auf den Wasserhaushalt in der politischen Diskussion überschätzt wird. Dennoch und gerade weil die Belastungen des Landschaftswasserhaushalts nahezu flächendeckend bestehen, kommt der kommunalen Bauleitplanung eine besondere Bedeutung beim Schutz von Grund- und Oberflächenwasser zu.

Weit mehr als die der übrigen Schutzgüter des Naturhaushalts unterliegt die Bewertung des Landschaftsbildes subjektiven Wahrnehmungen und folgt neben tradierten Werten vor allem auch individuellen Erfahrungen und Erinnerungen. In Zeiten anhaltender Umweltzerstörung beeinflußt aber auch das Wissen um negative Entwicklungen und Zustände das ästhetische Empfinden für eine Landschaft. So wird ein dem naturnahen Waldbau verhafteter Naturschützer einen düsteren Fichtenforst anders beurteilen als ein unbefangener, die Stille und Heimlichkeit derartiger Wälder genießender Wanderer. Es darf bei aller emotionalen Befrachtung des Landschaftsbildes jedoch nicht verkannt werden, daß unsere Landschaft auch vor Einsetzen massiver Technisierung in der Landwirtschaft permanenten Veränderungen unterworfen war und zu keiner Zeit einer ökologisch optimalen Nutzung unterlag. Landschaft war immer das Resultat teilweise massiver Eingriffe des Menschen, und nicht wenige heute zu Recht als schutzwürdig erkannte Zeugnisse dieser Nutzungsweisen, wie Hohlwege, Erosionsrinnen und Niederwälder auf devastierten Waldböden, sind nicht zuletzt Mahnmale nicht wiedergutzumachender Umweltsünden. Anders als in der zweiten Hälfte des 20. Jahrhunderts haben sich derartigen Entwicklungen in der Vergangenheit aber meist langsam und kontinuierlich vollzogen, wurden oft schon in historischer Zeit von anderen Prozessen abgelöst und prägen heute zusammen mit deren Zeugnissen die Eigenart vieler Regionen. Landschaft, wie sie sich uns darstellt, ist folglich nicht das Spiegelbild einer bestimmten Epoche, sondern das Ergebnis eines langwierigen, von kulturellen und geschichtlichen Entwicklungen beeinflußten Werdegangs. Erst hierdurch erfährt die gewachsene Landschaft ihren Wert als identitätsbildende Umwelt des Menschen und ihre gegenüber gezielt geplanten „Grünzäsuren" um ein Vielfaches höhere Bedeutung.

Die Entwicklung unserer Kulturlandschaft zeigt angesichts dramatischer wirtschaftlicher und sozialer Umbrüche im ländlichen Raum starke Parallelen zur städtebaulichen Entwicklung der Nachkriegsjahrzehnte, die sich vielerorts auch ohne Kriegseinwirkungen auf den Erhalt einzelner, besonders augenfälliger Einzeldenkmäler beschränkte und diese im Zuge von Flächensanierungen ihrer räumlichen Einbindung und damit ihrer Identität beraubte. Um dem „Flächendenkmal Landschaft" das Schicksal vieler heute gesichtsloser Städte und Dörfer zu ersparen, bedarf es deshalb einer verstärkten Berücksichtigung des Landschaftsschutzes sowohl im Rahmen der Eingriffsplanung als auch im Hinblick auf künftige Maßnahmen der „Landschaftsgestaltung", die seit langem eine geschichtliche Zusammenhänge negierende Tendenz zur Uniformierung angeblich „ausgeräumter" Landschaften" offenbart. Vergleichbar den Bauwerken und Ortsbildern unserer Städte und Dörfer, ist aber auch die Kulturlandschaft nur durch den Erhalt des Überlieferten zu bewahren, eine kontinuierliche Weiterentwicklung ist aufgrund des rapiden Wandels gesellschaftlicher Werte und technischer Möglichkeiten sowie der zunehmenden Verschmelzung regional verwurzelter Traditionen zu normierten Bewirtschaftungsweisen fast immer mit unwiederbringlichen Verlusten verbunden.

Mit der Gründung und gesetzlichen Verankerung erster Biosphärenreservate Anfang der 90er Jahre hielt auch der Gedanke einer umfassenden, kulturelle Prozesse einschließenden Sichtweise des Natur- und Landschaftsschutzes Eingang in die Fachwelt, ohne jedoch darüber hinweg täuschen zu können, daß dem Kulturlandschaftsschutz in unserem Land ein ähnliches Los wie dem traditionellen Denkmalsschutz beschieden ist, der in seiner gesellschaftlichen Akzeptanz und amtlichen Durchsetzbarkeit bis heute hinter der Entwicklung im Arten- und Biotopschutz zurücksteht. So beschränkt sich der Landschaftsschutz in seiner praktischen Umsetzung sowohl im Bereich der amtlichen Denkmalpflege als auch im Rahmen der Landschaftsplanung zumeist auf eine eher lückenhafte Inventarisierung „gängiger" Boden- und Kulturdenkmäler bzw. eine die visuelle Erscheinung und den Erholungswert einseitig hervorhebende Betrachtungsweise. Grund hierfür ist die erst im Wachsen begriffen Erkenntnis, daß Landschaft nicht allein eine Ansammlung strukturbildender Elemente oder gar die Summe einzelner Biotope ist, sondern als Ergebnis eines über Jahrhunderte, teilweise Jahrtausende währenden Prozesses die Wirtschafts- und Lebensbedingungen unzähliger Generationen und mithin die kulturelle Identität einer Region widerspiegelt.

Es ist unverkennbar, daß sektorales Denken im Naturschutz zunehmend einer ganzheitlichen Betrachtung weicht und neue Planungsansätze Auseinandersetzungen beispielsweise zwischen Vogelschützern und Botanikern um den einzig richtigen Weg bei der Entbuschung eines Magerrasens oder unbedachte Bodenzerstörungen durch die Anlagen von Amphibienteichen künftig zu verhindern helfen. Die Ausführungen verdeutlichen aber auch die Unverzichtbarkeit einer sektoralen Vorgehensweise bei der Analyse und Bewertung der Landschaft, will man die spezifischen und gegeneinander kaum aufrechenbaren Werte der einzelnen Naturgüter nicht einer nivellierenden Gesamtbetrachtung opfern. Daß der Naturschutz vermehrt einer querschnittsorientierten und auch sozioökonomische Faktoren implizierenden Sichtweise bedarf, steht hierzu nicht im Widerspruch, sofern die Schnittstellen sektoraler Bewertung, also die Interdependenzen zwischen den Schutzgütern, erkennbar bleiben. Ziel der Landschaftsbewertung darf es deshalb nicht sein, Verfahren zur aggregierenden Gesamtbewertung aller biotischen, abiotischen und kulturellen Schutzgüter zu entwickeln, sondern Sorge dafür zu tragen, daß alle Elemente des Naturhaushalts gleichrangig und auf gleich hohem Niveau bewertet, in einem zweiten Schritt auf ihre geschichtlichen und funktionalen Verknüpfungen hin untersucht und schließlich in sinnvoller Weise zusammengeführt werden.

1.3.2 Methodische Grundlagen der Bewertung

Werten bedeutet nach ADAM et al. (1987), eine Verbindung zwischen der zu bewertenden objektiven Realität, der Sachebene, und der Wertebene, also der Bedürfnis- und Interessenlage der Betroffenen herzustellen. Bewertungsvorgänge setzen somit auf der einen Seite eine möglichst konkrete und abgesicherte Informationsbasis über die zu bewertenden Objekte voraus, auf der anderen Seite aber auch einen Konsens über die Werte und zu erfüllenden Bedürfnisse einer Gesellschaft. Zur Verknüpfung beider Ebenen bedarf es der Definition zielorientierender Indikatoren oder Kriterien, die geeignet sind, das jeweilige Indikatum in seiner ganzen Sachbreite zu repräsentieren und unterschiedliche Ausprägungen eines Kriteriums bei verschiedenen Objekten deutlich herauszustellen („Diskriminierungsfähigkeit“, ADAM et al., 1987).

Anders als mathematische Berechnungsmodelle sind Inwertsetzungen wegen ihrer Eigenschaft als gesellschaftliche und somit veränderbare Normierung auf Bewertungsverfahren angewiesen, die den Bewertungsvorgang sowohl formal als auch inhaltlich strukturieren und reglementieren. Nach MARKS et al. (1992) lassen sich hierbei vier Grundmuster unterscheiden: die allein anspruchsorientierte ökologische Eignungsbewertung, die ökologische Belastungsbewertung, die ökologische Risikoanalyse sowie die ökologische Wertanalyse. Letztgenannte wirft wegen ihres immanenten Anspruchs auf eine objektive, von menschlichem Opportunitätsdenken unbelastete Bewertung von Vielfalt, Naturnähe, Vollständigkeit oder Funktionsfähigkeit der Umwelt zwar zahlreiche Probleme und Risiken auf, entspricht im Gegensatz zur Eignungsbewertung aber eher dem Gesetzesauftrag zum Schutz der Natur um ihrer selbst willen (§ 1 (1) HENatG).

Auch die Belastungsbewertung eignet sich nicht zur Beurteilung der Funktionsfähigkeit des Naturhaushalts, da sie lediglich bestehende Gefährdungen und Beeinträchtigungen aufzuzeigen vermag und damit nur Aussagen zur weiteren Belastungsfähigkeit oder Sanierungsbedürftigkeit ermöglicht. Die ökologische Risikoanalyse nach BACHFISCHER (1978; zit. in BASTIAN & SCHREIBER, 1994) schließlich kombiniert die Schutzwürdigkeit einer Ressource mit der sie potentiell betreffenden Beeinträchtigungsintensität zur resultierenden Risikostufe. Sie ist damit im hohen Maße geeignet, beispielsweise in der Umweltverträglichkeitsprüfung einen nachvollziehbaren Vergleich unterschiedlicher Planungsvarianten vorzunehmen, ist selbst aber auf geeignete Verfahren zur Bewertung der Schutzwürdigkeit, also des Wertes eines Schutzguts angewiesen.

Gegenstand dieser Arbeit sollen deshalb allein die Möglichkeiten der ökologischen Wertanalyse bei der Beurteilung des Naturhaushalts sein, wobei die im Rahmen der Eingriffs- und Ausgleichsbilanzierung erforderliche Prognose des Nacheingriffszustands noch über den Ansatz der Risikoanalyse hinausgeht und, wie bereits dargelegt, erst auf lange Sicht eine durch geeignete Monitoringverfahren fundierte fachliche Absicherung erfahren kann (vgl. PLACHTER, 1991).

Mit BASTIAN & SCHREIBER (1994) lassen sich an Bewertungsverfahren folgende Mindestanforderungen stellen:

- Äquivalenz des gewählten Verfahrens mit dem betrachteten Landschaftsausschnitt und der geforderten Aussageschärfe
- Berücksichtigung des modernsten Erkenntnisstandes und der aktuellen Wertkriterien
- weitgehende Absicherung der Eingangsgrößen und ökologischen Zusammenhänge
- Beachtung aller wesentlichen Faktoren und Rahmenbedingungen
- Erhebbarkeit der notwendigen Grundlagendaten in vertretbarer Zeitdauer
- Transparenz der Datenermittlung und -verarbeitung
- Einfachheit, Nachvollziehbarkeit und Flexibilität des Verfahrens
- ausreichende Differenzierungsmöglichkeiten in den Bewertungsschritten
- Eindeutigkeit, Aussagekraft und flächenhaft scharfe Darstellbarkeit der Ergebnisse

Hauptschwächen gängiger Bewertungsverfahren sind nach LESER (1983) die nur scheinbare Quantifizierung von Sachverhalten, eine mangelhafte Beachtung ökologischer Zusammenhänge sowie die inhaltliche und territorialer Begrenztheit des jeweiligen Ansatzes. Während die beiden letztgenannten Problemfelder ursächlich mit der in vielen Bereichen der Landschaftsökologie noch unzureichenden Datenbasis sowie dem Mangel an geeigneten Modellen verknüpft sind, kann das seit Jahren leidenschaftlich und nicht immer sachlich diskutierte „Quantifizierungsproblem“ als das wesentliche Hemmnis bei der Entwicklung und Einführung fachlich anerkannter Bewertungsverfahren gelten. Quantifizierungen, also mit ADAM et al. (1987) die „systematische Zuordnung einer Menge von Zahlen oder Symbolen zu den Ausprägungen einer Dimension“, sind zur Bewertung des Naturhaushalts zwar nicht unabdingbare Voraussetzung, zur Transformation der Bewertungsergebnisse in flächenbezogene Bilanzierungen, wie in der Bauleitplanung oder dem kommunalen Ökokonto, aber zwingend erforderlich (KARL, 1994a).

Allen Bewertungsansätzen zugrunde liegt ein Skalierungssystem, das metrisch oder topologisch aufgebaut sein kann (ADAM et al., 1987). Metrische Skalierungen, also Absolut- und Intervallskalen, finden sich in den Naturwissenschaften vornehmlich bei der Berechnung meßbarer Größen wie der nutzbaren Feldkapazität oder der Jahresmitteltemperatur, bedürfen zur Übertragung in ein Bewertungsschema aber einer zusätzlichen Normierung. Vor allem die Nutzwertanalyse (NWA) der sog. 1. Generation bedient sich dieses Ansatzes, indem sie absolut- oder intervallskalierte Werte durch die Definition von Grenz- oder Schwellenwerten in Zielerfüllungsgrade transformiert (vgl. ADAM et al., 1987). Das Verfahren ermöglicht so die Bildung einer komparativen Ordnung zwischen den zu vergleichenden Alternativen durch Aufaddierung der verschiedenen Teilnutzen eines Objektes zu einem Gesamtnutzen, dessen Rang in der Rangfolge als Gesamtnutzwert ablesbar ist. Aber erst die von BECHMANN (1976) entwickelte Nutzwertanalyse der 2. Generation gestattet die Verwendung von Kriterien, zwischen denen inhaltliche Wertbeziehungen bestehen, d.h. sie erlaubt eine Aggregierung unterschiedlicher, mit eigenen Wertregeln bemessener Kriterien zu Teilindikatoren (ADAM et al., 1987), die wiederum gewichtet und zum Gesamtnutzen zusammengeführt werden.

Alleiniges Ziel beider nutzwertanalytischen Ansätze ist die Bildung von Rangfolgen, weshalb sie zur differenzierten flächenbezogenen Bewertung des Naturhaushalts allein nicht geeignet sind. Die von der NWA der 2. Generation vorgenommene Zusammenführung unterschiedlicher Kriterien bei gleichzeitiger Gewichtung ihres Einflusses auf den Teil- oder Gesamtnutzen stellt aber einen ersten Schritt zur Entwicklung von Landschaftsmodellen dar, in denen nicht nur mögliche Beziehungen zwischen verschiedenen Kriterien aufgezeigt werden, sondern diese in ihrem Einfluß auf den Gesamtwert durch mathematische Verknüpfungen auch eine mehr oder weniger wirklichkeitsnahe Entsprechung finden.

Die mathematisch eigentlich nicht zulässige, aber auch in der Statistik längst gängige Praxis der Multiplizierung von Rangplätzen muß an dieser Stelle keiner erneuten Diskussion ausgesetzt werden, ist sie doch Grundlage nahezu aller gebräuchlichen Bewertungsansätze in der Landschaftsökologie. Wie im nachfolgenden Kapitel näher ausgeführt, basieren diese fast durchweg auf ordinalem Skalierungsniveau, bei dem „alle zu messenden Objekte entsprechend den Ausprägungen auf der zu beurteilenden Dimension in eine Rangfolge gebracht werden“ (ADAM et al., 1987). Ausschlaggebend für die Eignung eines Bewertungsansatzes ist letztlich die Wahl der einfließenden Kriterien und deren Verknüpfung untereinander. Ob der Ansatz auf ordinaler Stufe verbleibt oder aber in einen kardinalskalierten Maßstab transformiert wird, ist allein abhängig vom erforderlichen Differenzierungsvermögen des Verfahrens. Eine Kardinalskalierung, also die Rangordnung von Merkmalsausprägungen mit definierten Abständen (vgl. PLACHTER, 1991), bedingt aber keine grundlegende Änderung des Bewertungsalgorithmus und kann deshalb auch parallel betrieben werden und somit auf diejenigen Bewertungsvorgänge beschränkt bleiben, die Eingang in eine flächenbezogene Bilanzierung finden sollen.

2 BISHERIGE ANSÄTZE DER LANDSCHAFTSBEWERTUNG

2.1 BODEN UND BODENWASSERHAUSHALT

Die Eigenschaften eines Bodens lassen sich weit mehr als die anderer Schutzgüter durch physikalische oder chemische Messungen bestimmen und vergleichen. Ursprünglich mit dem Ziel der Ertragssteigerung in der Landwirtschaft entwickelt, bieten Bodenchemie und Bodenphysik als Teildisziplinen der Bodenkunden schon seit Jahrzehnten ein reichhaltiges Instrumentarium an Meßgrößen und Bewertungsparametern zur Analyse auch der ökologischen Funktionen des Bodens. Aber erst mit zunehmender Sensibilisierung für steigende Schadstoffbelastungen von Grundwasser und Nahrungsmitteln erlangten bodenkundliche Ansätze auch Eingang in die Landschaftsökologie, wo sie sich als ökologische Funktionen und Potentiale mittlerweile fest etabliert haben. In der Literatur lassen sich vor allem die in Tab. 1 aufgeführten Funktionen unterscheiden, wobei sich die verschiedenen Rückhaltefunktionen bzw. -funktionsbereiche teilweise überlagern und durchaus als Teilfunktionen der Grundwasserschutzfunktion betrachtet werden können.

Tab. 1: Ökologische Bodenfunktionen in der Literatur

Funktion bzw. Teilfunktion	**Autoren**
Erosionswiderstandsfunktion	
– Widerstand gegen Wassererosion	WISCHMEIER & SMITH (1978), SCHMIDT (1979), AG BODENKUNDE (1982)
– Widerstand gegen Winderosion	AG BODENKUNDE (1982), SCHMIDT (1979),
Filter-, Puffer- und Transformatorfunktion	
– mechanische Filterfunktion	SCHREIBER & ALTMANN (in MARKS et al., 1992)
– physiko-chemische Filterfunktion	AG BODENKUNDE (1982)
– Filtervermögen für Schwermetalle	BLUME & UND BRÜMMER (1991), AG BODENKUNDE (1982)
– Nitratrückhaltung	STEYER et al. (1988), GRÜNEWALD et al. (1989), SANDNER et al. (1993), AG BODENKUNDE (1982)
– Umsetzung organischer Stoffe	EIKMANN & KLOKE (1988), BLUME (1992)
Grundwasserschutzfunktion	WOHLRAB (1976), ZEPP, (1988), MARKS et al. (1992)
Grundwasserneubildungsfunktion	DÖRHÖFER & JOSOPAIT (1980), RENGER & STREBEL (1980)
Abflußregulationsfunktion	MARKS et al. (1992)
Biotisches Ertragspotential	GLAWION (in MARKS et al. 1992), Reichsbodenschätzung
Biotopentwicklungspotential	BRAHMS et al. (1989)
Archivfunktion	BfN (1996)

Läßt man die von Bodeneigenschaften unabhängige und hinsichtlich erhaltener Bodendenkmäler etwas zweifelhafte „Archivfunktion“ sowie die sog. „Erosionswiderstandsfunktion“ in ihrer Eigenschaft als Gefährdungspotential unberücksichtigt (s. hierzu Kap. 3.1.1.1), so basieren sämtliche Ansätze zur Erfassung und Bewertung der Rückhalte- und Schutzfunktionen des Bodens auf experimentell ermittelten Daten, die in Abhängigkeit von den jeweiligen Einflußgrößen, insbesondere Bodenart, Gründigkeit bzw. Filterstrecke, Durchlässigkeit, klimatische Wasserbilanz, Humusgehalt und Bodenreaktion in ordinal- oder kardinalskalierter Form allgemeingültig aufbereitet werden.

Das vereinfachte Verfahren zur Ermittlung der mechanischen und physiko-chemischen Filterwirkung nach AG BODENKUNDE (1982) verzichtet auf eine vom Bodenprofil abhängige Gesamtbewertung und erlaubt lediglich eine bodenartenspezifische Einstufung in drei (mechanisch) bzw. fünf Stufen (physiko-chemisch) zwischen gering (1) und groß (3) bzw. sehr gering (1) und sehr groß (5). Demgegenüber bedienen sich SCHREIBER & ALTMANN (in MARKS et al., 1992) für beide Funktionsbereiche einer fünfstufigen Skala, deren Werte in Abhängigkeit von der Filterstrecke sowie einem möglichen klimatischen Wasserbilanzüberschuß mit Zu- und Abschlägen von bis zu 2 Punkten versehen werden können und je Dezimeter (dm) Schichtmächtigkeit über der Grundwasseroberfläche zu ermitteln und aufzusummieren sind. Das Verfahren erlaubt somit eine relativ einfache, aber dennoch differenzierte Bewertung der Filtereigenschaften von Böden allein auf Grundlage gängiger Bodentypenkartierungen.

Die Herleitung des Filtervermögens für Schwermetalle hingegen bedarf nach dem Verfahren von BLUME & BRÜMMER (1991) auch einer Berücksichtigung des Humusgehalts, des Eisengehalts und des pH-Wertes eines Bodens sowie der Bindungsstärke verschiedener Schwermetallionen durch Humus, Ton und Sesquioxide. Aus dem hierdurch ermittelten, in sechs Stufen (0-5) gegliederten Wert des Filter- und Puffervermögens läßt sich in Abhängigkeit von der klimatischen Wasserbilanz zusätzlich die Stufe der Grundwassergefährdung (GGS) ableiten.

Um eine Einschätzung der Empfindlichkeit von Böden gegenüber der Schwermetallverlagerung auch beim Fehlen geeigneter Informationen zur Bindungsstärke von Schwermetallen zu ermöglichen, schlagen BASTIAN & SCHREIBER (1994) die Anwendung eines vereinfachten Schätzrahmens vor, anhand dessen sich das Verlagerungsrisiko über die Parameter Bodenart, Humusgehalt, Perkolation (Durchsickerung), Grundwasserstand und pH-Wert ermitteln läßt. Für die erstgenannten Größen werden hierbei über einfache Verknüpfungsmatrizen Wertzahlen zwischen 1 und 3 ermittelt und die Wertzahlsummen in Abhängigkeit vom pH-Wert zum Verlagerungsrisiko (V) aggregiert.

In Ermangelung geeigneter Grundlagendaten ist im Rahmen der Landschaftsplanung selbst der vereinfachte Ansatz praktisch kaum umsetzbar, zumal er streng genommen nicht eine Einstufung der Filter- und Pufferfunktion eines Bodens ermöglicht, sondern analog der „Erosionswiderstandsfunktion" ein Gefährdungspotential beschreibt. Als Kriterium zur Bodenbewertung bedarf das Verlagerungsrisiko folglich der Transformation in eine Schutzfunktion für das Grundwasser.[7]

Ähnlich der Ermittlung der Schwermetallverlagerung bedarf auch die Bemessung des Umsetzungsvermögens organischer Schadstoffe im Boden sehr aufwendiger Untersuchungen, da sich das Verhalten verschiedener organischer Schadstoffgruppen im Boden je nach Bodenart, Humusgehalt, pH-Wert und Luftkapazität stark unterscheidet (BLUME, 1992). Das von EIKMANN & KLOKE (1998) veröffentlichte Bewertungsverfahren entzieht sich folglich den Möglichkeiten der Bodenbewertung auf Ebene der Landschaftsplanung, die allenfalls auf den stark vereinfachten Ansatz von MARKS et al. (1992) zurückzugreifen vermag. Dieser klassifiziert das Umsetzungsvermögen für organische Schadstoffe nach Bodenartengruppen, klimatischem Wasserbilanzüberschuß und Durchlüftungstiefe in einer fünfstufigen Ordinalskala und ermöglicht somit eine parallele Bewertung zur mechanischen und physiko-chemischen Filter- und Pufferfunktion.

[7] Demgegenüber läßt sich aus der „Erosionswiderstandsfunktion" keine Schutzfunktion gegenüber einem anderen Schutzgut ableiten, weshalb sich eine nähere Betrachtung dieser Bodeneigenschaft an dieser Stelle erübrigt.

In der Praxis durchaus anwendbar ist auch der von SANDNER et al. (1993) entwickelte Ansatz zur Ermittlung der Stickstoffauswaschung unter Ackerland, die sich, da Böden kein physikochemisches Filtervermögen gegenüber Nitrat-Stickstoff besitzen (MARKS et al., 1992), in Abhängigkeit von Fruchtfolge und Düngermenge über Feldkapazität und klimatische Wasserbilanz relativ einfach herleiten läßt. Zur flächendeckenden Bodenbewertung in Landschafts- und Eingriffsplanung eignet sich das Verfahren wegen seiner auf die ackerbauliche Nutzung beschränkten Aussagekraft indes nicht.

Mit der von DÖRHÖFER & JOSOPAIT (1980) entwickelten „Methode zur flächendifferenzierten Ermittlung der Grundwasserneubildungsrate" liegt ein Verfahren vor, das in seiner Aussagekraft nach BASTIAN & SCHREIBER (1994) zwar nur für großräumige Maßstabsebenen bis etwa 1:50.000 aussagekräftige Bewertungsgrundlagen liefert, hier über die Parameter Mittlerer Jahresniederschlag, potentielle Verdunstung, Hangneigung, Flächennutzung, Bodenart und -typ sowie Grundwasser-Flurabstand aber eine stufenweise Berechnung der durchschnittlichen Grundwasserneubildung in Millimeter pro Jahr (mm/a) ermöglicht.

MARKS et al. (1992) differenzieren zwischen der durch Grundwasserflurabstand, Wasserdurchlässigkeit und Grundwasserneubildung bestimmten Grundwasserschutzfunktion sowie der Grundwasserneubildungsfunktion nach RENGER & STREBEL (1980). Letztgenannte basiert auf den Parametern Nutzbare Feldkapazität im Wurzelraum (nFKWe), Nutzung und klimatische Wasserbilanz, läßt aufgrund seiner Herleitung für den norddeutschen Raum aber das Relief und somit den Oberflächenabfluß unbeachtet. Die Ermittlung der Grundwasserneubildungsrate (V) erfolgt auch hier rechnerisch in Millimeter pro Jahr (mm/a).

Da die zur Berechnung erforderlichen Daten auch für größere Gebiete gut zu ermitteln sind, eignen sich beide Ansätze in der Landschaftsplanung zur Bestandsbewertung von Böden zumindest in größerem Maßstab. Der Mangel beider Ansätze offenbart sich hingegen bei der im Rahmen der Eingriffsbewertung erforderlichen Bereitstellung von Prognosedaten sowie einer entsprechend differenzierten Beurteilung von Planungsvorhaben. So läßt auch das die Hangneigung erfassende Verfahren von DÖRHÖFER & JOSOPAIT (1980) den durch den Abflußbeiwert (Ψ) repräsentierten Einfluß der Geländeoberfläche auf den Direktabfluß und damit eine entscheidende Größe bei der Bewertung von Eingriffen in den Bodenwasserhaushalt unberücksichtigt.

Das biotische Ertragspotential resultiert aus einer Vielzahl von Bodeneigenschaften, aber auch klimatischen und topographischen Einflüssen. Bereits die in den 30er Jahren in Deutschland durchgeführte und in den alten Bundesländern bis heute fortgeschriebene Reichsbodenschätzung aggregiert für Grünlandstandorte die Parameter Bodenart, Wasserverhältnisse, Klimastufe und Bodenstufe zur sog. Grünlandgrundzahl, die als Verhältniszahl zwischen 1 und 100 die Ertragsfähigkeit eines Standortes widerspiegelt (SCHEFFER & SCHACHTSCHABEL, 1982). Bei der Ermittlung der Bodenzahl für ackerbaulich genutzte Flächen ist zudem die Entstehungsart des Bodens zu berücksichtigen. Für die einzelnen Parameter werden in Abhängigkeit von ihrer Ausprägung Werte zwischen 0 und 5 vergeben und zum Gesamtwert aufaddiert.

Das im Gegensatz zur Reichsbodenschätzung unabhängig von der aktuellen Nutzung anwendbare Verfahren nach GLAWION (in MARKS et al., 1992) erfaßt insgesamt vierzehn Parameter, die ebenfalls mit Werten zwischen 0 und 5 belegt und zu den fünf Einzelfaktoren Relief, Boden, Wasserhaushalt, Klima und Gefährdung aggregiert werden. Der multifaktorielle Bewertungsansatz folgt hierbei dem Prinzip des Minimumfaktors, d.h. daß die niedrigste Ausprägung eines Parameters die Gesamtbewertung des Einzelfaktors bestimmt. Aufgeschlüsselt nach der Hauptnutzungsform, ergibt sich der Gesamtwert ebenfalls aus dem ungünstigsten Einzelfakor.

Abgesehen von der aufwendigen Ermittlung der Boden- und Klimaeigenschaften bei GLAWION bzw. der sehr lückigen und nutzungsspezifischen Datengrundlage der Reichsbodenschätzung, besteht das Hauptproblem der Bewertung des Ertragspotentials in seiner negativen Korrelation zum sog. Biotopentwicklungspotential, das beispielsweise BRAHMS et al. (1989) mit Hilfe der Parameter Grund- und Stauwassereinfluß, nFK, Nährstoffhaushalt, Basensättigung und Carbonatgehalt über eine einfache Verknüpfungsmatrix ermitteln. Die Einstufung der Schutzwürdigkeit eines Bodens erfolgt über die Zuordnung einer potentiellen Ersatz- (Pflanzen-) gesellschaft, deren Bedeutung in Abhängigkeit von ihrer Spezialisierung vorgegeben wird.

Da die Erhaltung der Ertragskraft eines Bodens trotz ihrer primär nutzungsorientierten Ausrichtung durchaus auch als ein Belang des Naturschutzes gelten muß, ist eine parallele Bewertung beider Funktionen in der Landschaftsplanung wegen ihrer gegenläufigen Aussagen nicht sinnvoll. In dem unter 3.1 beschriebenen Ansatz zur Bodenbewertung wird deshalb auf eine Berücksichtigung des Biotopentwicklungspotentials gänzlich verzichtet, da es sinnvoller erscheint, die Funktion eines Standortes als Lebensraum für Pflanzen und Tiere an dessen tatsächlicher biotischer Ausstattung zu messen, die selbst bei starker Überformung oft noch genügend Aussagen zum Entwicklungs- bzw. Regenerationspotential eines Biotops zuläßt.

Wie die bisherigen Ausführungen zeigen, besteht aufgrund der relativ guten Meßbarkeit bestimmter Bodeneigenschaften durchaus kein Mangel an fachlich haltbaren und aussagekräftigen Bewertungs- bzw. Berechnungsverfahren zur Ermittlung einzelner Bodenfunktionen. Dennoch ist ein genereller Einsatz der beschriebenen Verfahren in der Landschaftsplanung, vor allem aber in der Eingriffsbewertung, aus folgenden Gründen nicht zielführend:

1) Das Erfordernis in der Eingriffsbewertung zur Ermittlung eines aggregierten Gesamtwertes führt bei einer parallelen Bearbeitung der verschiedenen Ansätze, wie sie beispielsweise MARKS et al. (1992) durch eine einheitliche fünfstufige Ordinalskalierung aller Werte vorsieht, zu erheblichem Arbeitsaufwand. Vor allem aber bewirkt eine solche Vorgehensweise eine mehrfache Berücksichtigung derselben Bodeneigenschaften mit der Folge eines überproportionalen Einflusses einzelner Kennwerte. Ziel jedweder Bewertung anhand ausgesuchter Kriterien muß aber sein, einen Parameter mit der ihm zustehenden Gewichtung nur einmal zur Ermittlung des Gesamtwertes heranzuziehen. Bei Aggregierung unterschiedlicher Teilfunktionen müssen diese folglich über unterschiedliche Bewertungsparamater hergeleitet werden.
2) In Ermangelung differenzierungsfähiger Prognosedaten eignen sich weder die Einzelbewertungen noch eine auf diesen aufbauende Gesamtbetrachtung zur Bewertung von Eingriffsvorhaben. Die naturschutzrechtlich gebotene Bilanzierung von Planungen bedarf aber der Herleitung bereits im Vorfeld einer Planung prognostizierbarer Werte und ist auf Grundlage der beschriebenen Verfahren allein deshalb nicht möglich.

Planungsbezogene Bewertungs- und Bilanzierungsansätze für das Schutzgut Boden haben bis zur Veröffentlichung des eigenen Ansatzes (KARL, 1997) nur in sehr allgemeiner und undifferenzierter Form Verwendung gefunden. Beispielhaft seien hier die „Naturschutzfachlichen Hinweise zur Anwendung der Eingriffsregelung in der Bauleitplanung“ des Niedersächsischen Landesamtes für Ökologie (1994) genannt, die neben Angaben zum erforderlichen Erfassungsstandard, Hauptbeeinträchtigungsfaktoren und möglichen Kompensationsmaßnahmen auch eine Methodik zur Bilanzierung von Eingriffsplanungen enthalten. Diese basiert - wie für alle Schutzgüter - auf einer lediglich drei Wertstufen umfassenden Ordinalskalierung für die getrennt zu bewertenden Schutzgüter „Boden“ und „Wasser - Grundwasser“. Die Einstufung der Bedeutung des einzigen Bewertungskriteriums („Natürlichkeitsgrad“) als „gering“, „allgemein“ oder „besonders“ erfolgt durch Abgleich mit vorgegebenen Beispielen, die anhand der Kriterien „Überprägung“, „Versiegelung“ und „Kontaminierung“ ausgewählt und der jeweiligen Stufe zugeordnet sind. Kriterien zur Beurteilung der „Grundwassersituation“ sind das Stoffeintragsrisiko sowie die Ursprünglichkeit des Grundwasserstandes.

Die Definition von Wertstufen über „weiche“ Parameter, also eine inhaltliche Beschreibung der zugehörigen Merkmalsausprägungen, ist grundsätzlich statthaft und vor allem bei Schutzgütern, deren Eigenschaften sich einer mathematischen Berechnung entziehen, auch sinnvoll.[8] Dies entspricht beispielsweise der Praxis unserer Rechtsprechung, die ebenfalls auf Konventionen zur Interpretation des Wortlautes von Gesetzen aufbaut und damit eine mehr oder weniger einheitliche Anwendung gesetzlicher Normen gewährleistet („Richterrecht“). Gerade im Hinblick auf den Boden und seinen Wasserhaushalt erscheint eine solche Vorgehensweise aber nicht einsichtig, stehen hier - wie dargelegt - doch vielfältige Meßgrößen zur Bewertung der Funktionsfähigkeit zur Verfügung.

Gravierende Probleme ergeben sich bei der Anwendung des Verfahrens aber insbesondere aus der groben Skalierung, die augenscheinlich in dem Versuch begründet liegt, dem Verdacht der Quantifizierbarkeit von Werten des Naturhaushalts entgegenzuwirken, in der Praxis aber eine gebotene Differenzierung sowohl des Bestandswertes als auch der Eingriffswirkung einzelner Maßnahmen verhindert. Gleichwohl bedient sich der Ansatz aber des selben Berechnungsprinzips wie viele andere, sehr viel stärker differenzierende Verfahren, indem er Flächengröße und Wertstufe zu einem flächenbezogenen Wert multipliziert und eine entsprechende Berechnung der Aufwertung durch Kompensationsmaßnahmen gegenüberstellt. Da die Beschreibung möglicher Kompensationsmaßnahmen aber auf eine Angabe des Verbesserungspotentials verzichtet, bleibt die Einstufung der jeweiligen Maßnahmen dem einzelnen Gutachter überlassen, zumal sich Vorkehrungen zur Eingriffsminimierung nicht wirksam in die Bilanz einstellen lassen.

Im Ergebnis beinhaltet die Methode erhebliche Unwägbarkeiten bei der Zuordnung vor allem von Ausgleichsmaßnahmen und verhindert eine angemessene Berücksichtigung eingriffsminimierender Festsetzungen, ohne tatsächlich auf eine Quantifizierung von Werten zu verzichten. Das Verfahren bietet gegenüber stärker differenzierenden Ansätzen bei vielfältigen Mängeln folglich keinerlei Vorteil.

Als Beispiel für ein auf Symbolen aufgebautes Verfahren verzichtet der von BERGER (1995) veröffentlichte Vorschlag zur Bodenbewertung in Umweltverträglichkeitsuntersuchungen gänzlich auf die Verwendung ordinaler oder kardinaler Zahlenwerte und ersetzt diese durch Symbole, die faktisch einer fünfstufigen Ordinalskalierung entsprechen. Unter teilweiser Mehrfachverwendung einzelner Parameter (nFK, „Grundwassereinfluß“) werden die Teilwerte Lebensraumfunktion, Produktionsfunktion und Regelungsfunktion getrennt ermittelt und schließlich zu einem Gesamtwert aggregiert.

[8] Den einzelnen Wertstufen selbst können jedoch wiederum Zahlenwerte zugerechnet werden, wodurch letztendlich auch eine Bilanzierung „weicher“ Parameter ermöglicht wird.

Auch dieser Ansatz vermeidet nur scheinbar eine Quantifizierung der einzelnen Bodenkennwerte, werden Teilwerte und Gesamtwert doch quasi durch das „arithmetische Mittel" der Symbole gebildet. Da das Verfahren zur Bestandsbewertung entwickelt wurde, läßt es zudem weder eine Eingriffsbewertung noch -bilanzierung zu. Fachlich nicht haltbar erscheint schließlich die Wahl von Bewertungs-„Parametern" wie „Reichsbodenschätzung" und „Einstufung der forstlichen Bodenproduktionsfunktion".

Zusammenfassend kann festgestellt werden, daß die gängigen Methoden zur Bewertung von Bodenfunktionen aufgrund einer nicht zufriedenstellenden Aggregierung von Teilfunktionen, unzureichender Prognosedaten oder nicht ausreichender Differenzierungsmöglichkeiten als Grundlage zur Eingriffsbewertung und -bilanzierung nur ansatzweise oder gar nicht geeignet sind.

2.2 VEGETATION UND FAUNA

Anders als bei der Bewertung des Schutzgutes Boden sind für den Bereich Vegetation und Fauna seit Jahren eine Reihe verschiedenster Bewertungsansätze entwickelt worden, die in ihrer Fülle kaum mehr zu überschauen sind, sich aber auf einige wenige Grundmuster reduzieren lassen. Die nachfolgende Betrachtung konzentriert sich hierbei auf aggregierende Bewertungsmethoden, da diese sich in der Praxis wegen der Vielzahl möglicher Bewertungskriterien als unumgänglich erwiesen haben. Fachlich unbestritten sinnvolle Bewertungsansätze, wie das Konzept zur „minimalgroßen überlebensfähigen Population" (MPV) (vgl. HOVERSTADT et al., 1993) oder die Definition von Leitarten (vgl. Kap. 3.2) müssen vermehrt Eingang in Bewertungsverfahren finden, sind selbst aber nicht als solche konzipiert und an dieser Stelle deshalb nicht zu analysieren.

Tab. 2 gibt einen Überblick über Auswahl und Kombination von Parametern typischer bzw. häufig verwendeter Bewertungsverfahren. Zum Vergleich ist in Spalte 1 der eigene, in Kap. 3.2 beschriebene Ansatz gegenübergestellt.

Häufigste Bewertungskriterien sind neben der Natürlichkeit bzw. Kulturbeeinflussung (Hemerobie) eines Lebensraums vor allem das Vorkommen seltener und gefährdeter Tier- und Pflanzenarten oder Biotoptypen, daneben die Flächengröße und Entwicklungsdauer von Biotopen sowie die Arten- oder Strukturvielfalt des Biotops. Alle übrigen Parameter fallen in ihrer Bedeutung stark ab, wobei der von PLACHTER (1989) und im eigenen Ansatz aufgegriffene Indikatorwert von Tierarten wegen der starken Korrelation zur Seltenheit und Gefährdung von Arten diesem Kriterium nahe gestellt werden kann.

Grund für die kaum gebräuchliche Heranziehung von Parametern wie Vollständigkeit (BASTIAN & SCHREIBER, 1994; PLACHTER, 1989), Stabilität / Empfindlichkeit, Entwicklungstendenz (IDLE, 1994; AICHER & LEYSER, 1991) und Reife (KLINK, 1992; AICHER & LEYSER, 1991) ist deren abstrakter Charakter, der eine eindeutige und nachvollziehbare Zuordnung in der Praxis kaum zuläßt. Weder die Vollständigkeit eines Lebensraums, noch seine Belastbarkeit lassen sich im Vorfeld einer Bewertung definieren, so daß eine dem nutzwertanalytischen Ansatz entsprechende Einstufung des Zielerfüllungsgrades mithin nicht möglich ist. Im übrigen muß bezweifelt werden, daß Stabilität, Reife und Entwicklungstendenz tatsächlich geeignet sind, die Schutzwürdigkeit eines Lebensraumes hinreichend zu begründen, basiert der Wert einiger hochgradig bedrohter Lebensräume doch gerade auf ihrer periodischen Entstehung beispielsweise in Flußauen oder naturnahen Wäldern (vgl. RIECKEN et al., 1994; FLADE, 1995). Mit ADAM et al. (1987) liegt bei der Anwendung derartiger Kriterien folglich ein Fehler 1. Ordnung vor, d.h. daß Dimensionen der Wirklichkeit im Bewertungsmodell nicht richtig abgebildet werden.

Tab. 2: Bewertungskriterien für Vegetation und Fauna in der Literatur

	Autoren												
	b*		c						d		e		
Bewertungskriterium	**1**	**2**	**3**	**4**	**5**	**6**	**7**	**8**	**9**	**10**	**11**	**12**	**13**
Natürlichkeit / Hemerobie	●	●	●	●	●	●		●	●			●	●
Seltenheit / Gefährdung v. Biotopen	●	●	❍	●	●		●	●	●			●	
Seltenheit / Gefährdung von Arten			●	●	●	●		●	●	●	●		●
Artendiversität / Artenreichtum		●	●	●	●	●		●		●			
Flächengröße / Flächenanspruch	●		●				●	●	●	●	●		
Strukturvielfalt	●	●	●				●		●	●			
Wiederherstellbarkeit / Entwicklungsdauer	●			●	●		●		●				
Repräsentanz / Präsenzwert			●	●		●		●					
Biotopverbund- bzw. Isolationsgrad	●		●						●	●			
Beeinträchtigung durch den Menschen				●						●			
Vollständigkeit										●	●		
Stabilität / Belastbarkeit / Empfindlichkeit		●						●					
Entwicklungstendenz		●		●									
Maturität / Reife / Entwicklungsgrad		●		●									
Anspruch von Indikatorarten	●										●		
Standorteigenschaften	●												
Vielfalt an Biotoptypen im Naturraum			●										
Erlebniswert							●						

1) eigener Ansatz (Kap. 3.2)
2) AICHER & LEYSER (1991)
3) ADAM ET AL. (1987)
4) KLINK (In MARKS et al., 1992)
5) AUHAGEN (1995)
6) WITSCHEL (1979)
7) WITTIG & SCHREIBER (1983)
8) IDLE (in USHER & ERZ, 1994)
9) BASTIAN (1990)
10) BASTIAN & SCHREIBER (1994)
11) PLACHTER (1989)
12) KAULE (1991)
13) NIEDERS. LANDESAMT FÜR ÖKOLOGIE (1994)

●: Hauptkriterium
❍: Seltenheit von Pflanzengesellschaften

*) vgl. Erläuterungen zu den Spaltengruppen S. 21, unten

Auch der Parameter Repräsentanz (KLINK, 1992; WITSCHEL, 1979) eignet sich nicht zur Einbeziehung in ein aggregierendes Bewertungsverfahren, da die Repräsentanz eines Lebensraumtyps negativ mit seiner (natürlichen) Seltenheit im Naturraum korreliert und sich beide Kriterien folglich ausschließen. Die Vorbelastung von Biotopen durch den Menschen (KLINK, 1992) ist fachlich kaum vom Grad seiner Hemerobie zu trennen und als parallel zu verwendendes Kriterium folglich nicht sinnvoll. Im Zusammenhang mit der Bewertung eines Lebensraums grundsätzlich auszuschließen ist die Verwendung sachfremder Kriterien wie Schönheit oder Erlebniswert (WITSCHEL, 1979).

Es zeigt sich, daß im Gegensatz zur Bodenbewertung im Bereich Arten- und Biotopschutz mit der Flächengröße, Struktur- und Artenvielfalt objektiv meßbare oder zumindest qualitativ faßbare Größen nur sehr begrenzt zur Verfügung stehen und bei alleiniger Verwendung fast zwangsläufig zu Fehlbewertungen führen müssen. Gerade die Artenvielfalt läßt in vielen Fällen kaum Aussagen zu, korreliert sie beispielsweise auf verbrachenden Grünlandstandorten über Jahre hinweg negativ mit dem Wert der Fläche. Ebenso wie die Stabilität eines Lebensraums darf sie, anders als im Verfahren nach AICHER & LEYSER (1991) praktiziert, deshalb niemals generell zur Bewertung herangezogen werden und scheidet deshalb als Hauptkriterium aus.

In Ermangelung brauchbarer Meßgrößen gründet sich eine aussagekräftige Bewertung von Lebensräumen durchweg auf Kriterien, die selbst einem Bewertungsvorgang entspringen, nämlich Seltenheit und Gefährdung von Arten oder Biotoptypen. Diese vom methodischen Ansatz her kritisch zu beurteilende Vorgehensweise hat sich in der Praxis dennoch bewährt, ist die Gefährdung von Arten und Lebensräumen - eine korrekte Einstufung in den Roten Listen vorausgesetzt - letztlich doch Ausdruck ihrer Sensibilität gegenüber Störungen sowie tatsächlicher Bestandseinbußen innerhalb definierter Zeiträume. Der beispielsweise von RECK (1993a) zur Definition von Zielartenkollektiven vorgestellte Verfahrensansatz zur Einbeziehung indikatorisch wirksamer Arten basiert ebenso wie der eigene, in Kap. 3.2 beschriebene Ansatz letztlich auch auf der erkannten Gefährdung von Arten, also auf der Auswertung von Roten Listen, ohne die eine Bestimmung ihrer Indikatorfunktion zumeist nicht möglich wäre. Die entscheidenden Vorteile einer solchen Vorgehensweise gegenüber der direkten Heranziehung von Roten Listen liegen in ihrer ethischen Dimension und dauerhaften Gültigkeit. Die Definition von Leitarten über deren Anspruchsprofil und Sensibilität gegenüber Umweltveränderungen ist ein einmaliger Vorgang, der spätere Bestandsveränderungen unberücksichtigt lassen kann. Ist die Aussagekraft einer Art aufgrund ihrer Gefährdung einmal erkannt, so bleibt sie gültig, auch wenn beispielsweise durch gezielte Naturschutzmaßnahmen eine positive Bestandsentwicklung zur Herabstufung in der Roten Liste geführt hat. Der Parameter Indikatorfunktion kann deshalb zumindest längerfristig der Tendenz entgegenwirken, Arten oder Lebensräume erst dann als schutzwürdig zu erklären, wenn sie bereits vom Aussterben bedroht sind.

Hinsichtlich des gewählten Bewertungsalgorithmus lassen sich fünf grundsätzliche Vorgehensweisen unterscheiden, die untereinander jedoch frei kombinierbar sind (s. Tab. 2):

a) die Verknüpfung von Merkmalsausprägungen mittels Formeln

b) die rechnerische Wertermittlung durch standardisierte Biotopwerte

c) die rechnerische Wertermittlung durch individuelle Aufaddierung von Einzelwerten

d) die Wertermittlung über Matrizen oder Entscheidungsbäume

e) die verbal-argumentative Zuordnung zu definierten Wertstufen anhand bestimmter Merkmalsausprägungen

Aufgrund unzureichender Grundlagendaten, mangelhafter Transparenz und geringer Aussagekraft haben sich mathematische Verknüpfungsformeln, wie der Diversitätsindex nach SHANNON (zit. in MÜHLENBERG, 1989), der Gebietswert nach WILLIAMS (1980) für Wasservogelgebiete, der sog. Ornithologische Wert nach BLANA (1978) oder die Bewertung von Brutvogelarten nach BEZZEL (1980) als weitgehend ungeeignet zur komplexen Landschaftsbewertung erwiesen. Sie besitzen Bedeutung bei der Beurteilung spezifischer Fragestellung, wie der Analyse der Bestandsentwicklung bestimmter Arten in einem Untersuchungsgebiet, wo sie statistisch auswertbare Zahlen hervorbringen. Im Rahmen der Landschaftsplanung finden sie heute aber kaum mehr Anwendung und bedürfen deshalb an dieser Stelle keiner tiefergehenden Betrachtung.

Das „Hessische Biotopwertverfahren“ nach AICHER & LEYSER (1991) ordnet jedem Biotop- bzw. Nutzungstyp in Abhängigkeit von der Ausprägung seines Entwicklungsgrades, seiner Natürlichkeit, Struktur- und Artenvielfalt, seiner Seltenheit und Empfindlichkeit sowie seiner Entwicklungstendenz eine bestimmte Punktzahl (Biotopwert) zu, die als Anteil des maximal erreichbaren Gesamtwertes (=100) ausgedrückt wird. Die sieben herangezogenen Bewertungskriterien fließen hierbei gleichrangig mit bis zu sechs Punkten in den Gesamtwert ein. Das Verfahren dient in Hessen zur Bemessung der Ausgleichsabgabe (HMLWLFN, 1995) und ist deshalb nur sehr bedingt bei der Bewertung größerer Gebiete einsetzbar.

Grundsätzliches Problem, auch bei der Herleitung des Bewertungsalgorithmus nach AICHER & LEYSER, ist eine gleichrangige Gewichtung der verschiedenen Bewertungskriterien, die, ähnlich der gebräuchlichen Modelle zur Verwendung von Wertstufen (KAULE, 1991), zu einem linearen Wertzuwachs führt und damit der tatsächlichen Bedeutung zahlreicher gefährdeter Biotoptypen nicht gerecht werden kann (PLACHTER, 1989). Erfolgt die Verknüpfung hingegen durch Gewichtung aller Teilkriterien, sind schon bei geringfügiger Abweichung bei nur einem Parameter unter Umständen völlig anderen Einstufungen eines Biotoptyps denkbar. Da sich auch die Gewichtung der Teilkriterien höchstens ansatzweise fachlich belegen läßt, ist die Aussagekraft des Verfahrens insgesamt stark einschränkt.

Aufgrund der beschriebenen methodischen Probleme wurde der Ansatz nach AICHER & LEYSER zur Übernahme in die Bauleitplanung von KARL (1994b) lediglich als Basis für eine Relativbewertung unterschiedlicher Biotoptypen herangezogen, deren Grundwerte durch Zu- und Abschläge variabler Größen den örtlichen Bedingungen anzupassen sind. Ähnliche, sog. "Verrechnungsmittelwerte" finden beispielsweise auch in dem von der Stadt Bielefeld angewandten Verfahren für die Kompensationsberechnung Anwendung (LAHL et al., 1992). Anders als die Ansätze von AICHER & LEYSER (1991), KARL (1994b) oder ADAM et al. (1987) berücksichtigen LAHL et al. (1992) aber nur Verlust und Ausgleich im Plangebiet. Die Deckung des verbleibenden, in Hektar angegebenen "Fehlbedarfs" erfolgt durch Ausweisung einer Ersatzfläche in entsprechender Größe. Deren Entwicklungspotential wird hierbei nur insofern berücksichtigt, als die Durchführung sinnvoller Maßnahmen durch ein zu erstellendes Entwicklungskonzept gewährleistet werden soll.

Als ein weiteres auch die Eingriffsbewertung flächenmäßig erfassendes Verfahren verwenden die „Bewertungsgrundlagen für Kompensationsmaßnahmen bei Eingriffen in die Landschaft vom Minister für Umwelt, Raumordnung und Landwirtschaft NRW“ (ADAM et al., 1987) eine 10-stufige Ordinalskala zur Einstufung des Biotopwerts, für dessen Ermittlung die aus Gefährdungsgrad und Grad der Ersetzbarkeit resultierende „Entwicklungstendenz“ gleichrangig dem Teilwert der übrigen Parameter berücksichtigt wird. Die Werte der einzelnen Kriterien werden hierbei getrennt abgeschätzt und zu Durchschnittswerten aggregiert.

Die Eingriffsbeurteilung erfolgt durch die Abgrenzung von Wirkzonen unterschiedlicher Eingriffsintensität und die Vergabe entsprechender „Eingriffsfaktoren", die zur Abwertung der ermittelten Bestandswerte führen. Ähnlich der Vorgehensweise von KARL (1994b), basiert die Ermittlung des Kompensationsbedarfs auf der Abschätzung des Entwicklungspotentials der vorgesehenen Ausgleichsflächen.

Die Vorteile des Verfahrens liegen in der allerdings mehr theoretischen Berücksichtigung tierökologischer Aspekte, wie der naturräumlichen Ausstattung sowie bestehender und absehbarer Umgebungswirkungen sowie der Möglichkeit, den Kompensationsbedarf in Abhängigkeit vom Entwicklungspotential flächenmäßig festzulegen. Als problematisch sind jedoch die für jedes Biotop vorzunehmende Werteaggregierung von insgesamt 12 Parametern sowie die relativ grobe Klassifizierung der Wertstufen einzuschätzen, die eine Berücksichtigung beispielsweise eingriffsminimierender Maßnahmen in der Prognose kaum zuläßt. Auch fehlen klare Zuordnungs- und Bewertungsvorschriften zur Bemessung der „Bedeutung im Biotopverbundsystem" und der tierökologischen Minimalareale. Größter Nachteil des Ansatzes sind aber die unterschiedlichen Vorgehensweisen bei der Bestandsbewertung auf der einen sowie der Eingriffs- und Kompensationsprognose auf der anderen Seite, die eine echte Bilanzierung nicht erlauben.

KLINK (in MARKS et al., 1992) ermittelt den Wert eines Lebensraums über eine ordinalskalierte Einstufung der drei Kriterien Maturität (Reife), Natürlichkeitsgrad und Beeinträchtigung in jeweils vier bzw. fünf Klassen, für die Wertzahlen zwischen 0 und 5 vergeben werden. Als dritte Größe zur Ermittlung des in der Summe resultierenden Ökotopbildungswertes (ÖBW) ergibt sich die Diversität aus einer mittels Formel zu ermittelnden Verknüpfung von Artenreichtum und Strukturvielfalt. Bei paralleler Ermittlung des Ökotopentwicklungswertes über Seltenheit, Gefährdung (Rote Liste-Vorkommen), Entwicklungstendenz, Präsenzwert und Wiederherstellbarkeit läßt sich die Gesamtsumme beider Werte als Naturschutzwert (NSW) ermitteln, wobei Präsenzwert und Wiederherstellbarkeit durch die Vergabe von bis zu 10 Punkten eine stärkere Gewichtung erfahren als die übrigen Parameter.

Sieht man von der problematischen Auswahl der Bewertungskriterien ab, mangelt es dem Ansatz nicht zuletzt wegen der unzureichenden Definition der Merkmalsausprägungen an der erforderlichen Transparenz. Zwar ermöglicht auch dieses Verfahren eine Übernahme vorgegebener Werte aus einer Biotopwerttabelle. Deren Werte sind wegen der einseitigen Ausrichtung auf vegetationskundliche und -strukturelle Größen zur Bewertung von Lebensräumen aber wenig geeignet.

Das von AUHAGEN (1995) entwickelte Bewertungsverfahren basiert auf sechs Kriterien, die mit jeweils bis zu 20 Punkten in vier Stufen (A-D) zu den drei Kriteriengruppen Grundwert, Risikowert und Verbindungswert aggregiert werden. Zusätzlich erfolgt die Einstufung der „Lagebeziehung" zwischen „sehr günstig" und „sehr ungünstig". Im Ergebnis steht eine Gesamtpunktzahl für den Biotopwert, der nach Definition von Eingriffsräumen in gleicher Weise für den Nacheingriffszustand zu ermitteln ist.

Als Vorteile des Verfahrens sind insbesondere seine Bilanzierungseignung sowie universelle Einsetzbarkeit herauszustellen. Problematisch sind hingegen die in jedem Einzelfall frei definierbare Gewichtung der Kriterien, die letztendliche Zusammenführung von Funktionen aller entsprechend zu bearbeitenden Schutzgüter zu einem Gesamtwert sowie die unzureichenden Bewertungsvorschriften zur Ermittlung der „Lagebeziehungen" zu bewerten. Schließlich verhindert die geschachtelte Aggregierung der sechs Parameter eine nachvollziehbare Gesamtbetrachtung der Bewertung.

Um die mit der Vorgabe komplexer Biotopwerte verbundenen Schwierigkeiten zu umgehen, bedienen sich viele Verfahren einer direkten Zuordnung von Punktwerten zum vorgefundenen Artenrepertoire oder anderer Einzelkriterien. Die auf dem Verfahren von BERNDT et al. (1978) beruhende Vorgehensweise von WILMS et al. (1997) zur Bewertung von Brutvogelgebieten ordnet allen in einem Gebiet nachgewiesenen Vogelarten in Abhängigkeit von ihrer Häufigkeit sowie ihrem Status in den Roten Listen der Brutvögel des Bundes, des Landes Niedersachsen sowie der jeweiligen Region Punktwerte zu und addiert diese getrennt nach den drei Bezugsebenen zu einem Gesamtwert auf. Dessen höchste Ausprägung ergibt in Relation zur Flächengröße den Endwert, der einer von vier durch Schwellenwerte getrennten Bedeutungsstufen zugeordnet wird.

Die Vorteile des Verfahrens liegen in ihrer einfachen und nachvollziehbaren Anwendung, wobei die Schwerpunktsetzung auf tatsächliche Artvorkommen fachlich durchaus sinnvoll ist. Zur umfassenden Betrachtung eines Lebensraums, vor allem aber zur Anwendung für flächenbezogene Prognosen eignet sich der Ansatz wegen seiner einseitigen Ausrichtung indes ebenso wenig wie die von ZWÖLFER et al. (1984) zur tierökologischen Heckenbewertung entwickelte Vorgehensweise, bei der die Kriterien Gehölzzusammensetzung, Altersklasse und Flächendichte mittels Punktwerten zum Gesamtwert aufaddiert werden.

Auch WITSCHEL (1979) verwendet zur Einstufung der Bedeutung von Naturschutzgebieten Punktwerte, die aufsummiert und in Klassen eingeteilt werden, wobei er im Gegensatz zu WILMS et al. (1997) und ZWÖLFER et al. (1984) sowohl Artvorkommen als auch Strukturparameter heranzieht (vgl. Tab. 2). Das Verfahren zeigt aber ebenfalls keinen Ansatz zur Modellbildung und ist folglich weder zur differenzierter Bestandsbewertung, noch zur Prognose von Eingriffswirkungen dienlich. WITTIG & SCHREIBER (1983) schließlich verzichten bei ihrer Biotopbewertung in Städten völlig auf eine Zusammenführung der vier zu ermittelnden Punktwerte und überlassen die Gewichtung der Einzelergebnisse ebenso dem jeweiligen Gutachter wie IDLE (in USHER & ERZ, 1994), der sowohl kardinal als auch ordinal gewonnene Werte in einer Matrix zusammenstellt, aber nicht abschließend aggregiert.

Als Zwischenergebnis kann festgehalten werden, daß eine rechnerische Verknüpfung von Einzelwerten zwar eine Gewichtung der einfließenden Kriterien erlaubt, in nachvollziehbarer Weise aber nur anwendbar ist, wenn der resultierende Wert nicht für jeden Standort eigens errechnet werden muß, sondern das Verfahren eine Zuordnung zu standardisierten Biotopwerten ermöglicht, die eine bestimmte Ausprägung des Lebensraums repräsentieren („Biotopwerttabellen"). Diese sind fachlich aber nur dann glaubhaft abzuleiten, wenn ihre Ermittlung auf möglichst wenigen Einflußgrößen basiert, deren Gewichtung untereinander somit transparent und einsichtig bleibt. Variable Parameter, wie Vielfalt und Vorkommen gefährdeter Arten, dürfen nicht in die Ermittlung des Grundwertes einfließen, sondern sind getrennt zu ermitteln und als Zu- oder Abschläge bzw. gewichtende Faktoren zu berücksichtigen.

Eine leicht nachvollziehbare, aber dennoch eine Gewichtung zulassende Vorgehensweise bietet die Verknüpfung von Merkmalsausprägungen mittels Entscheidungsbäumen (BASTIAN & SCHREIBER, 1994) oder Bewertungsmatrizen (BASTIAN 1990; zit. in BASTIAN & SCHREIBER, 1994). BASTIAN (1990) beispielsweise führt sechs ordinalskalierte Kriterien über mehrere Zwischenschritte zu einem Gesamtwert, wobei die Verknüpfung aus Entwicklungsdauer und „Singularität" (Seltenheit) gleichrangig dem ermittelten Zwischenwert aus den übrigen vier Parametern gegenüberstehen, die beiden Kriterien somit stärkeren Einfluß auf den Gesamtwert ausüben als Natürlichkeit, Strukturvielfalt, Größe und Isolationsgrad.

Mehr noch als die nach dem selben Prinzip arbeitenden, aber zur Erfassung komplexer Bewertungsvorgänge ungeeigneten Entscheidungsbäume, stellen Verknüpfungsmatrizen einen Ansatz zur Bildung einfacher Landschaftsmodelle dar, da sie grundsätzlich geeignet sind, Ursache-Wirkungs-Beziehungen aufzuzeigen und qualitativ miteinander zu verflechten. Aufgrund ihrer zwangsläufig groben Ordinalskalierung vermeiden sie zudem den Eindruck der Quantifizierbarkeit von Abläufen im Naturhaushalt, erlauben ohne eine weiterreichende Transformierung aber auch keine differenzierte Eingriffsprognose oder gar flächenbezogene Bilanzierung. Übergeordnete Einflüsse bleiben in ihrem Auswirkungen auf einzelne Biotope wie bei nahezu allen Ansätzen unberücksichtigt oder gehen wie bei BASTIAN (1990) lediglich in sehr diffuser Form in die Bewertung ein.

Das von PLACHTER (1989) veröffentlichte Verfahren zur biologischen Schnellansprache und Bewertung von Gebieten nimmt eine Zwischenstellung zwischen der Wertermittlung über Matrizen oder Entscheidungsbäume sowie der Zuordnung zu definierten Wertstufen anhand bestimmter Merkmalsausprägungen ein. PLACHTER ordnet fest definierte Ausprägungen der Kriterien Vorkommen von Rote Liste-Arten, Gebietsgröße, Vollständigkeit der Taxozönose, Erfüllungsgrad bei Zeigerarten, Standorteigenschaften („wärmster Standort im Naturraum") sowie Erfassung in der Biotopkartierung einer von fünf Rangstufen örtlicher bis internationaler Bedeutung zu. Eine Definition wertgebender Zeigerarten unterbleibt jedoch. Zudem sind die Kriterien wegen ihrer selektiven Merkmalsvorgabe nicht durchgehend zu belegen, der Ansatz also nicht universell einsetzbar.

Eine durchgehende Zuordnung vorgegebener Merkmalsausprägungen zu definierten Wertstufen ermöglichen die Methode von KAULE (1991) und der darauf aufbauende Vorschlag von RECK (1996). Dieser weist der von KAULE eingeführten neunstufigen Bewertungsskala definierte Artvorkommen zu (Bsp.: „Vorkommen regional sehr seltener oder lokal extrem seltener Arten). Das vom Niedersächsischen Landesamt für Ökologie vorgeschlagene Modell zur Eingriffsbewertung und -bilanzierung wurde in Kap. 2.1 bereits kritisch gewürdigt. Auch im Hinblick auf den Arten- und Biotopschutz ermöglicht die allein auf den Kriterien Naturnähe und Vorkommen gefährdeter Arten basierende Vorgehensweise eine zwar übersichtliche, im Detail aber nicht hinreichend genau differenzierbare Bewertung und Prognose. Auch die fünfstufige Ordinalskala von HESSE & HOLTMEIER (1986) stützt sich über die Kriterien Zustand, Biotopmerkmale, Funktion und Raumwirksamkeit auf eine beschreibenden Wertzuweisung, ordnet diese aber nicht nur drei, sondern fünf Wertstufen zu und gestattet so eine differenziertere Handhabung als die „Hinweise zur Anwendung der Eingriffsregelung in der Bauleitplanung" des Niedersächsischen Landesamtes für Ökologie (1994).

Die ordinale Wertzuweisung mittels „weicher Definitionen" ermöglichen in vielen Fällen eine nachvollziehbare und fachlich fundierte Bewertung, sofern ausreichende Differenzierungsmöglichkeiten bestehen. Neben der zur Bilanzierung erforderlichen Feinheit fehlen ihnen jedoch ebenfalls Verfahrensvorschriften zur Prognose von Eingriffs- und Kompensationswirkungen.

Zusammenfassend ist festzustellen, daß die in der Literatur verbreiteten Bewertungsansätze für das Schutzgut Vegetation und Fauna als Verfahren zur Landschaftsbewertung und Eingriffsprognose nicht oder nur eingeschränkt geeignet sind. So sind Formeln oder die bloße Aufaddierung von Einzelwerten wegen ihrer einseitigen Ausrichtung oder unüberschaubaren Gewichtung der Parameter weder fachlich sinnvoll, noch pragmatisch handhabbar. Neben teilweise erkennbaren Unzulänglichkeiten bei der Auswahl der Bewertungskriterien lassen die übrigen Verfahren vor allem einen modellhaften Ansatz vermissen, ohne den weder Planungen, noch Kompensationsmaßnahmen mit der Bestandsbewertung vergleichbar gemacht werden können. Folgerichtig fehlen nahezu allen Verfahren eindeutige Zuordnungsvorschriften zur Eingriffsbewertung. Aber auch die grundsätzlich bilanzierungsfähigen Ansätze sind wegen der Einbeziehung variabler Größen in den Grundwert (AICHER & LEYSER, 1991), unzureichender Differenzierungsmöglichkeiten (NIEDERSÄCHSISCHES LANDESAMT FÜR ÖKOLOGIE, 1994; LAHL et al., 1992), einer nicht mehr durchschaubaren Aggregierung von Einzelparametern sowie fehlender Zuordnungsvorschriften (ADAM at al., 1987; AUHAGEN, 1995) mit deutlichen Mängeln behaftet.

Aus tierökologischer Sicht ist bei allen Verfahren insbesondere die durchweg vorgenommene Aggregierung verschiedener Wertebenen bedenklich, die nicht selten zu fachlich völlig unhaltbaren Verzerrungen der Bewertung führen (z.B. die Berücksichtigung eines überfliegenden Baumfalken bei der Bewertung eines Teiches). Vor allem beim Prognostizieren der Eingriffswirkungen von Planungen ist unbedingt zwischen direkten und ggf. indirekten Auswirkungen eines Vorhabens zu unterscheiden, was eine entsprechende Differenzierung der einfließenden Parameter sowie fachlich begründete Zuordnungsvorschriften bedingt, bislang aber nicht hinreichend beachtet wird.

2.3 LANDSCHAFTSBILD, ERHOLUNGSEIGNUNG UND KULTURHISTORISCHE BEDEUTUNG DER LANDSCHAFT

Bereits die Bewertung des bloßen Landschaftsbildes bereitet im Ansatz vielfältige Probleme, kann die ästhetische Funktion der Umwelt doch - auch im Sinne des Wortes - aus vielerlei Blickwinkeln betrachtet werden. Erweitert man den Begriff des Schutzgutes „Landschaft" noch auf die Erholungseignung sowie die nicht selten vernachlässigte kulturhistorische Komponente, offenbart sich ein ausgesprochen breites Spektrum möglicher Operationalisierungsmöglichkeiten. Es verwundert deshalb nicht, daß das Schrifttum zahlreiche Ansätze bereithält, die durch visualisierende Methoden (HOPENSTEDT & STOCKS, 1991) oder die bloße Kategorisierung von Wirkmechanismen, Wahrnehmungsformen oder Schnittwirkungen (KRAUSE, 1991b; KRAUSE, 1996) einen nachvollziehbaren Zugang zur Landschaftsbildbewertung zu finden suchen. Wie der eigene, in Kap. 3.3 beschrieben Ansatz deutlich macht, bilden vor allem letztgenannte Modelle wichtige Bausteine zur Gliederung von Bewertungsvorgängen und zur Entwicklung von Zuordnungsvorschriften. Als eigene, in sich geschlossenen Bewertungsverfahren sind sie jedoch nicht zu betrachten und deshalb ebenso wenig Gegenstand der weiteren Betrachtung wie abstrakte Formeln zur Ermittlung der Schönheit einer Landschaft wie die von BIRKHOFF (zit. in GAREIS-GRAHMANN, 1993).

Die Auswahl von Kriterien zur Landschaftsbildbewertung konzentriert sich vor allem auf die vom Gesetz vorgegebenen Größen Vielfalt, Eigenart und Schönheit, zuweilen ergänzt um die Parameter Harmonie, Repräsentativität, Unberührtheit sowie Einzigartigkeit im Sinne von Schutzwürdigkeit, Unersetzbarkeit oder Seltenheit, teilweise auch Benutzbarkeit bzw. Zugänglichkeit (vgl. GAREIS-GRAHMANN, 1993).

Ähnlich dem Schema von BASTIAN & SCHREIBER (1994), ordnet GAREIS-GRAHMANN (1993) die bisherigen Verfahren der Landschaftsbildbewertung vier Grundmustern zu, von denen der auf Befragungstechniken aufbauende wahrnehmungspsychologische (z.B. HOISL et al., 1992) sowie der rein monetär ausgerichtete sozioökonomische Ansatz für eine flächenbezogene, naturschutzfachlich haltbare Bewertung von vornherein ausscheiden und an dieser Stelle nicht weiterverfolgt werden müssen. Eine grundsätzliche Eignung für den Einsatz in der Landschaftsbewertung ist lediglich den ökologisch ausgerichteten sowie den gestalterisch-analytischen Methoden zuzusprechen, die nach Auswertung von GAREIS-GRAHMANN jedoch durchweg als eigenständige Verfahren Verwendung finden und somit eine umfassende Gesamtbetrachtung der Landschaft verhindern. Dennoch finden sich zahlreiche Übergänge zwischen beiden Vorgehensweisen, die eine eindeutige Trennung beider Ansätze erschweren. Tab. 3. gliedert die nachfolgend beschriebenen Verfahren deshalb auch vorrangig nach ihrer element- bzw. flächenbezogenen Ausrichtung[9] als dem maßgeblichen Kriterium zur Beurteilung ihrer Einsatzmöglichkeiten in der Landschaftsplanung und Eingriffsbilanzierung.

Tab. 3: Bewertungskriterien für Landschaftsbild und Erholungseignung in der Literatur

	Autoren												
	Elementbezug							Flächenbezug					
Bewertungskriterium	1	2	3	4	5	6	7	8	9	10	11	12	13
Vielfalt, Vorkommen best. Elemente		●	●	●	●		●	●	●	●			●
Natürlichkeit, Hemerobie, Ursprünglichkeit	●					●		●	●		●	●	●
Landschaftshaushalt i.w.S.		●		●		●					●	●	
kulturhistorische Komponenten				●		●					●	●	●
Schönheit, Erscheinungsbild					●	●	●			●			
Eigenart, Eigenartsverlust					●		●	●					●
Sichtbeziehungen, Fernwirkungen				●			●					●	●
Relief									●	●		●	●
Lärmbelastung, Geruchsbelastung							●	●					●
Raumstruktur, Raumgliederung		●										●	●
Harmonie, Einbindung, Verbindung							●					●	
Landnutzung						●			●				
Nutzbarkeit, Begehbarkeit							●			●			

1) BORNKAMM (1980), PFLUG (1988)
2) AUWECK (1979)
3) GROTHE et al. (1979), ZILLIEN (1984)
4) GROSJEAN (1986)
5) FELLER (1979)
6) GRABSKI (1985)
7) LEITL (1997)
8) ADAM et al. (1987), NOHL (1991)
9) BASTIAN (1993)
10) MARKS et al. (1992)
11) NIEDERS. LANDESAMT FÜR ÖKOLOGIE (1994)
12) GAREIS-GRAHMANN (1993)
13) eigener Ansatz (Kap. 3.3)

[9] Unter flächenbezogener Ausrichtung ist in diesem Zusammenhang der Versuch einer alle Komponenten berücksichtigenden Betrachtung zu verstehen, die eine Abgrenzung und Bewertung homogener Landschaftseinheiten erlaubt. Zu berücksichtigen sind hierzu neben Landschaftselementen beispielsweise auch das Relief, die Nutzungsstruktur oder die sich aus ihrer Gesamtheit ergebende Eigenart der Landschaft. Ansätze, wie der von GROSJEAN (1986), fallen nicht hierunter, da sie zwar eine Gliederung der Landschaft vorsehen, inhaltlich aber auf die Bewertung von Landschaftselementen beschränkt sind.

Ökologisch orientierte Verfahren finden sich zumeist im Zusammenhang mit der Bewertung konkreten Planungsvorhaben. Während BORNKAMM (1980) oder PFLUG (1988) eine ausschließliche Bewertung der Natürlichkeit bzw. Überformung anhand von Hemerobiestufen vornehmen, entwickelte beispielsweise AUWECK (1979) über die Kriterien Längen-, Breiten- und Flächenausdehnung von Kleinstrukturen einen differenzierteren quantitativen Ansatz für die Bewertung von Flurbereinigungsverfahren. Die ermittelte Kleinstrukturdichte (Anzahl / 100 ha) wird hierbei um eine qualitative Einstufung des landschaftsbildwirksamen Einflusses von Nutzungsart, -verteilung und -lage ergänzt. Ein ähnliches Vorgehen findet sich bei GROTHE et al. (1979), die mittels Luftbildauswertung den Ausstattungsgrad einer Landschaft mit Leitstrukturen bestimmen. Auch ZILLIEN (1984) verwendet Punktzahlen zur Einstufung sog. „landschaftsbildender Elemente", namentlich Tiere, die Gestaltung und Vernetzung der Landschaft sowie die Landschaftsfunktion. Die beschriebenen Ansätze ermöglichen bei rascher Ermittlung der Grundlagendaten eine nachvollziehbare Bewertung, die wegen ihrer einseitigen und teilweise auch sachfremden Kriterienauswahl für eine umfassende Analyse und Bewertung der Landschaft aber weitgehend untauglich ist.

Das vorhabenbezogene Verfahren von ADAM et al. (1987) basiert auf den Kriterien Vielfalt, Naturnähe, Eigenartsverlust sowie Lärm- und Geruchsbelastungen, die anhand einer in der Regel fünfstufigen Ordinalskala zum ästhetischen Gesamtwert aggregiert werden. Die parallele Ermittlung des „Schutzwürdigkeitsgrades" erfolgt über eine mit den Flächenanteilen gewichtete direkte Zuordnung vorgegebener Merkmalsgruppen (z.B. Gruppe 1: NSG, Gruppe 3: Ufer). Der aus beiden Werten aggregierte „Landschaftsbildwert" geht gemeinsam mit dem in gleicher Weise ermittelten „visuellen Verletzlichkeitsgrad" schließlich in den „Schutzbedürftigkeitswert" (Empfindlichkeit) ein. Die Schwere der zu erwartenden Eingriffswirkungen wird durch Vergleich mit dem „Intensitätsgrad der Eingriffsmaßnahme" als Gefährdungsgrad des Landschaftsbildes („Erheblichkeitsgrad") festgelegt.

Der wesentliche Nachteile des in ähnlicher Form von NOHL (1991) aufgegriffenen Verfahrens liegt nach GAREIS-GRAHMANN (1993) bei der starken Betonung der Schutzwürdigkeit, die eine Anwendung in vorbelasteten Gebieten kaum mehr zulasse. Für den Einsatz in der Landschaftsplanung ist jedoch der unzureichende Flächenbezug als gravierender einzustufen. Zudem führen die vielfältigen Aggregierungsvorschriften zu nicht nachvollziehbaren Ergebnissen. Die einzelnen Landschaftsfunktionen bzw. -werte Landschaftsbild, Erholungseignung und kulturhistorische Bedeutung bleiben bereits im Ansatz undifferenziert bzw. unberücksichtigt.

Auch die zahlreichen gestalterisch-analytischen Methoden, bei BASTIAN & SCHREIBER (1994) „ästhetische Landschaftsbewertung" genannt, basieren zumeist auf der Erfassung und Bewertung von Landschaftselementen. GROSJEAN (1986) beispielsweise gliedert die Landschaft in ästhetisch homogene Teilflächen, die nach jeweils 30 natur- und kulturräumlichen Kriterien hinsichtlich der visuellen Wahrnehmung und ihrem ästhetischen Erlebniswert beurteilt werden. Dieser wird für jede Bewertungseinheit als Eigenwert sowie als Einflußwert aus drei unterschiedlichen Distanzebenen festgelegt und mit drei definierten Erlebnistypen, d.h. Personengruppen, in Relation gesetzt. Gegenüber den zuvor beschriebenen Vorgehensweisen berücksichtigt GROSJEAN auch die für den Erholungswert bedeutsame nach außen gerichtete Wirkung einer Landschafteinheit. Trotz der Auswahl natur- und kulturräumlicher Kriterien verbleibt der mit großem Aufwand verbundene Ansatz jedoch bei einer elementbezogenen Betrachtung und ermöglicht keine hinreichend genaue Prognose möglicher Eingriffswirkungen.

FELLER (1979) bedient sich bei der Bewertung von Landschaftselementen einer Checkliste als Hilfsmittel zur Bestimmung von Natürlichkeitsgrad, Vielfalt, Eigenart und Schönheit. Das Vorgehen ermöglicht zwar in gleicher Weise eine Prognose von Eingriffswirkungen, läßt in Ermangelung klarer Zuordnungsvorschriften subjektiven Einflüssen aber einen zu großen Raum. Der ebenfalls auf einer Betrachtung von Landschaftselementen beruhende Ansatz von GRABSKI (1985) bewertet diese hinsichtlich ihrer kulturlandschaftsprägenden Bedeutung, ihrer Relevanz für Landschaftshaushalt und Landnutzung sowie ihrer Bedeutung für das Erscheinungsbild der Landschaft anhand einer fünfstufigen Ordinalskala, die eine Zuordnung über Beispiele ermöglicht. Der festgelegte Wert wird mit dem separat zu ermittelnden Zustand der Landschaft zum Gesamtwert aufaddiert.

Die vorhabenunabhängige „Raumgestaltungsanalyse" nach WERBECK & WÖBSE (1980) gewichtet die erfaßten Landschaftselemente nach ihrer Dominanz im Raum und unterzieht sie in einem zweiten Schritt mit Hilfe einer vierstufigen Ordinalskalierung einer sog. „Gestaltwertanalyse" zur Beurteilung der ästhetischen Qualität. Das Vorgehen zeigt Parallelen zum oben beschriebenene Verfahren von GROSJEAN (1986), das ebenfalls die Fernwirkung einzelner Elemente in die Bewertung einschließt. Wie die zuvor genannten Autoren beschränken sich aber auch WERBECK & WÖBSE auf eine alleinige Betrachtung von Landschaftselementen.

Demgegenüber unterscheidet das von BASTIAN (1993) entwickelte „Verfahren zur Bewertung des Erholungspotentials der Niederlausitz" fünf nach physiognomischen Merkmalen abgegrenzte Landnutzungseinheiten, die nach ihrem Natürlichkeitsgrad, der Stärke anthropogener Umgestaltung, dem Vorhandensein oder Fehlen von Gewässern, der Diversität der Nutzungsformen sowie ihrer landschaftsbedingten Reliefvielfalt beurteilt werden. Die Bewertung erfolgt ordinal in fünf Stufen unter Verzicht auf Bewertungsmaßstäbe nach der sog. „Delphi-Methode", also mittels Expertenschätzung. Die im Hinblick auf vier verschiedene Erholungsarten parallel ermittelten Werte werden im Ergebnis zum Gesamtwert der Erholungseignung aufaddiert und einer von 6 Klassen zugeordnet. Trotz des Flächenbezugs verhindert die alleinige Betrachtung der Erholungseignung aber einen sinnvollen Einsatz des Verfahrens in der Landschaftsplanung und Eingriffsbewertung.

Auch der von MARKS et al. (1992) vorgeschlagene Verfahrensgang zur Ermittlung der Erholungsfunktion einer Landschaft mittels Verknüpfungsmatrizen baut auf fünfstufigen Ordinalskalen auf, über die eine Beurteilung von Randeffekten, Reliefenergie und visueller Wirkung der Flächennutzung erfolgt. Die Merkmalsausprägungen sind hierbei teilweise über konkrete Schwellenwerte (Länge linienhafter Strukturelemente), teilweise anhand von Beispielen (Flächennutzung) zuzuordnen und zum Gesamtwert der „natürlichen Erholungseignung" zusammenzuführen. In Anlehnung an BIERHALS et al. (1986) ergänzen MARKS et al. den ermittelten Erholungswert durch eine Einschätzung der „nachhaltigen Nutzbarkeit" eines Gebiets zur Erholung. Feuchtgebieten, Mooren und Steilhängen wird hierbei beispielsweise eine geringe, Schlagfluren und Brachen eine mittlere und Wäldern sowie Frischwiesen eine hohe Nutzbarkeit zugesprochen. Die Autoren verzichten bewußt auf eine Einbeziehung von Umweltbelastungen sowie eine Differenzierung der Anspruchsprofile erholungssuchender Menschen. Der nachvollziehbare und relativ einfach aufgebaute Ansatz kann bei der bloßen Beurteilung einer Landschaft als potentielles Naherholungsgebiet durchaus hilfreich sein, ermöglicht wegen des kleinmaßstäblichen Rasterbezugs und der Fixierung auf räumlich-strukturelle Parameter aber keine umfassende Landschaftsbewertung.

Das vom Niedersächsischen Landesamt für Ökologie (1994) entwickelte Verfahren zur Landschaftsbildbewertung beschränkt sich auf eine einfache Ordinalskalierung, deren drei Stufen im wesentlichen über die Anteile natürlicher oder naturnaher Biotope sowie kulturhistorischer Landnutzungs- oder Siedlungsformen charakterisiert sind. Theoretisch läßt die Methode eine bilanzierende Gegenüberstellung von Eingriffsplanungen mit Kompensationsmaßnahmen zu, eine im Ansatz objektivierbare, d.h. wiederholbare und flächenbezogene Bewertung gestattet es wegen seines einfachen, beschreibenden Aufbaus aber nicht. Positiv hervorzuheben ist jedoch die bei kaum einem anderen Verfahren erkennbare starke Berücksichtigung kulturhistorischer Komponenten, die konsequenterweise nicht nur den Landschaftscharakter, sondern auch die Siedlungsstruktur einbezieht.

Mit dem Ziel einer Berücksichtigung des Gesamtbildes, der sog. „ästhetischen Stabilität" der Landschaft versucht GAREIS-GRAHMANN (1993) eine Verknüpfung der ökologischen und gestalterisch-analytischen Methoden durch Unterscheidung von drei die Gesamtwahrnehmung steuernde Wahrnehmungsebenen: die „räumlichen Orientierung und Steuerung der eigene Fortbewegung", das „Erkennen von Gegenständen und Ereignissen in ihrer Bedeutung für das Handeln" sowie die „Steuerung der sozialen Kommunikation". Jeder Ebene werden drei Funktionen zugeordnet, die räumlich-strukturelle, funktionale und erlebniswirksame Kriterien implizieren und in ihrer Ausprägung tabellarisch der jeweiligen Wahrnehmungsebene zugeordnet werden. Die für Umweltverträglichkeitsprüfungen konzipierte Bewertung erfolgt ordinal in fünf Stufen, wobei auf eine Aggregierung zugunsten einer direkten Gegenüberstellung mit dem prognostizierten Nacheingriffszustand der einzelnen Varianten verzichtet wird.

Der Ansatz konzentriert sich bewußt auf die Bewertung möglicher Landschaftsveränderungen durch Eingriffsplanungen und bildet deshalb keine geeignete Grundlage für eine flächendeckende Bestandsbewertung, wie sie in der Landschaftsplanung erforderlich ist. Auch zur Bilanzierung von Eingriffen sowie zur Bemessung von Kompensationsmaßnahmen ist das Verfahren wegen des Fehlens eindeutiger Zuordnungsvorschriften und eines konkreten Flächenbezugs kaum einsetzbar. Zum Vergleich der Eingriffserheblichkeit unterschiedlicher Planungsvarianten stellt es hingegen einen grundsätzlich gut geeigneten Ansatz dar, der einseitigen Betrachtungsweisen entgegenzuwirken vermag, wenngleich auch hier die kulturhistorische Komponente der Landschaftsbewertung zu wenig Berücksichtigung erfährt.

Das von LEITL (1997) entwickelte Verfahren zur Landschaftsbilderfassung und -bewertung in der Landschaftsplanung zielt auf eine kartographische Darstellung raumprägsamer und charakteristischer Landschaftselemente ab, die zuvor mittels naturraumspezifisch zu erstellender Typisierungsrahmen festgelegt wurden. Die Abgrenzung der Landschaftsbildeinheiten erfolgt hierbei in Anlehnung an GROTHE et al. (1979) und HOISL et al. (1992) aufgrund der Topographie und dem Vorhandensein gleichartiger, nutzungsbedingter Landschaftselemente. Deren Bewertung wird hinsichtlich des Eigenwertes über die Kriterien Zustand, Zugänglichkeit, Nutzbarkeit, nicht visuelle und sonstige Eigenwerte vorgenommen, ergänzt um die sog. Kontextwerte Harmonie, Kontraste, nicht-visuelle Einflüsse und Sichtbeziehungen. Letztere sollen eine isolierte Betrachtung der Elemente verhindern und eine umfassende, die Eigenart der Landschaft erfassende Vorgehensweise ermöglichen. Die Bewertung wird über einen einfachen Bewertungsrahmen durchgeführt, der jedem Kriterium eine entweder positive oder negative Ausprägung zuweist. In Abhängigkeit vom Vorhandensein raumprägsamer Landschaftselemente und ihrer Qualität erfolgt eine Einstufung der Landschaft in eine von vier ordinalskalierten Wertstufen.

Die Stärken des Ansatzes liegen ähnlich wie bei GROSJEAN (1986) in der Beachtung der gegenseitigen Beeinflussung verschiedener Komponenten einer Landschaft sowie in der Möglichkeit, sowohl Flächen als auch einzelne punktuelle und lineare Elemente in ihrer jeweiligen Bedeutung für das Landschaftserleben in Bewertungskarten darzustellen. Aufgrund mangelnder Aggregierungs- und Quantifizierungsmöglichkeiten sowie fehlender Bewertungsvorschriften läßt sich die Methodik im Rahmen der Eingriffsbewertung und -bilanzierung aber nicht einsetzten. Die einseitige Betrachtung von Landschaftselementen wird durch die jeweilige Beurteilung der Kontextwerte zwar relativiert, von dem erheblichen Arbeitsaufwand abgesehen, bleibt das Verfahren aber dennoch elementbezogen. Relief, Nutzungsstruktur, Flursystem und andere mehrdimensionale Landschaftsgrößen bleiben im wesentlichen unbeachtet.

Im Ergebnis ist festzuhalten, daß den meisten der bislang entwickelten Bewertungsverfahren für das Schutzgut „Landschaft“ der für die Landschaftsplanung und Eingriffsbilanzierung unabdingbare Flächenbezug fehlt oder eine entsprechende Raumgliederung nur unzureichend operationalisierbar ist. Die zumeist einseitige Ausrichtung auf das Vorhandensein oder die Wirkung von Landschaftselementen mag für spezielle Fragestellungen, wie die Beurteilung der Erholungseignung oder die Eingriffswirkung einer Flurbereinigung, genügen, für eine umfassende Bewertung der Landschaft aus ästhetischer und kulturhistorischer Sicht erscheint sie jedoch nicht ausreichend.

Gerade die emotionale und ethische Dimension des Landschaftsschutzes bedarf einer verstärkten Berücksichtigung, was zwangsläufig zu Schwierigkeiten bei der Entwicklung von Zuordnungsvorschriften und Bewertungsvorgängen führen muß. Wie die Ansätze von GAREIS-GRAHMANN (1993) und des Niedersächsischen Landesamtes für Ökologie (1994) zeigen, ist eine Bewertung auf dem Wege beschreibender Klassifizierungen mittels „weicher“ Parameter (vgl. Kap. 2.1) gerade hinsichtlich des Landschaftsschutzes durchaus sinnvoll und als Konvention auch gangbar. Beide Methoden zeigen aber zugleich, daß auf klar definierte und ausreichend differenzierte Normierungen nicht verzichtet werden kann, soll ein Bewertungsverfahren zum Einsatz in der Landschaftsplanung und Eingriffsbilanzierung geeignet sein. Allen untersuchten Verfahren gemein ist schließlich die fehlende Differenzierung zwischen dem immanenten Wert einer Landschaft und ihrer Eignung für die Erholung. Die Beurteilung der Zugänglichkeit als infrastrukturelle Größe reicht hier nicht aus, können Ursprünglichkeit und Erholungswert einer Landschaft doch beträchtlich voneinander abweichen.

3 EIGENER ANSATZ ZUR LANDSCHAFTSANALYSE UND -BEWERTUNG SOWIE ZUR PROGNOSE VON EINGRIFFS- UND KOMPENSATIONSMASSNAHMEN

3.1 BODEN UND BODENWASSERHAUSHALT

3.1.1 Erfassung und Bewertung von Bodenkennwerten

3.1.1.1 Ökologische Bodenfunktionen

Als zentralem Umweltmedium kommt dem Boden im Naturhaushalt eine herausragende Bedeutung zu. In seinen Funktionen als Standort für die Vegetation und Lebensraum bodenbewohnender Organismen bildet er die Voraussetzung für Nährstoffkreisläufe und die Entwicklung von Biozönosen. In enger Beziehung hierzu steht die Eigenschaft des Bodens, Niederschlagswasser aufzunehmen, zu speichern und verzögert an Pflanzen oder Grundwasserleiter abzugeben. Ohne den nivellierenden Einfluß der Böden auf den Wasserhaushalt wäre pflanzliches und mithin tierisches Leben nicht möglich.

Die dem Boden in der Literatur oft zugeschriebene Bedeutung zur Filterung oder Pufferung von Schadstoffen sowie zur Nitratrückhaltung ist streng genommen nur im Hinblick auf das Schutzgut Grundwasser als Funktion einzustufen. Im Hinblick auf den Boden selber stellen derartige Kennwerte hingegen Gefährdungsparameter dar, die die Sensibilität eines Bodens gegenüber anthropogenen Einflüssen beschreiben. Auch die sog. „Erosionswiderstandsfunktion" beschreibt eine Gefährdung und ermöglicht hierdurch die Beurteilung der Schutzbedürftigkeit eines Bodens, nicht jedoch seiner Schutzwürdigkeit.

Die „Archivfunktion" des Bodens für Zeugnisse der Kulturgeschichte ist völlig unabhängig von den Bodeneigenschaften und deshalb durch ein Bewertungsverfahren nicht faßbar. Bodendenkmäler scheinen zudem bei der Bewertung der kulturhistorischen Bedeutung der Landschaft besser aufgehoben als bei der Bodenbewertung, die sich hinsichtlich des Eigenwertes eines Bodens auf dessen Entstehung, Natürlichkeit und Gefährdung beschränken sollte. Auch das „Biotopentwicklungspotential" (BRAHMS et al., 1989) läßt sich sinnvoller durch die Berücksichtigung von Standorteigenschaften bei der Biotopbewertung erfassen (vgl. Kap. 3.2 sowie Tabellen A und B im Anhang) und bleibt an dieser Stelle deshalb unberücksichtigt.

Da sich die Funktionen des Bodens als Lebensraum und Standort für das Pflanzenwachstum faktisch kaum vom Bodenwasserhaushalt trennen lassen, soll dieser im weiteren als immanenter Bestandteil des Schutzgutes Boden betrachtet und damit gleichzeitig die Mittlerfunktion des Bodens zwischen Klima und Grundwasser verdeutlicht werden. Versteht man den Bodenwasserhaushalt als Bestandteil des Schutzgutes Boden, so lassen sich mit MARKS et al. (1992) die folgenden Bodenfunktionen definieren:

- Einflußgrößen für die mechanische Filterfunktion eines Bodens sind sein Grobporenvolumen, die durchfließbare Filterstrecke und die klimatische Wasserbilanz eines Standortes.

- Die physiko-chemische Filterfunktion wird von der Sorptionsfähigkeit des Bodens bestimmt, die wiederum abhängig ist von Bodenart und Filterstrecke.

Tab. 4: Ökologische Bodenfunktionen und ihre Parameter (nach MARKS et al., 1992, ergänzt)

Funktion	Einflußgrößen
Schutzfunktionen für Grund- und Oberflächenwasser	
mechanische Filterfunktion	Wasserdurchlässigkeit (Grobporenvolumen), Filterstrecke, klimatische Wasserbilanz
physiko-chemische Filterfunktion	Bodenart (Sorptionsfähigkeit), Filterstrecke
Filtervermögen für Schwermetalle	Bodenart, Humusgehalt (Gehalt an Huminstoffen, Sesquioxiden und Tonmineralen), Filterstrecke
Nitratrückhaltung	nFKWe, klimatische Wasserbilanz
Umsetzung organischer Schadstoffe	Luftkapazität, Durchlüftungstiefe, nFK, klimatische Wasserbilanz
Regulationsfunktionen für den Landschaftswasserhaushalt	
Grundwasserneubildung	Infiltrationsfähigkeit, Wasserdurchlässigkeit (Grobporenvolumen), nFKWe, klim. Wasserbilanz
Abflußregulation	Infiltrationsfähigkeit (Abflußbeiwert, kf-Wert, Gefügestabilität), nFKWe, klimatische Wasserbilanz
Standortfunktionen	
Produktionsfunktion	Bodenart, Humusgehalt, nFKWe etc.
Lebensraumfunktion für Bodenorganismen	Bodenart, Humusgehalt, nFKWe, Luftkapazität

- Das Filtervermögen eines Bodens für Schwermetalle korreliert mit den Gehalten an Huminstoffen (pH-Wert), Sesquioxiden und Tonmineralen, wird also wesentlich von Bodenart und Humusgehalt, bezüglich der Grundwassergefährdung auch durch die Filterstrecke geprägt.

- Die Fähigkeit des Bodens zur Nitratrückhaltung ist in Abhängigkeit von der klimatischen Wasserbilanz als Funktion der nutzbaren Feldkapazität im Wurzelraum zu betrachten.

- Die Umsetzung organischer Schadstoffe im Boden hängt ab von dessen Luftkapazität, der Durchlüftungstiefe (Grundwasserabstand), Nutzbarer Feldkapazität (nFK) und klimatischer Wasserbilanz. Mit zunehmender Speicherkapazität steigt bei abnehmender klimatischer Wasserbilanz das Filter- und Rückhaltevermögen des Bodens.

- Die Grundwasserneubildung wird maßgeblich bestimmt von der Infiltrationsfähigkeit und Wasserdurchlässigkeit des Bodens, aber auch von der klimatischen Wasserbilanz.

- Die Fähigkeit des Bodens, Niederschlagswasser aufzunehmen, zu speichern und verzögert an Bäche und Flüsse abzugeben, wird als Abflußregulationsfunktion bezeichnet. Mit zunehmender Infiltrationsfähigkeit und Speicherkapazität eines Bodens verringert sich der Direktabfluß zugunsten einer gleichmäßigen Grundwasser- und Quellspeisung. Mithin tragen tiefgründige und mittelporenreiche Böden auch zu einer Nivellierung der Abflußspitzen an den Unterläufen der Bäche und Flüsse bei. Der Wahrung oder Wiedererschließung des (potentiellen) Wasserspeichervermögens der Böden kommt somit eine entscheidende Bedeutung bei der Sicherung der landwirtschaftlichen Nutzung und im Hinblick auf den Hochwasserschutz zu.

- Standortfunktionen des Bodens betreffen das biotische Ertragspotential (Produktionsfunktion) sowie die Rolle- des Bodens als Lebensraum für bodenbewohnende pflanzen und Tiere. Läßt man die an extreme Standorteigenschaften angepaßten Arten unberücksichtigt, lassen sich die Standortfunktionen im wesentlichen über die Größen Bodenart, Humusgehalt und nFKWe ableiten.

Die ökologische Bedeutung eines Bodens ist folglich in seiner Eigenschaft als Retentionsraum für Niederschlagswasser und in seinen Schutz- und Neubildungsfunktionen für das Grundwasser, aber auch in seinem Wert als Lebensraum für Bodenorganismen sowie seiner biotischen Ertragskraft begründet. Letztere stellt nicht nur einen ökonomischen, sondern auch einen ökologischen Wert dar, weil die Sicherung landwirtschaftlich wertvoller Böden für die Nahrungsmittelproduktion der ackerbaulichen Nutzung wenig geeigneter Standorte mit der Folge des zunehmenden Einsatzes von Mineraldünger entgegenzuwirken vermag.

3.1.1.2 Auswahl und Aufbereitung geeigneter Kennwerte

Die Auswahl geeigneter Kriterien zur Bewertung von Böden muß sich im Rahmen der Landschaftsplanung aus den in Kap. 3.1.1 genannten Gründen auf Größen beschränken, die aus vorliegendem Kartenmaterial erschlossen werden können und die möglichst vielfältige Aussagen über die Bedeutung eines Bodens zulassen.

Alle unter 3.1.1.1 beschriebenen Funktionen für Wasserhaushalt und Ertragspotential zeichnet eine gemeinsame Abhängigkeit von Infiltration, Durchlässigkeit und nutzbarer Feldkapazität aus. Diese wiederum werden maßgeblich bestimmt von Gründigkeit, Bodenart, Humusgehalt, Gefügestabilität und Lagerungsdichte des Bodens. Die nutzbare Feldkapazität repräsentiert als zentrale Größe folglich eine Vielzahl von Bodenfunktionen und eignet sich nicht zuletzt auch wegen ihrer Eigenschaft, aus Bodenkartierungen flächendeckend abgeleitet werden zu können, in besonderer Weise zur Bewertung von Böden. Als weitere Einflußfaktoren auf Wasserhaushalt und Ertragspotential sind die Verdunstung, die Hangneigung, sowie die Nutzung eines Standorts zu berücksichtigen.

Die physiko-chemische Filterfunktion sowie das Filtervermögen für Schwermetalle stehen hingegen weniger mit der nFK als vielmehr mit dem Gehalt an Tonmineralen in Beziehung. Sie korrelieren im oberen Bereich somit ebenso wenig mit dem für die Speicherkapazität maßgeblichen Mittelporenvolumen (vgl. AG BODENKUNDE, 1982) wie die vom Grobporenanteil bestimmte mechanische Filterwirkung. Allen Schutzfunktionen für das Grundwasser gemein ist zudem ihre mit zunehmender Verdunstungsleistung des Bodens steigenden Wirkung.

Dennoch vermag die nutzbaren aufgrund ihrer Beziehung zur Filterstrecke auch für die verschiedenen Filtereigenschaften zumindest tendenzielle Aussagen zu liefern. Es erscheint deshalb gerechtfertigt, die in ihrer Ausprägung teilweise sogar gegenläufigen Filterfunktionen im Interesse der Handhabbarkeit des Verfahrens als mit der Güte des Bodenwasserhaushalts optimierbare Bodeneigenschaften zu betrachten. Dieser, nachfolgend als „Bodenwasserhaushaltswert“ (PW_w) bezeichnete Parameter entspricht hierbei der Ausnutzung, d.h. der möglichst vollständigen Infiltration und Speicherung anfallender Niederschlagsmengen. Er ergibt sich als Produkt aus dem durch Verdunstung, Infiltration und Durchsickerungsleistung bestimmten Versickerungswert (V) sowie dem Retentionsvermögen (nFK-Stufe) des Bodens.

Zu beachten ist aber, daß der Versickerungswert, also der Sickerwasseranteil des auftreffenden Niederschlagswassers, mit zunehmender Verdunstung abnimmt, was im Hinblick auf Grundwasserneubildung, Quellspeisung und biotisches Ertragspotential folgerichtig auch zu einer Herabsetzung des Bodenwasserhaushaltswertes führt. Wie dargestellt, ist eine Abwertung aufgrund stärkerer Verdunstung bezüglich der Filterfunktionen des Bodens jedoch nicht gerechtfertigt, weshalb bei isolierter Betrachtung dieser Funktionen getrennte Ermittlungen vorgenommen bzw. entsprechende Korrekturwerte eingearbeitet werden sollten (vgl. Kap. 3.1.3.4).

Ebenfalls nicht durchgängig mit dem Bodenwasserhaushaltswert einhergehend, läßt sich die potentielle Nitratauswaschungsgefährdung aus dem Versickerungswert durch Multiplikation mit dem Jahresniederschlag direkt ableiten. Die hierbei resultierende Sickerwasserrate (mm/a) ergibt in Abhängigkeit von der Feldkapazität nach DVWK (1996) die Verlagerungsgeschwindigkeit und somit das Verlagerungsrisiko eines Standorts.

Um neben der besonders hervorgehobenen Bedeutung des Bodens für den Landschaftswasserhaushalt und seinen Schutzfunktionen für das Grundwasser auch den immanenten Wert des Bodens als Zeugnis der Erdgeschichte zu berücksichtigen, wird der Bodenwasserhaushaltswert in einem zweiten Schritt dem sog. „Biotischen Bodenwert“ (PW_b) als Summe von Hemerobiegrad und Gefährdung gegenübergestellt und mit diesem zum Gesamtwert, dem Bodenfunktionswert (PW_f) kombiniert.

3.1.2 Bestandsbewertung

3.1.2.1 Bodenwasserhaushalt

a) Versickerungswert

Gemäß der Bodenwasserhaushaltsgleichung ($q_{inf}-q_E-q_T-q_{neu}+q_{kap}\pm q_{sp}=0$) entspricht die Grundwasserneubildungsrate (q_{neu}) der Summe aus Infiltrationsrate (q_{inf}) und kapillarer Aufstiegsrate (q_{kap}) abzüglich der Verdunstungsrate (q_E+q_T). Als mitbestimmende Parameter für die Eingriffserheblichkeit einer Planung sind folglich die Infiltration und die Durchsickerung des Oberbodens in Abhängigkeit von Verdunstung und kapillarem Aufstieg besonders zu berücksichtigen. In Relation gesetzt zu den absoluten Jahresniederschlagsmengen, ergeben sie als halbquantitative Faktoren den sog. Versickerungswert (V), der näherungsweise den prozentualen Anteil des jährlichen Niederschlages wiedergibt, der im Boden versickert und dem Grundwasser zuströmt.

aa) Verdunstung

Nur ein vergleichsweise geringer Anteil des Niederschlagswassers gelangt auf einem Standort zur Versickerung und schließlich in die grundwasserführenden Boden- oder Gesteinsschichten. Bereits die vom Kronenraum der Bäume und von der Blattmasse niederwüchsiger Vegetationsbestände ausgehenden Interzeptionsverluste schränken die auf der Erdoberfläche anlangende

Rate des Niederschlagswassers ein. Transpiration und Evaporation führen dazu, daß der tatsächliche Grundwasserabfluß (Au), also der Anteil des Gesamtniederschlages (A), der durch die ungesättigte Bodenzone dem Grundwasser zufließt, je nach Bodenart nur rund 15-30 % beträgt (SCHEFFER & SCHACHTSCHABEL, 1984).

Die Verdunstung auf einem Standort schwankt in Abhängigkeit von den klimatischen Verhältnissen einer Region, der Vegetationsbedeckung sowie der vorherrschenden Bodenart. In den kollin bis submontanen Lagen des mittelhessischen Raums, für den das vorgestellte Bilanzierungsverfahren beispielhaft erarbeitet wurde, kann hierbei eine mittlere jährliche potentielle Verdunstung (Et_{pot}) von 450 bis 500 mm (HAUDE-Formel) angenommen werden (MARKS et al., 1992, nach DAMMANN, 1965). Die tatsächliche mittlere jährliche Verdunstung eines Bodens liegt in der Regel deutlich unter der potentiellen. Lediglich hydromorphe Böden mit einem Grundwasser-Flurabstand von nicht mehr als 1,5 m sind aufgrund des kapillaren Nachschubs in der Lage, annähernd die Werte der potentiellen Verdunstung auszuschöpfen. Setzt man die tatsächliche Verdunstung von Grundwasserböden gleich 1, so ergeben sich in Abhängigkeit von Vegetation und Bodenart die in Tab. 5 dargestellten relativen Verdunstungsleistungen.

Tab. 5: Relative Verdunstungshöhe, bezogen auf ETpot/a= 600 mm bei Hangneigungen < 3 % (nach DÖRRHÖFER & JOSOPAIT, 1980; verändert)

Bodenform, Nutzung*)	**S**	**lS**	**sL**	**U**	**L**	**T**
Grundwasserböden	1,0	1,0	1,0	1,0	1,0	1,0
terrestrische Böden						
- Wald	0,8	0,8	0,9	0,9	0,9	1,0
- Acker, Grünland	0,6	0,7	0,8	0,8	0,9	1,0
- vegetationsfreie Böden	0,2	0,4	0,7	0,7	0,8	1,0

*): S: Sand; lS: lehmiger Sand; sL: sandiger Lehm; U: Schluff; L: Lehm; T: Ton

Genau genommen gelten diese Werte für eine potentielle jährliche Verdunstung von 600 mm. Im Rahmen dieses Verfahrens können sie aber näherungsweise auch für andere Regionen verwandt werden. Bei einer potentiellen Verdunstung von 500 mm und einem Jahresniederschlag von 650 mm bedeutet dies, daß - unter Vernachlässigung der Lagerungsdichte und der Hangneigung - auf einem ackerbaulich genutzten sandigen Lehmboden (sL) in der Bilanz rd. 250 mm Niederschlag dem Grundwasser zuströmen[10], unter Wald 200 mm. Das entspricht rd. 38 bzw. 31 % des Jahresniederschlages. Grundwasserböden können wegen der völligen Ausschöpfung des Verdunstungspotentials lediglich 150 mm/a in tiefere Schichten weiterleiten (s. Tab. 6).

Bezogen auf den Jahresniederschlag (N = 650 mm/a), gibt Tabelle 7 die relative Versickerung als den nicht verdunstenden Niederschlagsanteil (1-E/N) wieder. Die gerundeten Werte verschieben sich mit zunehmendem Jahresniederschlag, insbesondere auf Böden mit geringer Grundwasserneubildung, leicht nach unten.

[10] 650 mm - (500 mm * 0,8) = 250 mm

Tab. 6: Grundwasserzuführung[11] bei 650 mm Jahresniederschlag und $Et_{pot}/a = 500$ mm

Bodenform, Nutzung	**S**	**lS**	**sL**	**U**	**L**	**T**
Grundwasserböden	150	150	150	150	150	150
terrestrische Böden						
- Wald	250	250	200	200	200	150
- Acker, Grünland	350	300	250	250	200	150
- vegetationsfreie Böden	550	450	300	300	250	150

Tab. 7: Relative mittlere jährliche Grundwasserzuführung (1-E/N) bei N = 650 mm/a

	Bodenartengruppen (konventionell)					
	S	**lS**	**sL**	**U**	**L**	**T**
	nach AG BODENKUNDE (1994):					
Bodenform, Nutzung	**S**	**Sl**	**Ls**	**U**	**L**	**T**
	S Ss Su St	Sl Slu	Ls Lts	Uu Us Ut Uls	Lt Lu	Tt Tu Tl Ts
Grundwasserböden	0,2	0,2	0,2	0,2	0,2	0,2
terrestrische Böden						
- Wald	0,4	0,4	0,3	0,3	0,3	0,2
- Acker, Grünland	0,5	0,5	0,4	0,4	0,3	0,2
- vegetationsfreie Böden	0,9	0,7	0,5	0,5	0,4	0,2
Schotterrasen, Rasengittersteine	0,5	0,5	0,4	0,4	0,3	0,2
Pflaster, Schotter	0,9	0,7	0,5	0,5	0,4	0,2
Asphalt, Beton	0,9					

Die Werte können - unbeachtet anthropogener Verdichtungen - für künstliche Bodenbefestigungen näherungsweise übernommen werden, wobei begrünte Befestigungen, wie z.B. Schotterrasen oder Rasengitter, in etwa Acker- oder Grünlandstandorten entsprechen, Schotterflächen eher vegetationsfreien Böden. Auch auf versiegelten Flächen mit einer Verdunstungsrate von rd. 10 % des auftreffenden Niederschlages beträgt die relative mittlere jährliche Grundwasserzuführung theoretisch 1 - 65 mm / 650 mm = 0,9. Durch Multiplikation mit dem Infiltrationswert $1-\psi_{rel}$ (s.u.) ergibt sich eine tatsächliche Grundwasserzuführung von 0,9 * 0,0 = 0,0.

Die klimatische Wasserbilanz läßt strenggenommen nur eine Aussage über die Grundwasser*zuführung* eines Standortes zu, nicht jedoch über die tatsächliche Grundwasser*neubildung*. Diese ist abhängig vom geologischen Untergrund und vor allem im Bereich von Kluft- und Karstgrundwasserleitern nur großmaßstäblich zu ermitteln, weshalb eine Bewertung der Grundwasserverhältnisse auf der Ebene des Bebauungsplanes ohne eingehende Untersuchungen kaum möglich ist. Mit der Einbeziehung des Bodenwasserhaushalts in die Eingriffsbewertung zum

[11] Da das Verfahren sich auf den Bodenwasserhaushalt bezieht und die tatsächliche Grundwasserneubildung ohne Berücksichtigung des geologischen Untergrunds nicht beurteilt werden kann, wird im folgenden der Begriff „Grundwasserzuführung" verwendet.

Schutzgut Boden wird aber ein wichtiger Parameter des gesamten Wasserhaushaltes einer Landschaft berücksichtigt, durch den auch Aussagen zur Gefährdung des Grundwassers abgeleitet werden können.

ab) Infiltration und Abflußbeiwert

Die berechneten Werte der Grundwasserzuführung gelten nur für Böden, deren natürliches Infiltrationsvermögen nicht z.B. durch Verschlemmung oder künstliche Oberflächenbefestigungen gestört ist. Mit abnehmender Vegetationsbedeckung steigt jedoch die Rate oberflächlich ablaufenden Niederschlagswassers. Der Abflußbeiwert (ψ) gibt hierbei den Anteil der niedergegangenen Regenspende an, der nicht verdunstet oder im Untergrund versickert, sondern an der Oberfläche abfließt (FROHMANN, 1986). Im Wald beträgt der Abflußbeiwert wegen der hohen Interzeptionsverdunstung und des zumeist lockeren Oberbodens in der Regel 0,0 d.h. daß das gesamte Niederschlagswasser versickert oder verdunstet. Bereits auf Grünland steigt der Direktabfluß auf rd. 20 % der Niederschlagsmenge. Ackerflächen erreichen wegen ihres deutlich lückigeren Bewuchses und zeitweiser Vegetationsfreiheit im Jahresmittel Abflußbeiwerte von 0,3.

Tabelle 8 gibt die Abflußbeiwerte verschiedener Nutzungstypen bzw. Bodenbefestigungen wieder. Bei voneinander abweichenden Quellenangaben wurden die Werte gemittelt.

Tab. 8: Abflußbeiwerte wichtiger Nutzungs- und Vegetationstypen (Mittel- und Schätzwerte)

ψ	**Nutzungs- bzw. Vegetationstyp**
0,0	Wald, flächenhafte Gehölze, stehende Wasserflächen, Geländemulden ohne Abfluß
0,1	geschlossene Streuobstwiesen, Parks, Hecken
0,2	Grünland, Gärten, Staudenfluren, Rasengittersteine
0,3	Acker, Graswege, teilbefestigte Spiel- und Sportplätze
0,4	vegetationsfreie Flächen
0,5	Höfe, Schotterflächen und -wege, unbefestigte Wege
0,6	extrem flachgründige Böden, Beläge mit hohem Fugenanteil (> 15 %)
0,7	anstehender Fels
0,8	Verbundsteinpflaster, Plattenbeläge, Bebauung (Dachflächen ≤ 15° Neigung)
0,9	Asphalt, Beton
1,0	Bebauung (Dachflächen > 15° Neigung)

abgeleitet aus: DIN (1992), FROHMANN (1986), BRETSCHNEIDER et al. (1982), GROTEHUSMANN & UHL (1993), LAHL & ZETSCHMAR (1983), STRUCKEN (1990)

Als im Versuch ermittelte, auf einzelne Niederschlagsereignisse bezogene Größe berücksichtigt der Abflußbeiwert nicht die auf einem Standort im Jahresverlauf eintretende Verdunstung, sondern nur den Verdunstungsanteil einer noch nicht in den Boden eingedrungenen Regenspende. Da die Gesamtverdunstung aber als eigene Größe in die Bilanz eingeht, müssen die angegebenen Abflußbeiwerte um den Anteil direkt von der Oberfläche verdunstenden Niederschlagswassers bereinigt werden, was erreicht werden kann, indem die Abflußbeiwerte in Relation zueinander betrachtet werden (Tab. 9).

Unterstellt man, daß die Direktverdunstung auf vegetationsfreien Flächen mit rd. 10 % annähernd gleich ist, so beträgt der Direktabfluß von einer Schotterfläche 60 % des Wertes einer Asphaltschicht. Setzt man diesen gleich 1, so ergeben sich die in Tab. 9 als ψ_{rel} bezeichneten Werte. Mit abnehmendem Direktabfluß und steigender Infiltration sinkt der Anteil der Direktverdunstung an der Gesamtverdunstung, weshalb die relativen Werte für Grünland oder Wald denen der Abflußbeiwerte entsprechen. Die sich als $1-\psi_{rel}$ ergebenden Kehrwerte entsprechen schließlich näherungsweise dem Infiltrationsanteil des auftreffenden Niederschlagswassers.

Tab. 9: Abflußbeiwerte und Infiltrationsanteil des Niederschlagswassers in den Oberboden

Oberfläche	ψ	ψ_{rel}	$1-\psi_{rel}$
Asphalt	0,9	1,0	0,0
Platten, Verbundsteinpflaster	0,8	0,9	0,1
Beläge mit hohem Fugenanteil	0,6	0,7	0,3
Schotterbelag	0,5	0,6	0,4
vegetationsfreier Boden	0,4	0,4	0,6
Acker	0,3	0,3	0,7
Rasengittersteine	0,2	0,2	0,8
Grünland	0,2	0,2	0,8
Streuobstwiesen, Parkanlagen	0,1	0,1	0,9
Wald	0,0	0,0	1,0

ac) Wasserdurchlässigkeit und Verdichtung

Die Wasserdurchlässigkeit (Kf-Wert) ist ein wichtiges Maß zur Bewertung des Versickerungs- und Filtervermögens eines Bodens. Mit zunehmender Durchlässigkeit steigt die Grundwasserneubildung bei gleichzeitig sinkender Filterwirkung. Der Kf-Wert wird maßgeblich von der Verdichtung des Bodens sowie seiner Korngrößenzusammensetzung, also der vorherrschenden Bodenart bestimmt. Tab. 10 gibt in vereinfachter Form einen Überblick über die mittlere Wasserdurchlässigkeit verschiedener Bodenarten und -horizonte.

Die meisten Bodentypen weisen bei mittlerer Lagerungsdichte (Ld3) eine Wasserdurchlässigkeit zwischen 10 und 40 cm/d auf (AG BODENKUNDE, 1982). Lediglich Sande, lehmige Sande und stark sandige Lehme besitzen eine Durchlässigkeit von 40-100 cm/d (Kf-Stufe 4). Die Kf-Stufen 5 oder 6 finden sich nur bei Torfen und grusigen Sanden und können unberücksichtigt bleiben.

Auch wenn die Wasserdurchlässigkeit eines Bodens innerhalb seiner Horizontfolge starken Schwankungen unterliegen kann, läßt sich für nicht sandige und normal gelagerte Böden vereinfachend eine durchgehende Kf-Stufe von 3 annehmen. Für Pseudogleye oder anthropogen verdichtete Böden wird eine Ld-Stufe von 4 unterstellt.

Nimmt man die arithmetischen Mittel der Kf-Stufen und setzt Kf 3 = 1,0, so ergeben sich die in Tab. 12 dargestellten Relativwerte.

Tab. 10: Mittlere Wasserdurchlässigkeit im wassergesättigten Boden (Kf-Wert) bei mittlerer Lagerungsdichte (nach AG BODENKUNDE, 1982; verändert)

	Kf-Stufe	**Bodenarten**
1	sehr gering	Hochmoortorf, stark zersetzt
2	gering	Hochmoortorf, Niedermoortorf
3	mittel	Tone, Schluffe, schluffig-tonige Lehme
4	hoch	sandige Lehme, lehmige Sande, Feinsande
5	sehr hoch	mittelkörnige Sande
6	äußerst hoch	grusige Sande
	Kf-Stufe	**Bodenhorizont**
1	sehr gering	Sd (Stauhorizont)
2	gering	Sd-Übergangshorizonte, anthropogene Verdichtungen
3	mittel	schluffreiche Schichten
4	hoch	Horizonte mit guter Gefügeentwicklung
5	sehr hoch	Horizonte mit sehr guter Gefügeentwicklung
6	äußerst hoch	sehr schwach zersetzte Torfe

Tab. 11: Durchlässigkeit in Abhängigkeit von Bodenart und Lagerungsdichte (nach AG BODENKUNDE, 1982; verändert)

	Kf-Stufen		
Bodenarten	**Ld2**	**Ld3**	**Ld4**
S, Sl, Slu, Ls, Lts	5	4	3
Su, St, Lt, Lu, Tt, Tu, Tl, Ts, Uu, Us, Ut, Uls	4	3	2

Tab. 12: Ableitung relativer Durchsickerungsleistungen (Kf_{rel})

Kf-Stufe	**m/s**	**cm/d**	**Mittelwert**	**Relation**	**Kf_{rel}**
1	$< 1 * 10^{-7}$	< 1	0,5	0,02	0,02
2	$-1,1 * 10^{-6}$	1-10	5,5	0,2	0,2
3	**$- 4,6 * 10^{-6}$**	**10-40**	**25**	**1,0**	**1,0**
4	$- 1,15 * 10^{-5}$	40-100	70	2,8	1,0
5	$- 3,47 * 10^{-5}$	100-300	200	8,0	1,0
6		> 300	-	-	1,0

Verdichtungen von Ld3 auf Ld4 führen demnach zu eine Abnahme des Kf-Wertes um eine Stufe, was bei Böden der Kf-Stufe 3 einer Einschränkung der Wasserdurchlässigkeit im wassergesättigten Boden um rund 80 %, bei durchlässigen Böden (Kf-Stufe 4 auf 3) auf rd. 36 % entspricht. Besonders lockere Böden (Ld2) besitzen gegenüber normal dichten Böden eine rd. 2,8-fache Durchsickerungsfähigkeit (Kf 4 gegenüber 3). Im Gegensatz zu den bereits beschriebenen Faktoren des Versickerungswertes stellt der Kf-Wert keinen auf den Gesamtniederschlag bezogenen

Anteil, sondern ein Potential dar. Um die Wasserdurchlässigkeit bei der Berechnung des versikkernden Niederschlagsanteils einfließen lassen zu können, wird unterstellt, daß ab einer Kf-Stufe von 3 eine vollständige Versickerung des in den Boden eindringenden Wassers möglich ist und Verdichtungen einen deutlich verstärkten Oberflächenabfluß zur Folge haben. Für das Verfahren heißt dies, daß der in den Boden eintretende Anteil des Niederschlagswassers bei normal gelagerten Böden mit 1,0, bei verdichteten Böden i.d.R. mit 0,2 multipliziert wird. Ausnahmen bilden stark sandige Böden, die auch bei Verdichtung mit 1,0 in die Berechnung eingehen. In der Bilanzierung werden anthropogen stark belastete Flächen, wie Wege, Lagerplätze, Spielplätze und dergleichen, grundsätzlich als verdichtet eingestuft. Ist aufgrund ihrer Lage aber davon auszugehen, daß anfallendes Niederschlagswasser auf benachbarten, nicht an Entwässerungssysteme angeschlossenen Flächen vollständig zur Versickerung gelangt, kann deren Kf-Stufe auch für den verdichteten Standort herangezogen werden.

ad) Hangneigung

Das Verhältnis von Gesamtabfluß zum Grundwasserabfluß (A/Au) schwankt in Abhängigkeit von der Inklination des Geländes, auf hydromorphen Böden zudem vom Grundwasserflurabstand. Auf schwach geneigten Standorten sickern nur rd. 70 % des nicht verdunstenden Niederschlagswassers in den Boden ein. Nach DÖRHÖFER & JOSOPAIT (1980) lassen sich sechs Hangneigungsstufen differenzieren, die in Tab. 13 entsprechend der Einteilung nach AG BODENKUNDE (1982) benannt sind. Setzt man den Kehrwert des arithmetischen Mittels von A/Au bei N 0 gleich 1, so ergibt sich der relative Einsickerungsanteil Au/A_{rel} der Regenspende.

Tab. 13: Oberflächenabfluß in Abhängigkeit von der Hangneigung (nach BASTIAN & SCHREIBER, 1994; verändert)

Terrestrische Böden							
Stufe	**nach AG BODENKUNDE (1982)**		**Neigung [%]**	**A/Au**	**Mittelwert**	**Au/A**	**Au/A_{rel}**
1	N 0	eben	< 2	1,0-1,4	1,20	0,83	1,0
2	N 1	sehr schwach	2-3,5	1,4-1,8	1,60	0,63	0,8
3	N 2, 3	schwach - mittel	3,5-17	1,8-1,9	1,85	0,54	0,7
4	N 4	stark	17-27	1,9-2,2	2,05	0,49	0,6
5	N 5	sehr stark	27-37	2,2-2,4	2,30	0,43	0,5
Grundwasserböden			**Hangneigung [%]**				
			< 2	**2-3,5**	**3,5-17**	**17-27**	**27-37**
halbhydromorph (GWA* < 1,5 m)			A/Au: 2,0 Au/A_{rel}: 0,60		2,3 0,52		2,5 0,48
hydromorph (GWA < 0,8 m)			A/Au: 2,5 Au/A_{rel}: 0,48				

*): Mittlerer Grundwasserflurabstand

ae) Ermittlung des Versickerungswertes

Durch Multiplikation der ermittelten Werte für Verdunstung (Tab. 7), Infiltration (Tab. 9), Wasserdurchlässigkeit (Tab. 12) und Hangneigung (Tab. 13) ergibt sich der Versickerungswert V. Näherungsweise läßt sich durch ihn die tatsächliche Versickerung auf einem Standort durch Multiplikation mit der jährlichen Niederschlagsmenge abschätzen.

> *Bsp.: Für einen Grünlandbestand (Infiltration: $1-\psi_{rel} = 0{,}8$) auf einem nicht verdichteten (Durchsickerung: $Kf_{rel} = 1{,}0$), lehmigem Boden (nicht verdunstender Niederschlagsanteil: $1-E/N = 0{,}3$) in leichter Hanglage (Einsickerungsanteil $Au/A_{rel} = 0{,}8$) ergibt sich ein Versickerungswert (V) von 0,3 * 0,8 * 1,0 * 0,8 = 0,192. Ein vergleichbarer Bestand auf einem ebenen Standort erreicht einen Versickerungswert von 0,24, d.h. rd. 24 % des Niederschlagswassers werden im Boden versickert. Dies entspricht bei einer mittleren Jahresniederschlagsmenge von 600 mm rd. 144 mm oder 144 $l/m^2 * a^{-1}$.*

Im Rahmen der Eingriffs- und Ausgleichsbilanzierung soll der Versickerungswert für die verschiedenen Flächennutzungen als dimensionsloser Faktor sowohl für den Voreingriffszustand als auch für den zu erwartenden Zustand nach Durchführung der Planung berechnet werden. Grundlage bildet hierbei dieselbe Flächendifferenzierung, die auch zur Bilanzierung der Schutzgüter Flora und Fauna verwandt wird (vgl. Kap. 3.2). Abweichungen sind i.d.R. nur erforderlich, wenn innerhalb gleichartiger Nutzungen sprunghafte Änderungen der Hangneigung erkennbar sind oder eine deutliche Abweichung der Bodenverhältnisse zu erwarten ist. Kleinere Abweichungen innerhalb einer abgrenzbaren Nutzung können vernachlässigt oder gemittelt werden.

Der Versickerungswert gibt den für Wasserhaushalt und Ertragskraft ausschöpfbaren Anteil des Speicherpotentials eines Bodens wieder. Hinsichtlich der gesamtökologischen Bedeutung eines Standortes ist er indes wertneutral zu betrachten, da die Versickerung von Niederschlagswasser nicht generell höher einzustufen ist als dessen Verdunstung.

b) Nutzbare Feldkapazität

Die nutzbare Feldkapazität (nFK) beschreibt einen wesentlichen Teil des Speichervolumens eines Bodens für Niederschlagswasser und korreliert in grundwasserfernen Horizonten eng mit der biotischen Ertragskraft und den Lebensbedingungen im Boden. Bodenphysikalisch umfaßt sie den pflanzenverfügbaren Anteil der Feldkapazität (FK) im Bereich der Saugspannung zwischen pF[12] 1,8 und 4,2. Mit abnehmendem Wassergehalt steigt der Anteil des Adsorptionswassers und damit die Wasserspannung in Abhängigkeit von Porengrößenverteilung und Porenvolumen (SCHEFFER & SCHACHTSCHABEL, 1984). Böden mit hohem Feinporenanteil, also stark tonhaltige Böden, erreichen bereits bei relativ geringen Wasserverlusten pF-Werte von 4,2, d.h. den "permanenten Welkepunkt", bei dem das Bodenwasser nicht mehr pflanzenverfügbar ist.

Zur Ermittlung der landbaulichen Eignung ist das Speichervermögen als *nutzbare Feldkapazität im effektiven Wurzelraum* (nFKWe) auf die durchlüfteten Bodenschichten zu beziehen, was bei Gleyen oder Anmoorböden deutliche Abweichungen von der nFK zur Folge haben kann (KOLESCH & HARRACH, 1984). Nach HARRACH (1987) kommt die tatsächliche Durchwurzelbarkeit des Bodens bei der Bestimmung des effektiven Wurzelraume nach AG BODENKUNDE (1982)

[12] pF = log cm WS (Wassersäule)

aber nicht genügend zur Geltung, weshalb er eine Abgrenzung des Wurzelraums mit Hilfe quantitativer Wurzeluntersuchungen und eine darauf aufbauende Ermittlung der *nutzbaren Feldkapazität im durchwurzelbaren Bodenraum* (nFKdB) vorschlägt.

Für die Bewertung des Bodenwasserhaushalts im Rahmen der Landschaftsplanung kommt der tatsächlichen Speicherkapazität eines Bodens aber ein höherer Stellenwert zu als ihrer allein auf den Wurzelraum bezogenen Anteile, da sie das gesamte unterirdische Retentionsvermögen und somit die Bedeutung eines Bodens bei der Rückhaltung von Niederschlagswasser beschreibt. Diese wird genau genommen durch die Feldkapazität (FK) repräsentiert, die die gesamte im Boden gegen die Schwerkraft haltbare Wassermenge beschreibt. Da sie aber keine ausreichende Korrelation mit der Ertragskraft und den biotischen Funktionen des Bodens zeigt, soll im Rahmen dieses Verfahrens die nutzbare Feldkapazität (nFK) für eine Profiltiefe von 1 m als maßgebliche Größe zur Einstufung des Speichervermögens herangezogen werden. Diese läßt sich für die verschiedenen Horizonte aus Bodenart und Lagerungsdichte herleiten und entspricht auf grundwasserfernen Standorten annähernd der nutzbaren Feldkapazität im durchwurzelbaren Bodenraum (nFKdB).

Tab. 14: Einstufung der nutzbaren Feldkapazität (nFK), bezogen auf 1 m Profiltiefe (nach AG BODENKUNDE, 1982[13] und BUTTERWECK, 1990)

Stufe	nFK [mm]	Bodenform
sehr gering	< 50	Regosol aus Kies, Mullrendzina aus Dolomit, Ranker, flachgründige, lehmige oder sandige Braunerde
gering	50-90	Podsol, Pseudogley, Braunerde-Pseudogley, mittelgründige, sandige oder lehmige Braunerde
mittel	90-140	mittel- bis tiefgründige Braunerde, mittelgründige Parabraunerde mittelgründiges, lehmiges Kolluvium, mittelgründiger Gley
hoch	140-200	tiefgründige Braunerden, tiefgründige Parabraunerde, Auenboden, mittel- bis tiefgründiges Kolluvium, tiefgründiger Gley
sehr hoch	> 200	Schwarzerde, tiefgründige, schluffig-tonige Parabraunerde, Pararendzina

In Tab. 14 sind die durchschnittlichen nutzbaren Feldkapazitäten verschiedener Bodenformen zusammengefaßt. Liegen verwertbare Profildaten zur Einstufung der nFK nicht vor, so kann diese auch mit Hilfe der Bodenzahlen der Reichsbodenschätzung ermittelt werden, die nach HARRACH (1987) in Abhängigkeit von den klimatischen Bedingungen eng mit der nutzbaren Feldkapazität korrelieren (vgl. Abb. 1).

Sofern eine Herleitung der Feldkapazität über Profildaten oder die Bodenwerte der Reichsbodenschätzung nicht möglich ist, kann eine grobe Abschätzung der nFKdB und damit eine Bewertung des Retentionsvermögens betroffener Flächen im Einzelfall auch anhand vorliegender Boden-

[13] Da die „norddeutsch geprägten“ Schwellenwerte der aktuellen Kartieranleitung (AG BODENKUNDE, 1994) nicht nur für den mittelhessischen Raum ungeeignet erscheinen, orientiert sich Tab. 14 bewußt an der Einteilung nach AG BODENKUNDE (1982).

übersichtskarten, geologischer Karten sowie der Standortkarte unter Berücksichtigung örtlicher Besonderheiten der Geländetopographie und Vegetation[14] vorgenommen werden - nicht jedoch, ohne die begrenzte Aussagekraft derartiger Schätzungen textlich hervorzuheben.

Abb. 1: Beziehung zwischen nutzbarer Feldkapazität im durchwurzelbaren Bodenraum (nFKdB) und den Bodenzahlen der Reichsbodenschätzung (nach HARRACH, 1987; verändert)

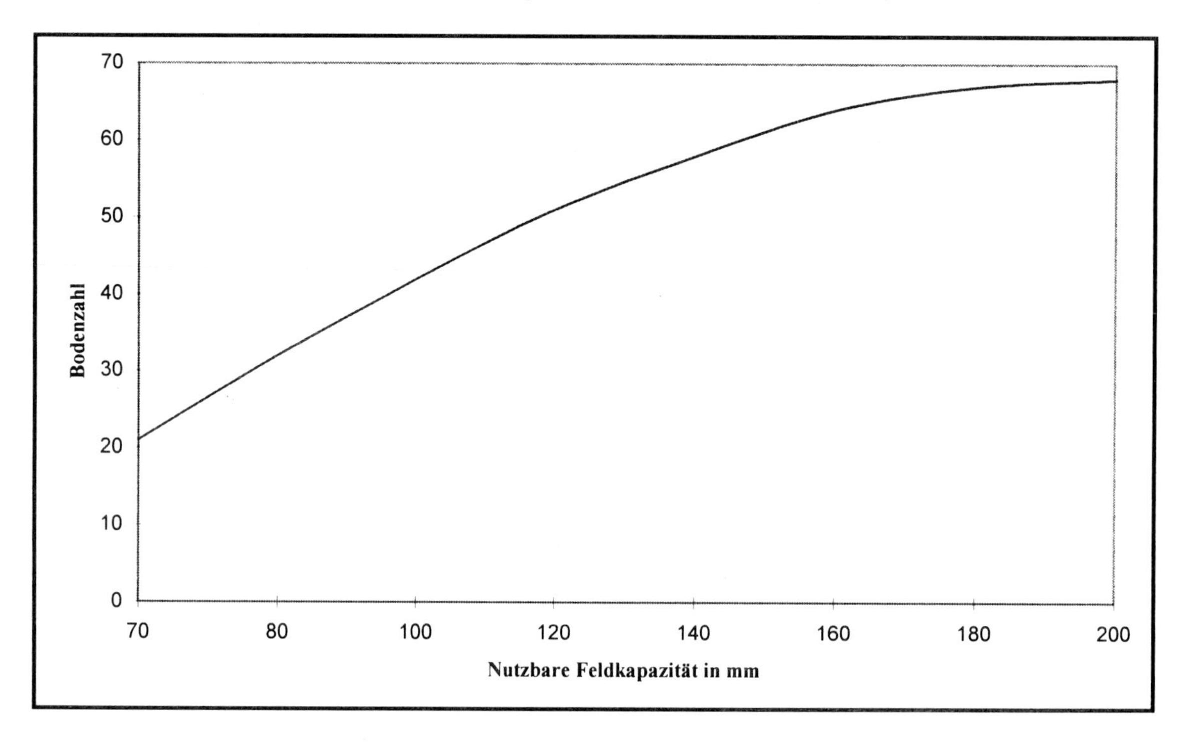

Tab. 15: Einstufung der nutzbaren Feldkapazität im durchwurzelbaren Wurzelraum (nFKdB), vereinfacht

	Stufe	nFKdB [mm]	Standorte (Beispiele)
1	sehr gering	< 50	steile Böschungen, Kuppen
2	gering	50-90	Hänge, Standorte ausgeprägter Staunässe
3	mittel	90-140	flach geneigte Hänge, Hangfüße, Plateaus
4	hoch	140-200	Fluß- und Bachauen, flach geneigte Lößhänge
5	sehr hoch	> 200	Flußauen, Löß-Niederungen

Die Darstellung der nutzbaren Feldkapazität in Tab. 15 beruht auf den ermittelten Durchschnittswerten für Bodenart und Gründigkeit und erfolgt in 5 Stufen (s. AG BODENKUNDE, 1982) von sehr gering (< 50 mm) bis sehr hoch (> 200 mm). Die Zahlen geben hierbei das Spei-

[14] Die Herleitung des Retentionsvermögens eines Bodens aus der Vegetationszusammensetzung eines Standortes ist nicht oder nur sehr bedingt möglich, da jahreszeitliche Schwankungen im Bodenwasserhaushalt, der kapillare Grundwassernachschub, Düngung oder Verbrachung die Artenzusammensetzung und damit die Bestandsfeuchtezahlen mF nach ELLENBERG (1986) beeinflussen, nicht aber die nFK (BUTTERWECK, 1990). Rückschlüsse auf die nutzbare Feldkapazität sind deshalb allenfalls im trockenen bis mäßig frischen Bereich unter mF 5,0 gerechtfertigt.

chervolumen im gesamten Bodenhorizont wieder und entsprechen der Größe Liter / m^2. Im ebenen bis leicht geneigten Gelände außerhalb der Flußauen kann im Regelfall die nFK-Stufe 3 angesetzt werden. Steilere Hanglagen und Bergrücken sollten in diesem Fall mit 2, Bach- und Flußniederungen mit 4 oder 5 und flachgründige Kuppen sowie Böschungen mit 1 bewertet werden. Auf stark verdichteten Böden sowie auf durch Drainagen entwässerten Grundwasserböden ist eine Abwertung um eine nFK-Stufe vorzunehmen.

c) Ermittlung des Bodenwasserhaushaltswertes

Theoretisch kann der Bodenwasserhaushaltswert als Produkt aus Versickerungswert und nFK-Stufe auf tiefgründigen Standorten mit vollständiger Versickerung einen Wert von 5,0 erreichen. Angesichts der hohen Verdunstungsanteile des Niederschlagswassers überschreitet er aber nur selten den Wert von 1,0. Standorte mit einem PW_w von 0,6, beispielsweise ein mit Wald bedeckter Lehmboden in ebener Lage mit mäßig hoher Feldkapazität, sind deshalb bei mittlerem PW_w bereits als mäßig wertvoll, Böden mit Werten über 0,9 als sehr wertvoll zu bezeichnen (vgl. Tab. 16). Tabelle 17 gibt Beispiele für den Bodenwasserhaushaltswert auf unterschiedlichen Standorten.

Tab. 16: Einstufung des Bodenwasserhaushaltswertes

Stufe		PW_w
1	sehr gering	< 0,25
2	gering	0,25 - 0,40
3	mittel	0,41 - 0,74
4	hoch	0,75 - 0,90
5	sehr hoch	> 0,90

Tab. 17: Bodenwasserhaushaltswerte (PW_w) in Abhängigkeit von Standort und Nutzung

Standort und Nutzung	1-E/N	$1-\psi_{rel}$	Kf_{rel}	Au/A_{rel}	V	nFK	PW_w
Grünland in steiler Hanglage auf flachgründigem, lehmigem Ranker	0,3	0,8	1,0	0,5	0,12	1	0,12
unbefestigter, verdichteter Lagerplatz auf mittelgr. Braunerde (lS)	0,7	0,6	0,2	1,0	0,08	3	0,24
Wald in mittlerer Hanglage auf mäßig flachgr., tonigem Pseudogley	0,2	1,0	1,0	0,7	0,14	2	0,28
Acker in leichter Hanglage auf mittelgründiger, sandiger Braunerde	0,3	0,7	1,0	0,8	0,17	3	0,51
Grünland in leichter Hanglage auf mittelgr., sandiger Braunerde	0,3	0,8	1,0	0,8	0,19	3	0,58
Wald in ebener Lage auf lehmiger, mäßig flachgründiger Braunerde	0,3	1,0	1,0	1,0	0,30	2	0,60
Acker in ebener Lage auf tiefgründiger, lehmiger Parabraunerde	0,3	0,7	1,0	1,0	0,21	4	0,84
Wald in ebener Lage auf sandigem Auenlehm	0,3	1,0	1,0	1,0	0,30	4	1,20
Grünland in ebener Lage auf tiefgründigem, schluffigem Naßgley	0,4	0,8	1,0	1,0	0,32	5	1,60

3.1.2.2 Biotische Funktionen des Bodens

Die Bedeutung eines Bodens als erd- und kulturgeschichtliches Zeugnis, als Lebensraum für Bodenorganismen und Standort der Vegetationsentwicklung, aber auch als Ausgangspunkt menschlicher Nahrungsmittelproduktion wird durch den sog. Biotischen Bodenwert (PW_b) ausgedrückt. Er ist in der Bilanzierung gleichrangig dem Bodenwasserhaushaltswert zu berücksichtigen.

a) Bodenbelastungen (Hemerobiegrad)

Die Funktionsfähigkeit des Bodens, insbesondere seine Bedeutung als Speicher- und Filtermedium für anfallendes Niederschlagswasser, aber auch als Standort für die Vegetation und Lebensraum für zahllose pflanzliche und tierische Mikroorganismen, kann infolge mechanischer Belastungen und Schadstoffeinträge nachhaltig und empfindlich gestört werden. Analog der Berücksichtigung von Randstörungen, Isolationseffekten oder Intensivierungsfolgen bei der Biotopbewertung sollen deshalb als zusätzliches Kriterium auch bei der Beurteilung der Böden nutzungsbedingte Belastungen in die Bilanzierung einfließen.

Abgesehen von globalen Schadstoffimmissionen ("saurer Regen", Nitrateintrag) und Beeinträchtigungen für Boden und Wasserhaushalt durch Überbauung und Versiegelung, sind vor allem Schäden durch eine nicht angepaßte, ökologisch bedenkliche Landnutzung hervorzuheben. Im Rahmen der landschaftsplanerischen Bewertung ist eine genaue Beurteilung der Belastungsintensität im Einzelfall zumeist nicht möglich. Es lassen sich aber bestimmte Landnutzungsformen erkennen, denen besonders schwerwiegende oder mehrere Belastungsfaktoren zuzurechnen sind, insbesondere die intensiv betriebene Landwirtschaft (Erosion, Schadstoffanreicherung, Nitratauswaschung), bestimmte Formen des Waldbaus (Bodenverdichtung, Bodenversauerung, Entwässerung) sowie siedlungs- und verkehrsbedingte Bodennutzungen (Bodenverdichtung und -abtrag, Schadstoffeintrag).

In Anlehnung an die Arbeiten von SUKOPP (1972), SUKOPP & BLUME (1976), STASCH et al. (1991) sowie NEIDHART & BISCHOPINCK (1994) zur Kulturabhängigkeit von Biotoptypen lassen sich auch für Böden Hemerobiestufen ableiten, die das Ausmaß menschlicher Einflußnahme auf einen Standort und folglich auch dessen wahrscheinliche Belastung wiedergeben (Tab. 19). Hierbei lassen sich nach JESCHKE (1993) folgende Abstufungen unterscheiden:

Tab. 18: Hemerobiestufen (nach JESCHKE, 1993)

Stufe	Hemerobiegrad	Charakterisierung
0	ahemerob (a)	nicht kulturbeeinflußt
1	oligohemerob (oligo)	schwach kulturbeeinflußt
2	alphamesohemerob (α-meso)	mäßig kulturbeeinflußt
3	betamesohemerob (ß-meso)	mäßig bis stark kulturbeeinflußt
4	euhemerob (eu)	stark kulturbeeinflußt
5	polyhemerob (poly)	sehr stark kulturbeeinflußt
6	metahemerob (meta)	übermäßig stark kulturbeeinflußt

Tab. 19: Hemerobiegrad wichtiger Bodennutzungstypen (nach SUKOPP, 1972; SUKOPP & BLUME 1976; STASCH et al., 1991; NEIDHARDT & BISCHOPINCK, 1994; verändert)

Hemerobie	H-Wert	Nutzung
oligo	1,0	Laub- und Mischwald, naturnah bewirtschaftet (> 100 Jahre)
	0,9	Laub- und Mischwald, naturnah (< 100 Jahre), geschlossenes Feldgehölze
α-meso	0,8	Laub- und Mischwald, intensiv forstlich genutzt Extensivgrünland, Ruderal- und Sukzessionsflächen, Streuobstwiesen, Hecken, Gebüsche
ß-meso	0,7	Grünland (mäßig intensiv), Graswege, Ackerbrachen
	0,6	Nadelforst (> 100 Jahre), Parks
α-eu	0,5	Grünland (intensiv oder entwässert), Äcker (extensiv)
ß-eu	0,4	Nadelwald (< 100 Jahre), Äcker (intensiv), Gärten, Graswege
poly	0,3	vegetationsfreie Flächen (Lagerplätze, anthropogener Rohboden), Schotterflächen und -wege, Sport- und Spielplätze, Deponien
meta	0,1	Bebauung (ohne Unterkellerung, Verkehrsflächen (versiegelt)
	0,0	Bebauung (mit Unterkellerung), vollständiger Bodenabtrag

b) Gefährdung von Bodentypen

Neben ihren allgemeinen ökologischen Funktionen besitzen Böden auch einen immanenten Wert, der sich aus ihrem individuellen Entstehungsprozeß ableitet und ihren Schutz als *Bodentyp* begründet. Da die Bodenbildung eng an die Standort- und Umweltbedingungen, insbesondere den geologischen Untergrund, die klimatischen Verhältnisse und das Geländerelief gebunden ist, weichen Verbreitung und Ausbildung der verschiedenen Bodentypen regional stark voneinander ab. Somit lassen sich für jeden Naturraum charakteristische und häufige, aber auch seltene und gefährdete Bodentypen unterscheiden. Aufgrund der langwierigen Pedogenese der meisten Bodentypen ist der Verlust schutzwürdiger Böden nicht ausgleichbar, so daß der Abtrag, die Überbauung oder die Melioration seltener Typen aus fachlicher Sicht ähnlich zu beurteilen ist wie die Zerstörung nicht regenerierbarer Lebensräume für Pflanzen und Tiere.

Analog den Roten Listen bestandsbedrohter Pflanzen- und Tierarten kann deshalb auch die Gefährdung von Bodentypen als wertgebendes Kriterium für einen Standort herangezogen werden. Die dargestellte Arbeitsliste (Tab. 20) soll als Vorschlag für eine zu erstellende Rote Liste der gefährdeten Bodentypen betrachtet werden. Die unter R eingestuften fossilen Bodentypen entstammen, abgesehen von Tschernosem und Lockerbraunerde, überwiegend tertiärer Verwitterung und sind durchweg als erdgeschichtliche Archivböden anzusehen.[15]

Die Lokalisierung und Darstellung gefährdeter Bodentypen ist anhand der geologischen Karten oder kleinmaßstäblicher Bodenkartierungen allein selbstverständlich nicht möglich. Zumindest aber lassen sich Bereiche ausscheiden, in denen verstärkt mit dem Vorkommen schutzbedürftiger Bodentypen zu rechnen ist, beispielsweise von Quellen-, Naß- und Anmoorgleyen auf Bach-

[15] Wie eingangs dargestellt, sollen kulturgeschichtliche Zeugnisse bergende Böden an dieser Stelle nicht berücksichtigt werden, da nicht sie, sondern das Bodendenkmals als Schutzgut einzustufen ist.

sedimenten entlang der Oberläufe oder Rendzinen im Bereich anstehender Massenkalke inmitten devonischer Tonschiefer. In einigen geologischen Karten sind auch Torfvorkommen als Ausgangssubstrat der Bodenbildung dargestellt.

Sowohl bei der Bestandsbewertung als auch bei der Planung von Eingriffen und Kompensationsmaßnahmen sollen gefährdete Bodentypen durch Aufschläge auf den Biotischen Bodenwert in die Bilanzierung einfließen. Hierbei gelten die Werte der Tabelle 20, in der die Schutzbedürftigkeit rezenter Ausbildungen gefährdeter Bodentypen wiedergegeben ist. Um den (potentiellen) Wert bereits degenerierter, aber regenerationsfähiger Böden zu beurteilen, können diese eine Gefährdungsstufe unter der ihrer natürlichen Ausbildungsform eingestuft werden.

Tab. 20: Arbeitsliste der in Mittelhessen gefährdeten Bodentypen

Stufe	Bodentyp / Bodenform	G-Wert
1	Hochmoor	0,5
2	Quellengley Niedermoor	0,4
3	Naßgley Anmoorgley Kultosole (nur kulturhistorisch wertvolle, meist reliktische Formen)	0,3
V	Ranker Rendzina Gley Stagnogley	0,1
R	Lockerbraunerde Tschernosem Ferralsol (Latosol, Roterde) Nitosol (Plastosol, Rotlehm) Terra rossa Terra fusca Böden mit sonstigen erdgeschichtlichen Zeugnissen (Eiskeile, Tuffbänder)	0,4
Gefährdungsstufen		
0	verschwunden: Bodentypen, die im Bezugsraum früher vorkamen, in naturnaher Ausbildung aber nicht mehr anzutreffen sind	
1	vom Verschwinden bedroht: Bodentypen, die aufgrund anthropogener Einflüsse nur noch reliktisch verbreitet oder in der Vergangenheit stark zurückgegangen und durch fortschreitende quantitative oder qualitative Beeinträchtigungen erheblich bedroht sind	
2	stark gefährdet: Bodentypen, die in natürlicher Ausbildung erheblich zurückgegangen sind oder durch fortschreitende quantitative oder qualitative Beeinträchtigungen erheblich bedroht sind	
3	gefährdet: Bodentypen, die in natürlicher Ausbildung deutlich zurückgegangen sind oder durch fortschreitende quantitative oder qualitative Beeinträchtigungen bedroht sind	
V	Vorwarnliste: Bodentypen, die in natürlicher Ausprägung merklich zurückgegangen sind, aber noch keiner aktuellen Gefährdung unterliegen oder standörtlich eng begrenzt vorkommen und dort durch qualitative (Melioration) oder quantitative Beeinträchtigungen (Siedlungserweiterung) gefährdet sind	
R	extrem selten: Bodentypen, die im Bezugsraum von Natur aus sehr selten sind, für die aber kein merklicher Rückgang bzw. keine aktuelle Gefährdung zu erkennen ist	

c) Biotischer Bodenwert und Bodenfunktionswert

Als Summe aus dem Hemerobiewert (H) eines Bodens und einem möglichen Zuschlag aufgrund der Gefährdung seines Typs bzw. seiner Bodenform (G) ergibt sich der Biotische Bodenwert (PW_b). Er erreicht für nicht gefährdete Böden Werte zwischen 0,0 und 1,0. Die Einstufung eines Bodens in eine Gefährdungskategorie nach Tab. 20 bewirkt eine zusätzliche Aufwertung um bis zu 50 % (s. Tab. 21).

Tab. 21: Biotische Bodenwerte (PW_b) und Bodenfunktionswerte (PW_f)

Standort und Nutzung	PW_w*	H	G	PW_b	PW_f
stark befahrener Lagerplatz auf Braunerde	0,24	0,3		0,30	0,54
Intensivacker auf Braunerde	0,51	0,4		0,40	0,91
Intensivgrünland auf Braunerde	0,58	0,5		0,50	1,08
extensiv genutzter Acker auf Parabraunerde	0,84	0,5		0,50	1,34
Nadelwald auf Pseudogley	0,28	0,6		0,60	0,88
Extensivgrünland auf Ranker	0,12	0,8	0,1	0,90	1,02
Laubwald auf Braunerde	0,60	0,9		0,90	1,50
Naturnah bewirtschafteter, alter Laubwaldbestand auf Auenlehm	1,20	1,0		1,00	2,50
Extensivgrünland auf Naßgley	1,60	0,8	0,3	1,10	2,70

*): Werte aus Tab. 17 übernommen

Bodenwasserhaushaltswert (PW_w) und Biotischer Bodenwert (PW_b) ergeben in der Summe den Bodenfunktionswert (PW_f), der die Bedeutung eines Bodens für den Naturhaushalt repräsentiert. Der Bodenfunktionswert erreicht auf mittleren, mäßig intensiv genutzten Standorten Werte bis 1,0, auf extensiv bewirtschafteten Flächen i.d.R. um 2,0. Naturnahe Standorte können Werte von über 3,0 erreichen, während stark degenerierte, aber nicht bebaute Böden zumeist unter 0,5 zu bewerten sind. Insgesamt ergeben sich die folgenden Wertstufen der Tab. 22.

Tab. 22: Einstufung des Bodenfunktionswertes

Stufe		PW_f
1	sehr gering	< 0,50
2	gering	0,50 - 0,80
3	mittel	0,81 - 1,50
4	hoch	1,51 - 1,80
5	sehr hoch	> 1,80

3.1.3 Bewertung der Planung

Das Gebot des § 1a BauGB, im Rahmen des Bebauungsplanes über die Belange von Naturschutz und Landschaftspflege abschließend zu entscheiden, bedingt eine fundierte Ermittlung der zu erwartenden Eingriffswirkungen sowie die Abschätzung der Wirksamkeit vorgesehener Ausgleichs- und Ersatzmaßnahmen, ohne die eine sachgerechte Abwägung nicht möglich ist. Da der Bebauungsplan in seiner Funktion als kommunale Satzung keine konkrete Eingriffsplanung darstellt, sind die durch ihn vorbereiteten Eingriffe anhand der zeichnerischen und textlichen Festsetzungen zu beurteilen. Als Maßstab für die Eingriffsbewertung gilt im Rahmen dieses Bilanzierungsansatzes der maximal mögliche Umfang zulässiger Eingriffe, auch wenn dieser in der Regel deutlich über dem tatsächlichen Ausmaß der später realisierten Maßnahmen, insbesondere des Versiegelungsgrades liegt. Nur so aber kann der eingriffsminimierende Effekt geeigneter Festsetzungen in die Bilanzierung einfließen und mithin zu deren Aufnahme in den Bebauungsplan motivieren.

Sofern keine stärkere Differenzierung des Plangebiets aufgrund inhomogener Boden- oder Reliefbedingungen erforderlich ist, erfolgt auf Seiten der Planung lediglich eine Unterscheidung von Bauflächen, nicht überbaubaren Grundstücksflächen, Verkehrsflächen sowie Pflanz- und Kompensationsflächen, die in Abhängigkeit von den sie betreffenden Festsetzungen bewertet werden. Befinden sich mehrere Baugebiete oder Kompensationsflächen im Geltungsbereich des Bebauungsplans, so können diese unter der Voraussetzung gleichartiger Festsetzungen aggregiert werden.

3.1.3.1 Ermittlung der maximal zulässigen Versiegelung

Wichtigstes Instrument zur Bemessung und folglich auch zur Minimierung der Oberflächenversiegelung innerhalb eines Baugebiets ist die Festsetzung einer Grundflächenzahl (GRZ). Die GRZ gibt den maximal überbaubaren Flächenanteil eines Baugrundstücks an, der gemäß § 19 (4) der Baunutzungsverordnung (BauNVO)[16] um bis zu 50 % bis zu einer maximalen GRZ von 0,8 (= 80 % der Grundstücksfläche) überschritten werden darf. Für Wohngebiete beträgt die GRZ je nach vorgesehener Grundstücksgröße und Verdichtung in der Regel zwischen 0,3 und 0,4, für Mischgebiete 0,5 bis 0,6. Bei der Ausweisung von Gewerbegebieten wird zumeist eine GRZ von 0,8 gewählt.

Nebenanlagen im Sinne des § 14 BauNVO, wie Gartenhäuschen oder Anlagen zur Kleintierhaltung, werden auf die zulässige Grundfläche nicht angerechnet. Nach § 19 BauNVO gilt dies auch für Balkone, Terrassen, Loggien etc.. Pkw-Stellplätze, Garagen und Gemeinschaftsanlagen werden nicht angerechnet, soweit sie 0,1 der Fläche des Baugrundstücks nicht überschreiten (§ 21a BauNVO).

Theoretisch ergibt sich aus diesen Vorgaben bei einer GRZ von 0,4 für ein 600 m² großes Grundstück eine maximale Bebauung von 360 m² für Gebäude und zusätzlich 60 m² für Garagen oder Stellplätze. Aber auch auf den verbleibenden Freiflächen von 180 m² könnte eine weitere Bebauung in Form von Gartenhäuschen oder Terrassen vorgenommen werden, so daß die Festsetzung einer GRZ allein keine wirksame Begrenzung der Flächenversiegelung bewirken kann.

Um einer solchen Entwicklung entgegenzutreten, ermöglicht die Baunutzungsverordnung die Festlegung von Baugrenzen, die von Gebäuden oder Gebäudeteilen nicht überschritten werden dürfen (§ 23 (3) BauGB). Gemäß § 23 (5) BauNVO können Nebenanlagen auf den nicht über-

[16] Baunutzungsverordnung i.d.F. vom 23. Januar 1990 (BGBl. I S. 132), zuletzt geändert durch Artikel 3 des Gesetzes zur Erleichterung von Investitionen und der Ausweisung und Bereitstellung von Wohnbauland vom 22. April 1993 (BGBl. I S. 466)

baubaren Grundstücksflächen ausgeschlossen werden, so daß sich durch die Festsetzung einer Baugrenze u.U. eine geringere maximale Überbauung ergibt als durch die zugrunde liegende GRZ.

Schließt der Bebauungsplan Nebenanlagen außerhalb der überbaubaren Grundstücksflächen nicht ausdrücklich aus, so ist die Errichtung baulicher Anlagen grundsätzlich auch auf Flächen zum Schutz, zur Pflege und zur Entwicklung von Natur und Landschaft gem. § 9 (1) 20 BauGB möglich, sofern diese als Annexfestsetzung dem Baugebiet zugeordnet sind. Zu berücksichtigen ist auch, daß derartige dem Naturschutz dienenden Flächen bei der Ermittlung der maximal zulässigen Bebauung eines Grundstücks mit herangezogen werden, wenn sie nicht als eigenständige Fläche mit Parzellenbegrenzung dargestellt sind. Für ein 1.000 m² großes Baugrundstück, das

Abb. 2: Beispiele zur Berechnung der maximal möglichen Versiegelung

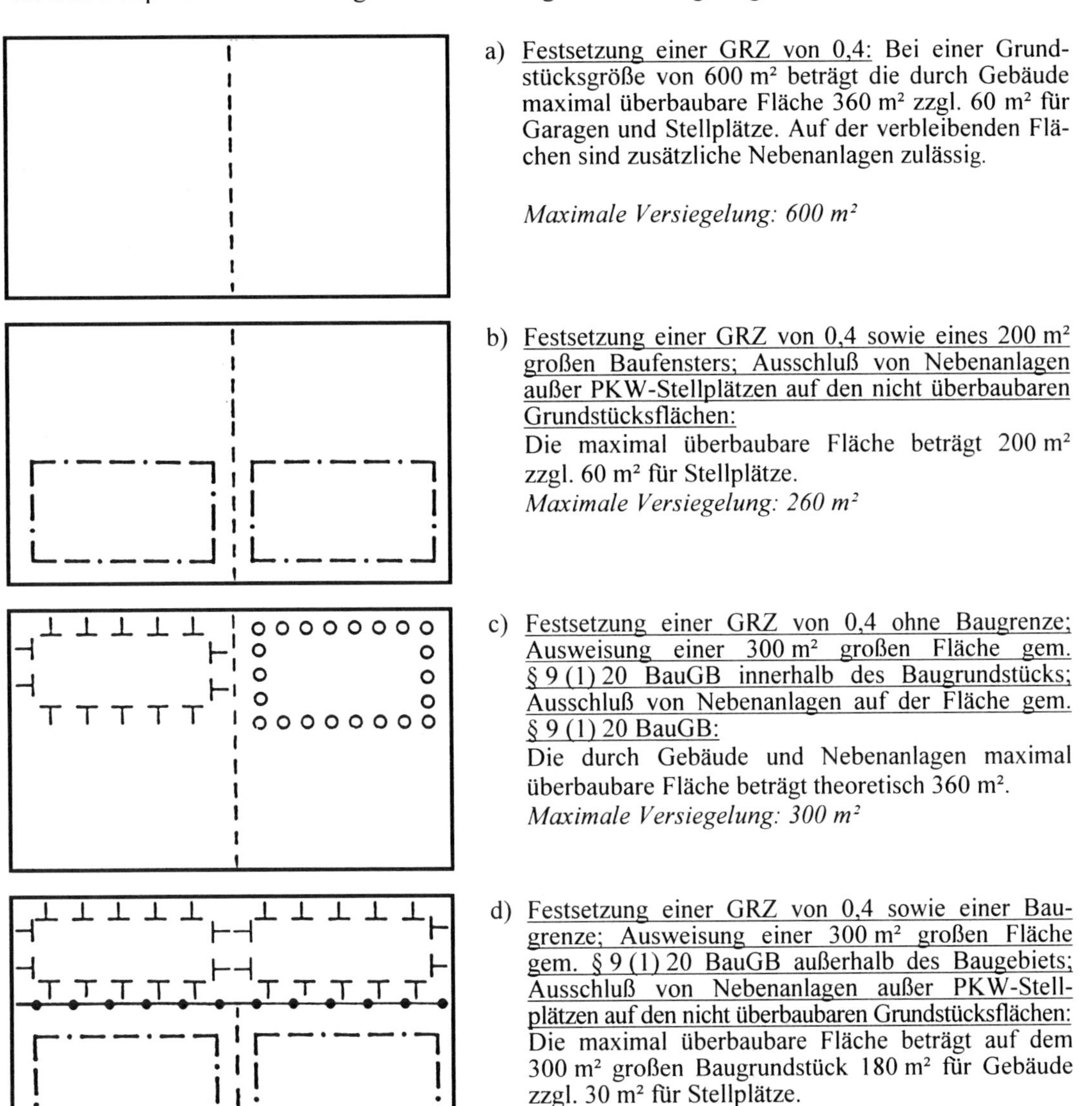

zur Hälfte als Fläche gem. § 9 (1) 20 BauGB ausgewiesen ist, ergibt sich bei einer GRZ von 0,4 beispielsweise eine maximal überbaubare Fläche von 600 m², was zur vollständigen Versiegelung der zweiten Grundstückshälfte führen könnte.

Zur Minimierung der möglichen Eingriffswirkungen sollten deshalb Flächen gem. § 9 (1) 20 BauGB vom Baugebiet grundsätzlich durch eine *Abgrenzung unterschiedlicher Nutzungen* getrennt werden (Planzeichen 15.14 der PlanzV 1990[17]), zumindest aber als eigenständige Fläche dargestellt werden. Für die Baugebiete sollte zudem generell die Errichtung von Nebenanlagen auf den nicht überbaubaren Grundstücksflächen ausgeschlossen werden.

3.1.3.2 Bodenwasserhaushalt

a) Ermittlung der Versickerungsleistung unter Berücksichtigung eingriffsminimierender Maßnahmen

Baumaßnahmen, insbesondere die Versiegelung von Oberflächen, bewirken tiefgreifende und irreversible Veränderungen der Bodenstruktur sowie seines Wasser- und Lufthaushalts. Geländeanschnitte und Bodenaushub zur Unterkellerung von Gebäuden führen zudem zur völligen Zerstörung gewachsener Bodenhorizonte. Derartige Eingriffe sind trotz vielfältiger Möglichkeiten der Eingriffsminimierung naturschutz*fachlich* deshalb nicht ausgleichbar und auch Kompensationsmaßnahmen - beispielsweise durch die Extensivierung der Bodennutzung auf anderen Standorten - können immer nur Ersatzfunktionen übernehmen.

Im Rahmen der Eingriffs- und Ausgleichsbilanzierung bedarf es aber der Möglichkeit eines naturschutz*rechtlichen* Ausgleiches für die absehbaren Eingriffe, weshalb Maßnahmen der Eingriffsminimierung teilweise ein ungleich höheres Wirkpotential zugesprochen werden muß, als dies fachlich anzunehmen wäre. Während die beschriebene Vorgehensweise der Bestandsbewertung bezüglich des Wasserhaushalts durchaus als - wenn auch vereinfachter - halbquantitativer Ansatz zur Ermittlung der Bedeutung eines Bodens betrachtet werden kann, sind auf Seiten der Planung Konventionen zur Bestimmung des Kompensationspotentials erforderlich.

aa) Verdunstung

Orientiert an den ermittelten Abflußbeiwerten, beträgt die Verdunstung von ebenen, nicht durchlässigen Materialien rd. 10 % des Jahresniederschlags. Dieser Wert läßt sich vereinfachend für alle an Entwässerungssysteme angeschlossene Verkehrs- und Bauflächen annehmen, sofern sie nicht in wasserdurchlässiger Bauweise zu errichten und nicht zu begrünen sind.

Während die Berechnung von Verkehrsflächen, die wasserdurchlässig zu befestigen sind, aufgrund eindeutiger Abgrenzungen zumeist ohne Schwierigkeiten möglich ist, kann der Anteil wasserdurchlässiger Befestigungen auf den privaten Grundstücksflächen oft nur durch Schätzungen ermittelt werden. Sofern der Bebauungsplan die wasserdurchlässige Bauweise von Gehwegen, Zufahrten, Terrassen und Stellplätzen festsetzt, kann hierfür näherungsweise ein Flächenanteil von 10 % des Baugebiets angenommen werden. Dieser ist *nach* Ermittlung der maximal

[17] Planzeichenverordnung (PlanzV) vom 18. Dezember 1990 (BGBl. I S. 58)

überbaubaren Fläche vom Umfang der *nicht überbaubaren* Grundstücksflächen abzuziehen und gesondert in die Bilanz einzustellen. Schließt der Bebauungsplan jedoch Nebenanlagen auf den nicht überbaubaren Grundstücksflächen aus, so ist der geschätzte Anteil wasserdurchlässiger Befestigungen auf die *überbaubaren* Grundstücksflächen anzurechnen, wobei der Umfang derartiger Nebenanlagen zumindest in Wohngebieten erfahrungsgemäß niedriger anzusetzen ist.

Die Bedeckung von Flachdächern mit Schotter oder einer Vegetationsschicht bewirkt auch ohne Zisternenanschluß eine Beschränkung des Direktabflusses, da ein großer Teil des Niederschlagswassers zurückgehalten und allmählich verdunstet wird. Die Spitzenabflußmenge eines begrünten Flachdaches liegt gegenüber einem Kiesdach um rund 60 % niedriger (STRUCKEN, 1990). Festsetzungen zur Begrünung von Flachdächern führen deshalb zu einer höheren Einstufung des Verdunstungsanteils, der innerhalb von Wohngebieten aufgrund des üblicherweise geringen Flachdachanteils aber nur gering ist. Bedeutung erlangen Dachflächenbegrünungen vornehmlich innerhalb von Gewerbegebieten, wo eine verbindliche Festsetzung der Dachbegrünung bei einem geschätzten Dachflächenanteil von 70 % zur Reduzierung des nicht verdunstenden Niederschlagsanteils auf 0,6 führt.

Der Verdunstungswert überbaubarer Grundstücks- und Verkehrsflächen, für die keine konventionelle Entwässerung, sondern eine flächenhafte Versickerung vorgesehen ist, orientiert sich an den Werten der angeschlossenen Versickerungsflächen. Da diese zumeist als Grünland anzulegen sind, können die entsprechenden Werte der Tabelle 7 übernommen werden. So beträgt der nicht verdunstende Niederschlagsanteil eines Asphaltwegs mit angeschlossener Wiesenmulde auf sandig-lehmigem Untergrund 0,9 (Asphalt) * 0,4 (Grünland) = 0,36 (s. Tab. 23).

Die Werte für Lehm- und Tonböden sind in Tab. 23 in Klammern gesetzt, da Festsetzungen zur Versickerung auf derartigen Standorten wegen der geringen Durchlässigkeit des Untergrunds nur bedingt sinnvoll sind, beispielsweise bei Einleitung kleinerer Wassermengen von Fußwegen und Anliegerstraßen in randlich verlaufende Mulden, die in diesem Fall jedoch vornehmlich als Verdunstungsrinnen fungieren.[18]

Nicht überbaubare Grundstücksflächen können, sofern die Errichtung von Nebenanlagen auf ihnen ausgeschlossen oder eine Mindestbegrünung und Bepflanzung von mindestens 30 % der Freiflächen vorgeschrieben ist, wie Grünlandstandorte eingestuft werden. Fehlen entsprechende Festsetzungen, ist hingegen von den maximal zulässigen Eingriffswirkungen auszugehen, auch wenn in der Realität mit einer stärkeren Begrünung der Grundstücke zu rechnen ist.

Sieht der Bebauungsplan durch Festsetzungen gemäß § 9 (1) 20 bzw. § 9 (1) 25 BauGB die Pflanzung geschlossener Hecken oder den Erhalt flächenhafter Gehölzbestände innerhalb von Baugebieten vor, so können diese *vom ermittelten Umfang* der nicht überbaubaren Grundstücksflächen abgezogen und als geschlossene Pflanzungen analog den Kompensationsflächen bewertet werden. Eine separate Einstufung ist, anders als bei Kompensationsflächen, hingegen nicht zulässig, weil auf den Baugrundstücken liegende Pflanzflächen bei der Ermittlung der überbaubaren Grundstücksanteile einfließen. Durch eine Abgrenzung unterschiedlicher Nutzung ge-

[18] Die Versickerung des verbleibenden Regenwassers kann sinnvollerweise durch die Verwendung sog. "Ökorinnen" anstelle seitlicher Bordsteine erfolgen. Durch Einbeziehung der belebten Bodenschicht als Filter werden Verunreinigungen des Unterbodens weitgehend ausgeschlossen. Der Bebauungsplan kann Flächenvorsorge für derartige Versickerungseinrichtungen betreiben; die Detailabstimmung bleibt der Genehmigungsplanung überlassen. Einer wasserrechtlichen Genehmigung bedarf eine derartige "oberirdische Versickerung" jedoch nicht, da sie keine Einleitung i. S. des Wasserrechts darstellt (KARL, 1995).

trennte oder in einem zweiten Teilgeltungsbereich liegende Ausgleichs- und Ersatzflächen sollten gesondert von Pflanzflächen innerhalb der Baugebiete bilanziert werden, auch wenn ihnen vergleichbare Verdunstungswerte zuzuordnen sind.

Erstmals ermöglicht die Planzeichenverordnung von 1990 die Ausweisung von Verkehrsflächen besonderer Zweckbestimmung, wie Fußgängerzonen oder verkehrsberuhigte Bereiche. Sofern der Bebauungsplan Art und Umfang nicht versiegelbarer Verkehrsflächen vorgibt, können diese in der Bilanz differenziert und wie nicht überbaubare Grundstücksflächen bewertet werden. Für Straßen, an denen alleeartige Anpflanzungen großkroniger Laubbäume (1. Ordnung) festgesetzt sind, wird ein Verdunstungswert von 0,8 angenommen - unabhängig davon, ob die Anpflanzungen auf der Straßenparzelle oder den angrenzenden Grundstücken vorzunehmen sind. Auch größere Stellplatzflächen, auf denen pro vier Stellplätze mindestens 1 großkroniger Laubbaum anzupflanzen ist, können entsprechend eingestuft werden.

Im einzelnen gelten die Werte der Tabelle 23. Zu beachten ist, daß diese lediglich den Anteil des nicht verdunstenden Jahresniederschlags wiedergeben. Der Einfluß eingriffsminimierender Festsetzungen auf die Eingriffserheblichkeit einer Planung zeigt sich erst in Verbindung mit den nachfolgend genannten Parametern.

Tab. 23: Relative mittlere jährliche Grundwasserzuführung (1-E/N) bei N = 650 mm/a - Planung

Bodenform, Nutzung		**S**	**lS**	**sL**	**U**	**L**	**T**
Zv	**Verkehrsflächen**						
Zvr/u	• Rasengittersteine, Graswege	0,5	0,5	0,4	0,4	0,3	0,2
Zvp/u	• (Öko-) Pflaster, Schotter, unbefest. Wege	0,9	0,7	0,5	0,5	0,4	0,2
Zvg	• Asphalt, Beton (mit Anpflanzungen)	0,8					
Zvo	• Asphalt, Beton	0,9					
Zvv	• bei Anschluß an Versickerungsflächen	0,45	0,45	0,36	0,36	(0,27)	(0,18)
Zg	**überbaubare Grundstücksflächen**						
Zgo	• ohne Festsetzungen	0,9					
Zgdg	• bei Dachflächenbegrünung (Garagen)	0,8					
Zgda	• bei Dachflächenbegrünung (generell)	0,6					
Zgv	• bei Anschluß an Versickerungsflächen	0,45	0,45	0,36	0,36	(0,27)	(0,18)
Zf	**nicht überbaubare Grundstücksflächen**						
Zfo	• ohne Festsetzungen	0,9	0,7	0,5	0,5	0,4	0,2
Zfa	• bei Ausschluß von Nebenanlagen oder						
Zfg	• Anpflanzen v. Gehölzen auf mind. 30 % *)	0,5	0,5	0,4	0,4	0,3	0,2
Zp,Zk	**Pflanz- und Kompensationsflächen**						
	• geschlossene Pflanzungen	0,4	0,4	0,3	0,3	0,3	0,2
	• lockere Pflanzungen, Streuobst, Sukzessionsflächen, Grünland	0,5	0,5	0,4	0,4	0,3	0,2

*): hierbei gilt: 1 Baum / 25 m², 1 Strauch / 1 m²

ab) Infiltration

Wasserdurchlässige Befestigungen, wie Rasenpflaster und durchlässige Verbundsteinpflaster, gelten als besonders umweltverträgliche Beläge für Pkw-Stellplätze, Terrassen, Fuß- und Radwege. Viele dieser "Ökopflaster" erreichen im Versuch Abflußbeiwerte von 0,0 (ANONYMUS, o. J.) Eine bloße Beurteilung der Versickerungsleistung aufgrund des ermittelten Abflußbeiwertes einer Fläche ist jedoch nicht statthaft. Wie BORGWARDT (1994a) nachweist, sinkt die Ganglinie der Infiltration wassergebundener Befestigungen trotz vergleichbarer Wasserdurchlässigkeit deutlich schneller als auf unbelasteten Baumscheiben, wodurch die aufnehmbare Regenspende innerhalb eines 15-Minuten-Regens um ein Vielfaches geringer ausfällt. Selbst im Vergleich zu eng verfugten Pflastern weisen wasserdurchlässige Beläge eine geringere Infiltrationsleistung auf. Als Grund hierfür wird die Nachverdichtung der Mineralstoffe aufgrund größerer statischer Beanspruchung wassergebundener Beläge genannt (BORGWARDT, 1994a).

Der Wahl des Mineralstoffgemisches für die Tragschicht und den Unterbau und seiner Resistenz gegenüber alterungsbedingten Verdichtungen kommt demnach eine entscheidende Bedeutung für die Sickerleistung einer wassergebundenen Befestigung zu. Unabhängig hiervon steigt die Wasseraufnahmefähigkeit des Belags mit zunehmendem Sickeröffnungsanteil des Pflasters, das bei einer Nennfläche von 7,5 % des gefällelos verlegten Verbundsteins eine Niederschlagsspende bis zu 200 l /s * ha^{-1} vollständig versickern kann, was der Infiltrationsrate eines lehmigen Sandes entspricht (MUTH, 1989).

Um Nachverdichtungen zumindest teilweise entgegenzuwirken, sollte jedoch ein Kf-Wert von mindestens 10^{-4} m/s angestrebt werden. Da die Sickerfähigkeit des Bodens maßgeblich von seinem Grobporenanteil abhängt, erreichen nur grobe Substratmischungen, wie Kiese und Grobsande, diese Werte (vgl. Tab. 10 und 11). Auf gebrochene Mineralstoffe sollte nach BORGWARDT (1994a) wegen der gleichmäßigen Kornabstufung und der engen Verzahnung der Partikel zugunsten gerundeter Mineralstoffe möglichst verzichtet werden.

In der Eingriffs- und Ausgleichsbilanzierung sollte die Wirkung wassergebundener Befestigungen folglich differenzierter bewertet werden, als aufgrund der im Labor ermittelten Abflußbeiwerte anzunehmen ist. Die in den Tabellen 8 und 24 aufgeführten Werte für wasserdurchlässige Befestigungen sind deshalb als zum Teil geschätzte, "korrigierte“ Abflußbeiwerte zu verstehen, bei denen die zu erwartende Nachverdichtung von Tragschicht und Unterbau ansatzweise Berücksichtigung finden.

Durch die zentrale Versickerung in einer ausreichend dimensionierten Mulde kann der Direktabfluß aus einem Baugebiet drastisch reduziert werden. UHL et al. (1991) wiesen für dicht bebaute Wohnsiedlungen eine Verringerung des Abflußvolumens um 65-70 % nach. Voraussetzung hierfür ist eine Versickerungsfläche, die in Abhängigkeit von den Untergrundverhältnissen 5-20 % der angeschlossenen Nettobaufläche umfaßt. Der Einstau sollte 40 cm nicht übersteigen, um eine vollständige Versickerung innerhalb von 1-2 Tagen zu ermöglichen. Bei länger andauerndem Einstau besteht die Gefahr der Verschlemmung und Selbstdichtung der Oberfläche. Außerdem bewirkt ein Dauerstau durch abnehmenden Sauerstoffgehalt die Einschränkung der biologischen Aktivität im Unterboden, die zur Aufrechterhaltung der Durchlässigkeit von entscheidender Bedeutung ist (GROTEHUSMANN & UHL, 1993).

Hier sei für Hessen auf den Erlaß des HMfUEuB[19] vom 2.5.1994, StAnz. 22/1994, S. 1376, hingewiesen, der eine dezentrale Versickerung von Niederschlagswasser auf Wohngrundstücken erlaubt, "wenn der Flurabstand zum höchsten natürlichen Grundwasserstand mindestens 1,5 m beträgt und das Niederschlagswasser nicht schädlich verunreinigt ist. Als nicht schädlich verunreinigtes Niederschlagswasser gilt aus qualitativer Sicht Niederschlagswasser von Dach-, Terrassen- und Hofflächen von zu Wohnzwecken genutzten Grundstücken".

Tab. 24: Abflußbeiwerte und Infiltrationsanteil wichtiger Nutzungs- und Vegetationstypen in der Planung (Neuanlage, Mittel- und Schätzwerte)

Flächenwidmung		ψ	ψ_{rel}	$1-\psi_{rel}$
Zv	**Verkehrsflächen**			
	a) Vollversiegelung (Asphalt, Beton)			
Zvo	• ohne Festsetzungen	0,9	1,0	0,0
Zvv	• Festsetzung dezentraler Versickerung	0,3	0,3	0,7
	b) wasserdurchlässige Befestigung			
Zvpp	• mit Verbundsteinpflaster (Kf* < 10^{-4} m/s)	0,8	0,9	0,1
Zva	• mit allg. Festsetzung wasserdurchlässiger Befestigung	0,7	0,8	0,2
Zvpv	• mit Verbundsteinpflaster (Kf > 10^{-4} m/s)	0,6	0,7	0,3
Zvw	• mit wasserdurchlässiger Befestigung (Kf > 10^{-4} m/s)	0,5	0,6	0,4
Zvu	• ohne Befestigung	0,4	0,4	0,6
Zvr	• mit Rasengittersteinen	0,2	0,2	0,8
Zg	**überbaubare Grundstücksflächen**			
Zgo	• ohne Festsetzungen zur Versickerung	0,9	1,0	0,0
Zgb	• Festsetzungen zur Brauchwassernutzung mit Versickerung überschüssigen Niederschlagswassers	0,4	0,4	0,6
Zgvd	• Festsetzung dezentraler Versickerung	0,3	0,3	0,7
Zgvz	• Festsetzung zentraler Versickerung (Fläche oder Mulde, ≥ 5 % der Nettobaufläche)	0,2	0,2	0,8
Zf	**nicht überbaubare Grundstücksflächen**			
	a) ohne Ausschluß von Nebenanlagen:			
Zfo	• ohne Festsetzungen zur Versickerung	0,4	0,4	0,6
Zfv	• Versickerung von Terrassen, Stellplätzen etc.	0,3	0,3	0,7
Zfa	b) bei Ausschluß von Nebenanlagen	0,3	0,3	0,7
Zp,Zk	**Pflanz- und Kompensationsflächen** (s. a. Tab. 9):			
	• ohne Pflanzgebot	0,2	0,2	0,8
	• Pflanzflächen (< 100 m² oder schmaler 10 m)	0,1	0,1	0,9
	• Pflanzflächen (> 100 m², Mindestbreite 10 m), stehende Gewässer, Versickerungsmulden	0,0	0,0	1,0

ψ abgeleitet aus: DIN (1992), FROHMANN (1986), BRETSCHNEIDER et al. (1982), GROTEHUSMANN & UHL (1993), LAHL & ZETSCHMAR (1983), STRUCKEN (1990)
*) des Belags

Nach BORGWARDT (1994b) können auch Niederschlagsabflüsse von Straßen, deren Verkehrsbelastung denen von Anlieger- und Wohnstraßen entsprechen, als nicht schädlich eingestuft werden. Mit zunehmender Verkehrsdichte steigt die Schadstofffracht jedoch rapide, so daß eine

[19] HMfUEuB: Hessisches Ministerium für Umwelt, Energie und Bundesangelegenheiten

Versickerung ab einer Verkehrsbelastungszahl (VB) von 300 gemäß RStO 86 (FORSCHUNGSGESELLSCHAFT FÜR STRASSEN- UND VERKEHRSWESEN, 1982) - und insbesondere bei Verwendung von Streusalz - nicht oder nur nach Vorklärung vertretbar ist. Im Bedarfsfall kann im Rahmen der Baugenehmigung der Einbau eines Leichtflüssigkeitsabscheiders nach Landesrecht vorgeschrieben werden.

Analog dem Vorgehen im Zusammenhang mit der Verdunstung sollen auch beim Anschluß überbaubarer Grundstücksflächen an Versickerungseinrichtungen nicht nur die Infiltrationswerte der Dachflächen, sondern die der jeweiligen Versickerungsflächen durch Multiplikation mit herangezogen werden.

Auch durch die Speicherung anfallenden Niederschlagswassers in Regenwasserzisternen und seine Nutzung als Brauchwasser in Haushalt und Garten kann der Spitzenabfluß bei Starkregen nach LAHL & ZETSCHMAR (1983) aus relativ eng bebauten Gebieten um bis zu 10 % verringert werden. Vorgehalten werden sollte ein Mindestvolumen von 20 l pro m^2 Dachfläche, um eine ausreichende Speicherkapazität zu erzielen. Ist diese gewährleistet, soll auch die alleinige Festsetzung der Brauchwassernutzung in der Bilanzierung eine deutlichen Zunahme des Infiltrationswertes bewirken, auch wenn die gespeicherten Niederschlagsmengen de facto dem Boden vorenthalten bleiben. Da die Verwendung von Regenwasser aber eine generelle Rücknahme der Grundwasserförderung ermöglicht, ist dieses Vorgehen im Hinblick auf den Grundwasserschutz durchaus begründet.

ac) Wasserdurchlässigkeit und Verdichtung

Auf Verkehrs- und überbaubaren Grundstücksflächen, deren Infiltrationswert ($1-\psi_{rel}$) mit 0,0 eingestuft ist, die also keinen Anschluß an Versickerungseinrichtungen besitzen, kann die Wasserdurchlässigkeit des Untergrunds vernachlässigt werden. Unabhängig von Kf-Wert und Verdichtung ist der Versickerungswert V gleich 0. Ist der Anschluß an eine Versickerungsfläche vorgesehen, so gilt deren Durchsickerungsfähigkeit auch für die angeschlossenen Straßen bzw. Dachflächen.

Für alle wasserdurchlässigen Nutzungen, wie nicht überbaubare Grundstücksflächen, Schotterwege, Versickerungsmulden oder Pflanzflächen, wird der Versickerungswert (Kf_{rel}) des jeweiligen Untergrunds herangezogen, sofern sie nicht ebenfalls an Versickerungsflächen mit höherer Durchlässigkeit angeschlossen sind. Während für Ausgleichs- oder nicht überbaubare Grundstücksflächen näherungsweise die für den Bestand ermittelten Werte der Wasserdurchlässigkeit übernommen werden können, sind für wasserdurchlässige Verkehrs- oder Stellflächen sowie Sport- und Spielplätze grundsätzlich Bodenverdichtungen durch Anlage und Nutzung vorauszusetzen. Sie werden folglich um eine Kf-Stufe niedriger angesetzt als der Ausgangsbestand, was den Versickerungswert V eines Schotterwegs ohne randliche Versickerungsmöglichkeit auf einem zuvor als Grünland genutzten Lehmboden beispielsweise von 0,24 ($1-E/N * 1-\psi_{rel} * Kf_{rel} = 0{,}3 * 0{,}8 * 1{,}0 = 0{,}24$) auf rd. 0,03 reduziert ($0{,}4 * 0{,}4 * 0{,}2 = 0{,}032$). Dieser liegt deutlich unter dem Versickerungswert eines Asphaltwegs mit randlichen „Ökorinnen" zur Versickerung mit $V = (0{,}9 * 0{,}3) * 0{,}7 * 1{,}0 = 0{,}189$. Letzterer profitiert im Hinblick auf die Versickerung von Niederschlagswasser von den optimalen Infiltrationsbedingungen im Randbereich. Die größere Gefahr von Verunreinigungen sowie die weitgehend funktionslosen Bodenbedingungen unter dem Asphaltweg selbst fließen über den Biotischen Bodenwert in die Bilanz ein und führen im Ergebnis zu einer Abwertung des Asphaltwegs gegenüber dem Schotterweg (s. Kap. 3.1.3.2). Besteht für wasserdurchlässige Befestigungen im übrigen die Möglichkeit randlicher Versickerung, so kann auch hier deren Durchlässigkeit herangezogen werden.

ad) Hangneigung

Bezüglich der Versickerung von Niederschlagswasser kommt der Hangneigung nur auf wasserdurchlässigen Standorten Bedeutung zu, die keinen Zugang zu Versickerungsflächen aufweisen. Da Straßen und überbaubare Grundstücksflächen entweder keine Infiltration in den Untergrund erlauben oder aber an üblicherweise ebenerdige Versickerungseinrichtungen angeschlossen sind, beträgt ihr Au/A_{rel}-Faktor grundsätzlich 1,0 (s. Tab. 13). Hingegen ist die Hangneigung bei Grundstücksfreiflächen, Pflanz- und Kompensationsflächen, wasserdurchlässigen Befestigungen sowie im Gefälle verlegten Ökorinnen zu berücksichtigen und gemäß Tab. 13 einzustufen.

b) Nutzbare Feldkapazität

Für nicht überbaubare Grundstücksflächen, Pflanz- und Kompensationsflächen sowie Versickerungsmulden gelten in der Regel die für den Bestand ermittelten nFK-Stufen. Sind innerhalb eines Plangebiets unterschiedliche Bodenverhältnisse anzutreffen, so können die Freiflächenanteile näherungsweise in Relation zum Vorkommen der verschiedenen Speicherkapazitäten im gesamten Eingriffsgebiet (Bruttobaufläche) aufgeteilt werden. Möglich ist auch die Heranziehung eines Mittelwertes der angetroffenen nFK-Stufen im Verhältnis ihrer Verbreitung. Eine exakte Zuordnung von Freiflächen zur jeweiligen Bodenform ist ohne den Einsatz geeigneter GIS-Systeme u.U. mit erheblichem Aufwand verbunden, in der Praxis aber zumeist auch nicht erforderlich, zumal die durch Bebauungsplan vorbereiteten Eingriffe grundsätzlich als Gesamteingriff gewertet werden sollten. Eine Aufschlüsselung nach Baugrundstücken kann folglich unterbleiben.

Abweichend vom Vorgehen bei der Ermittlung des Versickerungswertes (V), gelten bezüglich der Speicherkapazität auch für die überbaubaren Grundstücksflächen durchweg die nFK-Stufen des jeweiligen Untergrunds, da die Speicherkapazität ein Potential darstellt, das theoretisch auch nach Überbauung einer Fläche im wesentlichen erhalten bleibt. Der Ansatz ermöglicht zudem eine in die Bilanz eingehende Differenzierung zwischen der Oberflächenversiegelung von Böden und der vollständigen Zerstörung der (oberen) Bodenhorizonte durch Ausschachtung und Unterkellerung, für die generell eine nFK-Stufe von 1 angenommen wird. Daß auch ein versiegelter, aber nicht abgetragener Boden in seinen Funktionen weitgehend und nachhaltig beeinträchtigt wird, bleibt unstrittig, findet aber auch in der Bilanz seinen Niederschlag, indem er gegenüber dem Ausgangsbestand um eine nFK-Stufe herabgesetzt wird und einen Hemerobiewert von 0,0 erhält.[20]

[20] Die aufgrund von Verdichtungen infolge der Baumaßnahmen zu erwartende Einschränkung der nutzbaren Feldkapazität beträgt rd. 20 % (AG BODENKUNDE, 1982).

c) Ermittlung des Bodenwasserhaushaltswertes

Der Bodenwasserhaushaltswert ergibt sich auch in der Planung als Produkt aus Versickerungswert (V) und nFK-Stufe. Die nachfolgende Tabelle 25 gibt Beispiele für verschiedene Flächenwidmungen im Bebauungsplan und zeigt auf, welchen Einfluß eingriffsminimierende Festsetzungen auf die Bilanzierung ausüben.

Tab. 25: Bodenwasserhaushaltswerte (PW_w) in Abhängigkeit von Standort und Nutzung

Flächenwidmung*	1-E/N	$1-\psi_{rel}$	Kf_{rel}	Au/A_{rel}	V	nFK	PW_w
Asphaltstraße mit Kanalanschluß	0,9	0,0	0,2	1,0	0,000	2	0,000
Asphaltweg mit seitlichen Versickerungsmulden	0,27	0,7	1,0	1,0	0,189	2	0,378
Parkplatz mit Rasengittersteinen	0,3	0,8	0,2	1,0	0,048	2	0,096
Bebauung mit Keller, Dachentwässerung über Kanalisation	0,9	0,0	1,0	1,0	0,000	1	0,000
Bebauung mit Keller, Brauchwassernutzung, Versickerung	0,27	0,6	1,0	1,0	0,162	1	0,162
nicht überbaubare Grundstücksfläche, gärtnerische Nutzung	0,4	0,6	1,0	1,0	0,240	3	0,720
nicht überbaubare Grundstücksfläche mit Pflanzgeboten	0,3	0,6	1,0	1,0	0,180	3	0,540
Kompensationsfläche, großflächige Anpflanzung	0,3	1,0	1,0	1,0	0,300	3	0,900

*): Alle Beispiele gelten für mittelgründige Lehmböden (nFK-Stufe 3) in ebener Lage

3.1.3.3 Biotischer Bodenwert und Bodenfunktionswert

Die Einstufung des biotischen Bodenwertes in der Planung erfolgt gemäß Tab. 26 in Abhängigkeit von den jeweiligen Flächenwidmungen des Bebauungsplans. Geplante Kompensationsflächen werden, vergleichbar bestehendem Extensivgrünland, mit 0,8 bewertet, nicht überbaubare Grundstücksflächen hingegen analog bestehenden Gärten als euhemerob und folglich mit 0,4 eingestuft.

Tab. 26: Hemerobiegrad wichtiger Nutzungstypen - Planung (außer Erhalt)

Hemerobie	Flächenwidmung	H-Wert
oligo	Flächen mit Bindungen für geschlossene Gehölze	0,9
α-meso	Kompensationsflächen mit Pflanz- oder Extensivierungsmaßnahmen, Pflanzflächen im Baugebiet	0,8
ß-meso	Grünflächen und Parks ohne Extensivierungsauflagen	0,6
eu	nicht überbaubare Grundstücksflächen	0,4
poly	Sport- und Spielplätze, wasserdurchlässige Wege und Plätze	0,2
meta	Bebauung (ohne Unterkellerung), Verkehrsflächen (versiegelt) Bebauung (mit Unterkellerung)	0,1 0,0

3.1.3.4 Bewertung von Kompensationsmaßnahmen

Nicht nur für den Arten- und Biotopschutz, sondern auch im Hinblick auf den Bodenwasserhaushalt und die biotischen Funktionen des Bodens bewirken die Extensivierung der Landnutzung oder die Regenerierung des Grundwasserstandes eine deutliche Verbesserung. Gründe hierfür sind die Reduzierung mechanischer Belastungen und die infolge steigender biologischer Aktivität zunehmende Durchlässigkeit des Bodens für einsickerndes Wasser. Der Verzicht auf Dünger und Pflanzenschutzmittel wirkt sich zudem positiv auf das Bodenleben und die Sickerwasserqualität aus. Das Verfahren berücksichtigt deshalb den Effekt von Pflanz- und Extensivierungsmaßnahmen innerhalb des Plangebiets und auf externen Kompensationsflächen.

Während für Wasserdurchlässigkeit und Hangneigung von Kompensationsflächen in der Regel die jeweiligen Werte des Bestands übernommen werden, orientiert sich die Einstufung der Verdunstung (Tab. 7), der Infiltration (Tab. 9) und des biotischen Bodenwertes (Tab. 26) am vorgesehenen Entwicklungsziel der Maßnahme.

Die Entwässerung ombrogener, d.h. regenwassergespeister Hochmoore sowie grundwasserbeeinflußter Böden, also von Niedermooren und Gleyen, bewirkt zwar im allgemeinen keine Herabsetzung der nutzbaren Feldkapazität, das Retentionsvermögen derartiger Böden sinkt aber beträchtlich, da die Drainwirkung von Grabensystemen oder tief eingeschnittenen Bachläufen ein dauerhaftes Absinken des Grundwasserspiegels nach sich zieht und Niederschläge vorzeitig aus dem Bodenkörper in die Sammler einsickern. Aus diesem Grund sollen fossile bzw. stark degenerierte Grundwasserböden im Bestand generell eine nFK-Stufe niedriger bewertet werden.

Sieht der Bebauungsplan die Regeneration ursprünglichen Bodenverhältnisse beispielsweise durch die Wiedervernässung einer Feuchtwiese oder Entsiegelungsmaßnahmen vor, so können im Gegenzug auch hier die entsprechenden Werte des Zielbestands in die Bilanz eingestellt werden, was u.U. auch eine Aufwertung der nFK-Stufe bewirkt. Bestehende Bodenverdichtungen hingegen sind durch bloße Entsiegelungs- oder Extensivierungsmaßnahmen nicht auszugleichen, so daß diese im allgemeinen unverändert aus der Bilanz hervorgehen sollen. Aufwertungen für gefährdete Bodentypen sind dann möglich, wenn sie im Bestand als degenerierte, aber regenerierbare Ausbildung eingestuft wurden. Dies betrifft vor allem wiedervernäßte Moor- und Gleyböden, ggf. aber auch einen entsiegelten Ranker.

Aufgrund des halbquantitativen Ansatzes bei der Ermittlung des Grundwasserzuführung (1-E/N) bewirken verdunstungsfördernde Maßnahmen, wie die Dachflächenbegrünung oder die Wiederanhebung des Grundwasserspiegels unter einer trockengelegten Feuchtwiese, eine Absenkung des Versickerungswertes (V). Obwohl fachlich korrekt, würde die Festsetzung derartiger, aus Naturschutzsicht sinnvoller Maßnahmen in der Bilanz zu einem erhöhten Kompensationsbedarf führen, da die klimatische Komponente einer erhöhten Verdunstung vom Verfahren nicht erfaßt wird. Flächen, auf denen verdunstungsfördernde Maßnahmen vorgesehen sind, sollen deshalb je nach deren Einfluß auf die Grundwasserzuführung durch Aufschläge auf den Biotischen Bodenwert in Höhe von 0,1 bis 0,2 aufgewertet werden.

3.2 VEGETATION UND FAUNA

3.2.1 Die Charakterisierung und Abgrenzung von Lebensräumen

Die Umsetzung zoologischer Erhebungen in der Planung weist wegen des Fehlens standardisierter Verarbeitungsvorschriften leider noch zahlreiche Schwächen auf (vgl. BAUER, 1989; PLACHTER, 1989). Der Notwendigkeit einer nachvollziehbaren Ableitung der Bedeutung von Lebensräumen aufgrund nachgewiesener Tiervorkommen und deren Gewichtung bei der Gesamtbeurteilung eines Eingriffs wird eine bloße Zusammenstellung von Artenlisten nicht gerecht. Ziel muß deshalb die Erarbeitung nachvollziehbarer Bewertungsmuster sein, die bei aller gebotenen Vereinfachung die Wirkungszusammenhänge im untersuchten Gebiet und damit die Eingriffsempfindlichkeit eines Landschaftsausschnittes aufzuzeigen vermögen. Hierbei kommt der Einbeziehung großräumiger Funktionsbeziehungen und damit der Betrachtung größerer Landschaftsräume besondere Bedeutung zu.

Abweichend von der bislang üblichen Vorgehensweise, Umgebungswirkungen auf ein zu bewertendes Gebiet - wenn überhaupt - durch mehr oder weniger willkürlich gewählter Zu- oder Abschläge auf dessen Wert zu berücksichtigen, basiert der vorliegende Bewertungsansatz auf einer zweischichten Vorgehensweise, die eine fachlich unzulässige Vermengung nicht aggregierbarer Eigenschaften von Landschaftsausschnitten vermeiden soll. Die in der Regel an der Parzellenstruktur eines Gemarkungsteils und nicht an naturräumlichen Grenzen orientierte Bestimmung von Untersuchungsgebieten bedingt *deren* Bewertung allein aufgrund ihrer immanenten Habitateigenschaften, d.h. ihrer Eignung als Lebensraum für Pflanzen und Tiere, die aufgrund ihrer Struktur- und Raumansprüche im Bewertungsgebiet selbst dauerhafte Vorkommen ausbilden können. Die Bedeutung der Fläche für den übergeordneten Biotopbereich sowie dessen Einfluß auf das engere Bewertungsgebiet sind indes auf einer höheren Ebene vorzunehmen, deren Abgrenzung sich aus dem Anspruchsprofil arealabhängiger Tierarten ableitet und im weiteren durch die Landschaft charakterisiert wird, in der sich das Bewertungs- bzw. Eingriffsgebiet befindet. Die Abgrenzung funktional mehr oder weniger als Einheit zu betrachtender Biotopbereiche entspricht folglich der Vorgehensweise bei der Bewertung des ästhetischen und kulturhistorischen Landschaftswertes (Kap. 3.3) und ermöglicht somit auch auf Ebene des Gesamtlandschaftsplans im Maßstab 1:5.000 oder 1:10.000 eine übersichtliche Landschaftsbewertungen.

Voraussetzung zur Bewertung funktional verknüpfter Landschaftsteile ist deren Charakterisierung und Abgrenzung. Auf der Grundlage tierökologischer Daten sollen deshalb im weiteren geeignete Zuordnungsvorschriften erarbeitet werden, die eine rasche und fachlich begründete Differenzierung von Biotopkomplexen ermöglichen. Ziel ist die Entwicklung eines einfachen, aber dennoch fundierten „Landschaftsmodells", mit dessen Hilfe es möglich ist, die verschiedenen Bewertungsparameter zu gewichten und erhobene Daten zu Vegetation und Fauna eines Gebietes nachvollziehbar zu interpretieren.

Zur Unterscheidung der verschiedenen Bezugsebenen werden im weiteren folgende Begriffe verwendet:

> Biotop:
> *wissenschaftlich:* Lebensraum einer spezifischen Lebensgemeinschaft von Pflanzen und Tieren, der durch einheitliche Lebensbedingungen gekennzeichnet ist (BASTIAN & SCHREIBER, 1994)

im Rahmen der Landschaftsanalyse: eine aufgrund von Vegetation und Struktur im Gelände abgrenzbare, quasihomogene Raumeinheit mit Eignung als Lebensraum einer spezifischen Lebensgemeinschaft

Biotoptyp:
aufgrund spezifischer Standortbedingungen und nutzungsbedingter Vegetationsstruktur regelmäßig wiederkehrende Ausprägung eines Biotops

Biotoptypengruppe:[21]
Gruppe physiognomisch ähnlicher Biotoptypen, deren Artenrepertoire sich in Abhängigkeit von Standort- und Struktureigenschaften aber deutlich unterscheiden kann; Biotoptypen einer Gruppe können deshalb in unterschiedlichen Landschaftstypen verbreitet sein und sich ggf. sogar ausschließen.

Biotopkomplex:
Vergesellschaftung von Einzelbiotopen (BASTIAN & SCHREIBER, 1994) gleichen oder sich ergänzenden Typs; im Sinne dieses Verfahrens Teil eines Biotopbereichs bzw. einer Landschaft (s. unten)

Biotopkomplextyp:
aufgrund naturräumlicher und anthropogener Einflüsse mehr oder weniger regelmäßig wiederkehrende Vergesellschaftung von i.d.R. funktional verbundenen Biotoptypen gleichen oder sich ergänzenden Typs

Biotopbereich:
im Sinne dieses Verfahrens: aufgrund naturräumlicher und anthropogener Einflüsse bedingte Vergesellschaftung von Einzelbiotopen und Biotopkomplexen, die nicht zwangsläufig alle in enger funktionaler Beziehung zueinander stehen müssen, gegenüber angrenzenden Biotopbereichen aber eine deutliche funktionale Trennung aufweisen; Biotopbereiche enden grundsätzlich an durch menschliche Einflüsse entstandenen Trennlinien (in Abhängigkeit von ihrer Ausdehnung insbesondere Straßen unterschiedlicher Kategorie, Eisenbahnlinien, Siedlungen etc.; vgl. Kap. 3.2.1.2c); Biotopbereiche bilden im Rahmen dieses Verfahrens die übergeordnete Bewertungseinheiten.

Landschaft:
im Sinne von Landschaftseinheit (nach BASTIAN & SCHREIBER, 1994): großflächiger, durch naturräumlich determinierte anthropogene Faktoren und ein spezifisches Gefüge von Landschaftselementen charakterisierter Landschaftsausschnitt, also i.d.R. Synonym für Biotopbereich, sofern dessen funktionale Voraussetzungen erfüllt sind

Bsp.: Die Feuchtwiesen einer beidseits von bewaldeten Hängen umgebene Talniederung bilden gemeinsam mit eingestreuten Feldgehölzen sowie einem alten Abgrabungsgewässer eine geschlossene Landschaft. Zu dieser zählen auch einzelne kleineren Weiler im Tal, die aber nicht dem entsprechende Biotopbereich zugeordnet werden können.

Landschaftstyp:
aufgrund naturräumlicher und nutzungsgeschichtlicher Bedingungen regelhaft wiederkehrende Ausprägung einer Landschaft, in der bestimmte Biotoptypen mehr oder weniger regelmä-

[21] in Anlehnung an den in der Vegetationskunde (KNAPP, 1971) benutzten Begriff der „Formation“ für eine Gruppe von Biotoptypen, in der eine bestimmte Lebensform oder physiognomische Gruppe vorherrscht (z.B. Wald, Grünland, Röhricht)

ßig vergesellschaften sind; Synonym für Biotopkomplextyp, sofern dessen funktionale Voraussetzungen erfüllt sind und dieser nicht Elemente unterschiedlicher Landschaftstypen bedingt

Bsp.: *Ein alter Steinbruch mit Kleingewässern bildet aufgrund seiner Funktion als Laichhabitat für eine große Erdkrötenpopulation einen Biotopkomplex mit einem benachbarten Wald, kann als Sonderstandort aber nicht dessen Landschaftstyp (WH, vgl. Tab. 27) zugeordnet werden.*

Landschaftsausschnitt:
willkürlich bestimmter, in seiner Umgrenzung nicht zwangsläufig an den naturräumlichen Bedingungen orientierter Teil der Landschaft (Bsp.: Geltungsbereich einer Planung)

Naturraum:
in Anlehnung an KLAUSING (1974): physiogeographisch und ökologisch annähernd homogener Raum, der sich aufgrund bestimmter geologischer, topographischer oder klimatischer Merkmale von benachbarten, andersartigen Räumen äquivalenter Individualität unterscheidet; übergeordnete Naturräume zeichnen sich durch das gehäufte Vorkommen bestimmter Landschaftstypen aus.

Abb. 3: Gliederung von Landschaftsausschnitten

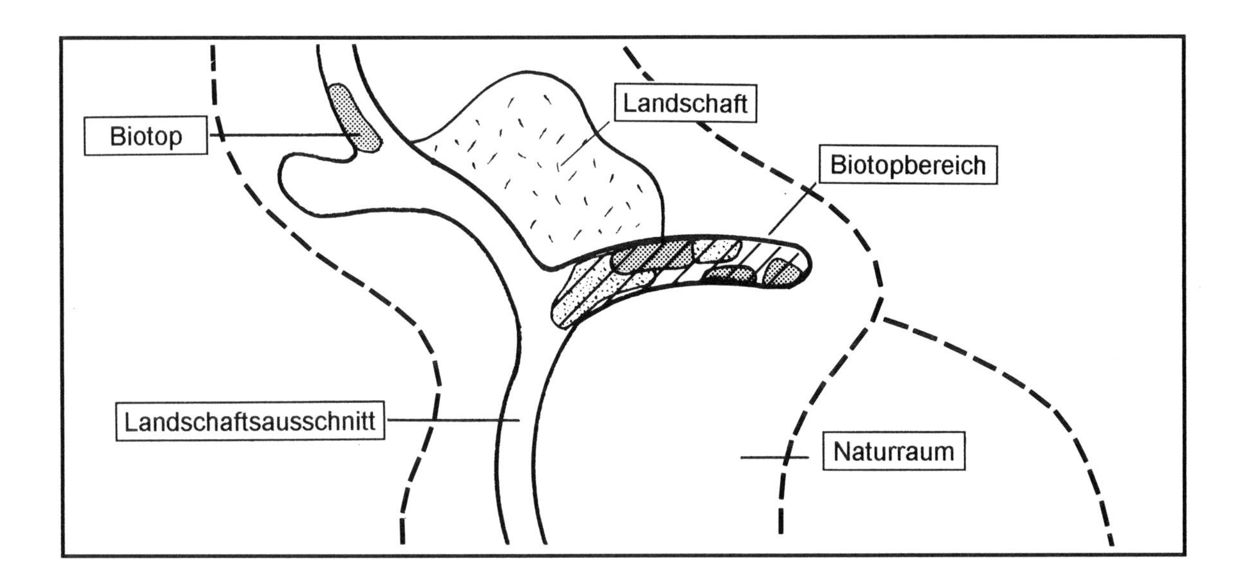

3.2.1.1 Charakterisierung von Lebensräumen

a) Charakterisierung von Biotopen

Um eine einheitliche Vorgehensweise bei der Benennung und Differenzierung von Lebensräumen zu ermöglichen, orientiert sich der vorliegende Ansatz an der Hessischen Biotopkartierung (HMLWLFN, 1994), die zwar in hohem Maße auf vegetationskundlichen Unterscheidungsmerkmalen basiert, im Gelände aber eine rasche Zuordnung ermöglicht. Die stärker auf standörtlichen Kriterien beruhende Biotoptypenliste nach RIECKEN et al. (1993) erscheint zwar grundsätzlich geeigneter zur Differenzierung nach tierökologischen Kriterien, stößt in der praktischen Umsetzung wegen ihrer teilweise sehr abstrakten Zuordnung aber auf Anwendungsprobleme.

Eine wünschenswerte Vereinheitlichung der zahlreichen in der Bundesrepublik Deutschland gebräuchlichen Biotoptypenlisten ist gegenwärtig noch nicht abzusehen. Um zumindest ansatzweise die Kompatibilität des Verfahrens sowohl mit der Biotoptypenliste der Hessischen Biotopkartierung als auch der Roten Liste der gefährdeten Biotoptypen (RIECKEN et al., 1994 bzw. 1993) zu gewährleisten, wird bei der Differenzierung nach Subtypen und Biotopausbildungen im wesentlichen die Gliederung von RIECKEN et al. (1994) übernommen, wodurch eine Zuordnung jeden Typs zu einer regionalen Gefährdungsstufe ermöglicht wird. Übergeordnetes Gliederungskriterium ist hierbei in der Regel die Standortfeuchte, bei grünlanddominierten Biotoptypen gefolgt von Nutzungsintensität und Höhenstufe, bei Magerrasen von Bodeneigenschaften und Nutzungsart.

Tab. A (im Anhang) ordnet die verschiedenen Biotoptypen in 15 durch Großbuchstaben gekennzeichnete Biotoptypengruppen, die jedoch nicht zwangsläufig identisch sind mit den nachfolgend beschriebenen Landschaftstypen. So können zwar einzelne Biotoptypen bei entsprechender Ausdehnung eine gleichnamige Landschaft charakterisieren (Auenwald, Moor), in der Regel sind Biotoptypen einer Gruppe aber in verschiedenen Landschaftstypen beheimatet (Grünland, Hekken) oder sogar ausschließlich als mehr oder weniger kleinflächige Bestandteile einer anders zu bezeichnenden Landschaft anzutreffen (Ruderalfluren, Felsfluren). Die Benennung von Biotopen im Gelände bereitet in der Regel keine Schwierigkeiten, da ihre Grenzen definitionsgemäß an Nutzungsstrukturen gebunden sind. Funktionale Beziehungen zu Nachbarlebensräumen sind im Rahmen der Beschreibung und Abgrenzung übergeordneter Biotopbereiche zu berücksichtigen und können bei der Charakterisierung eines einzelnen Biotops vernachlässigt werden.

b) Charakterisierung von Biotopbereichen und Landschaften

Als oft herangezogene übergeordnete Betrachtungsebene können Biotopkomplexe entweder als homogene Bereiche ausschließlich sich ergänzender, untereinander aber deutlich unterscheidbarer Biotoptypen, als Landschaftsausschnitte mit teilweise funktional verknüpften, teilweise komplexfremden Biotoptypen oder auch als disperse, ineinander übergehende Nutzungen auftreten (vgl. HMLWLFN, 1994). Selbst kleinflächige Bestände, beispielsweise verbuschende Magerrasen, lassen sich entweder als Biotopkomplex (Magerrasen und Gebüsche) definieren, oder aber als eigener Biotoptyp ausscheiden. Eine klare Trennung zwischen Biotop und Biotopkomplex ist deshalb fachlich oft nicht durchzuhalten.

Da eine Vielzahl der heute bei uns lebenden Tier- und Pflanzenarten erst durch die jahrhundertelange, teilweise Jahrtausende währende menschliche Überformung der Landschaft bei uns heimisch werden konnte (ELLENBERG, 1996), besteht eine enge Beziehung zwischen der traditionellen Nutzung einer Landschaft und ihrer charakteristischen Artenausstattung. Folglich ermöglicht die Charakterisierung von Biotopbereichen nach ihrer überkommenen Nutzungsstruktur auch eine Beschreibung und Abgrenzung der in ihr zu erwartenden Lebensgemeinschaften und eignet sich als übergeordnete Bewertungseinheit besser als die abstrakte und oft nur Teile einer Lebensgemeinschaft beachtende Benennung von Biotopkomplexen.

Die in Tab. 27 zusammengestellten Landschaftstypen sind vornehmlich durch ihre geomorphologische Eigenart und die daraus resultierende traditionelle Nutzungsstruktur charakterisiert und finden deshalb auch im Rahmen der Beurteilung des kulturhistorischen Wertes einer Landschaft Verwendung (vgl. Kap. 3.3). Diese Einheiten sind in der Praxis wegen ihres anthropogenen Ursprungs zumeist gut erkennbar und deutlich voneinander abzugrenzen. Tab. 27 beruht auf einer Auswertung zahlreicher, im Literaturverzeichnis aufgeführter Landschaftspläne und Kartierungen und bezieht sich streng genommen nur auf den mittelhessischen Raum zwischen dem Limburger Becken und dem Vorderen Vogelsberg. Sie entspricht aber dennoch weitgehend den Beschreibungen von BLAB (1993), BURKHARDT et al. (1991), RIECKEN (1992), RIECKEN et al. (1994), BASTIAN & SCHREIBER (1994) sowie ELLENBERG (1996), weshalb sie auch auf andere, zumindest benachbarte Regionen übertragbar erscheint. Zur hierarchischen Gliederung sind den Landschaftstypen Nummern zugeordnet, ergänzt um Kurzbezeichnungen, die sich zur besseren Unterscheidung von den Biotoptypenschlüsseln in Tabelle A nur aus Großbuchstaben zusammensetzen. Eine eingehende Charakterisierung der Landschaftstypen wird in Kap. 3.3 vorgenommen.

Tab. 27: Landschaftstypen

Nr.	Code	Landschaftstyp
1	**W**	**Waldlandschaften**
1.1	WH	Hochwaldlandschaften
1.1.1	WHA	Auwälder
1.1.2	WHF	Hochwälder des Flachlands
1.1.3	WHH	Hochwälder des Hügel- und Berglands
1.2	WE	Sonderformen der Waldlandschaften
1.2.1	WEN	Nieder- und Mittelwälder
1.2.2	WEH	Hutewälder
2	**J**	**Gehölzdominierte Offenlandschaften**
2.1	JR	Weinbaulandschaften
2.1.1	JRF	Weinbaulandschaften des Flachlands
2.1.2	JRH	Weinbaulandschaften des Hügel- und Berglands
2.1.2.1		Weinbaulandschaften flach geneigter Hanglagen
2.1.2.2		Weinbaulandschaften steiler Hanglagen
2.2	JS	Obstbaulandschaften
2.2.1	JSO	Streuobstgebiete
2.2.2	JSK	Obstkultur-Landschaften
2.3	JP	Parklandschaften
3.1.2.1		Flußniederungen des Flachlands
3.1.2.2		Bachniederungen des Flachlands
3	**G**	**Wiesen- und Weidelandschaften**
3.1	GF	Grünlandgebiete des Flachlands
3.1.1	GFU	Niedermoore und Sümpfe
3.1.1.1		Niedermoore
3.1.1.2		Sümpfe der Flußniederungen und Mündungsgebiete
3.1.1.3		Teichlandschaften
3.1.2	GFF	Wiesen- und Weidelandschaften des Flachlands
3.1.2.1		Flußniederungen
3.1.2.2		Bachniederungen
3.2	GH	Grünlandgebiete des Hügel- und Berglands
3.2.1	GHF	Fluß- und Bachniederungen des Hügel- und Berglands
3.2.1.1		Flußniederungen des Hügel- und Berglands
3.2.1.2		Bachniederungen des Hügel- und Berglands

Tab. 27: Landschaftstypen (Fortsetzung)

3.2.2	GHH	Wiesen- und Weidelandschaften der Hanglagen
3.2.2.1		Grünlandgebiete quelliger Hangbereiche und staunasser Senken
3.2.2.2		Grünlandgebiete mittlerer Hanglagen
3.2.2.2.1		Grünlandgebiete des schwach reliefierten Hügellands
3.2.2.2.2		Grünlandgebiete des stark reliefierten Hügellands
3.3	GB	Hutelandschaften
3.3.1	GBA	Hutelandschaften des Flachlands (Sandheide)
3.3.2		Hutelandschaften des Hügel- und Berglands
3.3.2.1	GBT	Hutelandschaften der Kalkgebirge (Wacholderheiden)
3.3.2.2	GBH	Hutelandschaften der Silikatgebirge (Zwergstrauchheide, Borstgrasrasen)
4	**Y**	**Moore**
4.1	YH	Hochmoore
4.2	YZ	Zwischenmoore
5	**A**	**Ackerbaulandschaften**
5.1	AA	Ackerlandschaften des Flachlands
5.1.1	AHL	Ackerlandschaften der Lößebenen
5.1.2	AHP	Ackerlandschaften fruchtbarer Plateaulagen
5.2	AH	Ackerlandschaften des Hügel- und Berglands
5.2.1	AHH	Ackerlandschaften des Hügellands
5.2.2	AHB	Ackerlandschaften des Berglands
6	**S**	**Siedlungslandschaften**
6.1	SD	Historisch gewachsene Siedlungen
6.1.1	SDA	Altstädte
6.1.2	SDD	Dörfer
6.1.3	SDE	Historische Einzelanlagen (Klöster, Burgen)
6.2	SM	Siedlungsgebiete jüngerer Zeit
6.2.1	SMW	Wohngebiete überwiegend lockerer Einzelhausbebauung
6.2.2	SMM	Mischbaugebiete einschl. verdichteter Wohnbebauung
6.2.2.1		Innerstädtische Verdichtungsgebiete
6.2.2.2		Gebiete großflächiger Block- und Zeilenbebauung
6.2.2.3		Großform- und Hochhausbebauung
6.2.3	SMG	Gewerbe- und Industriegebiete

3.2.1.2 Abgrenzung von Biotopbereichen

Grundsätzlich stehen benachbarte Lebensräume immer in funktionalem Zusammenhang zueinander. Der Grad gegenseitiger Interdependenzen kann aber vereinfachend zur Bestimmung von in sich geschlossenen Raumeinheiten herangezogen werden, deren innere funktionale Bezüge sich deutlich von denen zum Umland unterscheiden. Dennoch wirft die Abgrenzung derartiger Biotopbereiche, vor allem aber die Beurteilung der funktionalen Verflechtung von Lebensräumen innerhalb einer Landschaft, eine Reihe fachlicher Probleme auf, die es im Interesse einer nachvollziehbaren Bewertung durch einfache Zuordnungsvorschriften zu überwinden gilt. Es bedarf hierzu in der Praxis leicht umsetzbarer Abgrenzungsregeln, die jedoch zumindest näherungsweise den tatsächlichen Bedingungen in der Natur entsprechen sollten.

Als Kriterien zur Abgrenzung von Biotopbereichen und zur Bestimmung funktionaler Beziehungen zwischen Biotopen, also von Biotopkomplexen innerhalb eines Biotopbereichs, sind hierbei folgende Parameter zu betrachten:

- die Nutzungs- und Biotopverteilung bzw. die Nutzungsstruktur in einem Landschaftsausschnitt
- die funktionale Nähe zu benachbarten, in ihrem Charakter deutlich abweichenden Nutzungen
- die räumliche Entfernung zwischen verschiedenen Biotopen gleichen Typs oder zu funktional ergänzenden Biotoptypen in Abhängigkeit von ihrer Größe
- die für den Landschaftstyp charakteristischen Leitarten

a) Leitarten und ihre Arealansprüche

Allein die unterschiedlichen Arealansprüche, d.h. der Flächenbedarf, und die damit verbundene Mobilität der verschiedenen einen Lebensraum bewohnenden Tierarten läßt erkennen, daß eine Abgrenzung von Biotopbereichen immer auf die Bedürfnisse potentiell vorkommender Tierarten ausgerichtet sein muß. Bei der Abgrenzung von funktional verbundenen Landschaftsausschnitten muß deshalb deren Größe und Ausstattung und damit ihre Eignung als Lebensraum für bestimmte, zu definierende Leitarten bzw. -gruppen berücksichtigt werden. Relevante Parameter für den Flächenbedarf von überlebensfähigen Tierpopulationen sind nach HOVESTADT et al. (1993):

- Angaben über den Raumbedarf einer Reproduktionseinheit (Paar, soziale Gruppe),
- die Minimalgröße einer überlebensfähigen Population (MVP)[22] sowie
- die Möglichkeit der Wiederbesiedlung, also die Entfernung zwischen verschiedenen Lebensräumen.

In Abhängigkeit von der gebotenen Habitatqualität, der möglichen Verbreitungsdistanz einer Art und der zur Ausbildung einer überlebensfähigen Population notwendigen Individuenzahl können zwischen den ermittelten Minimalflächen erhebliche Schwankungen auftreten (ebd.). Auch das immer noch lückenhafte Wissen um die Raumansprüche vieler Tierarten beschränkt die Aussagekraft von Literaturangaben.[23] Die in Tab. 28 zusammengestellten Angaben über die Arealansprüche charakteristischer Arten unterschiedlicher Lebensräume zur Besiedlung einer Fläche und zur Ausbildung überlebensfähiger Populationen dienen deshalb nur einer groben Orientierung und weisen zahlreiche Lücken auf.

Die Differenzierung der Tab. 28 orientiert sich an den in Tab. 27 beschriebenen Landschaftstypen, wobei die Typengruppen der *Hutelandschaften der Silikatgebirge* (GBH) und der *Moore* (Y) aufgrund ihrer ähnlichen Ausstattung mit arealabhängigen Arten zusammengefaßt werden, ebenso die *Wiesen- und Weidelandschaften der Hanglagen* (GHH) mit den *Ackerlandschaften des Hügel- und Berglands* (AH) sowie die *Hutelandschaften der Kalkgebirge* (GBT) mit den *Weinbaulandschaften* (JR). Die als Biotoptypengruppen, nicht jedoch als Landschaftstypen ein-

---

[22] Eine MVP *(minimum viable population)* ist nach SHAFFER (1981; zit. in HOVESTADT et al., 1993) für eine bestimmte Art in einem bestimmten Habitat die kleinste isolierte Population mit einer definierten Lebenschance über einen bestimmten Zeitraum unter Berücksichtigung der absehbaren Effekte von demographischen und genetischen Zufallsprozessen, Umweltschwankungen und Naturkatastrophen auf die Population.

[23] So gibt FLADE (1994) für das Rebhuhn eine Habitatgröße von 1-3 ha an, während LÜDERITZ et al. (1995) das Mindestareal zur Besiedlung eines geeigneten Lebensraums auf 1 km² schätzen. Ähnlich hohe Abweichungen ergeben sich für das Schwarzkehlchen mit 0,3-3 ha (FLADE, 1994) bzw. 10-20 ha (BURKHARDT et al., 1991).

zustufenden *Still-* (Fs) und *Fließgewässer* (Ff) werden den Landschaftstypen der *Niedermoore und Sümpfe* (GFU) bzw. den *Wiesen- und Weidelandschaften der Täler* (GFF, GHF) zugeordnet. Für die Biotoptypengruppen der *Waldränder, Gebüsche, Hecken, Feldgehölze und Baumreihen* (H), *Salzwiesen* (X), *Ruderalfluren* (R) sowie der *Felsfluren, Block- und Schutthalden sowie Therophytenfluren* (T) ist eine Differenzierung nach ihrer Ausdehnung wegen ihres typischerweise oft kleinflächigen oder azonalen Charakters nicht sinnvoll. Sie werden den Landschaftstypen in Tab. 28 als komplexbildende und -ergänzende Biotoptypen zugeordnet, wobei Waldrandbereiche grundsätzlich sowohl dem Wald als auch dem angrenzenden Offenland zuzurechnen sind.

Die der Literatur entnommenen Angaben zum Raumbedarf einer Art beziehen sich vor allem bei Vögeln zumeist nur auf die Minimalausdehnung des Brutreviers. Ungleich wichtiger zur Beurteilung eines Biotopbereichs sind aber Kenntnisse der zur *Besiedlung* erforderlichen Mindestgröße eines Lebensraums, die vor allem bei Arten des gehölzarmen Offenlands sowie bei waldbewohnenden Arten deutlich höher anzusetzen ist. Der Schwarzspecht vermag zwar bereits 2-3 ha große Altholzinseln als Bruthabitat zu nutzen, ist in geschlossenen Wäldern aber erst bei einer Ausdehnung von 250 bis 300 ha regelmäßig anzutreffen (BURKHARDT et al., 1991). Auch die Waldschnepfe besiedelt Wälder erst ab einer Ausdehnung von über 100 ha, das Balz- und Brutareal eines Paares beträgt aber „lediglich“ 15-40 ha (BURKHARDT et al., 1991).

Ausschlaggebend für die Zuordnung einer Art zu einer Arealstufe ist das Mittel der aus der Literatur entnommenen Größenordnungen für den erforderlichen Flächenumfang. Sind lediglich Minimalgrößen angegeben, so erfolgt die Einordnung in diejenige Stufe, deren Schwellenwert dem angegebenen Raumbedarf am nächsten liegt.

Für die einzelnen Landschaftstypen lassen sich gemäß Tab. 28 fünf Arealstufe (A1-A5) bilden, denen typische Arten oder Artengruppen zugeordnet werden können, deren regelmäßiges Vorkommen erst bei Überschreitung der jeweiligen Schwellenwerte zu erwarten ist. Hierbei wird deutlich, daß naturnahe Lebensräume, wie Wälder und Fließgewässer, aber auch der traditionell großflächige Landschaftstyp der Hutegebiete, eine deutlich größere Ausdehnung zur Besiedlung mit charakteristischen Arten benötigen als Landschaftsformen, die erst durch menschliche Nutzung entstanden sind. So genügen Waldgebiete erst in einer Flächengröße von über 5.000 ha den Anforderungen von Großsäugern und Rauhfußhühnern, während bereits 100-300 ha umfassende Streuobstgebiete allen an dieses Biotop angepaßten Arten Lebensraum bieten. Hier ist allerdings zu berücksichtigen, daß zahlreiche Leitarten der Obstwiesen diese nur als Teillebensraum bewohnen (BURKHARDT et al., 1991). Die für Grünspecht, Wendehals und Grauspecht angegebenen Minimalareale von 50 ha bzw. 100 ha schließen benachbarte Grünlandbereiche oder Wälder mit ein, weshalb der erforderliche Anteil geschlossener Streuobstwiesen i.d.R. geringer eingestuft werden kann.

Für Grünlandbiotope kann bei Unterschreitung einer Minimalausdehnung von rund 1 ha nicht mit der Ausbildung typischer Tierpopulationen gerechnet werden kann. Eine vollständige Artenausstattung ist in der Regel erst bei Flächengrößen über 250 ha (Arealstufe 4) zu erwarten. Extreme Flächenansprüche zeichnen zwar auch einige Charakterarten der Steppengebiete aus, deren mitteleuropäische Ersatzlandschaften, die Ackerfluren, sind aber bereits seit Jahrhunderten nur noch in Relikten als Lebensraum beispielsweise für die Großtrappe geeignet, weshalb hier die Arealstufe 3 (über 25 ha) als zur Besiedlung mit der typischen Artenausstattung maßgeblich eingestuft werden kann. Die von trocken-warmen Standortbedingungen geprägten Hutelandschaften der Kalkgebirge schließlich bieten aufgrund ihrer in Mitteleuropa von Natur aus eher geringen Ausdehnung bereits im Umfang von rd. 10-20 ha (Arealstufe 2) den meisten Charakterarten ausreichend Platz für ein dauerhaftes Vorkommen.

Allen Landschaftstypen gemein ist der exponentielle Anstieg zwischen den Schwellenwerten der fünf Arealstufen, wobei der Schwerpunkt möglicher Artvorkommen zumeist zwischen der 2. und 3. Arealstufe liegt, während die Stufe 5 den Raumbedarf von jeher seltener Arten vermuten läßt. Dieser Annahme entsprechen auch die von BURKHARD et al. (1991) angegebenen und in Tab. 38 aufgeführten Zielgrößen für den Biotopschutz, die mit Ausnahme der Wacholderheiden (GBT), der Weinbaugebiete und Sümpfe durchweg in der 3. Arealstufe angesiedelt sind.

Tab. 28: Arealstufen wichtiger Landschaftstypen und ihre Charakterarten[24]

WALDLANDSCHAFTEN (W)

	A1	A2	A3	A4	A5
Fläche	**> 1 ha**	**> 5 ha**	**> 25 ha**	**> 250 ha**	**> 2.500 ha**
Revier		Mittelspecht 3-10[a] Kleinspecht 4-40[a] Nachtigall > 4 Gelbspötter ∅ 10 Pirol 10-25[d]	Waldschnepfe 15-40[d] Haselhuhn 40-80[d] Grauspecht 100-200[1] 100-350[4] Hohltaube ∅ 50-100[d]	Schwarzspecht 250-600[d]	Kolkrabe 1-5.000[a]
Vorkommen			Mittelspecht > 40[d] typische Kleinvogel- fauna > 70-80[d]	Waldschnepfe > 100 Auerhuhn Waldkauz Waldohreule Schwarzer Milan 800[d]	Schwarzspecht 2.000-3.000[d] Schwarzstorch 2.500[d]
Populationen	Waldlaufkäfer 2-3[d]	Waldspitzmaus Eichenbockkäfer 20[d] Hirschkäfer > 5[d] Ulmenzipfelfalter *(Satyr.. w-album)* >5[d] stenot. Spinnen > 10[d]	Molche typische "Bodenfauna" Rinderwanzen Glasflügler (Auwald) Haselmaus > 20[d]	Springfrosch 400 [c] Grasfrosch [c]	Haselhuhn (> 3.000)[d] 12-15.000[d] Auerhuhn 5-10.000 Luchs 5-15.000
komplexbildende Biotoptypen:	Kulturen, Dickungen, naturnahe und forstlich geprägte, geschlossene Bestände, Altholzbestände, Innensäume, Waldränder, Außensäume, Waldtümpel, Schlagfluren, Niederwälder, Mittelwälder, Hutewälder				
komplexergänzende Biotoptypen:	Streuobstwiesen, Feldgehölze, Extensivgrünland, Magerrasen, Heiden, Gewässer				

OBSTBAULANDSCHAFTEN (JS)

	A1	A2	A3	A4	A5
Fläche	**> 1 ha**	**> 5 ha**	**> 25 ha**	**> 250 ha**	**> 2.500 ha**
Revier	Wendehals 0,5[d] Gartenrotschwanz 1[a]		Grauspecht 100-200[d] Steinkauz > 50[d] Raubwürger (≥ 25) 40[d] Rotkopfwürger 40-180[d]	Grünspecht 320-530[d] (> 50[d])	
Vorkommen		Wendehals 8-16[d] 10-30[a] größte Zunahme von Brutvogelarten zw. 10 und 20[d]	ab 40 ha knapp 90 % der typ. Vogelarten	Wiedehopf[d] Grünspecht[d]	
Populationen	Heuschrecken	Laufkäfer			
komplexbildende Biotoptypen:	Streuobstwiesen, Extensivgrünland, Hecken, Lesesteinhaufen, Säume, Einzelgehölze				
komplexergänzende Biotoptypen:	Magerrasen, Feldgehölze, Waldränder, Obstgärten				

[24] Die Kleinbuchstaben verweisen auf die entsprechenden Literaturangaben (s. Tabellenende); Angaben in Hektar

Tab. 28: Arealstufen wichtiger Landschaftstypen und ihre Charakterarten (Fortsetzung)

NIEDERMOORE UND SÜMPFE (GFU), einschl. Biotoptypengruppe STEHENDE GEWÄSSER (Fs)[25]

Sümpfe*	**A1**	**A2**	**A3**	**A4**	**A5**
	> 1 ha	**> 5 ha**	**> 25 ha**	**> 250 ha**	**> 2.500 ha**
Revier	Rohrdommel 1[d] Rohrammer 1,3-2,3[d]	Bekassine 3,5-6[d]			
Vorkommen	Wasserralle ∅ 1		Rohrdommel 40-50[d]		Rohrweihe >1.500 Sumpfohreule (?)
Populationen	Heuschrecken		Gl. Binsenjungfer 60[d] *(Lestes dryas)* Schilfeule[d] > 20 (*Mythimna*-Gruppe)	Grasfrosch Springfrosch	
Stillgewässer				**A1**	**A2**
	> 300 m²	**> 0,1 ha**	**> 0,5 ha**	**> 1 ha**	**> 5 ha**
Revier	Kammolch 100-500[d]	Teichrohrsänger 0,25[d]			
Vorkommen	Wasserralle	Gr. Granatauge 0,07[d] *(Erythromma najas)*	Zwergtaucher 0,3-1,0[d] Vierfleck[d] *(L. quadrimaculata)* Gl. Binsenjungfer 0,5[d] *(Lestes dryas)* Schw. Heidelibelle[d]	Krickente[d] Knäkente[d] (Haubentaucher)[d]	Haubentaucher > 10[d] Reiherente Tafelente
komplexbildende Biotoptypen:	Röhrichte, Seggenriede, Niedermoore, Staudenfluren, vegetationsarme Ufer, kleine Seen, Teiche, Weiher, Gehölze feuchter Standorte				
komplexergänzende Biotoptypen:	Wiesen und Weiden frischer bis nasser Standorte, Fließgewässer				

*) Angaben zu Libellen für Sumpfgebiete u.ä. mit Stillgewässern

WIESEN- UND WEIDELANDSCHAFTEN DER NIEDERUNGEN (GFF, GHF), einschl. FLIESSGEWÄSSER (Ff)

Grünland	**A1**	**A2**	**A3**	**A4**	**A5**
	> 1 ha	**> 5 ha**	**> 25 ha**	**> 250 ha**	**> 2.500 ha**
Revier	Flußregenpfeifer 1-2[a] Kiebitz 1-3[a] Bekassine 1-5[a], 1,5-2,5[d] Braunkehlchen 0,5-3[a] Beutelmeise 2-5[a]	Wachtelkönig 10[d] Kiebitz > 5[d]			
Vorkommen	Mädesüß- Perlmutterfalter > 0,5[d] *(Brenthis ino)* Bl. Feuerfalter > 0,5[d] *(Lycaena helle)* Ameisenbläulinge *(Glaucopsyche teleius nausithous)* 0,5-1[d]	Bekassine ∅ 7[d]	Kiebitz ∅ 20-30[d]	Weißstorch 200	Fischotter 140-200 km²
Populationen	Heuschrecken Knoblauchkröte Wachtelweizen- scheckenfalter 1-3[d] *(Melitaea athalia)*	Br.fl. Perlmutterfalter *(Boloria selene)* 5-10[d] Kl. A.feuerfalter 10[d] *(Lycaena hippothoe)* Ameisenbläulinge *(Glaucopsyche teleius nausithous)* gemeinsam 10[d]	Kleinsäuger Molche[c] Mädesüß- Perlmutterfalter bis 40[d] *(Brenthis ino)* Gr. Ampferfeuerfalter[d] *(Lycaena dispar)* Blausch. Feuerfalter[d] *(Lycaena helle)*	Grasfrosch Springfrosch	

[25] Abgrabungsgewässer außerhalb von Sumpfgebieten und Niederungslandschaften sowie Talsperren besitzen i.d.R. keine besondere funktionale Beziehung zu ihrer Umgebung und gelten deshalb als Sonderstandorte (T) innerhalb einer andersartigen Landschaft, weshalb sich ihr Wert auch nicht direkt über ihrer Ausdehnung ableiten läßt.

Tab. 28: Arealstufen wichtiger Landschaftstypen und ihre Charakterarten (Fortsetzung)

Fließgewässer	**A1**	**A2**	**A3**	**A4**	**A5**
Uferlänge	**> 1 km**	**> 2 km**	**> 5 km**	**> 15 km**	**> 50 km**
Revier		Wasseramsel 1-2,5[d] Eisvogel 3-4[d]			
Vorkommen	Flußregenpfeifer Ø 1				Fischotter 50-75
Populationen	Blaufl. Prachlibelle[d] *(Calopteryx virgo)* Gestr. Quelljungfer[d] *(C. boltonii)*	Bachforelle[d]	Barben 10-15[d] Gebirgsstelze	Tagfalter Gem. Keiljungfer > 10[d] *(G. vulgatissimus)*	
komplexbildende Biotoptypen:	Extensivgrünland frischer bis feuchter Standorte, Naßwiesen, Gräben, Bäche, Flüsse, Staudenfluren, vegetationsarme Ufer, Kiesbänke, Einzelbäume und -sträucher				
komplexergänzende Biotoptypen:	Röhrichte, Seggenriede, Niedermoore, Gewässer, Gehölze feuchter Standorte				

WIESEN- UND WEIDELANDSCHAFTEN DER HANGLAGEN (GHH)
ACKERLANDSCHAFTEN DES HÜGEL- UND BERGLANDS (AH)

	A1	**A2**	**A3**	**A4**	**A5**
	> 1 ha	**> 5 ha**	**> 25 ha**	**> 250 ha**	**> 2.500 ha**
Revier	Feldlerche 2[a] Wiesenpieper Ø 2,5[d] Braunkehlchen 0,5-3[a], Ø 4[d] Neuntöter 1-4[d]	Wachtelkönig 10[a] Kiebitz > 5[d]		Roter Milan 400[a]	Wespenbussard 1.000-4.000[a] Baumfalke 3.000[a]
Vorkommen	Gem. Scheckenfalter *(Melitaea cinxia)* - 6[d]				Raubwürger > 1.300[d]
Populationen	Heuschrecken Wachtelweizen- scheckenfalter 1-3[d] *(Melitaea athalia)* „typische Arthropodenfauna"[d]	Mauswiesel Braunf. Perlmutterfalter *(Boloria selene)* Zipfelfalter 6[d] *(Satyrium spp.)*	Hermelin 20-30[d] Molche Kleinsäuger Blausch. Feuerfalter[d] *(Lycaena helle)*	Grasfrosch Springfrosch	
komplexbildende Biotoptypen:	extensive Wiesen und Weiden frischer bis feuchter Standorte, Brachen und Staudenfluren, Einzelbäume und -sträucher, Hecken und Gebüsche				
komplexergänzende Biotoptypen:	Extensivackerland, Feuchtgrünland, Magerrasen, Waldränder, Streuobstgebiete, Dörfer				

HUTELANDSCHAFTEN DER SILIKATGEBIRGE (GBH), MOORE (Y)

	A1	**A2**	**A3**	**A4**	**A5**
	> 1 ha	**> 5 ha**	**> 25 ha**	**> 250 ha**	**> 2.500 ha**
Revier		Heidelerche 8-10[c], > 2-3[d]		Raubwürger Ø 300[d] opt. 1.300	
Vorkommen		Heidelerche > 10			
Populationen	Skabiosen- Scheckenfalter 2-5[d] *(Euphydryas aurinia)* Geiskleebläuling[d] *(Plebejus argus)* Kl. Moorbläuling 2-3[d] *(Glaucopsyche alcon)*			„60 an *Calluna* angpaßte Falterarten" 100-200[c]	Kreuzotter Birkhuhn 2.500
komplexbildende Biotoptypen:	Heiden, Borstgrasrasen, Hutewälder, Hoch- und Übergangsmoore, Einzelgehölze				
komplexergänzende Biotoptypen:	Frisch- und Feuchtgrünland, Bruch- und Moorwald, Laubwald, Magerrasen, Streuobstwiesen, gehölzreiches Offenland				

Tab. 28: Arealstufen wichtiger Landschaftstypen und ihre Charakterarten (Fortsetzung)

HUTELANDSCHAFTEN DER KALKGEBIRGE (GBT), WEINBAULANDSCHAFTEN (JR)

	A1	**A2**	**A3**	**A4**	**A5**
	> 1 ha	**> 5 ha**	**> 25 ha**	**> 250 ha**	**> 2.500 ha**
Revier	Neuntöter 1-4[d], 3[a]				
Vorkommen	Schwarzkehlchen -3[a]	Schwarzkehlchen 10-20[d] Steinschmätzer -13[a] (3-4[d]) Zippammer 10-20[d]			
Populationen	Mauereidechse 0,5[d] Knoblauchkröte Heuschrecken Weinhähnchen >0,5-1[d] *(Oecanthus pellucens)* Malvendickkopffalter (*Pyrgus malvae*) 1-2[f] Dunkelbr. Bläuling 1-2[d] *(P. agestis)* Silbergr. Bläuling 1-2[d] *(P. coridon)* Himmelb. Bläuling 2-5[d] *(P. bellargus)* Hummeln 3	Zauneidechse > 4[d] Schlingnatter > 4[d] Feldgrille > 3[d] Westl. Steppensattel-schrecke > 3-10 *(E. ephippiger)* Schlehenzipfelfalter 6[d] *(Satyrium pruni)* Kl. A.feuerfalter 10[d] *(Lycaena hippothoe)*	Segelfalter 50-60[d] *(Iphiclides podalirius)* bodenl. Spinnen > 20[d]		
komplexbildende Biotoptypen:		(Sand- und) Halbtrockenrasen, Magergrünland, Rebbrachen, extensiv genutzte Rebfluren, Borstgrasrasen trockener Standorte, Felsfluren, Steinriegel, Trockengebüsche			
komplexergänzende Biotoptypen:		Frisch- und Feuchtwiesen, Streuobstwiesen, Heiden, Borstgrasrasen, gehölzreiches Offenland, Waldränder, Wälder trocken-warmer Standorte			

ACKERLANDSCHAFTEN DES FLACHLANDS (AA)

	A1	**A2**	**A3**	**A4**	**A5**
	> 1 ha	**> 5 ha**	**> 25 ha**	**> 250 ha**	**> 2.500 ha**
Revier	Feldlerche 2[a]	Rebhuhn ∅ 10, 3-5[a] Grauammer 1,2-7[a]			
Vorkommen		Feldlerche 5-10[b]	Feldhase (?) Rebhuhn 100[c] Wachtel 20-50[a]	Gänse, rastend (?)	Großtrappe (?)
Populationen	Heuschrecken	Mauswiesel	Wechselkröte Kleinvogelfauna Hermelin 10-30		
komplexbildende Biotoptypen:		Extensivackerland, Brachen, (Wiesen), Gebüsch, Hecken, Baumreihen, Waldränder, Säume, Lehm- und Lößwände			
komplexergänzende Biotoptypen:		Streuobstwiesen, Extensivgrünland, Magerrasen, Heiden, Tümpel, Röhrichte, Bäche, Feldgehölze, Waldränder			

ohne Fußnote: nach Angaben von JEDICKE (1990), BLAB (1993), BAUER & THIELKE (1982)
[a]) Angaben nach FLADE (1994) zur erforderlichen Habitatflächengröße während der Brutzeit
[b]) BORNHOLDT (1993)
[c]) nach LÜDERITZ et al. (1995)
[d]) nach BURKHARDT et al. (1991)
[e]) BITZ et al. (1996)
[f]) THOMAS (1984)

?) Angaben geschätzt
(x ha): aufgrund der Nähe zum Schwellenwert höher eingestuft
∅) durchschnittlich 1 Brutpaar / x ha

Die Angaben und Einstufungen dienen als Richtwerte zur Beurteilung bestehender Lebensräume und zur Bemessung des Indikatorwertes einzelner Tierarten, dürfen jedoch nicht als grundsätzlich ausreichende "Untergrenzen" eines Minimalareals interpretiert werden, die darüber hinausgehende Flächenanteile zur beliebigen Disposition freigäben.

b) Verknüpfung und Isolierung von Lebensräumen

Sieht man von Sonderstandorten und Pionierlebensräumen ab, wächst aufgrund des anzunehmenden Vorkommens mobiler Arten mit zunehmender Größe eines Biotops die Wahrscheinlichkeit funktionaler Beziehungen zu weiter entfernt liegenden Beständen gleichen Typs. Gleichzeitig verringert sich für eine größere Zahl im Komplex beheimateter Arten die Notwendigkeit, geeignete Lebensräume in der Umgebung erreichen zu können. In Abhängigkeit von der Ausdehnung eines Biotops oder eines zusammenhängenden Biotopbereichs können auf Grundlage der Tabelle 28 deshalb Leitarten benannt werden, die Rückschlüsse auf die Mindestentfernung zu benachbarten Biotopen und damit zu deren funktionaler Verknüpfung oder zum Grad der Isolierung eines Lebensraumes zulassen.

Zur Bestimmung der Indikatoreignung von Tierarten werden in Tab. 29 für die mobileren Artengruppen der Vögel und Säugetiere die ermittelten Arealstufen eines Vorkommens (bei Kleinsäugern mind. A1), bei Reptilien, Amphibien und Arthropoden die Mindestgröße zur Ausbildung einer Population herangezogen. Fehlen Angaben zum Vorkommen, werden die der Reviergröße nächst höhere bzw. der Populationsstufe nächst niedrigere Arealstufe gewählt. Korrekturen werden nur bei offensichtlich zu hohen Einstufungen vorgenommen, wie bei Grünspecht, Baumfalke, Wespenbussard und Grasfrosch, deren Offenland-Lebensräume nicht durchweg extensiv genutzt sein müssen. Kleinvögel des strukturreichen Offenlands (AH, GHH) werden nur mit A1 gewertet, da sie eine geringe Störempfindlichkeit besitzen und erfahrungsgemäß auch kleinere Biotopbereiche besiedeln (Nachtigall, Gartenrotschwanz, Gelbspötter). Schwarzstorch, Auer- und Haselhuhn sowie Wasserralle und Rohrdommel erfahren aufgrund ihrer hohen Störempfindlichkeit, die faktisch sehr große Wald- bzw. Sumpfgebiete bedingt, eine Aufwertung.

Trotz lückiger Datengrundlage zeigt Tab. 29 anschaulich, daß der Raumbedarf von Arthropoden, Kleinsäugern und Kleinvögeln gehölzdominierter Biotoptypen überwiegend von den Arealstufen 1 und 2, also von Lebensräumen in einer Ausdehnung zwischen 1 ha und 25 ha abgedeckt wird. Größere wertgebende Vogelarten sowie typische Offenlandbewohner, wie Wiesenpieper und Feldlerche, sind hingegen erst ab der Arealstufe 2 regelmäßig zu erwarten, wobei Eulen und Greifvögel fast durchweg eine Ausdehnung ihres Gesamtlebensraums von über 250 ha (A4) benötigen. Sieht man vom noch erfreulich häufigen Schwarzspecht ab, vereint Arealstufe 5 schließlich all jene Raritäten, die in Hessen längst ausgestorben oder extrem selten geworden sind. Die in jüngster Zeit zu beobachtende Wiederausbreitung von Schwarzstorch und Kolkrabe zeigt hierbei, daß neben dem Verlust großflächiger Lebensräume als der wesentlichen Ursache für das Aussterben vieler höherer Tierarten auch die direkte Verfolgung durch den Menschen zur Verarmung unserer Tierwelt beigetragen hat.

Tab. 29: Zuordnung arealabhängiger Tierarten zu Arealstufen (vgl. Tab. 28)

	Arealstufen				
	A1	**A2**	**A3**	**A4**	**A5**
Vorkommen	Krickente Knäkente Flußregenpfeifer Nachtigall Gartenrotschwanz Gelbspötter (Kleinvögel gehölzdominierter Biotoptypen)	Haubentaucher Tafelente Reiherente Wasserralle Bekassine Wendehals Kleinspecht Heidelerche Feldlerche Wiesenpieper Gebirgsstelze Braunkehlchen Schwarzkehlchen Steinschmätzer Teichrohrsänger Pirol Neuntöter Zippammer Rohrammer Grauammer (Kleinvögel des Offenlands)	Zwergtaucher Rebhuhn Wachtel Wachtelkönig Kiebitz Waldschnepfe Hohltaube Grauspecht Grünspecht Mittelspecht Wasseramsel	Rohrdommel Weißstorch Gänse, rastend (?) Wespenbussard Schwarzer Milan Roter Milan Baumfalke Großer Brachvogel (?) Steinkauz Waldkauz Waldohreule Wiedehopf	Schwarzstorch Großtrappe (?) Rohrweihe Haselhuhn Birkhuhn Auerhuhn Sumpfohreule Schwarzspecht Raubwürger Rotkopfwürger Kolkrabe
	Waldspitzmaus Haselmaus Mauswiesel (Kleinsäuger)	Feldhamster (?) Hermelin	Feldhase		Luchs Fischotter
	A1	**A2**	**A3**	**A4**	**A5**
Population	Mauereidechse	Zauneidechse Schlingnatter	Ringelnatter (?)		Kreuzotter
	Knoblauchkröte		Molche Grasfrosch Wechselkröte	Springfrosch	
		Bachforelle	Barben		
	Oecanthus pellucens (Heuchschrecken)	*Ephippiger ephippiger*			
	Pyrgus malvae *Melitaea cinxia* *Euphydryas aurinia* *Melitaea athalia* *Polyommatus agestis* *Plebejus argus* *Polyommatus coridon* *Polyommatus bellargus* *Glaucopsyche alcon* *Glaucops. nausithous* *Glaucopsyche teleius* (Tagfalter)	*Satyrium (w-album)* *Boloria selene* *Lycaena hippothoe*	*Iphiclides podalirius* *Brenthis ino* *Lycaena dispar* *Lycaena helle* „60 an *Calluna* angepaßte Falterarten" Schilfeulen		
	Eichenbockkäfer Waldlaufkäfer Hummeln	Hirschkäfer Laufkäfer Rinderwanzen Glasflügler stenotope Spinnen	bodenlebende Spinnen		

in Klammern: verallgemeinernde Annahme

(?): aufgrund fehlender Daten angenommene Einstufung wichtiger Indikatorarten

Meßgröße für die Verbindung bzw. die Isolierung von Lebensräumen sind die ermittelten Aktionsradien charakteristischer Tierarten oder Tierartengruppen, also die Entfernungen, die zwischen Teillebensräumen oder Metapopulationen[26] unter geeigneten Bedingungen üblicherweise überwunden werden. Tabelle 30 gibt eine Übersicht über die in der Literatur angegebenen Aktionsradien ("home ranges") sowie die maximal überwindbaren Entfernungen zur Neubesiedlung von Lebensräumen.

Tab. 30: Aktionsradien von Tierarten und -artengruppen[27]

Art, Artengruppe	**Aktionsradius**	**angenommenes Mittel**	**Maximale Migrationsleistung**
Ameisen	50 m	**50 m**	-
Laufkäfer (Feld-) Heuschrecken Tagfalter[a]	50 (-100-200) m 100 m 100 m	**100 m**	1 km 1-2 km (0,5- 1,5-) 2-3 (-5) km
Laubfrosch, Molche Reptilien Kleinsäuger Kleinvögel	300-400 m 100-300 m 150-300 m 300-400 (-800) m	**250 m**	0,7-1 km 1-5 km - 5-10 km (-25 km)
Wespen, Bienen Libellen Grasfrosch, Springfrosch Erdkröte Marder, Fuchs	1.000 m 1.000-3.000 m 800-1.100 m[b] 2.200 m[b] 1.000 m	**1.000 m**	1 km - 2-3 bzw. 1,1 km 3-6 km -
mittelgroße Vögel	2.000-2.500 m	**2.500 m**	5-10 km
Großvögel	5.000-10.000 m	**5.000 m**	-

a: verallgemeinernd, teilweise deutliche Abweichungen
b: Jahreslebensraum

Faßt man die Ergebnisse der Tabellen 29 und 30 zusammen, so lassen sich, wenn auch stark vereinfacht, idealtypische Maximalentfernungen zwischen miteinander verknüpften Lebensräumen in Abhängigkeit von ihrer Ausdehnung herleiten. Hierzu werden die in Tab. 29 aufgeführten Arten zu Bezugsgruppen, wie Heuschrecken oder Kleinvögel des Offenlands, zusammengefaßt und in Tab. 31 mit ihren aus Tab. 30 entnommenen mittleren Aktionsradien den einzelnen Arealstufen zugeordnet.

Tabelle 31 liegt die Annahme zugrunde, daß Tiere mit abnehmender Größe ihres Lebensraums einem wachsenden Migrationsdruck unterliegen. Findet eine Art bzw. eine mehr oder weniger einheitlich zu beurteilende Artengruppe in ihrem Biotop genügend Raum zur Ausbildung einer Population (Arthropoden, Reptilien etc.) bzw. für ein dauerhaftes, reproduktives Vorkommen (Vögel, größere Säuger), so genügen den üblichen Aktionsradien entsprechende Entfernungen zu benachbarten Biotopen gleichen Typs zur Gewährleistung des genetischen Austauschs. Über-

[26] Unter Metapopulationen versteht man Populationen, die räumlich in mehrere Subpopulationen aufgeteilt sind, die untereinander in Verbindung stehen (LEVINS, 1970; SHAFFER, 1985; HANSKI, 1989).

[27] nach JEDICKE (1990), BASTIAN & SCHREIBER (1994), BLAB (1993), BURKHARDT et al. (1991), PLACHTER (1991), MÜLLER (1981), BLAB et al. (1991)

steigt die Ausdehnung eines Lebensraums die Arealansprüche der Art deutlich, so bedarf es indes keines regelmäßigen Austausches zwischen benachbarten Biotopen mehr, so daß eine höher eingestufte Bezugsartengruppe zur Beurteilung der Maximalentfernung heranzuziehen ist.

> *Bsp.: Für einen 2 ha großen Magerrasen (A1) gelten Laufkäfer, Heuschrecken und Tagfalter mit einem angenommenen Aktionsradius von 100 m als maßgebliche Bezugsartengruppen. Ein 200 m entfernt liegender Halbtrockenrasen kann deshalb nur dann als funktional verknüpft betrachtet werden, wenn er eine Ausdehnung von mind. 5 ha aufweist und somit der Arealstufe 2 zuzurechnen ist, für die Artengruppen mit einem Aktionsradius von 250 m ausschlaggebend sind.*

Für Lebensräume der Arealstufen 3 bis 5 sind überwiegend die Aktionsradien verschiedener Wirbeltiergruppen zu berücksichtigen, da Arthropoden in der Regel bereits bei weniger als 25 ha Ausdehnung eines Biotops (A1 oder A2) dauerhafte Populationen zu bilden vermögen. Dennoch ermöglicht selbst die maximale Entfernung von 1.000 m zwischen Lebensräumen der Arealstufe 3 vielen flugfähigen Insekten noch einen zumindest sporadischen Austausch mit Nachbarlebensräumen (vgl. Tab. 30), weshalb auch die Ansprüche der wenigen besonders arealabhängigen Spezialisten, wie die des Segelfalters (*Iphiclides podalirius*) oder der Feuerfalterarten *Lycaena dispar* und *L. helle*, von der gewählten Maximalentfernung berücksichtigt werden.

Die Bestimmung zweier Lebensräume als aufgrund ihrer Ausdehnung und Nähe (sowie der sie trennenden Nutzungstypen, s.u.) funktional verbunden bedeutet im Umkehrschluß nicht, daß Biotope bei Überschreitung der angenommenen Entfernungen keinerlei Wechselbeziehungen unterliegen und somit weniger schutzwürdig wären. Das Vorgehen soll lediglich als Maßstab zur Umgrenzung funktional *eng* verflochtener Landschaftsteile und somit zur Abschätzung der Gesamtausdehnung eines Biotopbereichs dienen.

Tab. 31: Maximalentfernungen zwischen Biotopen in Abhängigkeit von ihrer Ausdehnung

Arealstufe	Größe	Bezugsartengruppen	Maximale Entfernung zwischen funktional verknüpften Biotopen
A0	< 1 ha	Ameisen	50 m
A1	> 1 ha	Kleinvögel (gehölzdominierte Biotoptypen), Heuschrecken, Tagfalter	100 m
A2	> 5 ha	Kleinvögel (Offenland), Kleinsäuger, Reptilien, Laufkäfer	250 m
A3	> 25 ha	mittelgroße Vögel, mittelgroße Säuger Amphibien, bodenlebende Spinnen	1.000 m
A4	> 250 ha	Greifvögel, Eulen	2.500 m
A5	> 2.500 ha	Rauhfußhühner, bes. störempfindliche Vögel	5.000 m

Die vorgenommene Generalisierung muß standörtliche Besonderheiten und viele von der wissenschaftlichen Forschung noch nicht untersuchte Arten und deren Ansprüche zwangsläufig unberücksichtigt lassen. Zudem können auch innerhalb einer Artengruppe oder einer Art beträchtliche Abweichungen von den angegebenen Aktionsradien und Minimalarealen auftreten. Schließlich unterstellt das Modell weitgehend optimale Habitatbedingungen in einem Lebensraum, da ohne eine ausreichende Reproduktionsrate auch nicht mit der Abwanderung von Individuen aus einer Population zu rechnen ist (PLACHTER, 1991). Der Ansatz ermöglicht aber dennoch eine nachvollziehbare und im Prinzip fachlich fundierte Festlegung von Abgrenzungskriterien für Biotopbereiche und stellt damit einen praktikablen Ansatz zur Einbeziehung tierökologischer Daten in der Planung dar, der Korrekturen oder weiteren Präzisierungen durch künftige Felduntersuchungen offensteht.

Tab. 32 gibt auf die einzelnen Landschaftstypen bezogene Beispiele typischer Vertreter der festgelegten Bezugsartengruppen, wobei über die in Tab. 28 genannten Spezies hinaus für Säugetiere und Heuschrecken noch weitere Indikatorarten aufgeführt sind, für die jedoch keine speziellen Angaben über den Raumbedarf vorliegen.

Eine aus Tab. 31 für die weniger mobilen Artengruppen der Insekten, Kleinsäuger und Kleinvögel abgeleitete Biotopstruktur zeigt ein vielfältiges Mosaik kleinflächiger Lebensräume unterschiedlicher Typen und begünstigt damit die Bildung von Metapopulationen. HOVESTADT et al. (1993) halten gerade für diese Artengruppen, deren Populationsdynamik von Umwelteinflüssen geprägt wird, die Struktur einer Metapopulation im Hinblick auf ein langfristiges Überleben für besonders günstig, während bei größeren Wirbeltieren vorzugsweise der Erhalt großer, zusammenhängender Lokalpopulationen angestrebt werden sollte.

Tab. 32: Idealtypische Maximalentfernungen zwischen funktional verknüpften Biotopen innerhalb einer Landschaft in Abhängigkeit von Biotoptyp und Ausdehnung

Landschaftstyp	Arealstufe	Größe	Beispiele von Arten der Bezugsartengruppen	Maximale Entfernung
WALDLANDSCHAFTEN (W)	**A1**	> 1 ha	Gartenrotschwanz, Nachtigall, Waldspitzmaus, Mauswiesel, Haselmaus, Eichenbockkäfer	100 m
	A2	> 5 ha	Kleinspecht, Pirol, Hermelin, Waldeidechse	250 m
	A3	> 25 ha	Waldschnepfe, Hohltaube, Mittelspecht, Grauspecht, Grünspecht, Baummarder, Fuchs, Bergmolch	1.000 m
	A4	> 250 ha	Waldkauz, Waldohreule, Schwarzer Milan, Wespenbussard	2.500 m
	A5	> 2.500 ha	Haselhuhn, Auerhuhn, Schwarzstorch, Schwarzspecht, Kolkrabe, Luchs, Fischotter, Kreuzotter	5.000 m
STREUOBSTGEBIETE (JS)	**A1**	> 1 ha	Gartenrotschwanz, Gelbspötter, Haselmaus, *Pyrgus malvae*	100 m
	A2	> 5 ha	Wendehals, Neuntöter, Hermelin	250 m
	A3	> 25 ha	Grauspecht, Grünspecht, Steinmarder	1.000 m
	A4	> 250 ha	Steinkauz, Wiedehopf	2.500 m
	A5	> 2.500 ha	Rotkopfwürger, Raubwürger	5.000 m

Tab. 32: Idealtypische Maximalentfernungen zwischen funktional verknüpften Biotopen innerhalb einer Landschaft in Abhängigkeit von Biotoptyp und Ausdehnung (Fortsetzung):

Landschaftstyp	Arealstufe	Größe	Beispiele von Arten der Bezugsartengruppen	Maximale Entfernung
NIEDERMOORE UND SÜMPFE (GFU)	**A1**	> 1 ha	Krickente, Knäkente, Sumpfspitzmaus, *Conocephalus discolor, Stetophyma grossus*	100 m
	A2	> 5 ha	Haubentaucher, Reiherente, Tafelente Wasserralle, Bekassine, Rohrammer, Teichrohrsänger, Ringelnatter	250 m
	A3	> 25 ha	Zwergtaucher, Kiebitz Grasfrosch, Moorfrosch	1.000 m
	A4	> 250 ha	Rohrdommel, Weißstorch, Großer Brachvogel	2.500 m
	A5	> 2.500 ha	Sumpfohreule, Rohrweihe, Fischotter	5.000 m
MÄHWIESEN- UND WEIDE-LANDSCHAFTEN (GFF, GHH)	**A1**	> 1 ha	Mauswiesel, *Glaucopsyche nausithous, G. teleius*	100 m
	A2	> 5 ha	Feldlerche, Braunkehlchen, Neuntöter Wiesenpieper, Steinschmätzer, Grauammer, Ringelnatter	250 m
	A3	> 25 ha	Kiebitz, Wachtelkönig, Großer Brachvogel	1.000 m
	A4	> 250 ha	Roter Milan, Baumfalke, Weißstorch	2.500 m
	A5	> 2.500 ha	Rotkopfwürger, Raubwürger	5.000 m
WEIDELANDSCHAFTEN TROCKEN-WARMER LAGEN (GBT) WEINBAULANDSCHAFTEN (JR)	**A1**	> 1 ha	*Metrioptera bicolor, Oecanthus pellucens, Chorthippus mollis, Stenobothrus lineatus, Melitaea cinxia, Plebejus argus, Polyommatus coridon, Glaucopsyche alcon*	100 m
	A2	> 5 ha	Braunkehlchen, Steinschmätzer, Schwarzkehlchen, Zippammer, Grauammer, Heidelerche, Zauneidechse, Schlingnatter, *Oecanthus pellucens, Ephippiger ephippiger*	250 m
	A3	> 25 ha	Rebhuhn	1.000 m
	A4	> 250 ha	Wiedehopf	2.500 m
	A5	> 2.500 ha	Rotkopfwürger	5.000 m
WEIDELANDSCHAFTEN FEUCHT-KÜHLER LAGEN (GBH), MOORE (Y)	**A1**	> 1 ha	Mauswiesel, *Myrmeleotettix maculatus, Stenobothrus nigromaculatus, Plebejus argus, Euphydryas aurinia*	100 m
	A2	> 5 ha	Braunkehlchen, Neuntöter, Wiesenpieper, Steinschmätzer, Schwarzkehlchen, Heidelerche, Grauammer	250 m
	A3	> 25 ha	Rebhuhn, Wachtelkönig	1.000 m
	A4	> 250 ha	Großer Brachvogel	2.000 m
	A5	> 2.500 ha	Birkhuhn, Raubwürger, Kreuzotter	5.000 m

Tab. 32: Idealtypische Maximalentfernungen zwischen funktional verknüpften Biotopen innerhalb einer Landschaft in Abhängigkeit von Biotoptyp und Ausdehnung (Fortsetzung):

Landschaftstyp	Arealstufe	Größe	Beispiele von Arten der Bezugsartengruppen	Maximale Entfernung
MÄSSIG GEHÖLZREICHE ACKERLANDSCHAFTEN (AH)	**A1**	> 1 ha	*Gryllus campestris*	100 m
	A2	> 5 ha	Feldlerche, Neuntöter, Grauammer, Feldhamster	250 m
	A3	> 25 ha	Wachtel, Rebhuhn, Fuchs, Feldhase, Wechselkröte	1.000 m
	A4	> 250 ha	Roter Milan, Baumfalke	2.000 m
	A5	> 2.500 ha	Raubwürger	5.000 m
GEHÖLZARME ACKERLANDSCHAFTEN (AA)	**A1**	> 1 ha	*Gryllus campestris, Chorthippus apricarius*	100 m
	A2	> 5 ha	Feldlerche, Grauammer, Feldhamster	250 m
	A3	> 25 ha	Wachtel, Rebhuhn, Fuchs, Feldhase, Wechselkröte	1.000 m
	A4	> 250 ha	Roter Milan	2.000 m
	A5	> 2.500 ha	Großtrappe	5.000 m

Abgrabungen, Steinbrüchen und stehenden Gewässern sind wegen ihrer Eigenschaft als azonale Biotoptypen nur schwer Maximaldistanzen zuzuordnen, zumal ihre Ausdehnung hierbei von untergeordneter Bedeutung ist. Während verschiedene Großlibellenarten Distanzen von bis zu 200 Kilometern überbrücken können (BLAB, 1993), sollte die Entfernung zwischen benachbarten Tümpeln für Wasserkäfer nicht größer als etwa 150-200 m betragen (VAN DER EIJK, 1983; zit. in BURKHARDT et al., 1991). BLAB (1978) gibt als maximal tolerierbare Entfernung zwischen stehenden Gewässern eine Entfernung von 2-3 km an. Als Laichgewässer für Amphibien sind Teiche oder Seen Teil eines Gesamtlebensraums und sollten deshalb generell nicht weiter als 300-400 m von geeigneten Sommerlebensräumen liegen. Lehm- und Lößwände von Hohlwegen oder Erdaufschlüssen sollten wegen ihrer Bedeutung als Brutstätte für Wildbienen eine Entfernung von 1.000 m zueinander nicht überschreiten (BLAB, 1993).

Die Ergebnisse sind auch auf kleinflächige Lebensräume übertragbar, wenn ihnen eine Funktion für bestimmte Tierarten zugesprochen werden kann. So sollten kleinere Steinbrüche, die als Lebensraum für Reptilien von Bedeutung sind, höchstens 300 m von benachbarten Magerrasen oder Felsen entfernt liegen, sofern sie nicht durch linienhafte Biotopstrukturen, wie Bahndämme oder sonnenexponierte Wegböschungen, miteinander verbunden sind.

c) Zur Problematik der "Biotopvernetzung"

Die Wirkung, die linienhaften Vernetzungselementen in "klassischen" Biotopverbundkonzepten zugesprochen wird, steht nach wie vor in Frage, da viele Tierarten ungerichtet wandern und neue Lebensräume nicht zielorientiert besiedeln (PLACHTER, 1991). Während sich verschiedene Vogelarten und Kleinsäuger an linearen Landschaftselementen zu orientieren vermögen (BLAB et al., 1991), sind für andere Organismen nur Strukturen von vernetzender Wirkung, die der jeweiligen Zielart aufgrund ihrer standörtlichen Eigenschaften und Breite ein längerfristiges Überleben auf der Verbundfläche sichern oder die eine Ausbreitung durch regelmäßige zoogene Einflüsse ermöglichen (Viehtriften). So können sich Zauneidechsen entlang von Bahndämmen mit einer Geschwindigkeit von 2-4 km pro Jahr ausdehnen (HARTUNG & KOCH, 1988; zit. in BURKHARDT et al., 1991), da sie, wie auch andere Reptilien, vergleichsweise geringe Raumansprüche stellen.[28] Für Säugetiere ist nach MÜHLENBERG (1993) hingegen davon auszugehen, daß die minimale Korridorbreite mindestens einer "home-range"-Breite entsprechen muß, um eine Vernetzung von Lebensräumen zu ermöglichen, da eine Ausbreitung bei Säugern nur bis zu einer Entfernung von weniger als dem 5-fachen Durchmesser des heimischen Aktionsraumes der Art erfolgen (HARRISON, 1992). Übertragen auf Kleinsäuger, wie Igel oder Mauswiesel, bedeutet dies eine Mindestbreite des Korridors von mehreren hundert Metern, woraus leicht ersichtlich wird, daß in intensiv agrarisch genutzten Landschaften Heckenpflanzungen allein keine sinnvolle Vernetzung wertvoller Biotopbereiche ermöglichen. Eine Verknüpfung von Sonderstandorten, wie Magerrasen oder Steinbrüchen, vermögen gut gemeinte Heckenpflanzungen oder eutrophe Wegraine inmitten großer Ackerflächen gleich gar nicht zu leisten.

Tabelle 32 zeigt, daß die maximale Entfernung zwischen zwei funktional verknüpften Biotopen mit zunehmender Flächengröße mehr oder weniger linear zunimmt. Grund hierfür ist, daß wirklich mobile Tierarten, also insbesondere größere Vogelarten, große bis sehr große Gebiete einheitlicher Struktur benötigen, um sie als Lebensraum erschließen zu können. Hinzu kommt, daß die zumeist bodengebundenen Tierarten niedriger Arealstufen in weitaus höherem Maße vom Charakter der zwischen zwei Biotopen liegenden Flächen abhängig sind, intensiv genutzte Parzellen also bereits bei geringen Ausdehnungen zur weitgehenden Isolation von Lebensräumen führen können. Während die Barrierewirkung von Straßen auf wandernde Amphibien allgemein bekannt ist, wird häufig übersehen, daß selbst nur wenige Meter breite asphaltierte Wirtschaftswege aufgrund ihrer extremen mikroklimatischen Bedingungen und fehlender Vegetation bedeutende Ausbreitungshindernisse für epigäische Tiere, wie Schnecken, Spinnen, Amphibien und Kleinsäuger, darstellen (MADER et al., 1988; MADER & PAURITSCH, 1981; MÜLLER & STEINWARZ, 1987). Auch Fichtenaufforstungen bilden für viele bodengebundene Insektenarten fast unüberwindbare Ausbreitungshindernisse und können, vor allem in schmalen, von Wald umgebenen Wiesentälern, eine vollständige Isolierung von (Teil-) Populationen bewirken (LICHT, 1993).

Die Größe eines zusammenhängenden Biotopbereichs und der Isolationsgrad von Lebensräumen hängen maßgeblich von der funktionalen Nähe zu benachbarten bzw. trennenden Nutzungen ab. Aus diesem Grund unterscheidet Tab. 28 für die einzelnen Biotopbereichstypen *komplexbildende* und *komplexergänzende* Biotoptypen. Dem gegenüber stehen *komplexfremde* und *-störende* Biotoptypen bzw. Nutzungen.[29]

Zu den komplexbildenden Biotoptypen zählen alle in Tab. 28 zu einer Gruppe zusammengefaßten Landschaftstypen und die sie bildenden Biotoptypen. Diese zeichnen sich aus zooökologischer Sicht durch ähnliche Habitatbedingungen mit teilweise gleichen Charakterarten aus. Hinzu treten kleinflächige Biotope und Strukturen, die als typische Bestandteile des Biotops bzw. der Landschaft gelten können, wie zum Beispiel Trockenmauern in alten Weinbergen.

[28] Mauereidechsen können nach DEXEL (1985; zit. in BURKHARDT et al., 1991) auf einer Fläche von unter 0,5 ha dauerhafte Populationen ausbilden.

[29] Die Abgrenzungskriterien basieren auf den funktionalen Beziehungen zwischen den Biotope einer Landschaft, die durchaus auch fremde Nutzungen umfassen kann, weshalb an dieser Stelle der Begriff des (Biotop-) „Komplexes" fachlich geeigneter ist als der des Biotopbereichs bzw. der Landschaft.

Komplexergänzende Biotoptypen besitzen deutlich abweichende Nutzungsstrukturen und verfügen über eine eigenes Repertoire an Charakterarten. Für eine Reihe typischer Arten des benachbarten Lebensraums stellen sie aber fakultative Habitate oder notwendige Teillebensräume dar, so daß sie eine Aufwertung dieser Lebensräume bewirken. Beispielhaft seien Obstwiesen und angrenzende Laubwaldbestände genannt. Biotope müssen mindestens die Wertstufe II (mäßig wertvoll) erreichen, um als komplexbildend oder -ergänzend eingestuft zu werden.

Komplexfremde Biotoptypen bewirken keine Aufwertung angrenzender Biotope und begünstigen nicht die Besiedlung benachbarter Flächen. Aufgrund nur mäßig intensiver Nutzung stellen sie aber auch keine akute Gefährdung für wertvolle Lebensräume dar. Zu dieser Gruppe zählen in der Regel alle *geringwertigen Biotoptypen* der Biotopwerttabelle.

Komplexstörende Biotoptypen beeinträchtigen aufgrund ihrer Stör- und Trennwirkung oder durch den Eintrag biotopschädigender Stoffe (Dünger, Pestizide) den Wert angrenzender Biotope. Hierzu gehören im Hinblick auf sehr sensible Biotope, wie Moore oder Magerrasen, die in der Biotopwerttabelle als *geringwertig* eingestuften Nutzungen, generell alle künstlich geschaffenen Oberflächen (Asphaltwege und Straßen, Siedlungen, Eisenbahndämme, Kanäle), wobei auch hier im Einzelfall Abweichungen möglich sind.

Den verschiedenen Landschaftstypen der Tabelle 28 sind die jeweils wichtigsten komplexbildenden und -ergänzenden Biotoptypen zugeordnet. Darüber hinaus können im Einzelfall aber auch andere Nutzungen als ergänzend definiert werden. Hierunter fallen in erster Linie als zumindest *mäßig wertvoll* einzustufende Flächen, ggf. aber auch Brachestadien ehemals intensiv genutzter Parzellen.

Tab. 33: Trennwirkungen komplexstörender Nutzungen in Abhängigkeit von der Ausdehnung eines Biotops oder Biotopbereichs

Größe	**Bezugsgruppen**	**begrenzende Nutzungen**												
		W	**F1**	**E1**	**F2**	**A**	**K**	**E2**	**E4**	**L**	**Ka**	**B**	**A**	**S**
A0 < 1 ha	Ameisen	O	O	•	•	•	•	•	•	•	•	•	•	•
A1 ≥ 1 ha	Heuschrecken, epigäische Arthropoden				O	O	•	•	•	•	•	•	•	•
A2 > 5 ha	Kleinsäuger, Reptilien						O	O	•	•	•	•	•	•
A3 > 25 ha	Amphibien								O	•	•	•	•	•
A4,5 > 50 ha	größere Säugetiere										O	•	•	•

F1: Fichtenpflanzung (< 10 m tief)
F2: Fichtenpflanzung (≥ 10 m tief)
A: asphaltierte Wirtschaftswege, Gemeindestraßen
K: Kreisstraßen, Ortsverbindungsstraßen
L: Landesstraßen, stark befahrene Kreisstraßen
B: Bundesstraßen, stark befahrene Landesstraßen
A: Bundesautobahnen, mehrspurige Bundes- und Landesstraßen
E1: einspurige Eisenbahnlinien
E2: zweispurige Eisenbahnlinien
E4: vierspurige oder stark befahrene zweispurige Eisenbahnlinien
Ka: Kanäle, künstliche Wasserstraßen
S: geschlossene Siedlungsgebiete

•: regelmäßig begrenzend
O: fakultativ begrenzend

Tabelle 33 gibt Richtwerte zur Beurteilung der Trennwirkung störender Nutzungen vor, die jedoch nur teilweise durch Untersuchungen gedeckt werden können. Sie sind deshalb als Arbeitshilfe zu verstehen und bedürfen einer künftigen Konkretisierung. Die Angaben orientieren sich an den besonders betroffenen Bezugsgruppen der einzelnen Arealstufen (vgl. Tab. 31) und sind im Einzelfall auf ihre Plausibilität hin zu überprüfen. So stellt ein Asphaltweg, der einen beidseits mit Hecken bewachsenen Hohlweg durchzieht, zwar eine Beeinträchtigung des Biotopwerts dar. Wegen ihrer Bedeutung vor allem für mobile Kleinvögel sollten die Hecken aber auch bei einer Gesamtausdehnung unter 1 ha als zusammenhängendes Biotop betrachtet werden.

d) Praktisches Vorgehen bei der Abgrenzung von Biotopbereichen

Mit Hilfe der bislang abgeleiteten Kriterien lassen sich folgende Zuordnungsvorschriften für die Abgrenzung von Biotopbereichen aufstellen:

1) Zu einem Biotopbereich sind alle einen Landschaftstyp charakterisierenden, komplexbildenden Biotope zusammenzufassen, die entweder durch ergänzende Flächen verbunden sind oder die durch komplexfremde Nutzungen getrennt werden, deren Ausdehnung die vorgegebene Maximaldistanz aber nicht überschreitet.
   Störende Nutzungen (Straßen, Siedlung) bewirken grundsätzlich eine Trennung von komplexbildenden Biotopen und damit des Biotopbereichs, sofern die zugehörige Bezugsgruppe von diesen in ihrer Mobilität deutlich behindert wird.

   Bsp.: Zwei Magerrasenfragmente, die zusammen nicht die Größe von 1 ha erreichen, können bereits als getrennt betrachtet werden, wenn sie von einem asphaltierten Wirtschaftsweg zerschnitten werden (Bezugsgruppe Ameisen). Eine von Asphaltwegen durchzogene Streuobstwiese gilt als zusammenhängend, wenn ihre Gesamtausdehnung einschließlich ergänzender Flächen 1 ha überschreitet (Bezugsgruppe Heuschrecken).

2) Die maximale Entfernung zwischen zwei von komplexfremden Nutzungen getrennten Teilbereichen eines Biotopbereichs wird durch den in Tab. 32 angenommenen Aktionsradius der jeweiligen, von der Größe des kleineren Landschaftsteils bestimmten Bezugsgruppe vorgegeben.

   Bsp.: Zwei Streuobstwiesen, die zusammen eine Fläche von 12 ha umfassen (A2) und durch einen bis zu 300 m breiten Ackerschlag voneinander getrennt sind, können zu einem Biotopbereich zusammengefaßt werden, wenn die kleinere der beiden Teilflächen mindestens 5 ha groß ist. Ein nur 1 ha großer Streuobstbestand kann nur als funktional eng verknüpft gelten, wenn er nicht weiter als 100 m vom Hauptbestand entfernt liegt.

3) Komplexfremde oder -störende Nutzungen, die von komplexbildenden und -ergänzenden Flächen zu mindestens 3/4 ihres Umfangs eingeschlossen werden, an der Gesamtausdehnung des Komplexes nur einen geringen Anteil (< rd. 10 %) ausmachen und nicht an ähnliche Nutzungen angrenzen, können zum Biotopbereich gezählt werden, werten diesen aber ggf. ab (s.u.).

Bsp.: Schmale Ackerparzellen innerhalb größerer Streuobstwiesen können i.d.R. als Bestandteil des Biotopbereichs angesehen werden. Ein Ackerschlag, der keilförmig in einen Streuobstbestand hineinreicht, aber einseitig an weitere Ackerflächen einer großflächigen Ackerlandschaft stößt, wird nicht dem Obstwiesenbestand und dem ihm übergeordneten Biotopbereich zugerechnet.

4) Komplexergänzende Flächen am Rande eines Biotopbereichs werden diesem zugeordnet, sofern sie nicht in stärkerem funktionalem Zusammenhang zu anderen, außerhalb liegenden Biotopen stehen, für die sie komplexbildenden oder -ergänzenden Charakter besitzen.

   Bsp.: Einer Streuobstwiese am Rande einer Bachniederung werden angrenzende Wiesen nur zugerechnet, wenn sie als Relikte eines früheren Feuchtwiesenbereichs keinen eigenen Niederungskomplex mehr bilden. Sind sie jedoch Teil eines zusammenhängenden Feuchtwiesengebiets, so bilden sie einen eigenen Biotopbereich.

5) Weicht der Wert größerer, zusammenhängender Anteile einer Landschaft deutlich von dem der übrigen Flächen ab, so können diese zu einem eigenen Biotopbereich zusammengefaßt werden.

   Bsp.: Ein aufgrund der genannten Kriterien abgegrenzte Wiesenlandschaft zeigt in einem rund 2 ha großen Teilbereich eine deutlich intensivere Nutzung als auf den übrigen Flächen. Obwohl Teilbereiche für sich genommen wertvoller erscheinen, wäre die Landschaft aufgrund dieser Überformung in ihrer Gesamtheit nur als „wertvoll" einzustufen. Um eine solche Nivellierung zu vermeiden, werden deshalb ein "sehr wertvoller" und ein nur "mäßig wertvoller" Biotopbereich unterschieden.

3.2.2 Die Bewertung von Lebensräumen

3.2.2.1 Grundlagen und Methodik

a) Wahl des Bewertungssystems

Wie eingangs dargelegt, kann nicht bestritten werden, daß quantifizierende Bewertungsverfahren schwerwiegende fachliche Probleme aufwerfen. Insbesondere die Überführung von Objektqualitäten in Zahlenwerte und die damit verbundene Festlegung von Wertabständen ist streng wissenschaftlich nicht haltbar und deshalb nur im Rahmen einer Konvention tolerierbar, die auf Grundlage geeigneter Bewertungskriterien eine plausible und nachvollziehbare Zuordnung vornimmt (vgl. AUHAGEN, 1995). Dennoch wird das Prinzip einer Kardinalskalierung grundsätzlich auch beim vorliegenden Verfahren beibehalten, da nur sie eine in der Bebauungsplanung notwendige Berücksichtigung von Planungsdetails erlaubt, eine nachvollziehbare Bilanzierung ermöglicht (vgl. PLACHTER, 1991) und ein gut handhabbares und vielfältiges Instrument zur Verwaltung kommunaler Ökokonten darstellt (KARL, 1994a).

Um den prinzipbedingten Mängeln aber zumindest ansatzweise entgegenzuwirken, erfolgt die Ermittlung des Biotopwertes beim vorliegenden Verfahren nicht durch Aufsummierung von Punktwerten für die verschiedenen Eigenschaften eines Biotops, wie Artenzahl, Anteil gefährdeter Arten etc., sondern durch Zuordnung eines Grundwertes für intakte Biotope mit typischer Arten- und Strukturausstattung. Die vorgegebenen Biotopwerte intakter Bestände werden plausibel abgeleitet und steigen durch unterschiedliche Gewichtung der einfließenden Kriterien mit zunehmender Bedeutung in ihrem Wert exponentiell an (s. Kap. 3.2.2c). Zu- und Abschläge aufgrund deutlich abweichender Eigenschaften oder Artvorkommen erfolgen (halb-) stufenweise und bleiben somit auch verbal-argumentativ nachvollziehbar und vergleichbar, zumal das Verfahren auch einen Beurteilung auf ordinalem Niveau ermöglicht.

Die Bewertung von Lebensräumen wird im weiteren auf zwei Ebenen vorgenommen, wobei für einzelne Biotope neben der Vegetation sowie Standort- und Struktureigenschaften auch das Vorkommen wertgebender Tierarten einfließt, sofern diese keine Flächenansprüche an ihren Lebensraum stellen, die erst durch den übergeordneten Biotopbereich erfüllt werden können. Zu berücksichtigen sind mithin vornehmlich stenöke Arthropoden, Reptilien oder auch kleinere Singvögel. Arealabhängige Arten hingegen bestimmen allein den Wert großflächiger Lebensräume oder des gesamten Biotopbereichs, dessen Bedeutung im übrigen aufgrund der Anteile mehr oder weniger wertvoller Biotope festgelegt wird. Das Verfahren unterstellt für jede durch Standort, Struktur, Vegetation und Entwicklungsdauer eines Biotops definierte Wertstufe das Vorkommen von mehr oder weniger anspruchsvollen Tierarten, wodurch eine flächendeckende Bewertung des Plangebiets auch bei inhomogener Datenlage zu Tiervorkommen möglich ist.

Der gewählte zweistufige Bewertungsansatz soll fachlich unzulässige Aggregierungen vermeiden helfen und gleichzeitig eine nachvollziehbarere Bewertung geplanter Eingriffe ermöglichen, wenn der Wert eines Biotops von dem der übergeordneten Landschaft abweicht. Die Schutzwürdigkeit eines Lebensraums als Ausdruck seiner Sensibilität gegenüber Eingriffen wird in diesem Fall immer durch den höchsten erreichten Wert bestimmt, d.h., daß die Eingriffserheblichkeit beispielsweise einer Straßenplanung für einen direkt betroffenen Grünlandbestand gleich hoch zu bewerten ist wie für andere Teile des übergeordneten, deutlich wertvolleren Biotopbereichs der durchkreuzten Niederung. Abweichungen sind hier nur möglich, wenn die Eingriffe ausschließlich direkt betroffene Biotope berühren, Fernwirkungen durch Störungen oder Arealbeschneidung also nicht zu befürchten sind, wie z.B. durch den Bau eines Wasserhochbehälters. Der eigentliche Wert eines Lebensraums wird durch seine Eingriffsempfindlichkeit aber nicht berührt, ein Acker im Überschwemmungsbereich einer Flußniederung bleibt trotz gleicher Eingriffserheblichkeit im Falle der Überbauung „komplexstörend“ und für sich gesehen weitgehend wertlos. Die Diskrepanz zwischen spezifischem Biotopwert und Eingriffssensibilität bzw. dem Wert der Landschaft bestimmt gleichzeitig das Entwicklungspotential einer Fläche.

b) Wahl der Bewertungskriterien

Mit der Ende 1994 vom Bundesamt für Naturschutz veröffentlichten „Roten Liste der gefährdeten Biotoptypen der Bundesrepublik Deutschland“ (RIECKEN et al., 1994) liegt erstmals eine umfassende Grundlage zur Bewertung von Lebensräumen vor, die zumindest eine grobe naturräumliche Differenzierung der Gefährdungssituation vornimmt und die bei der Ableitung von Biotopwerten vorrangig zu berücksichtigenden Kriterien Entwicklungsdauer und Gefährdung für jeden Biotoptyp gesondert angibt. Um auch ungefährdete und häufige Biotoptypen in das Bewertungsschema einpassen zu können, wird im weiteren zusätzlich der Grad der Nutzungsintensität bzw. Kulturbeeinflussung (Hemerobie) berücksichtigt.

Abb. 4: Kriterien und Stufen der Biotopbewertung

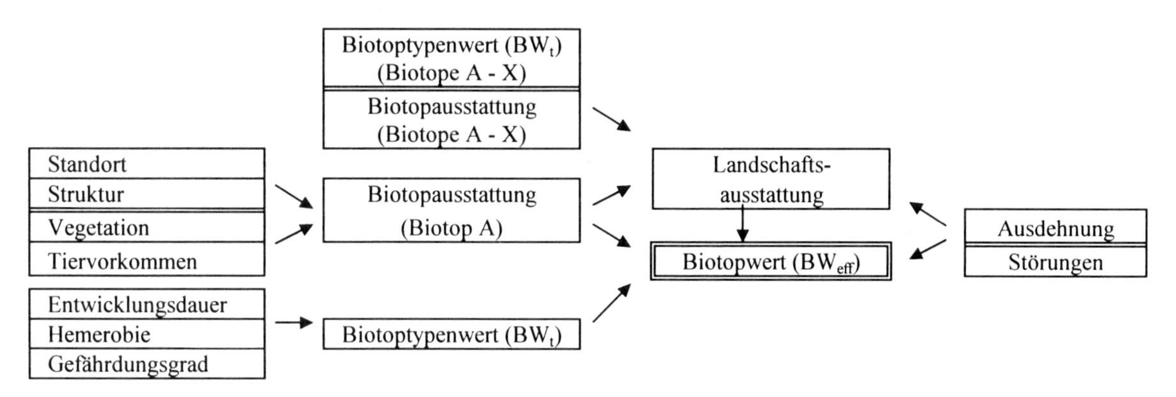

Der Kombination von Nutzungsintensität und Gefährdungsstufe liegt ein Vergleich der Gefährdungskategorien und jeweiligen Hemerobiegrade der verschiedenen Biotoptypen zugrunde. Hierbei zeigt sich, daß nahezu alle nicht oder schwach bis mäßig kulturbeeinflußten Biotoptypen mehr oder weniger starken Gefährdungen ausgesetzt sind. Dieses Ergebnis deckt sich mit der Darstellung von JESCHKE (1993), nach der α-mesohemerobe Biotoptypen seit ihrer größten Ausbreitung zu Beginn des 19. Jahrhunderts kontinuierlich zurückgegangen und zunehmend von β-mesohemeroben und schließlich euhemeroben Typen verdrängt worden sind, die sich weiter in Ausbreitung befinden und deshalb grundsätzlich nicht gefährdet sind.

Der Entwicklungsdauer eines Vegetations- bzw. Biotoptyps kommt vor allem im Hinblick auf die Eingriffsplanung eine besondere Bedeutung zu, da ein funktionaler Ausgleich für den Verlust von Lebensräumen nur für Biotoptypen möglich ist, die innerhalb überschaubarer Zeiträume die Ausbildung typischer Biozönosen erwarten lassen. Die Regenerationszeit vieler natürlicher Ökosysteme, aber auch einer Reihe von anthropogen oder anthropo-zoogen entstandenen Lebensräumen bemißt sich auf viele Jahrhunderte, bei Hochmooren und Auwäldern auf Jahrtausende (PLACHTER, 1991). Dem Erhalt funktionsfähiger Biotope muß deshalb aus Sicht des Naturschutzes immer der Vorrang vor der Neuschaffung von Lebensräumen gegeben werden, was sich auch in einer entsprechenden Bewertung praktisch nicht ersetzbarer Biotoptypen niederschlagen muß.

Die Einstufung der Regenerierbarkeit erfolgt bei RIECKEN et al. (1994) in fünf Stufen, die nach Auswertung der Roten Liste erkennen lassen, daß die Entwicklungsdauer von Biotoptypen mit ihrer Gefährdung exponentiell ansteigt:

Tab. 34: Einstufung der Regenerierbarkeit von Biotopen (nach RIECKEN et al., 1994)

N	**nicht regenerierbar:**	Biotoptypen, deren Regeneration in historischen Zeiträumen nicht möglich ist
K	**kaum regenerierbar:**	Biotoptypen, deren Regeneration nur in historischen Zeiträumen (> 150 Jahre) möglich ist
S	**schwer regenerierbar:**	Biotoptypen, deren Regeneration nur in langen Zeiträumen (15-150 Jahre) wahrscheinlich ist
B	**bedingt regenerierbar:**	Biotoptypen, deren Regeneration in kurzen bis mittleren Zeiträumen (etwa bis 15 Jahre) wahrscheinlich ist
X	**keine Einstufung sinnvoll:**	"unerwünschte" Biotoptypen, Sukzessions- oder Degenerationsstadien

Bei der Einstufung der Gefährdung unterscheidet die Rote Liste der Biotoptypen zwischen einer Gefährdung durch direkte Vernichtung (Flächenverluste) und einer Gefährdung durch quantitative Veränderungen (s. Tab. 35 und 36), wie sie auch BERGMEIER & NOWAK (1988) für die hessischen Grünlandgesellschaften herangezogen haben, führt diese aber zu einem *regionalen Gefährdungsgrad* zusammen, der sich an den naturräumlichen Regionen[30] der Bundesrepublik Deutschland orientiert.

Die Gefährdungskategorien entsprechen weitgehend den bisherigen Konzepten der Roten Listen in den Bundesländern. Neben den vier linearen Gefährdungsstufen 0 bis 3 wird von RIECKEN et al. (1994) für potentiell gefährdete Biotoptypen die Kategorie "p" verwendet, die Ausprägungen umfaßt, die im Bewertungsraum seit jeher selten waren oder nur kleinräumig begrenzt vorkommen und derzeit nicht im Sinne der Kategorien 1 bis 3 gefährdet sind. Den neueren Ansätzen Roter Listen folgend, wird im weiteren jedoch die von SCHNITTLER et al. (1994) vorgeschlagene Kategorie R (*extrem selten*) verwendet, die weitgehend den potentiell gefährdeten Biotoptypen (p) nach RIECKEN et al. entspricht, in Tab. 36 außerdem die neue Kategorie „G" (*Gefährdung anzunehmen*).

Tab. 35: Kategorien der Gefährdung durch Flächenverluste (nach RIECKEN et al., 1994; verändert)

0	**vollständig vernichtet:** Biotoptypen bzw. -komplexe, die früher im Betrachtungsraum vorhanden waren, heute aber nicht mehr nachgewiesen werden können.
1	**von vollständiger Vernichtung bedroht:** Biotoptypen bzw. -komplexe, von denen nurmehr ein geringer Anteil der Ausgangsfläche vorhanden ist und mit deren vollständiger Vernichtung in absehbarer Zeit gerechnet werden muß, wenn die Gefährdungsursachen weiterhin einwirken oder bestandserhaltende Sicherungs- und Entwicklungsmaßnahmen nicht unternommen werden bzw. wegfallen.
2	**stark gefährdet:** Biotoptypen bzw. -komplexe, deren Flächenentwicklung in annähernd dem gesamten Betrachtungsraum stark rückläufig ist oder die bereits in mehreren Teilregionen weitgehend ausgelöscht wurden.
3	**gefährdet:** Biotoptypen bzw. -komplexe, deren Flächenentwicklung in weiten Teilen des Betrachtungsraumes negativ ist oder die bereits vielerorts lokal vernichtet wurden.
R	**extrem selten:** Biotoptypen bzw. -komplexe, die im Betrachtungsraum nur sehr regional verbreitet sind oder natürlicherweise nur in geringer Gesamtfläche bzw. Bestandszahl vorkommen und somit durch Flächenverlust potentiell gefährdet sind, sofern keine aktuelle Gefährdung gemäß der Kategorien 1 bis 3 besteht.

Tab. 36: Kategorien der Gefährdung durch qualitative Veränderungen (nach RIECKEN et al., 1994)*

0	**vollständig vernichtet:** Biotoptypen bzw. -komplexe, deren Qualität so stark beeinträchtigt wurde, daß Bestände mit typischer Ausprägung vollständig vernichtet sind.
1	**von vollständiger Vernichtung bedroht:** Biotoptypen bzw. -komplexe, deren Qualität in annähernd ihrem gesamten Verbreitungsgebiet so stark negativ verändert wurde, daß Bestände mit typischer Ausprägung von vollständiger Vernichtung bedroht sind.
2	**stark gefährdet:** Biotoptypen bzw. -komplexe, deren Qualität so stark negativ verändert wurde, daß in annähernd dem gesamten Betrachtungsraum ein starker Rückgang von Beständen mit typischer Ausprägung feststellbar ist oder solche Bestände in mehreren Teilregionen bereits weitgehend vernichtet wurden.
3	**gefährdet:** Biotoptypen bzw. -komplexe, deren Qualität so stark negativ verändert wurde, - daß in weiten Teilen des Betrachtungsraumes ein Rückgang von Beständen mit typischer Ausprägung feststellbar ist oder - daß Bestände mit typischer Ausprägung vielerorts lokal bereits ausgelöscht wurden.

*) Auf eine Kategorie "R" wird in diesem Zusammenhang verzichtet.

---

30 Die unterschiedenen Regionen beruhen auf einer Zusammenfassung naturräumlicher (Ober-) Einheiten nach MEYNEN & SCHMITHÜSEN (1953-62).

c) Ableitung spezifischer Biotopwerte

Der Grad der Gefährdung eines Biotoptyps aggregiert eine Reihe von biozönotischen und allgemeinen landschaftsökologischen Bewertungskriterien, deren Ausbildungen letztlich die Charakterisierung eines Biotops, dessen Bedrohung und mithin auch seine Bedeutung für den Naturschutz bestimmen. Dies betrifft insbesondere vegetationskundliche Parameter, wie das Vorkommen seltener Pflanzengesellschaften und bedrohter Pflanzenarten, aber auch wertgebende Standort- und Struktureigenschaften typischer Biotopausbildungen. In Kombination mit der mutmaßlichen Regenerationszeit eines Biotoptyps stehen damit zwei entscheidende Bewertungsgrößen zur Verfügung, die jedoch noch einer Berücksichtigung zoozönotischer und flächenbezogener Kriterien bedürfen (s. Kap. 3.2.2.3).

Zur Herleitung der Biotoptypenwerte (BW_t) der Tab. A dient die in Tab. 37 dargestellte Matrix, die den Biotopwert als Funktion von Regenerationszeit, Hemerobiegrad und Gefährdung definiert. Die Differenzierung der Hemerobiestufen erfolgt hierbei nach SUKOPP (1972) und JESCHKE (1993), wobei α-mesohemerobe, oligo- und ahemerobe Typen zusammengefaßt werden. Den ursprünglichen und natürlichen bzw. (bedingt) naturnahen Gesellschaften nach ELLENBERG (1996) entsprechen ahemerobe bzw. oligohemerobe Biotoptypen nach SUKOPP.

Tab. 37: Biotopwert in Abhängigkeit von Hemerobiegrad und Gefährdung

Regenerationsstufe	meta	poly	euhem	β-meso	a-α-meso	3, G	2	1, R
	nicht gefährdet					gefährdet		
	anthropogen				natürlich und halbnatürlich (a-, oligo- und α- mesohemerob)			
X	0,0	0,1	0,3	0,5	0,7	0,9	1,2	1,5
B	-	0,4	0,6	0,8	1,0	1,2	1,5	1,8
S	-	0,8	1,0	1,2	1,4	1,6	1,9	2,2
K	-	-	-	1,7	1,9	2,1	2,4	2,7
N	-	-	-	-	2,5	2,7	3,0	3,3

ahemerob:	nicht kulturbeeinflußt (Findlinge etc.)
oligohemerob:	schwach kulturbeeinflußt, indirekt durch Nährstoffeintrag oder umgebende Nutzung beeinflußt (Rohrkolbenröhricht, Wasserschwadenröhricht, beschattete Ufersäume)
α-mesohemerob:	mäßig kulturbeeinflußt, zumindest sporadische Entnahme ohne Ausgleich des Nährstoffdefizits (Pfeifengraswiesen, besonnte Ufersäume, Schlagfluren, Wälder aus Naturverjüngung)
β-mesohemerob:	mäßig kulturbeeinflußt, Nutzung mit Ausgleich des entnahmebedingten Nährstoffdefizits (gedüngte Feuchtwiesen, extensiv genutzte Äcker)
euhemerob:	stark kulturbeeinflußt, Einbringen von Gewächsen und Nährstoffen (Forste, Intensiväcker, Ansaatgrünland)
polyhemerob:	sehr stark kulturbeeinflußt
metahemerob:	übermäßig stark kulturbeeinflußt

Bewertung von Biotopen und Biotopbereichen

Wertstufe	Biotopwert	Schwellenwert	Mittelwert	Bedeutung (Schutzwürdigkeit) für... naturräumlich	politisch
I	wertlos	0,0	0,3	-	-
II	geringwertig	0,5	0,8	Landschaftsteil	Flur
III	mäßig wertvoll	1,1	1,5	Landschaft	Gemarkung
IV	wertvoll	1,8	2,2	Untereinheit	Kommune
V	sehr wertvoll	2,6	3,0	Haupteinheit (HE)	Kreis
VI	besonders wertvoll	-	-	HE-Gruppe	Region (RP)
VII	außerordentlich wertvoll	-	-	Hauptregion	Land

Die drei rechten Spalten („gefährdet") der Tab. 37 entsprechen einer zweidimensionalen Darstellung einer eigentlich dreiachsigen Bewertungsmatrix und müßten prinzipiell alle Hemerobiespalten überlagern. Aufgrund der oben gemachten Ausführungen ist dies jedoch nur für natürliche und halbnatürliche Biotoptypen erforderlich. Da es zudem fachlich durchaus gerechtfertigt ist, α- und *ß*-mesohemerobe Nutzungen im Falle ihrer Gefährdung gleichwertig einzustufen, kann eine Differenzierung der Gefährdungsspalten nach der Hemerobie des jeweiligen Biotoptyps unterbleiben.

Die Steigerung des Biotopwertes erfolgt mit abnehmender Kulturbeeinflussung bis zum Erreichen einer Gefährdungsstufe linear um jeweils 0,2 Punkte. Zwischen den drei Gefährdungskategorien erhöht sich der Wertzuwachs um 0,3. Da, wie beschrieben, nahezu alle α-mesohemeroben Nutzungstypen zumindest als gefährdet gelten, bedeutet der Übergang von nicht gefährdeten zu gefährdeten Biotoptypen der Stufe 3 quasi einen Wertzuwachs von 0,4 Punkten.

Vom jeweils definierten Wert lassen sich für die einzelnen Biotoptypen Abstufungen vornehmen, die sich am Ausbildungsgrad des biotopspezifisch wichtigsten Strukturparameters orientieren. So erfolgt die Abstufung bei Wirtschaftsgrünland aufgrund des Artenreichtums der Pflanzendecke, bei Magerrasen, Röhrichten, Mooren, Staudenfluren und Ackerwildkrautgesellschaften in Abhängigkeit von der menschlichen Überformung durch biotopfremde Nutzungen oder Belastungen. Je nach Biotoptyp werden hierbei zwei oder drei Stufen unterschieden. Brachestadien werden gesondert aufgeführt.

Die Entwicklung zwischen den Stufen X bis N verläuft progressiv mit steigenden Wertzuwächsen von 0,1 bis 0,6 Punkten, wobei die in den Spalten abgetragenen Regenerationsstufen in Abhängigkeit von der jeweiligen Biotoptypengruppe unterschiedlich interpretiert werden. Bei Waldgesellschaften und anderen gehölzdominierten Biotoptypen, deren Werte maßgeblich von ihrem Alter abhängen, entsprechen die Regenerationsstufen näherungsweise dem Bestandsalter. In der Biotopwerttabelle werden sie, anders als die Wertereihen aller übrigen Biotoptypengruppen, deshalb in den Zeilen abgetragen. Die ergänzte Stufe D soll hierbei die Bewertung von Anpflanzungen, Aufforstungen und Naturverjüngungen ermöglichen.

Bei Grünlandgesellschaften repräsentieren die Regenerationsstufen unterschiedliche Nutzungsintensitäten, deren Einstufung sich, ebenso wie die der übrigen Biotoptypen, aus den Vorgaben der Roten Liste der Biotoptypen herleitet. Die Nutzungsintensität spiegelt die Trophie des Standortes und somit die erforderliche Regenerationszeit (Aushagerung) wider. Brachgefallene Bestände gefährdeter Biotoptypen werden nicht der Stufe X zugeordnet, sondern in die Regenerationsstufe B eingestuft, da auch ihnen als zumeist nährstoffarmen Ausbildungen eine entsprechend lange Entwicklungszeit beizumessen ist.

Zusammengefaßt kann festgehalten werden, daß altersbedingte Wertzuwächse entlang der Hemerobie- bzw. Gefährdungsspalten und damit *exponentiell* verlaufen. Auch die Verbrachung von Grünlandbeständen führt mit zunehmendem Alter zu einer Beschleunigung des Wertverlustes. Strukturbedingte Wertänderungen und abnehmender Artenreichtum bewirken hingegen eine im wesentlichen *lineare* Verschiebung innerhalb der vorgegebenen Zeilen. Der Entwicklungsdauer eines Biotops wird somit bewußt ein noch höherer Stellenwert als seiner Hemerobie bzw. Gefährdung eingeräumt und das Bewertungsverfahren den realen Bedingungen besser gerecht als ein ausschließlich auf linearen Wertzuwächsen aufbauender Algorithmus, der zu Recht als ein gewichtiger Mangel ordinalskalierter Bewertungsverfahren gilt (PLACHTER, 1991).

Abb. 5: Biotopwert in Abhängigkeit von Hemerobie und Gefährdung

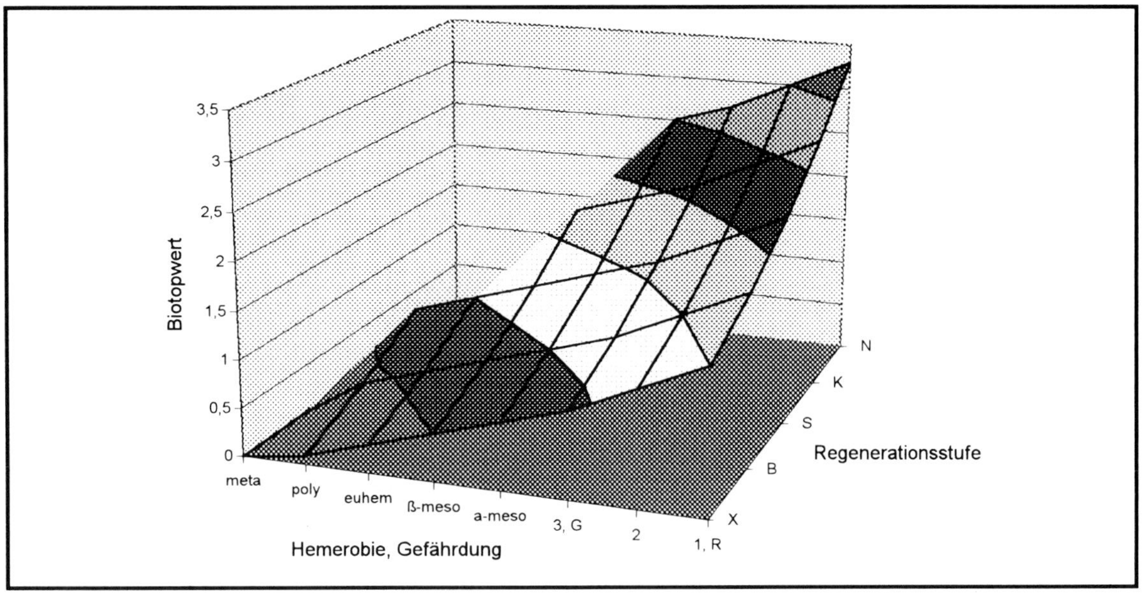

Die Zahlenwerte der Tabelle A sollen vornehmlich im Rahmen der Bauleitplanung und des kommunalen Ökokontos Verwendung finden, wo sie einer nachvollziehbaren und rechtlich haltbaren Bilanzierung dienen. Die verbal-argumentative Bewertung von Lebensräumen und Planungen hingegen soll unter Verwendung einer ordinalen Wertskala erfolgen (vgl. Tab. 37), deren sieben Wertstufen sich an dem von KAULE (1991) veröffentlichten Schema anlehnen. Im "unteren" Bereich wird aber bewußt auf zwei Stufen verzichtet, um den exponentiellen Charakter der Wertzuwächse auch in einer ordinalskalierten Rangfolge beibehalten zu können. So werden *wertvolle* Biotope bereits von Wertstufe IV erfaßt, sechs von sieben Stufen repräsentieren erhaltenswerte Lebensräume.

Da die höchsten Wertstufen VI und VII großflächigen Biotopbereichen vorbehalten bleiben sollen (s. Kap. 3.2.2.4), können Lebensräume allein aufgrund ihres spezifischen Biotopwertes bis zur Stufe V als *sehr wertvoll* eingestuft werden. Tab. 37 gibt die zur Übertragung der Bewertung in die Bilanz gültigen Schwellen- und Mittelwerte der ersten fünf Wertstufen sowie deren Bedeutung für die Schutzwürdigkeit eines Lebensraums wieder.

3.2.2.2 Biotopwerttabelle

a) Bezugsraum

Die in Tab. A zusammengestellten Biotopwerte beziehen sich auf die von RIECKEN et al. (1994) abgegrenzte Region der westlichen Mittelgebirge, die das Weserbergland, den Harz, das Hessische Bergland, das Rheinische Schiefergebirge sowie das Saar-Nahe-Bergland umfaßt. Für den südlichen Teil von Hessen einschließlich der Wetterau sowie das südwestdeutsche Stufenland einschließlich des Rheinhessischen Tafel- und Hügellandes ist die Rote Liste der gefährdeten

Biotoptypen für die Region Südwestdeutsches Mittelgebirgs-/ Stufenland heranzuziehen. Der Vergleich beider Listen ergibt aber nur geringfügige Abweichungen vor allem bei besonders wertvollen Biotopen, so daß auf eine Differenzierung der Biotoptypenliste verzichtet wurde. Sie erscheint nach Ansicht des Verfassers zumindest für den gesamten westlichen und südwestlichen Bereich Deutschlands in dieser Form anwendbar, da die Großflächigkeit der Bezugsräume regionale Verschiebungen auf Ebene der naturräumlichen Haupteinheiten ohnehin nicht berücksichtigen kann, was im Rahmen der Landschaftsplanung von weitaus größerer Bedeutung wäre.

b) Vegetation und Biotopstruktur

Wie in Kap. 3.2.2.1c beschrieben, werden für die einzelnen Biotoptypengruppen der Tab. A in Abhängigkeit vom jeweils dominanten Bewertungskriterium linear bzw. exponentiell verlaufende Abstufungen vorgenommen, die in Verbindung mit dem jeweiligen Schlüssel des Biotopsubtyps eine konkrete Benennung der vorgefundenen Ausprägung und somit eine nachvollziehbare Bewertung ermöglichen (Bsp.: *Gme, mr*: mäßig artenreiches, extensiv genutztes Dauergrünland mäßig frischer bis frischer Standorte: 1,4). Die sich hieraus ergebenden Biotopwerte unterstellen eine dem Subtyp entsprechende, typische Ausbildung aller übrigen wertgebenden Parameter, wie vertikale und horizontale Bestandsschichtung, mikroklimatische Besonderheiten oder das Vorhandensein abiotischer oder biotischer Mikrohabitate. Tab. 38 faßt die für die einzelnen Bioptoptypengruppen wesentlichen Qualitäten und Struktureigenschaften zusammen und bewertet sie hinsichtlich ihrer Bedeutung für den Gesamtwert des Lebensraums. Die Wertstufen einzelner Qualitäten (b1-b3) entsprechen hierbei weitgehend dem Stellenwert gleichrangig eingestufter Indikatorarten (s. Kap. 3.2.2.3), so daß deren Vorkommen direkte Rückschlüsse auf die Biotopausstattung zuläßt.

> *Bsp.: Der Schwarzspecht besitzt gem. Tab. B einen sehr hohen Indikatorwert für ältere, zusammenhängende Buchenwälder (h3, hbw, hsw), insbesondere hinsichtlich des Vorkommens von Baumhöhlen (hha) bzw. zu deren Anlage geeigneter Baumbestände. Da diese in mittelhessischen Wäldern in der erforderlichen Ausdehnung aber noch recht weit verbreitet sind, wird diese Qualität „nur" mit h2 eingestuft, was wiederum mit dem noch häufigen Vorkommen des Schwarzspechtes korreliert.*
> *Als eine wesentliche Qualität von Halbtrockenrasen gelten nährstoffarme Standortbedingungen, die entsprechend mit s3 eingestuft werden. Als typischer Tagfalter derartiger Lebensräume ist der Geiskleebläuling (Plebejus argus) in Mittelhessen bereits stark gefährdet. Da er als Saumart hinsichtlich der Biotopstruktur aber keine besonderen Qualitäten indiziert, muß sein Vorkommen maßgeblich von den Standortbedingungen, also trocken-warmen und nährstoffarmen Verhältnissen begrenzt werden, weshalb er der Indikatorstufe s3 zugeordnet wird.*

Fett gedruckte Wertangaben markieren sog. Mangelfaktoren, also Qualitäten und Strukturen, die nach RIECKEN & BLAB (1989) zu Überlebensengpässen wurden bzw. werden. Da hiervon nicht selten eng spezialisierte Arten, oft Arthropoden, betroffen sind, müssen Mangelfaktoren nicht generell wertbestimmend für einen Lebensraum in seiner Gesamtheit sein, weshalb auch einen Einstufung als b1-Kriterium (z.B. Zwergstrauchvegetation in Wäldern) möglich ist.

In Tabelle A nicht zur Differenzierung herangezogene Größen, beispielsweise eine für den Biotoptyp untypische homogene Schichtung in einem ansonsten artenreichen Grünlandbestand (BW_t: 1,2), können durch Abschläge auf die Biotopwerte berücksichtigt werden. Der Grad der

Abwertung ist hierbei im Einzelfall festzulegen, wobei Tab. 38 Hinweise auf die Bedeutung der jeweiligen Parameter gibt. Als Untergrenze möglicher Abwertungen durch eine mangelhafte innere Struktur gilt auch hier der laut Tab. A nächst niedrigere Zeilenwert, im gewählten Beispiel also der Wert 1,0 (Extensivgrünland, mäßig artenreich. Für die niedrigsten Tabellenwerte eines Typs gilt eine maximale Abwertung aufgrund ihrer inneren Ausbildung von 0,2 Punkten.

Unberücksichtigt bleiben bei möglichen Korrekturen des Biotopwertes die Ausdehnung eines Biotops sowie dessen Einbindung bzw. die Struktur der übergeordneten Landschaft, also generell alle Qualitäten, die sich nicht direkt aus Standort und Struktur des Lebensraums ergeben. Diese sind auf einer höheren Ebene für den gesamten Biotopbereich zu ermitteln (vgl. Kap. 3.2.2.4).

Die Bedrohung seltener Pflanzenarten und -gesellschaften unterliegt einer starken Korrelation mit dem Rückgang bestimmter Biotoptypen (BOHN, 1986), weshalb in gefährdeten Lebensräumen grundsätzlich auch das Vorhandensein wertgebender Pflanzenarten und -gemeinschaften wahrscheinlich ist. Die vorgegebenen Biotopwerte gehen deshalb, in Abhängigkeit von Art und Gefährdungsgrad des Biotoptyps, auch vom Vorkommen mehr oder weniger anspruchsvoller Pflanzenarten aus, deren Indikatoreigenschaften sich anhand der Zeigerwerte nach ELLENBERG (1979) definieren lassen. Als wertgebende Kriterien werden hierfür in Tab. 38 Feuchtezahl, Reaktionszahl und Stickstoffzahl herangezogen und in das dreistufige Rangschema übertragen (vgl. Tab. B-8). Da Pflanzen zumindest in der Praxis der Biotopbewertung keine Aussage zur Einbindung oder Ausdehnung eines Lebensraums zulassen, beschränkt sich ihre Indikatoreignung auf das Kriterium Standort (s). Durch die vom Biotoptypenwert abhängige Berücksichtigung der Pflanzenvorkommen wird vermieden, daß gefährdete Arten, deren Vorkommen zur Charakterisierung eines Biotoptyps vorauszusetzen ist (Kleinseggenried, Halbtrockenrasen etc.), mehrmals in die Bewertung einfließen.

Die in Tab. B-8 festgelegte Zuordnung von Zeigerwerten zu Indikatoreigenschaften bezieht sich auf die *Bestandsmittelwerte* (mX) einer Pflanzenvergesellschaftung, d.h. auf den Durchschnitt der mit ihrem Deckungsanteil gewichteten Zeigerwerte aller vorkommenden Arten. Sofern lediglich einzelne Pflanzenspezies zur Bewertung eines Lebensraums herangezogen werden sollen, was beispielsweise in Wäldern beim Vorkommen von Orchideen sinnvoll sein kann, so sind in Tab. B-8 die Indikatorwerte der Zeile „Arten“ heranzuziehen. Diese liegen durchweg eine Stufe niedriger als die Indikatorwerte der Bestandszahlen, weil diese dem nivellierenden Einfluß nicht spezialisierter Arten unterliegen. Die Werte der Tab. B-8 sollen ebenso wie die Einstufungen des Artenreichtums von Grünlandgesellschaften in Tab. A lediglich als Richtwerte dienen und können in der Praxis ggf. auch durch Schätzungen ermittelt werden.

> *Bsp.: Einer mäßig artenreichen, extensiv bewirtschafteten Glatthaferwiese (Gme, mr) mit einem Biotoptypenwert gem. Tab. A von BW_t: 1,4 wird ein rezedentes Vorkommen von b2-Pflanzenarten, also beispielsweise des Knollenhahnenfußes (Ranunculus bulbosus, N-Zahl: 3,0) unterstellt. Im Hinblick auf eine einzelne Art entspricht dies etwa einem Dekkungsanteil nach BRAUN-BLANQUET (zit. in WILMANNS, 1984) von 1-5 % („1“) der Aufnahmefläche. Das Kriterium wird auch erfüllt, wenn sich mehrere Magerkeitszeiger mit geringeren Deckungsanteilen („+“) in dem Wiesenbestand befinden, sofern dessen Bestands-Stickstoffwert unter mN 4,0 liegt.*

Höhere als die angenommenen Anteile wertgebender Pflanzenarten können, ebenso wie das weitgehende Fehlen seltener Arten, gem. Tab. 39 mit Zuschlägen bzw. Abschlägen auf den Biotopwert belegt werden, sofern sie nicht die Einstufung in eine andere Biotopausprägung nach

Tab. 38: Wertgebende Qualitäten und Biotopstrukturen wichtiger Biotoptypengruppen[31]

LAUB-, MISCH- UND NADELWÄLDER (W)			
	b[1]	**Qualitäten und Biotopstrukturen**	**Artengruppen mit Indikatorarten**
Standort	s1	feuchte Standortbedingungen (mF > 6,5)	Vegetation, Laufkäfer, Spinnen
	s2	± nasse Standortbedingungen (mF > 7,0)	
	s3	nasse Standortbedingungen (Bruch) (mF ≥ 7,5)	
	s3	Überflutungsdynamik (Auwald)	Reptilien, Laufkäfer, Spinnen
	s1	nFK-Stufe 2[2]	Vegetation
	s2	nFK-Stufe 1	
	s1	basenreicher / kalkhaltiger Boden (mR > 6,0)	Vegetation
	s1	(mäßig) saure Standortbedingungen (mR < 4,0)	Vegetation
	s1	feucht-kühles Mikroklima	Laufkäfer, Spinnen
	s2	feucht-warmes Mikroklima	Schmetterlinge
	s2	trocken-warmes Mikroklima	Schmetterlinge
Struktur	h2	ausgeprägte vertikale Schichtung	Laufkäfer, Schmetterlinge, Vögel, Kleinsäuger
	h1	Zwergstrauchvegetation	Schmetterlinge
	h1	Baumflechten, Baummoose	Schmetterlinge
	h1	Moosschicht	Schmetterlinge
	h1	Altholz, vereinzelt, Überhälter	Vögel, Holzkäfer32
	h2	Altholzbestände (≥ 2-3 ha, 50-100 Ex ≥ 120 J.)	Vögel, Holz-, Schnell-, Zwerg- und Schwarzkäfer
	h3	Altholzbestände (≥ 5-10 ha) bzw. Mosaik kleinerer Altholzbestände	
	h2	alte Eichen, > 120- bis 130-jährig	Vögel (Mittelspecht), Holzkäfer
	h2	Totholz, stehend (mit / ohne Rinde)	Vögel, Fledermäuse
	h2	Baumhöhlen	Heuschrecken, Spinnen
	h1	besonnter Waldboden	Schmetterlinge, Laufkäfer
	h2	besonnte Staudensäume	Schmetterlinge
	h1	beschattete Staudensäume	Vögel
	h1	besonnte, morsche Stammstellen	Holzkäfer
	h1	besonntes Totholz, liegend	Holzkäfer
	h1	Stubben, stärkeres Totholz, faulend	Laufkäfer, Grabwespen
	h2	vegetationsfreie Sand- oder Schlammflächen	Amphibien, Schwimmkäfer
	h2	offene Wasserflächen, Tümpel, Fahrspuren	
Einbindung	e2	Nähe zu Grünlandkomplexen	Säugetiere, Vögel, Reptilien, Schmetterlinge
	e1	Nähe zu Gewässern	Schmetterlinge, Amphibien, Reptilien
	e3	Nähe zu benachbarten Altholzbeständen	Holzkäfer
Ausdehnung	[3])	Hochwald:	Vögel, Säugetiere
	a1	A3 (> 25 ha) (Zielgröße: 100 ha)[4]	
	a2	A4 (> 250 ha)	
	a3	A5 (> 2.500 ha)	
		Auenwald:	
	a1	A1 (> 1 ha)	
	a2	A2 (> 5 ha)	
	a3	A3 (> 25 ha) (Zielgröße: 50 ha)	
	a4	A4 (> 250 ha)	
	a5	A5 (> 2.500 ha)	

1) Wertstufe, **fett**: Mangelfaktor; 2) vgl. Kap. 3.1.2, Tab. 14;
3) bezogen auf den Biotopbereich in wertgebender Ausbildung; 4) nach BURKHARDT et al. (1991)

---

[31] nach Angaben von RECK (1990), RIECKEN & BLAB (1989), RIECKEN (1992), BLAB (1993), TRAUTNER (1992) sowie eigenen Auswertungen

[32] Zu den "Holzkäfern" zählen u.a. Vertreter der Prachtkäfer (*Buprestidae*), Hirschkäfer (*Lucanidae*) Bockkäfer (*Cerambycidae*), Borkenkäfer (*Scolytidae*) und Kurzflügelkäfer (*Staphylinidae*). Nach BENSE (1992) sollten zur korrekten Bewertung gehölzdominierter Biotoptypen grundsätzlich alle in Frage kommenden Holzkäfergruppen bearbeitet werden, um Fehleinschätzungen zu vermeiden.

Tab. 38: Wertgebende Qualitäten und Biotopstrukturen wichtiger Biotoptypengruppen (Fortsetzung)

NIEDER-, MITTEL- UND HUTEWÄLDER (We)			
	b	**Qualitäten und Biotopstrukturen**	**Artengruppen mit Indikatorarten**
Standort	s1	feuchte Standortbedingungen (mF > 6,5)	Vegetation, Laufkäfer, Spinnen
	s3	nasse Standortbedingungen (Bruch) (mF ≥ 7,5)	
	s2	mäßig trockene Standortbedingungen (mF ≤ 5,0)	
	s1	nFK-Stufe 2	
	s2	nFK-Stufe 1	
	s1	basenreicher / kalkhaltiger Boden (mR > 6,0)	Vegetation
	s1	(mäßig) saure Standortbedingungen (mR < 4,0)	Vegetation
	s1	feucht-kühles Mikroklima	Laufkäfer, Spinnen
	s2	feucht-warmes Mikroklima	Schmetterlinge
	s2	trocken-warmes Mikroklima	Schmetterlinge
Struktur	h2	ausgeprägte vertikale Schichtung (ein Stratum bis 12 m)	Laufkäfer, Schmetterlinge, Vögel, Kleinsäuger
	h2	ausgeprägte horizontale Schichtung	Vögel (Haselhuhn), Schmetterlinge
	h1	Zwergstrauchvegetation	Schmetterlinge
	h1	Baumflechten, Baummoose	Schmetterlinge
	h1	Moosschicht	Schmetterlinge
	h1	Altholz, vereinzelt, Überhälter	Vögel, Holzkäfer
	h2	alte Eichen, > 120- bis 130-jährig	Vögel (Mittelspecht, Holzkäfer
	h2	Totholz, stehend (mit / ohne Rinde)	Vögel, Fledermäuse
	h2	Baumhöhlen	Heuschrecken, Spinnen
	h1	besonnter Waldboden	Schmetterlinge, Laufkäfer
	h2	besonnte Staudensäume	Schmetterlinge
	h1	beschattete Staudensäume	Vögel
	h1	besonnte, morsche Stammstellen	Holzkäfer
	h1	besonntes Totholz, liegend	Holzkäfer
	h1	Stubben, stärkeres Totholz, faulend	Laufkäfer, Grabwespen
	h2	vegetationsfreie Sand- oder Schlammflächen	Amphibien, Schwimmkäfer
	h2	offene Wasserflächen, Tümpel, Fahrspuren	Vögel, Schmetterlinge, Spinnen
	h3	Nieder- oder Mittelwaldnutzung	Vögel, Holzkäfer, Spinnen
	h3	Hutewaldnutzung	
Einbindung	e2	Nähe zu Grünlandkomplexen	Säugetiere, Vögel, Reptilien, Schmetterlinge
	e1	Nähe zu Gewässern	Schmetterlinge, Amphibien, Reptilien
	e3	Nähe zu Anschlußbiotopen < 500 m	Arthropoden
Ausdehnung	**a1**	A0 (≤ 1 ha)	Vögel, Säugetiere
	a2	A1 (> 1 ha)	
	a3	A2 (> 5 ha)	
	a4	A3 (> 25 ha) (Zielgröße: 50 ha)	
	a5	A4 (> 250 ha)	
	a6	A5 (> 2.500 ha)	

Tab. 38: Wertgebende Qualitäten und Biotopstrukturen wichtiger Biotoptypengruppen (Fortsetzung)

WALDRÄNDER, GEBÜSCHE, HECKEN, FELDGEHÖLZE, BAUMREIHEN (H)			
	b	**Qualitäten und Biotopstrukturen**	**Artengruppen mit Indikatorarten**
Standort	s1	feuchte Standortbedingungen (mF > 6,5)	Vegetation, Laufkäfer, Spinnen
	s2	± nasse Standortbedingungen (mF > 7,0)	
	s3	nasse Standortbedingungen (mF ≥ 7,5)	
	s2	mäßig trockene Standortbedingungen (mF ≤ 5,0)	
	s1	nFK-Stufe 2	
	s2	nFK-Stufe 1	
	s1	basenreicher / kalkhaltiger Boden (mR > 6,0)	Vegetation
	s1	(mäßig) saure Standortbedingungen (mR < 4,0)	Vegetation
	s1	feucht-kühles Mikroklima	Schmetterlinge
	s2	feucht-warmes Mikroklima (z.B. Hohlweg)	
	s2	trocken-warmes Mikroklima (SW-SO-Exp.)	
Struktur	h1	ausgeprägte vertikale Schichtung	Vögel, Schmetterlinge
	h1	vielfältiger Bestandsrand	
	h2	Randschleppe ≥ 10 m breit	Säugetiere, Reptilien, Schmetterlinge
	h1	besonnter, lückiger Bestand	Heuschrecken, Spinnen
	h1	besonnte Innensäume	Schmetterlinge, Laufkäfer
	h1	sonnenexponiertes Totholz	Holzkäfer
	h1	besonnter Bestandsrand	Reptilien, Heuschrecken, Schmetterlinge, Spinnen
	h1	beschatteter Bestandsrand	Schmetterlinge
	h2	geschlossener, strauchreicher Bestandsrand	Vögel, Kleinsäuger
	h1	Totholz	Holzkäfer
	h2	Baumhöhlen	Vögel, Fledermäuse, Bilche
	h2	Lesesteinhaufen	Kleinsäuger, Reptilien
Einbindung	e1	Nähe zu Grünlandkomplexen, allg.	Säugetiere, Vögel
	e2	Nähe zu Magerrasen	Reptilien, Schmetterlinge
	e2	Nähe zu stehenden Gewässern mit Röhricht	Schmetterlinge, Amphibien
	e1	Nähe zu unbefestigten Wegen / Pfützen	Schmetterlinge, Reptilien
Ausdehnung		-	Vögel, Säugetiere

STREUOBSTWIESEN (Js)*			
	b	**Qualitäten und Biotopstrukturen**	**Artengruppen mit Indikatorarten**
Standort	s1	feucht-kühles Mikroklima	Schmetterlinge, Spinnen
	s1	trocken-warmes Mikroklima	Schmetterlinge, Heuschrecken
Struktur	**h1**	abgestorbene Äste an Bäumen	Holzkäfer
	h1	Totholz am Boden	Holzkäfer
	h2	Totholz, stehend	Holzkäfer
	h2	Altholz	Vögel, Holzkäfer
	h2	Baumhöhlen	Vögel, Kleinsäuger
	h2	vertikale Schichtung, diff. Altersstruktur	Vögel, Säugetiere, Schmetterlinge
	h2	Gebüsche, Sträucher, Hecken	Vögel, Schmetterlinge, Holzkäfer
	h1	Säume, Raine	Schmetterlinge, Spinnen
	h2	Lesesteinhaufen	Reptilien, Säuger, Stechimmen
	h1	alte Holzzaunpfähle	Hautflügler
Einbindung	e1	Nähe zu Grünlandkomplexen	Vögel, Tagfalter, Heuschrecken
	e2	Nähe zu Wäldern und Waldrändern	Säugetiere, Vögel, Tagfalter
Ausdehnung	a1	A2 (> 5 ha)	Vögel
	a2	A3 (> 25 ha) (Zielgröße: 50 ha)	
	a3	A4 (> 250 ha)	
	a4	A5 (> 2.500 ha)	

*) zzgl. Qualitäten und Strukturen des Grünlands

Tab. 38: Wertgebende Qualitäten und Biotopstrukturen wichtiger Biotoptypengruppen (Fortsetzung)

REBFLUREN (Jr)			
	b	**Qualitäten und Biotopstrukturen**	**Artengruppen mit Indikatorarten**
Standort	s1	sandiger oder steiniger Untergrund	Laufkäfer, Heuschrecken
	s1	mäßig trockene Standortbedingungen (mF < 5)	Vegetation, Laufkäfer, Heuschrecken
	s1	nFK-Stufe 1	
	s1	trocken-warmes Mikroklima	Laufkäfer, Heuschrecken
Struktur	h1	alte Rebstöcke	
	h1	Raine und Säume	Heuschrecken, Schmetterlinge
	h2	Anrisse, Böschungen	Reptilien, Heuschrecken, Schmetterlinge
	h2	extensive Nutzung, typische Begleitflora	Schmetterlinge
	h3	alte Stützmauern, Steinhaufen	Reptilien
Einbindung	e1	Nähe zu Gebüschen, Hecken und Einzelbäumen	Vögel, Reptilien, Schmetterlinge
	e2	Nähe zu Abbruchkanten, Hohlwegen	Hautflügler, Heuschrecken
Ausdehnung	a1	A2 (> 5 ha) (Zielgröße)	Vögel
	a2	A3 (> 25 ha)	
	a3	A4 (> 250 ha)	
	a4	A5 (> 2.500 ha)	

FLIESSGEWÄSSER (Ff)			
	b	**Qualitäten und Biotopstrukturen**	**Artengruppen mit Indikatorarten**
Standort	s1	Gewässergüte 2	Fische, Reptilien[2], Eintagsfliegen[1],
	s2	Gewässergüte 1-2	Steinfliegen, Muscheln, Libellen,
	s3	Gewässergüte 1	Hakenkäfer[2] (Wasseramsel: 1-2)
	s3	natürliches Abflußverhalten, Auendynamik (einschl. Durchgängigkeit)	Vögel, Amphibien, Laufkäfer, Kurzflügelkäfer, Heuschrecken
Sohlenstruktur	**h1**	Abschnitte mit Grobsubstraten	Vögel, Steinfliegen
	h1	Abschnitte mit Feinsubstraten	Köcherfliegen, Schlammfliegen
	h2	Felsen im Spritzwasserbereich / überspült	Tastermücken, Lidmücken
	h2	Kolke, strömungsarme Bereiche, Altwässer	Amphibien, Schwimmkäfer, Wasserkäfer
Uferstruktur	**h2**	offene, vegetationsfreie Ufer (Geröll, Sand, Kies, Schlamm)	Vögel, Amphibien, Laufkäfer, Kurzflügelkäfer, Heuschrecken
	h1	Prallufer, Abbruchkanten	Vögel, Grabwespen
	h1	naturnahe Gehölzsäume	Vögel, Reptilien, Amphibien
	h1	besonnte Uferröhrichte, Staudenfluren	Vögel, Libellen, Schmetterlinge
Einbindung	e1	Nähe zu Feuchtgrünlandkomplexen	Vögel
	e1	Nähe zu Wäldern und Waldrändern	Säugetiere, Vögel
Ausdehnung des Biotops	a1	A2 (> 2 km)	Fische, Säugetiere, Libellen
	a2	A3 (> 5 km) (Zielgröße: 7-10 km)	
	a3	A4 (> 15 km)	
	a4	A5 (> 50 km)	Fische, Säugetiere (Fischotter)

1) Rhitral (Forellen- und Äschenregion); 2) Potamal (Barben-, Brassen- und Kaulbarsch-Flunder-Region)

Tab. 38: Wertgebende Qualitäten und Biotopstrukturen wichtiger Biotoptypengruppen (Fortsetzung)

STEHENDE GEWÄSSER (Fs)			
	b	**Qualitäten und Biotopstrukturen**	**Artengruppen mit Indikatorarten**
Standort	s2	mesotrophe Bedingungen	Fische, Zuckmücken, Schnecken, Muscheln
	s3	dystrophe Bedingungen	Schwimmkäfer
Struktur	**h2**	natürliche Vegetationszonierung	Fische, Amphibien, Reptilien
	h1	- Zonen submerser Vegetation	Vögel
	h2	- Schwimmblattzone	Schmetterlinge, Blattkäfer
	h2	- Röhricht- u. Verlandungszone	Vögel, Libellen
	h1	vegetationsarme Ufer	Vögel, Laufkäfer, Kurzflügelkäfer
	h1	ufernahe Gebüsche	Amphibien, Schmetterlinge
	h1	gehölzbestandene Ufer	Vögel, Laufkäfer, Spinnen
Einbindung	e1	Nähe zu Feuchtgrünland	Vögel
	e1	Nähe zu Wäldern und Waldrändern	Säugetiere, Vögel
	e2	Nähe zu Anschlußbiotopen (A1, A2 ≤ 200 m)	
Ausdehnung des Biotops[1]	a1	> 0,1 ha	Fische, Vögel, Libellen
	a2	> 0,5 ha	
	a3	A1 (> 1 ha)	
	a4	A2 (> 5 ha)	

1) zur Ausdehnung des übergeordneten Biotopbereichs vgl. Biotoptypengruppen GU bzw. GF

RÖHRICHTE, UFERFLUREN UND SEGGENSÜMPFE (U)			
	b	**Qualitäten und Biotopstrukturen**	**Artengruppen mit Indikatorarten**
Standort	**s3**	± nasse Standortbedingungen (mF > 7,5)	Laufkäfer, Heuschrecken, Spinnen
	s2	temporäre Überstauung	Laufkäfer, Vögel (Wiesenweihe)
	s2	nFKWe-Stufe 1	Vegetation
	s2	horizontaler Feuchtigkeitsgradient (naß-trocken)	Laufkäfer, Heuschrecken, Spinnen
Struktur	h1	Röhrichtbreite > 4-6 m	Vögel (Wasserralle, Teichrohrsänger)
	h3	Röhrichtbreite > 50 m	Vögel (Haubentaucher)
	h1	Blütenhorizonte	Heuschrecken, Schmetterlinge
	h1	charakteristische (hohle) Halmstruktur	Spinnen, Schmetterlinge
	h2	abgestorbene, aufrecht stehende Sprosse	Laufkäfer, Kurzflügelkäfer, Halmfliegen
	h1	charakteristische Pflanzenarten	Schmetterlinge, Blattkäfer
	h1	vegetationsfreie Flächen	Vögel, Laufkäfer, Heuschrecken
	h1	Einzelgebüsche	Vögel
Einbindung	e2	Nähe zu offenen Gewässern	Vögel, Reptilien, Amphibien, Libellen
	e1	Nähe zu Extensivgrünland	Vögel, Amphibien, Schmetterlinge
	e2	Nähe zu trockenem Extensivgrünland / Säumen	Reptilien, Schmetterlinge
Ausdehnung	**a1**	A1 (> 1 ha)	Vögel, Schmetterlinge
	a2	A2 (> 5 ha) (Zielgröße)	
	a3	A3 (> 25 ha)	
	a4	A4 (> 250 ha)	
	a5	A5 (> 2.500 ha)	

Tab. 38: Wertgebende Qualitäten und Biotopstrukturen wichtiger Biotoptypengruppen (Fortsetzung)

GRÜNLAND NASSER BIS FEUCHTER STANDORTE (Gf, Gw, Gn)			
	b	**Qualitäten und Biotopstrukturen**	**Artengruppen mit Indikatorarten**
Standort	s1	mäßig feuchte Standortbedingungen (mF > 6,5)	Vegetation, Laufkäfer,
	s2	± feuchte Standortbedingungen (mF > 7,0)	Heuschrecken, Spinnen
	s3	± nasse Standortbedingungen (mF > 7,5)	
	s2	nFKWe-Stufe 1	Vegetation
	s2	temporäre Überstauung	Laufkäfer, Amphibien
	s1	mäßig nährstoffarme Standortbedingungen (mN < 4,5)	Vegetation
	s2	± nährstoffarme Standortbedingungen (mN < 4,0)	
	s3	nährstoffarme Standortbedingungen (mN < 3,5)	
Struktur	h1	vertikal strukturierte Vegetation	Spinnen
	h1	horizontale Gliederung	Heuschrecken
	h1	mäßig hohe Pflanzenartenzahl (> 25 Arten[1])	Blattkäfer, Rüsselkäfer,
	h2	hohe Pflanzenartenzahl (> 35 Arten)	Schmetterlinge
	h3	sehr hohe Pflanzenartenzahl (> 45 Arten)	
	h2	ausgeprägter Blühaspekt	Hautflügler, Schmetterlinge, Schwebfliegen
	h1	vegetationsfreie Stellen	Vögel, Laufkäfer, Heuschrecken
	h1	Kot der Nutztiere	Schwebfliegen
	h1	Gänge, Erdlöcher, Erdhaufen	Kurzflügelkäfer, Ameisen
	h2	extensive Nutzung, späte Mahd	Vögel, Reptilien, Ameisen
	h1	Säume, Altgrasraine	Schmetterlinge, Spinnen, Blattkäfer, Rüsselkäfer
	h1	Anrisse, Böschungen	Hautflügler
	h1	Einzelgehölze	Vögel
Einbindung	**e2**	Nähe zu offenen Gewässern	Amphibien, Reptilien, Libellen
	e2	Nähe zu Röhrichten und Mooren	Vögel, Schmetterlinge
	e1	Nähe zu offenen Biotoptypen (Säume u.a.)	Schmetterlinge, Bockkäfer, Schwebfliegen
	e1	Nähe zu Wäldern und Waldrändern	Vögel, Reptilien, Schmetterlinge
	e2	Nähe zu Wäldern nasser Standorte	Schmetterlinge, Laufkäfer
	e1	Nähe zu Anschlußbiotopen < 3 km	Schmetterlinge
	e2	Nähe zu Anschlußbiotopen < 1 km	Schmetterlinge
Ausdehnung	a1	A2 (> 5 ha)	Vögel, Schmetterlinge, Spinnen,
	a2	A3 (> 25 ha) (Zielgröße)	Blattkäfer
	a3	A4 (> 250 ha)	
	a4	A5 (> 2.500 ha)	

1) Artenzahl bezogen auf typische Ausprägung, ohne Ruderalisierungszeiger, vgl. Tab. A

Tab. 38: Wertgebende Qualitäten und Biotopstrukturen wichtiger Biotoptypengruppen (Fortsetzung)

GRÜNLAND FRISCHER STANDORTE (Gm, Gb, Mw)			
	b	**Qualitäten und Biotopstrukturen**	**Artengruppen mit Indikatorarten**
Standort	**s2**	basenreicher / kalkhaltiger Boden (mR > 7,0)	Vegetation
	s1	(mäßig) saure Standortbedingungen (mR < 4,0)	Vegetation
	s1	mäßig nährstoffarme Standortbedingungen (mN < 4,5)	Vegetation
	s2	± nährstoffarme Standortbedingungen (mN < 4,0)	
	s3	nährstoffarme Standortbedingungen (mN < 3,5)	
Struktur	h1	vertikal strukturierte Vegetation	Spinnen
	h1	horizontale Gliederung	Heuschrecken
	h1	mäßig hohe Pflanzenartenzahl (> 25 Arten)	Blattkäfer, Rüsselkäfer,
	h2	hohe Pflanzenartenzahl (> 35 Arten)	Schmetterlinge
	h3	sehr hohe Pflanzenartenzahl (> 45 Arten)	
	h2	ausgeprägter Blühaspekt	Hautflügler, Schmetterlinge, Schwebfliegen
	h1	vegetationsfreie Stellen	Vögel, Laufkäfer, Heuschrecken
	h1	Kot der Nutztiere	Schwebfliegen
	h1	Gänge, Erdlöcher, Erdhaufen	Kurzflügelkäfer, Ameisen
	h2	extensive Nutzung, späte Mahd	Vögel, Reptilien, Ameisen
	h1	Säume, Altgrasraine	Schmetterlinge, Spinnen, Blattkäfer, Rüsselkäfer
	h1	Anrisse, Böschungen (besonnt)	Hautflügler
	h1	Einzelgehölze	Vögel
Einbindung	e1	Nähe zu offenen Gewässern	Amphibien, Reptilien, Libellen
	e2	Nähe zu Röhrichten und Mooren	Vögel, Schmetterlinge
	e1	Nähe zu offenen Biotoptypen (Säume u.a.)	Schmetterlinge, Bockkäfer, Schwebfliegen
	e1	Nähe zu Wäldern und Waldrändern	Vögel, Reptilien, Schmetterlinge
	e1	Nähe zu Anschlußbiotopen < 3 km	Schmetterlinge
	e2	Nähe zu Anschlußbiotopen < 1 km	Schmetterlinge
Ausdehnung	a1	A2 (> 5 ha)	Vögel, Schmetterlinge, Spinnen, Blattkäfer
	a2	A3 (> 25 ha) (Zielgröße)	
	a3	A4 (> 250 ha)	
	a4	A5 (> 2.500 ha)	

GRÜNLAND TROCKENER STANDORTE (Mt, Mg, Mw)			
	b	**Qualitäten und Biotopstrukturen**	**Artengruppen mit Indikatorarten**
Standort	s1	mäßig trockene Standortbedingungen (mF ≤ 5,0)	Vegetation, Schmetterlinge, Lauf-
	s2	± trockene Standortbedingungen (mF ≤ 4,5)	käfer, Blattkäfer, Rüsselkäfer,
	s3	trockene Standortbedingungen (mF ≤ 4,0)	Heuschrecken, Spinnen, Weberknechte
	s1	nFK-Stufe 2	Vegetation
	s2	nFK-Stufe 1	
	s1	basenreicher / kalkhaltiger Boden (mR ≥ 6)	Schmetterlinge
	s1	bodensaure Standortbedingungen (mR ≤ 4)	Schmetterlinge
	s1	mäßig nährstoffarme Standortbedingungen (mN < 4,5)	Schmetterlinge
	s2	± nährstoffarme Standortbedingungen (mN < 4,0)	Vegetation
	s3	nährstoffarme Standortbedingungen (mN < 3,5)	
	s2	extreme Temperaturschwankungen	Heuschrecken, Laufkäfer
Struktur	**h1**	hohe Pflanzenartenzahl (> 35 Arten)	Schmetterlinge, Blattkäfer,
	h2	sehr hohe Pflanzenartenzahl (> 45 Arten)	Rüsselkäfer
	h1	vegetationsfreie Flächen	Heuschrecken
	h1	anstehender Fels	Reptilien, Blattkäfer, Heuschrecken
	h1	offenen Sandflächen	Laufkäfer, Heuschrecken
	h1	Einzelgebüsche	Vögel, Reptilien, Heuschrecken, Schmetterlinge
	h2	extensive Nutzung	Schmetterlinge, Spinnen

Tab. 38: Wertgebende Qualitäten und Biotopstrukturen wichtiger Biotoptypengruppen (Fortsetzung)

GRÜNLAND TROCKENER STANDORTE (Mt, Mg, Mw)			
	b	**Qualitäten und Biotopstrukturen**	**Artengruppen mit Indikatorarten**
Einbindung	**e1**	Nähe zu gehölzdominierten Biotopen	Vögel, Reptilien, Schmetterlinge
	e2	Nähe zu Fels und Trockenrasen	Schmetterlinge, Rüsselkäfer
	e2	Nähe zu Anschlußbiotopen < 500 m	
Ausdehnung	a1	A1 (> 1 ha)	Vögel, Reptilien, Schmetterlinge
	a2	A2 (> 5 ha) (Zielgröße)	
	a3	A3 (> 25 ha) (Zielgröße für Komplex: 50 ha)	
	a4	A4 (> 250 ha)	
	a5	A5 (> 2.500 ha)	

HEIDEN UND HUTUNGEN (Mh)			
	b	**Qualitäten und Biotopstrukturen**	**Artengruppen mit Indikatorarten**
Standort	s1	mäßig trockene Standortbedingungen (mF ≤ 5,0)	Heuschrecken, Laufkäfer, Spinnen
	s2	± trockene Standortbedingungen (mF ≤ 4,5)	Vegetation
	s3	trockene Standortbedingungen (mF ≤ 4)	
	s1	nFK-Stufe 2	
	s2	nFK-Stufe 1	
	s1	basenreicher / kalkhaltiger Boden (mR ≥ 6,0)	Vegetation
	s1	bodensaure Standortbedingungen (mR ≤ 4,0)	Vegetation
	s1	mäßig nährstoffarme Standortbedingungen (mN < 4,5)	Heuschrecken, Laufkäfer, Spinnen
	s2	± nährstoffarme Standortbedingungen (mN< 4,0)	
	s3	nährstoffarme Standortbedingungen (mN < 3,5)	
	s1	trocken-warmes Mikroklima	
Struktur	**h2**	Zwergstrauchvegetation	Schmetterlinge, Blattkäfer, Wanzen
	h1	degenerierte Zwergstrauchvegetation	Zikaden
	h1	anstehender Fels	Reptilien, Heuschrecken
	h1	offenen Sandflächen	Laufkäfer, Sandlaufkäfer, Ameisenlöwen, Hautflügler
	h2	horizontale Abfolge versch. Sukzessionsstadien	Laufkäfer, Heuschrecken
	h1	Einzelgehölze, Gehölzgruppen	Vögel, Schmetterlinge
Einbindung	e1	Nähe zu gehölzdominierten Biotopen	Vögel
	e2	Nähe zu Anschlußbiotopen < 1.500 m	
Ausdehnung	a1	A0 (≤ 1 ha)	Vögel, Reptilien
	a2	A1 (> 1 ha)	
	a3	A2 (> 5 ha) (Zielgröße für Heide)	
	a4	A3 (> 25 ha)	
	a5	A4 (> 250 ha)	
	a6	A5 (> 2.500 ha) (Zielgröße f. Huteweiden: 1.500 ha)	

MOORE (Y)			
	b	**Qualitäten und Biotopstrukturen**	**Artengruppen mit Indikatorarten**
Standort	**s3**	hoher, grundwasserunabhängiger Wasserstand	Laufkäfer, Heuschrecken, Wanzen
	s3	sehr nährstoffarmer Boden (mN hier ≤ 3,0)	Blattkäfer, Schmetterlinge
Struktur	**h3**	baumfreie Schlenken, Bulten und Laggs	Libellen, Wasserkäfer
	h2	Torfstiche, Moorheide	Vögel
Einbindung	e2	Nähe zu Heide und Magerrasen	Vögel, Reptilien, Schmetterlinge
	e2	Nähe zu gehölzdominierten Biotopen	Vögel
	e3	Nähe zu Moorwald	Vögel, Schmetterlinge, Prachtkäfer
Ausdehnung	**a1**	A0 (≤ 1 ha)	Vögel, Reptilien
	a2	A1 (> 1 ha)	
	a3	A2 (> 5 ha) (Zielgröße)	
	a4	A3 (> 25 ha) (Zielgröße für Komplex: 25 ha)	
	a5	A4 (> 250 ha)	
	a6	A5 (> 2.500 ha)	

Tab. 38: Wertgebende Qualitäten und Biotopstrukturen wichtiger Biotoptypengruppen (Fortsetzung)

RUDERALFLUREN (R)			
	b	**Qualitäten und Biotopstrukturen**	**Artengruppen mit Indikatorarten**
Standort	s1 s2 s1 s2	± feuchte Standortbedingungen (mF ≥ 6,0) ± nasse Standortbedingungen (mF ≥ 7,0) mäßig trockene Standortbedingungen (mF ≤ 5,0) ± trockene Standortbedingungen (mF ≤ 4,5)	Vegetation, Schmetterlinge, Laufkäfer, Spinnen Schmetterlinge, Laufkäfer, Blattkäfer, Rüsselkäfer, Heuschrecken, Schmetterlinge, Laufkäfer, Spinnen
	s1 s2 s1 **s2**	nFK-Stufe 2 nFK-Stufe 1 mäßig nährstoffarmer Boden (mN < 4,5) sehr nährstoffarmer Boden (mN < 3,5)	Vegetation
	s2	extreme Temperaturschwankungen	Heuschrecken, Laufkäfer
Struktur	h1	vertikale Schichtung	Spinnen, Blattkäfer
	h1	horizontale Gliederung	Heuschrecken, Laufkäfer
	h1	vegetationsfreie Stellen (Sand, Lehm, Kies)	Hautflügler, Heuschrecken
	h1	hohe Pflanzenartenzahl	Blattkäfer, Rüsselkäfer, Schmetterlinge
	h1	ausgeprägter Blühaspekt	Hautflügler, Schmetterlinge, Schwebfliegen
	h1	Einzelgebüsche	Heuschrecken, Schmetterlinge
Einbindung	e1	Nähe zu gehölzdominierten Biotopen	Schmetterlinge, Vögel, Reptilien
	e1	Nähe zu Extensivgrünland	Schmetterlinge, Heuschrecken, Spinnen, Vögel
Ausdehnung		-	Vögel, Schmetterlinge

FELSFLUREN, BLOCK- UND SCHUTTHALDEN, STEINBRÜCHE (T)			
	b	**Qualitäten und Biotopstrukturen**	**Artengruppen mit Indikatorarten**
Standort	s1	feucht-nasse Bodenbedingungen	Amphibien, Reptilien
	s1	trockene Bodenbedingungen	Reptilien, Schmetterlinge, Heuschrecken
	s2	trocken-warmes Mikroklima (SOS-SW-Exp.)	Reptilien, Schmetterlinge, Heuschrecken
Struktur	h1	Rohboden	Heuschrecken, Laufkäfer, Hautflügler
	h2	steinig-kiesiges Material	Vögel, Heuschrecken
	h2	Fels, Steinhaufen	Reptilien, Heuschrecken
	h1	vertikale Erdaufschlüsse, Überhänge	Hautflügler
	h2	Steilwände (> 3m)	Vögel, Hautflügler
	h3	Felswände (50-100 m), freistehend	Vögel (Uhu, Wanderfalke)
	h1	Moose und Flechten	Schmetterlinge
	h1	Gebüsche	Reptilien, Vögel
	h1	stehende Gewässer	Vögel, Amphibien, Reptilien
	h2	Flachwasserbereiche ≥ 0,4 ha	Vögel (Flußregenpfeifer)
Einbindung	**e3**	Nähe zu Anschlußbiotopen (< 1 km)	Reptilien, Hautflügler
Ausdehnung	a1 a2	> 0,5 ha > 1,0 ha (Zielgröße)	Vögel

Tab. 38: Wertgebende Qualitäten und Biotopstrukturen wichtiger Biotoptypengruppen (Fortsetzung)

ÄCKER UND ACKERWILDKRAUTFLUREN (A)[33]			
Ackerlandschaften des Flachlands (AA)			
	b	**Qualitäten und Biotopstrukturen**	**Artengruppen mit Indikatorarten**
Standort	s2	sandiger oder steiniger Untergrund	Laufkäfer, Heuschrecken
	s1	mäßig trockene Standortbedingungen (mF ≤ 5,0)	Laufkäfer, Heuschrecken
	s1	trocken-warmes Mikroklima	Vögel, Laufkäfer, Heuschrecken
	s1	hohe Temperaturschwankungen ("Steppenklima")	Laufkäfer, Heuschrecken
Struktur	h1	Gehölzarmut	Vögel, Säugetiere
	h2	Säume und Raine	Säugetiere, Vögel,
	h3	extensive Nutzung, typische Ackerbegleitflora	Laufkäfer, Schmetterlinge, Spinnen, Rüsselkäfer, Blattkäfer
	h1	Schlagbreite < 200 m	
	h2	Schlagbreite < 100 m	
Einbindung	e1	Nähe zu Gebüschen, Hecken und Einzelbäumen	Vögel, Säugetiere, Schmetterlinge
	e2	Nähe zu Anrissen, Abbruchkanten, Hohlwegen	Hautflügler, Heuschrecken
	e1	Nähe zu Ruderalfluren oder Brachen	Vögel, Schmetterlinge, Laufkäfer, Bockkäfer, Schwebfliegen
Ausdehnung	a1	A3 (> 25 ha)	Vögel, Säugetiere
	a2	A4 (> 250 ha)	
	a3	A5 (> 2.500 ha)	

Ackerlandschaften des Hügel- und Berglands (AH)			
	b	**Qualitäten und Biotopstrukturen**	**Artengruppen mit Indikatorarten**
Standort	**s2**	Nährstoffarmut	Schmetterlinge, Heuschrecken
	s1	wechselndes Mikroklima	Laufkäfer, Spinnen
Struktur	h2	extensive Nutzung	Vögel, Laufkäfer, Schmetterlinge
	h2	Äcker mit ausgeprägter Ackerbegleitflora	Laufkäfer, Schmetterlinge
	h2	Extensivgrünland	Schmetterlinge, Heuschrecken, Hautflügler, Blattkäfer, Rüsselkäfer, Ameisen
	h1	Gebüsche, Hecken und Einzelbäume	Vögel, Kleinsäuger
	h1	Waldrand	Säugetiere, Vögel
	h1	Säume und Raine, Brachflächen	Schmetterlinge, Laufkäfer, Rüsselkäfer, Blattkäfer, Schwebfliegen
	h2	Anteil von Gehölzen und Säumen ≥ 3-6 %	Vögel
	h2	Anrisse, Abbruchkanten, Hohlwege	Hautflügler, Heuschrecken
	h2	Lesesteinhaufen, Stützmauern	Reptilien, Kleinsäuger
	h2	Gewässer, Naßstellen	Amphibien, Reptilien, Libellen, Schmetterlinge
	h1	unbefestigte Wege, Fahrspuren	Tagfalter, Laufkäfer, Spinnen
	h1	Totholz, Zaunpfähle	Hautflügler, Vögel
Einbindung	e1	Nähe zu gehölzdominierten Biotopen	Vögel, Säugetiere
	e1	Nähe zu offenen Biotoptypen (Säume u.a.)	Schmetterlinge, Bockkäfer, Schwebfliegen
Ausdehnung	a1	A3 (> 25 ha)	Vögel, Säugetiere
	a2	A4 (> 250 ha)	
	a3	A5 (> 2.500 ha)	

[33] Anders als z. B. Waldbiotope oder Grünlandgebiete beziehen Ackerfluren ihren Wert vor allem durch eine Vielzahl von Strukturen, die anderen Biotoptypengruppen entstammen, weshalb sich die wertbestimmenden Qualitäten von Ackerbiotopen auf den übergeordneten Landschaftstyp beziehen.

Tab. 38: Wertgebende Qualitäten und Biotopstrukturen wichtiger Biotoptypengruppen (Fortsetzung)

BIOTOPE DES BESIEDELTEN BEREICHS (K, P, S)			
		Qualitäten und Biotopstrukturen	**Artengruppen mit Indikatorarten**
Standort		-	-
Struktur	**h2**	alte, zugängliche Gebäude	Vögel, Säugetiere
	h2	Keller, Gewölbe	Vögel, Säugetiere, Spinnen
	h3	Dachböden, Scheunen	Vögel, Säugetiere
	h2	Türme, Kirchtürme	Vögel, Fledermäuse
	h1	Mauern, unverfugt	Reptilien, Hautflügler
	h2	Gehölze, Gärten	Vögel, Säugetiere, Schmetterlinge
	h1	Holzhaufen, Schutt, Gartenabfälle	Vögel, Säugetiere
	h2	Krautfluren, Staudenfluren	Vögel, Säugetiere, Schmetterlinge
	h2	vegetationsarme Lehmflächen, Pfützen	Vögel, Schmetterlinge
Einbindung	**e2**	Nähe zu strukturreichen Gärten, Streuobst	Vögel, Säugetiere
	e2	Nähe zu Parks und Friedhöfen	Vögel, Säugetiere
	e1	Nähe zu Wald	Vögel, Säugetiere
	e1	Nähe zu Offenlandbiotopen	Vögel, Säugetiere
Ausdehnung		-	-

Tab. A bedingen (vgl. Kap. 3.2.2.3b). Das Maß möglicher Aufwertungen ist im Hinblick auf die Vegetation deshalb deutlich eingeschränkt. Zu beachten ist ferner, daß beispielsweise Wälder auch ohne bemerkenswerte Pflanzenvorkommen bzw. -gesellschaften hohen Wert besitzen können. Da das Verfahren aber grundsätzlich eine Erfassung verschiedener Artengruppen unterstellt, die in der Summe geeignet sind, Aussagen zu allen vier Kriterien zuzulassen, sind Fehlbewertungen allein aufgrund des Ausbleibens wertgebender Kräuter in Waldbeständen bei richtiger Anwendung auszuschließen.

3.2.2.3 Berücksichtigung faunistischer Artnachweise

In der Planungspraxis sind umfangreiche faunistische Bestandserhebungen oft nur beim Vorliegen konkreter Hinweise auf Vorkommen seltener Arten durchführbar. In der Regel muß sich die landschaftsplanerische Beurteilung deshalb auf eine Potentialbewertung beschränken, die sich auf bekannte Anspruchsprofile charakteristischer Tierarten stützt.[34] Das auf "Biotoptypen" basierende Bezugssystem ermöglicht hier zumindest eine ansatzweise Beurteilung des Wertes einer Fläche als Tierlebensraum, da die zur Differenzierung herangezogenen Faktoren, wie Standortbedingungen, Nutzungsintensität oder Vegetationsstruktur, auch wichtige Kriterien für die Besiedlung wertgebender, oft standortgebundener Tierarten darstellen (SCHWEPPE-KRAFT, 1994). Eine lediglich den isolierten Vegetations- und Strukturtyp erfassende Bewertung kommt dem Erfordernis einer hinreichenden Berücksichtigung von Komplexwirkungen aber nicht nach (PLACHTER, 1993; SSYMANK et al., 1993). Vor allem im Hinblick auf Arten mit großen Arealansprüchen oder Bewohner verschiedener Teillebensräume muß deshalb eine differenziertere, auch die Umgebung einbeziehende Bewertung erfolgen.

[34] Zu den hiermit verbundenen fachlichen Probleme und Unzulänglichkeiten siehe RIECKEN (1992), SCHLUMPRECHT & VÖLKL (1992).

a) Regionaltypische Leitarten

Dem Vorbild der Pflanzensoziologie folgend, wird zunehmend auch bei der Auswertung faunistischer Erhebungen versucht, eine Bewertung von Lebensräumen durch Definition biotoptypischer Leit- oder Charakterarten zu ermöglichen (vgl. RIECKEN, 1992; RIECKEN & BLAB, 1989). Leitarten ermöglichen zunächst eine Einordnung bestimmter Biotopbedingungen in ein wertsystemfreies Klassifizierungsmodell (PLACHTER, 1989), zur Gebietsbewertung als Bioindikatoren oder „Zeigerarten" bedürfen sie zusätzlich einer Festlegung der Wertigkeit der indizierten Eigenschaften eines Lebensraums (PLACHTER, 1989). Anders als die bloße Ermittlung des Anteils nachgewiesener Arten der Roten Listen, ermöglichen Leitarten dann eine weitaus fundiertere Bewertung von Biotopen, da sie nicht allein Aussagen zur Schutzwürdigkeit eines Lebensraums zulassen, sondern auch Hinweise auf die der Gefährdung zugrunde liegenden Biotopqualitäten geben (PLACHTER, 1991; MIOTK, 1993).

Beispiele für eine mögliche Vorgehensweise bei der Bewertung von Leitartenvorkommen gibt RECK (1993b), der für verschiedene Lebensraumtypen regionaltypische Zielarten benennt und für die Zahl nachgewiesener Vorkommen der jeweiligen Arten Mindeststandards formuliert. Es erscheint jedoch fraglich, ob eine willkürliche Festlegung konkreter Schwellenwerte, z.B. „Nachweis von 5 Arten mit Vorkommen auf 10 % des Grünlandanteils oder 7 Arten mit Vorkommen auf allen Flächen", zur Erfüllung der Zielvorgabe bei der Bewertung von Lebensräumen fachlich haltbar ist. Vielmehr sollte das Vorkommen indikatorisch relevanter Arten an sich, ggf. grob differenziert nach der Dichte eines Vorkommens, bereits als hinreichendes Kriterium zur Zielerfüllung hinsichtlich eines bestimmten Parameters gelten. Ein hierzu geeignetes Leitartensystem muß folgende Voraussetzungen erfüllen:

1. Die wertbestimmenden Eigenschaften eines Biotoptyps müssen bekannt sein und in ihrer Bedeutung gewichtet werden, was auf empirischem Weg durch vergleichende Analyse noch intakter und bereits beeinträchtigter Lebensräume möglich ist.
2. Die Anspruchsprofile möglicher Leitarten müssen bekannt sein und hinsichtlich ihrer Bedeutung für das Vorkommen der Art in einem Lebensraum differenziert werden.
3. Um einseitige Bewertungen auszuschließen, müssen die Anspruchsprofile möglicher Leitartenkollektive alle relevanten Lebensraumqualitäten eines Biotoptyp abdecken, was eine eindeutige Gliederung aller wertgebenden Biotopeigenschaften voraussetzt.

Bei der Auswahl zu erfassender Tierartengruppen ist folglich ein möglichst breites Spektrum biotoptypischer Anspruchsprofile abzudecken, um nicht nur Standort- und Strukturparameter, sonder auch raumwirksame Kriterien, wie Arealeinbindung und Störwirkungen, berücksichtigen zu können. Vor allem das Vorhandensein oder das Fehlen selten gewordener Biotopqualitäten und besiedlungsbestimmender Mangelfaktoren muß durch entsprechende Zeigerarten ermittelt werden können (RIECKEN, 1992).

Im Rahmen dieses Bewertungsansatzes wird auf die Definition von Leitartenkollektiven oder gar Tiergemeinschaften, wie sie beispielsweise FLADE (1994) anhand der norddeutschen Brutvogelvorkommen zu definieren versucht, aus folgenden Gründen bewußt verzichtet:

1. Empirische Auswertungen von Tierartenvorkommen lassen, wenn überhaupt, nur eine soziologische Gliederung einzelner Artengruppen zu, wodurch eine Bewertung *aller* relevanten Biotopeigenschaften nicht gewährleistet ist.

2. Das gemeinsame Vorkommen verschiedener Arten selbst einer Artengruppe unterliegt einer Vielzahl von Faktoren, deren Ausbildung kleinräumig stark schwanken kann, weshalb die Definition von Tiergemeinschaften nur für einen regional eng begrenzten Bezugsraum möglich ist.
3. Unter Beachtung der oben genannten Voraussetzungen bedarf die Bewertung eines Lebensraums keiner Definition spezifischer Tierartenkollektive, da allein die Anspruchsprofile der tatsächlich vorkommenden Arten hinreichend genaue Aussagen zur Schutzwürdigkeit eines Lebensraums ermöglichen.

Ausgehend von dem Gedanken, daß tatsächlich in einem Gebiet regelmäßig vorkommende Arten bestimmte Lebensraumbedingungen indizieren und die Häufigkeit bzw. die Bestandsentwicklung der Art Aussagen zur tolerierten Schwankungsbreite dieser Biotopeigenschaften zulassen, wird allen in Mittelhessen beheimateten Spezies von sechs aussagekräftigen Artengruppen in Tab. B ein Indikatorrang zwischen 0 und 5 zugewiesen. Dieser basiert auf der Zusammenstellung wertgebender Lebensraumqualitäten der unterschiedenen Biotoptypengruppen in Tab. 38 und entspricht somit der mutmaßlichen Indikationswirkung der Art für die vier Hauptkriterien Standort, Struktur, Einbindung und Ausdehnung, so daß die wertgebenden Eigenschaften eines Biotops durch Vergleich mit den Bewertungstabellen nachvollzogen werden können.

Die Zuordnung offenkundig indizierter Biotopeigenschaften gründet auf einer Auswertung der im Literaturverzeichnis zusammengestellten Arbeiten sowie eigener Beobachtungen. Das Maß der Indikatorwirkung wurde unter Zuhilfenahme aktueller Roter Listen festgelegt, was - die empirische Richtigkeit der Listen vorausgesetzt - durchaus statthaft ist. Dennoch fließen auch andere Faktoren bei der Ermittlung der tolerierten Schwankungsbreiten mit ein, und so können auch Arten, die in Hessen derzeit keiner Gefährdung unterliegen, wie der Schwarzspecht, aufgrund der Bindung an bestimmte Lebensräume als „b3-Arten“ charakterisiert werden. Ziel dieses Vorgehens, das nicht als endgültige Rangfestlegung, sondern als erster Ansatz verstanden sein will, ist die Abkehr von der formalen Bindung einer Biotopbewertung an die Gefährdung von Arten und somit auch eine verstärkte Beachtung (noch) häufiger Lebensgemeinschaften. So werden nahezu allen Arten der ausgewerteten Artengruppen in zumindest einem Kriterium Indikatoreignung attestiert. Lediglich Arten, die keinerlei Vorkommensschwerpunkt erkennen lassen, also sowohl im Wald als auch im Offenland und im besiedelten Bereich verbreitet sind, wie Kohlmeise, Elster und Gemeiner Grashüpfer, werden als „b0-Arten“ geführt.

b) Bewertung von Tiervorkommen

Um tierökologische Belange auch im Falle unzureichender Erhebungen angemessen berücksichtigen zu können, unterstellen die Biotopwerte der Tab. A neben dem Vorkommen spezialisierter Pflanzen auch das Vorkommen indizierender Tierarten in einem zu bewertenden Biotop, sofern dessen Struktur und Nutzungsintensität dies erwarten lassen. Ziel des gewählten Vorgehens ist eine Umkehrung der "Beweislast" dahingehend, daß einem Bestand, für den aufgrund seines Artenreichtums, seiner extensiven Nutzung oder seines Alters mit dem Auftreten seltener Arten zu rechnen ist, das *Fehlen* bedrohter Arten nachgewiesen werden muß, um ihn niedriger einstufen zu können.

Das Erfordernis gezielter faunistischer Untersuchungen im Vorfeld einer Planung bleibt durch die generelle Annahme von Rote Liste-Vorkommen aufgrund der Biotopausstattung aber unberührt. Wenn Vegetationsstruktur oder räumliche Einbindung das Vorkommen seltener Tierarten möglich erscheinen lassen, sind Bestandsaufnahmen geeigneter Artengruppen schon deshalb unabdingbar, weil nur hierdurch genauere Aussagen zur tatsächlichen Eingriffserheblichkeit einer Planung getroffen werden können[35].

Das Vorkommen einer Tierart in einem zu bewertenden Biotop wird angenommen, wenn der Artnachweis innerhalb oder im Umkreis des Biotops erfolgte *und* das Anspruchsprofil der Art darauf schließen läßt, daß sie innerhalb des zu bewertenden Biotops einen deutlichen Habitatschwerpunkt besitzt (Brutplatz, Wochenstube). Ist das Biotop jedoch lediglich als nicht wesentlicher oder nur temporär genutzter Teillebensraum (Jagdgebiet, Wanderkorridor bei Amphibien) einzustufen oder erfolgt der Artnachweis in einem gleichartigen, aber durch andere Nutzungen getrennten Lebensraum, so fließen die Artnachweise in die Bewertung des übergeordneten Biotopbereichs ein.

Um die Bedeutung von Zonationskomplexen als Lebensraum besonders spezialisierter Arten hervorzuheben, führen Vorkommen wertgebender Arten in einem Teil eines Biotopbereichs (beispielsweise einer Magerböschung am Rande eines Bachtales) grundsätzlich zur Aufwertung des Gebiets in seiner Gesamtheit. Ausschlaggebend ist folglich nicht allein das Vorkommen landschafts- oder biotoptypischer Arten, sondern das regelmäßige Auftreten wertgebender Spezies insgesamt. Dieses Vorgehen ist nicht nur berechtigt, da es eine Rangbildung „zulässiger" Biotope in einer Landschaft vermeidet, sondern auch sinnvoll, denn mehr noch als bei der Definition von Biotopen sind Landschaften nur sehr grob zu systematisieren, regionale Leitarten- oder Biotoptypenkollektive für einzelne Landschaftstypen deshalb kaum festzulegen.

Daß im Rahmen des Bewertungsansatzes dennoch eine Charakterisierung der verschiedenen Biotopbereiche über Landschaftstypen erfolgt, ist in dem Erfordernis begründet, die Ausdehnung eines Gesamtlebensraums bereits bei seiner spezifischen Bewertung zu berücksichtigen. Diese schwankt in Abhängigkeit vom Landschaftstyp aber erheblich. So liegen die „Zielgrößen" regionaler Naturschutzplanungen nach BURKHARDT et al. (1991) zwischen 25 ha für Heide und mindestens 100 ha für Wälder. Diese Abweichungen erklären sich aus der Nutzungsgeschichte Mitteleuropas, in der beispielsweise halboffene „Parklandschaften" nur relativ kleinflächig als Streuobstwiesen verbreitet waren bzw. sind und arealabhängigen Großvogelarten beispielsweise der spanischen Estremadura deshalb erst gar nicht die Besiedlung ermöglichten. Aus diesem Grund werden den bei uns verbreiteten Landschaftstypen zwar einheitliche Schwellenwerte für die fünf unterschiedenen Arealstufen zugeordnet, deren Gewichtung erfolgt jedoch in Abhängigkeit von ihrer Häufigkeit im Bezugsraum (s. Tab. B-7). Da Ursprünglichkeit und Biotopausstattung einer Landschaft durch andere Kriterien in die Bewertung einfließen, können qualitative Aspekte hierbei unberücksichtigt bleiben.

---

[35] Die Eingriffswirkung durch eine teilweise Überplanung einer Feuchtwiese beispielsweise ist beim Vorkommen arealbeanspruchender Wiesenbrüter deutlich höher einzustufen als in einem Bestand, der aufgrund seiner geringen Ausdehnung "nur" das Auftreten gefährdeter, aber weniger störanfälliger Tagfalter zuläßt. Im ersten Fall wäre mit dem Verschwinden der Art zu rechnen, im zweiten Fall u. U. lediglich mit der Einschränkung des Lebensraumes.

Unabhängig von anderen wertgebenden Eigenschaften und ihrer Gefährdung besitzen deshalb beispielsweise Arten offener Ackerlandschaften erst bei Indizierung der Arealstufe 3 eine Indikatoreignung (a1), während Hochmoorbewohnern bereits bei Indizierung der niedrigsten Arealstufe eine hohe Indikatoreignung (a2) für die Ausdehnung ihres Lebensraums zugesprochen wird.

Ausgehend von dem gem. Tab. A ermittelten *spezifischen* Biotopwert (BW_t), sind die nachgewiesenen Tiervorkommen unter Verwendung von Tab. 39 darauf hin zu überprüfen, ob sie das vorausgesetzte Niveau erreichen oder ggf. überschreiten. Dominante Vorkommen einer Art sind hierbei nur anzusetzen, wenn sich diese aus den Biotopbedingungen nachvollziehbar erklären lassen oder über mehrere Jahre hinweg nachweisbar sind. Finden sich Arten einer höheren der jeweils vorausgesetzten Rangstufe oder nehmen die wertgebenden Arten größere Anteile am Gesamtartenbestand ein, so sind Zuschläge auf den Biotopwert (BW_t) zulässig. Tiervorkommen, die für die nächst höhere Wertstufe vorausgesetzt werden, bewirken hierbei eine Aufwertung um eine halbe, Vorkommen einer noch höheren Stufe eine Aufwertung um eine ganze Stufe. Abwertungen sind hingegen nur möglich, wenn das Vorkommen (stärker) gefährdeter Arten aufgrund von Untersuchungen hinreichend sicher ausgeschlossen werden kann oder sich die Nachweise üblicherweise individuenstarker Arten auf einzelne Reliktfunde beschränken. Anders als Aufwertungen erfolgen Abwertungen grundsätzlich viertelstufenweise, um das standörtliche Potential eines Lebensraums zu betonen.

Vorkommen von Arten, deren Indikatorfunktion sich allein auf die Ausdehnung oder Einbindung eines Lebensraums bezieht oder die aufgrund ihrer Aussagekraft für diese Parameter eine höhere Einstufung als b3 erzielen, werden nur zur Bewertung eines Lebensraums herangezogen, wenn dieser den Arealansprüchen der Art genügt. Dies impliziert zugleich, daß die raumwirksamen Anforderungen der Art innerhalb dieses Gebiets erfüllt sind (beispielsweise Störungsfreiheit, Funktion als Teillebensraum). Andernfalls wird die betreffende Art zur Bewertung des übergeordneten Biotopbereichs (Landschaft) herangezogen, der hierdurch ggf. höher einzustufen ist als das Biotop, in dem die Art angetroffen wurde.

Ausschlaggebend zur Beurteilung der Eingriffssensibilität eines Lebensraums ist jedoch grundsätzlich die höherwertige Einheit, d.h. raumwirksame, mit Störungen verbundene Eingriffe innerhalb einer als wertvoll eingestuften Landschaft sind unabhängig vom Biotopwert des hierfür vorgesehenen Standorts gleich schwerwiegend einzustufen. Maßnahmen, von denen keine nachhaltigen Auswirkungen auf den Biotopbereich ausgehen, wie der Bau eines Wasserbehälters, wirken sich hingegen nur auf das direkt betroffene Biotop aus.

Grundsätzlich erfolgt die Bewertung zusammenhängender Biotopbereiche in gleicher Weise wie die beschrieben Beurteilung einzelner Biotope. Da in der Praxis eine vollständige Bestandserfassung und Einzelbewertung aller Biotope eines Biotopbereichs als Grundlage für dessen aggregierende Gesamtbetrachtung aber nur selten möglich und unter Umständen auch nicht sinnvoll ist, kann der Wert eines Biotopbereichs auch über eine grobe Übersichtskartierung ermittelt werden. Hierbei sind die den Biotopbereich prägenden Biotope hinsichtlich ihrer Struktur gem. Tab. A einzustufen und in Abhängigkeit von ihren Flächenanteilen zu einem Gesamtwert zusammenzuführen, für den bei typischer Ausbildung die in Tab. 37 aufgeführten Mittelwerte, im Falle erkennbarer Überformungen die unteren Schwellenwerte der jeweiligen Wertstufe heranzuziehen sind. Analog der Biotopbewertung können Artnachweise innerhalb des Biotopbereichs gemäß Tab. 39 Zuschläge zum ermittelten Wert bedingen, sofern sie Aussagen zu Einbindung und Ausdehnung der Landschaft zulassen. Nachweise spezialisierter Pflanzen oder Insekten hingegen müssen bei der Bewertung der Einzelbiotope Berücksichtigung finden und sich über deren Flächenanteile auf die Einstufung des Biotopbereichs niederschlagen. Sind entsprechende Vorkommen aufgrund nur sporadischer Erhebungen lediglich für einen Standort belegt, ansonsten aber nicht auszuschließen, wird ein entsprechendes Vorkommen für alle vergleichbaren Biotope der zu bewertenden Landschaft unterstellt.

Tab. 39: Einfluß von nachgewiesenen Indikatorarten auf den Biotopwert

Indikatorarten			**Wertstufe**						
Auftreten im Bewertungsraum*			**Biotopbereich**						
			Biotop						
dominant	**rezedent**	**sporadisch**	**I** $< 0,5$	**II** $\geq 0,5$	**III** $\geq 1,1$	**IV** $\geq 1,8$	**V** $\geq 2,6$	**VI**	**VII**
			- 0,22	- 0,38	- 0,60	-	-		
			- 0,11	- 0,25	- 0,45	- 0,70	-		
-	-	b1	**O**	- 0,13	- 0,30	- 0,53	- 0,80		
-	b1	b2	+ 0,3	**O**	- 0,15	- 0,35	- 0,60		
b1	b2	b3	+ 0,5	+ 0,3	**O**	- 0,18	- 0,40		
b2	b3	b4 (!A2)[1]	+ 0,8	+ 0,6	+ 0,4	**O**	- 0,20		
b3	b4 (!A2)[1]	b5 (!A2)[2]	+ 1,1	+ 1,0	+ 0,7	+ 0,4	**O**		
b4 (!A2)[1]	b5 (!A2)[2]	-	+ 1,5	+ 1,3	+ 1,1	+ 0,8	+ 0,5	**O**	
b5 (!A2)[2]	-	-	+ 1,8	+ 1,7	+ 1,5	+ 1,2	+ 0,9		**O**

dominant:	Arten mit entsprechender Indikatoreignung sind im Bewertungsraum regelmäßig als Hauptarten anzutreffen (Individuenzahl dom. Arten $\geq$ 3,2 % der Gesamtindividuenzahl der Artengruppe)[36] oder als individuenschwache Arten (Großvögel, größere Säuger) rezedent vertreten
rezedent:	Arten mit entsprechender Indikatoreignung sind im Bewertungsraum regelmäßig als Begleitarten anzutreffen (0,32-1,0 %) oder als individuenschwache Arten regelmäßig in kleiner Zahl vertreten
sporadisch:	Arten mit entsprechender Indikatoreignung sind im Bewertungsraum nur ausnahmsweise anzutreffen (< 0,32 %)

Bewertung von Artvorkommen und Lebensräumen

Wertstufe	**rezedentes Vorkommen von Arten der Indikatorstufe**	**Biotopwert**	**Bedeutung (Schutzwürdigkeit) für... naturräumlich**	**administrativ**
I	-	wertlos	-	-
II	b1	geringwertig	Landschaftsteil	Flur
III	b2	mäßig wertvoll	Landschaft	Gemarkung
IV	b3	wertvoll	Untereinheit	Kommune
V	b4	sehr wertvoll	Haupteinheit	Kreis
VI	b5	besonders wertvoll	HE-Gruppe	Region (RP)
VII	b6	außerordentlich wertvoll	Hauptregion	Land

O : Biotopwert (BW_t) gemäß Biotopwerttabelle A

*) Die Bewertung sporadischer Vorkommen setzt ein rezedentes Vorkommen von Arten der nächst tieferen Stufe voraus, ansonsten erfolgt eine Abwertung um eine halbe Stufe.

1), 2) Vorkommen von b4-Arten (bzw. b5-Arten) bei tatsächlicher (Mindest-) Arealgröße A2 (A3) oder Vorkommen von b3-Arten (b4-Arten) bei tatsächlicher Arealgröße A3 (A4)

[36] Die Angaben nach ENGELMANN (1978) beziehen sich ursprünglich auf die Dominanzstruktur von Bodenarthropoden und sollen nur als formaler Anhalt gelten. In der Praxis soll die Einstufung geschätzt werden.

3.2.2.4 Praktische Vorgehensweise bei der Bewertung von Biotopbereichen

Im Rahmen der Eingriffs- und Ausgleichsbilanzierung werden direkt betroffene Biotope und übergeordneter Biotopbereich sowohl bei der Bestandsbewertung als auch bei der Prognose unabhängig voneinander in die Bilanz eingestellt, wodurch die direkt betroffenen Flächen im Ergebnis doppelt bewertet werden (vgl. Kap. 3.2.3 und 4.2). Hierdurch wird gewährleistet, daß sich großräumige Werteigenschaften auch auf die Bewertung des einzelnen Biotops niederschlagen, ohne beispielsweise durch einen Zuschlag auf dessen spezifischen Flächenwert projiziert werden zu müssen. Da der übergeordnete Biotopbereich - unabhängig von möglichen Abwertungen durch indirekte Eingriffsfolgen - um die direkt betroffenen Flächen „bereinigt" aus der Bilanz hervorgeht, werden auch deren „Wertanteile" am Gesamtlebensraum in Abzug gebracht, wodurch sich auch rechnerisch die Eingriffswirkung erhöht (vgl. Bsp. zu Regel 4).

Im einzelnen lassen sich folgende Regeln bei der Bewertung von Lebensräumen definieren:

1) Aufwertungen durch Artvorkommen mit Indikatoreignung für großflächige Lebensräume führen nur dann zu einer Aufwertung eines Einzelbiotops, wenn dieses allein oder im Verbund mit anderen die für die jeweilige Art typische Arealstufe erreicht. Ansonsten fließt das Vorkommen der arealabhängigen Art (lediglich) bei der Bewertung des übergeordneten Biotopbereichs ein - hier allerdings i.d.R. unabhängig von seiner tatsächlichen Ausdehnung. Daraus folgt gleichzeitig, daß kleinflächige Biotope (A0) direkt nur durch das Vorkommen nicht arealabhängiger Arten, also vorwiegend Arthropoden, aufgewertet werden können.

Bsp.: Eine extensiv genutzte, mäßig artenreiche Feuchtwiese (Gfe, mr, vgl. Tab. A) erreicht mit ihrem Biotopwert von 1,4 die Wertstufe III (mäßig wertvoll). Vorausgesetzt wird hier das dominante Vorkommen von b1-Arten oder ein rezedentes Auftreten von b2-Arten mit standortbezogener Indikatorfunktion. Rezedent nachgewiesen wurden u.a. der Sumpfgrashüpfer (Chorthippus montanus, s2, h2, a1: b3) sowie der Gemeine Bläuling (Polyommatus icarus, s1, h1: b1), als Brutvogel des benachbarten Waldrands zudem der Schwarze Milan (h2, e2, a3: b4). Dieser besitzt keine nennenswerte Indikatorfunktion für Grünland (s. Tab. B), weshalb die Wiese aufgrund des rezedenten Sumpfgrashüpfer-Vorkommens eine Aufwertung um eine halbe Stufe bzw. um 0,4 Punkte auf 1,8 Punkte (wertvoll) erfährt. Als Offenlandbewohner indiziert der Schwarze Milan jedoch die Lebensraumfunktion des gesamten Biotopbereichs (zu dem auch der Waldrand zu zählen ist) als relativ störungsfrei und großflächig (a4), so daß sein regelmäßiges Auftreten als Brutvogel zur Einstufung des Biotopbereichs als sehr wertvoll (Stufe V) führt.

Bsp.: In einer Flußniederung ist der Kiebitz (h3, e3, a2: b4) trotz verarmter Wiesen (überwiegend Gfm, ma: 0,8, Stufe II) unregelmäßig (sporadisch) als Brutvogel anzutreffen. Da er als Wiesenbrüter allein durch sein Vorkommen den Wert eines Grünlandgebiets bestimmt, erfährt der gesamte Talgrund eine Aufwertung um eine volle Stufe bzw. um 0,6 auf 1,4 Punkte (mäßig wertvoll). Ohne das Vorkommen des Kiebitz hätte der Grünlandkomplex trotz einer Ausdehnung von 6 ha ($A2_{GF}$: a1) wegen seiner Einstufung als nur geringwertig (Stufe II) nicht aufgewertet werden können.

Eine kleinflächige, reliktische Naßwiese beherbergt mit der Sumpfschrecke (Mecosthetus grossus) und dem Sumpfgrashüpfer (Chorthippus montanus) zwei in Gemeinschaft seit Jahren dominant auftretende b3-Arten, wegen ihrer geringen Arealansprüche (a1) vermögen sie aber nicht die Bewertung der gesamten, fast durchweg intensiv genutzten Niederung, sondern nur ihres engeren Lebensraums zu beeinflussen. Würden die Arten ± gleichmäßig im gesamten Biotopbereich vorkommen, so könnte dieser einheitlich um 1,0 Punkte auf 1,8

Punkte aufgewertet und als wertvoll (Stufe IV) eingestuft werden, bei lückigem (rezedentem) Vorkommen wäre auch bei Ausbleiben des Kiebitz immerhin noch eine Einstufung als mäßig wertvoll (1,4 Punkte, Stufe III) möglich.

Bei Untersuchungen auf einer nur mäßig artenreichen Feuchtwiese konnte eine Fischotter beobachtet werden, der keine nennenswerte Aussage zum Grünland ermöglicht, das Bachtal aber als großräumig, störungsarm und unzerschnitten ausweist. Der Biotopbereich ist folglich als außerordentlich wertvoll einzustufen. Als Teil des Gesamtlebensraums kommt auch der einzelnen Feuchtwiese trotz ihres nur mäßig hohen Biotopwertes die gleiche Schutzwürdigkeit gegenüber raumwirksamen Planungen, wie dem Bau einer Straße oder auch der Anlage eines Entwässerungsgrabens zu, weshalb sie auf Ebene des Biotopbereichs ebenfalls von der Aufwertung erfaßt wird.

2) Erfolgt die Einstufung aufgrund des sporadischen Vorkommens einer Art, so setzt dies ein rezedentes Vorkommen in der nächst niedrigeren Stufe voraus.

   Bsp.: Das sporadische Vorkommen einer b4-Art in einem Magerrasen kann nur zu dessen Bewertung als sehr wertvoll führen, wenn gleichzeitig b3-Arten rezedent vertreten sind. Ein rezentes b3-Vorkommen bedingt hingegen kein dominantes b2-Vorkommen zu einer entsprechenden Einstufung.

3) Eine Aufwertung von Biotopbereichen aufgrund ihrer tatsächlichen Ausdehnung erfolgt immer dann, wenn sie aufgrund Struktur oder nicht arealabhängiger Artvorkommen zumindest als wertvoll gelten, wobei für eine Aufwertung das Vorkommen arealabhängiger Arten nicht zwingend notwendig ist. Die Aufwertung erfolgt auch hier nach Maßgabe der Tab. 39, deren Werte pro erreichter Arealstufe um eine halbe Wertstufe anzuheben sind. Zu beachten sind aber die vorausgesetzten Mindestgrößen zur Erlangung der Wertstufen V bis VII, die eine Aufwertung hochwertiger Lebensräume erst bei einer größeren Ausdehnung (A2) ermöglichen.

   Bsp.: Ein Eichenwald ist aufgrund seiner guten Bestandsstruktur und des rezedenten Vorkommens von b3-Arten als wertvoll (BW_l: 1,9) eingestuft. Als einzige arealabhängige Art indiziert der nachgewiesene Mittelspecht aber lediglich eine Ausdehnung des Gebiets von über 25 ha ($A3_{WH}$: a1). Dennoch ist eine Aufwertung allein aufgrund der tatsächlichen Flächengröße des 600 ha (A4: a2) großen Waldkomplexes um zwei Halbstufen möglich, so daß der Lebensraum rechnerisch mit einem Wert von 1,9 + 0,8 = 2,7 (sehr wertvoll) in die Bilanz eingeht. Wäre das Waldgebiet lediglich 20 ha (A2: a0) groß, so hätte es aufgrund des Spechtvorkommens eine Aufwertung um 0,4 Punkte erfahren.

Aus den Regeln folgt, daß kleinflächige Biotope bis zur Stufe V (sehr wertvoll) eingestuft werden können. Die Stufen VI und VII bleiben hinsichtlich des Biotopwertes großflächigen Lebensräumen (ab Arealstufe A2) sowie zusammenhängenden Biotopbereichen bzw. Landschaften vorbehalten, deren Wert aber die Bedeutung und Schutzwürdigkeit aller in diesem Biotopbereich zusammengefaßten Lebensräume bestimmt, sofern diese zumindest komplexergänzende Funktion gem. Tab. 28 besitzen. Komplexfremden Nutzungen ist zwar eine geringere Schutzwürdigkeit, aber eine ebenso hohe Eingriffssensibilität zuzugestehen, so daß im Zusammenhang mit raumwirksamen Eingriffsplanungen für alle nicht (bereits) komplexstörenden Nutzungen eines Biotopbereichs ein gleich hohe Eingriffserheblichkeit zu unterstellen ist.

4) Ist ein Biotopbereich von einer Planung in Teilen direkt betroffen, so gehen diese Anteile sowohl als Voreingriffszustand des Baugebiets als auch über die getrennte Bewertung des Biotopbereichs in die Bilanz ein. Auf der Prognoseseite der Bilanztabelle ist der übergeordnete Biotopbereich folglich um die überplanten Flächen zu reduzieren, was wiederum eine doppelte Einstellung der künftigen Wohngebietsanteile bedingt. Diese sind im Block „übergeordnete Biotopbereiche" mit dem durchschnittlichen Entwicklungswert des Baugebiets einzustellen (vgl. Tab. 93).

*Bsp.: Eine Planung betrifft einen 2,0 ha großen Teil einer wertvollen (BW_t: 1,9), 6,0 ha großen Mähwiesenlandschaft (GHH) direkt, so daß der Biotopbereich nach Durchführung der Planung auf 4,0 ha reduziert ist und somit nicht mehr der Arealstufe A2 zugerechnet werden kann, die im Bestand zur Aufwertung um ein halbe Stufe (+ 0,40) auf 2,30 Punkte geführt hat (vgl. Tab. 39). Die direkt betroffenen Wiesen sind Teil eines geplanten, insgesamt 4,0 ha großen Allgemeinen Wohngebiets, dessen Wert sich aufgrund der Festsetzungen des Bebauungsplans auf insgesamt 0,28 Punkte beläuft. Dem betroffenen Wiesengebiet wird folglich ein Wert von 0,14 Punkten (0,28 ÷ 4 ha * 2,0 ha) zugesprochen, der unabhängig von der Bilanzierung des Baugebiets zur Bilanzierung des übergeordneten Biotopbereichs herangezogen wird. Läßt man die zu erwartenden Störungen der verbleibenden Wiesenlandschaft unbeachtet, ergibt sich eine Entwertung der Landschaft um fast 50 %.*

Übergeordneter Biotopbereich, Bestand				*übergeordneter Biotopbereich, Prognose*			
BW_t	BW_{eff}	*ha*	BW_a	BW_t	Bw_{eff}	*ha*	BW_a
1,9	2,3	6,0	13,80	1,9	1,9	4,0	7,60
-	-	-	-	0,07	0,07	2,0	0,14
-	-	6,0	13,80	-	-	6,0	7,74

3.2.3 Die Eingriffsplanung und ihre Bewertung

3.2.3.1 Bewertung von Maßnahmen im Baugebiet

a) Städtebauliche Festsetzungen im Bebauungsplan

Wie dargelegt, stellt der Bebauungsplan selbst keinen Eingriff dar, sondern bereitet diesen planerisch vor. Da eine detaillierte Beurteilung über Art und Umfang von baulichen Anlagen und die Gestaltung von Freiflächen deshalb nicht möglich ist, werden die Anteile der verschiedenen Flächenarten gemäß den Festsetzungen des Bebauungsplanes ermittelt und bei der Bilanzierung in Abhängigkeit der sie betreffenden Festsetzungen bewertet. Neben den unter 3.2.3.1b beschriebenen Widmungen sind folgende Flächenarten zu unterscheiden:

a) Verkehrsflächen: alle im Bebauungsplan innerhalb der Straßenbegrenzungslinien liegenden Flächen mit Ausnahme Verkehrsflächen nach b) und c)

b) Verkehrsflächen besonderer Zweckbestimmung: Verkehrsflächen mit Festsetzungen zur teilweisen grünordnerischen Gestaltung (verkehrsberuhigte Bereiche)

c) unbefestigte Verkehrsflächen: Verkehrsflächen besonderer Zweckbestimmung, für die eine Befestigung ausgeschlossen ist

d) überbaubare Grundstücksflächen: der gemäß Kap. 3.1.3.1 ermittelte überbaubare Anteil des Baugebiets (der Baugebiete)

e) Grundstücksfreiflächen (nicht überbaubare Grundstücksflächen): der nicht überbaubare Flächenanteil des Baugebiets (der Baugebiete) mit Ausnahme der unter 3.2.3.1b genannten Flächen

f) Grünflächen: Flächen gem. § 9 (1) 15 BauGB; die Bewertung erfolgt in Abhängigkeit von den jeweiligen Festsetzungen analog den Grundstücksfreiflächen (Spielplatz, Straßenbegleitgrün etc.) oder den Kompensationsflächen

Im Bebauungsplan ist die Grundflächenzahl (GRZ) für die einzelnen durch Verkehrsflächen oder durch eine *Abgrenzung unterschiedlicher Nutzungen* (Planzeichen 15.14 der PlanzV 1990) definierten Baugebiete festzulegen und die maximal zulässige Bebauung im Rahmen der Eingriffs- und Ausgleichsbilanzierung rechnerisch zu ermitteln. Diese kann bei vergleichbaren Baugebieten in Abhängigkeit von den textlichen Festsetzungen jedoch stark differieren. Wie in Kap. 3.1.3.1 beschrieben, läßt sich vor allem durch den Ausschluß von Nebenanlagen im Sinne der §§ 14 und 19 BauNVO auf den nicht überbaubaren Grundstücksflächen gemäß § 23 Abs. 5 BauGB ein wesentlicher Beitrag zur Eingriffsminimierung leisten.

b) Landschaftspflegerische Festsetzungen im Bebauungsplan

Zur Integration landschaftspflegerischer Inhalte stehen dem Bebauungsplan vielfältige Festsetzungsmöglichkeiten offen. Abgesehen von den in Kap. 3.2.4 beschriebenen Entwicklungsmaßnahmen sind innerhalb von Baugebieten vor allem folgende Vorschriften sinnvoll:

a) Anpflanzung straßenbegleitender Bäume auf ausreichend dimensionierten Pflanzinseln (mind. 6 m^2 pro Baum)

b) Gestaltung Verkehrsflächen besonderer Zweckbestimmung (verkehrsberuhigte Bereiche) zu 10 % als Grünflächen unter Verwendung heimischer Gehölze

c) Der Ausschluß der Befestigung von Wegen

d) die Begrünung von Fassaden, sofern der Flächenanteil von Wandöffnungen nicht mehr als 10 % beträgt

e) die Begrünung von Dachflächen, sofern diese nicht stärker als 20 % Neigung aufweisen

f) Festsetzungen zum Anpflanzen heimischer Bäume und Sträucher auf mindestens 30 % der Grundstücksfreiflächen (1 Baum / 25 m^2, 1 Strauch / 1 m^2); Verzicht auf fremdländische Ziergehölze und Koniferen

g) Schonende Gestaltung von Zäunen mit einem Mindestabstand zum Boden von 10 cm, um bodengebundenen Tieren das Passieren der Grundstücke zu ermöglichen; Verzicht auf Mauersockel; alternative Verwendung von Hecken heimischer Gehölze

c) Praktische Vorgehensweise

Unter dem Oberbegriff „Ausgleichsmaßnahmen im Baugebiet“ werden hier alle durch den Bebauungsplan festgesetzten Maßnahmen zusammengefaßt, die innerhalb oder am Rand des Baugebiets auf Flächen vorgesehen sind, für die im Zuge der Erschließung beträchtliche Störungen zu erwarten sind, so daß sie nach Umsetzung der Planung neu etabliert werden müssen. Deshalb wird grundsätzlich für alle vorgesehenen Grünflächen innerhalb des Baugebiets, die nicht mindestens 10 m breit und 500 m² groß oder bereits mit zum Erhalt festgesetzten Gehölzen bestanden sind, eine völlige Neuanlage unterstellt. Für alle übrigen Flächen im oder am Rande des Baugebiets ist im Einzelfall zu prüfen, ob u.U. eine Aufwertung der aktuellen Vegetationsstruktur durch Festsetzungen im Bebauungsplan anzunehmen ist oder der Bestand durch die Baumaßnahmen (Befahrung, Zwischendeponierung von Aushub) in einem Ausmaß gefährdet erscheint, daß eine Neuanlage erforderlich ist und er entsprechend bewertet werden muß.

Kompensationsflächen, die wegen ihrer Ausdehnung, randlichen Lage oder räumlichen Trennung vom Baugebiet nicht als Neuanlage zu betrachten sind, werden in Kap. 3.2.4 beschrieben und in der Bilanzierung getrennt bewertet. Alle neu anzulegenden, nicht überbaubaren Flächen werden im Rahmen dieses Verfahrens generell als Grundstücksfreiflächen bewertet, wobei folgende Ausnahmen gelten:

a) Flächen gem. § 9 (1) 20 und 9 (1) 25 BauGB, die innerhalb des Baugebiets liegen (s. oben), aber als eigenständige Flächen festgesetzt sind, werden vom ermittelten Umfang der Freiflächen abgezogen[37] und als Ausgleichsflächen bewertet, sofern sie mindestens 5 m breit sind und eine Fläche von jeweils mindestens 200 m² ausfüllen.

b) Flächen gem. § 9 (1) 20 und 9 (1) 25 BauGB, die innerhalb des Baugebiets liegen, aber nicht als eigenständige Flächen festgesetzt sind, werden vom ermittelten Umfang der Freiflächen abgezogen und als Pflanzflächen bewertet.

c) Festsetzungen zum Anpflanzen von Bäumen und Sträuchern außerhalb von Flächen gem. § 9 (1) 20 und 9 (1) 25 BauGB werden dann vom ermittelten Umfang der Freiflächen abgezogen und als Pflanzflächen bewertet, wenn für sie aufgrund der Festsetzungen des Bebauungsplans eine Entwicklung zu geschlossenen, mindestens 3-reihigen Hecken oder im Kronenraum geschlossenen Baumreihen mit durchgehendem, mind. 5 m breitem Pflanzstreifen anzunehmen ist.

Unter Beachtung der in Kap. 3.2.3.1a beschriebenen Festsetzungsmöglichkeiten ergeben sich die folgenden Biotopentwicklungswerte (BW_e) für Maßnahmen im Baugebiet. Bei Ausgleichsmaßnahmen wird grundsätzlich eine Herabsetzung des Entwicklungspotentials aufgrund der zu erwartenden Störwirkungen angenommen. Gegenüber gleichartigen Maßnahmen in der freien Landschaft wird der Entwicklungswert BW_e im Baugebiet entsprechend niedriger eingestuft, so daß eine zusätzliche Abwertung durch mögliche Randstörungen entfällt.

---

[37] Im Gegensatz zu Ausgleichsflächen, die durch eine *Abgrenzung unterschiedlicher Nutzungen* vom Baugebiet getrennt sind, fließen alle hier genannten Flächen in die Ermittlung der überbaubaren Fläche und des Freiflächenanteils ein und müssen deshalb nach dessen Berechnung von diesem abgezogen werden.

Tab. 40: Bewertung von Flächenwidmungen (ohne externe Kompensationsflächen)

Text		Flächenwidmung	BW_e
	Zv	**Verkehrsflächen**	
2.3.1.1a	Zvo	ohne Festsetzungen	0,00
2.3.1.2a	Zvb	• Anpflanzung straßenbegleitender Bäume*	0,05
2.3.1.2b	Zvg	• Verkehrsflächen besonderer Zweckbestimmung, ≥ 10 % Grünflächenanteil	0,05
2.3.1.2c	Zvu	• Verzicht auf Befestigung	0,10
	Zg	**überbaubare Grundstücksflächen**	
2.3.1.1d	Zgo	ohne Festsetzungen	0,00
2.3.1.2e	Zgf	• Fassadenbegrünung	0,05
2.3.1.2f	Zgd	• Dachflächenbegrünung	0,05
	Zf	**nicht überbaubare Grundstücksflächen (Grundstücksfreiflächen)**	
2.3.1.1e	Zfo	ohne Festsetzungen	0,05
2.3.1.2d	Zfa	• Ausschluß baulicher Anlagen außerhalb überbaubarer Grundstücksflächen	0,10
2.3.1.2g	Zfg	• Festsetzung zum Anpflanzen heimischer Sträucher und Verzicht auf fremdländische Gehölze und Koniferen	0,05
2.3.1.2h	Zfz	• Schonende Gestaltung von Zäunen	0,05
	Zp	**Pflanzflächen**	
2.3.1.3c	Zpg	• Anpflanzen heimischer Bäume und Sträucher	0,5
2.3.1.3b	Zpk	• Festsetzungen gem. § 9 (1) 20 oder § 9 (1) 25 BauGB	0,7
	Za	**Ausgleichsflächen**	
2.3.1.3c		Festsetzungen gem. § 9 (1) 20 oder § 9 (1) 25 BauGB	0,7

*) auch für Anpflanzungen am Rande der angrenzenden Grundstücke, außerhalb der Straßenparzelle

3.2.3.2 Berücksichtigung indirekter Eingriffswirkungen

a) Visuelle Störwirkungen benachbarter Nutzungen

Durch direkte oder indirekte Einflüsse können Biotope in ihrem Wert für Pflanzen, insbesondere aber für störempfindliche Tierarten erheblich beeinträchtigt werden. Störungen, deren Auswirkungen an der Vegetationsstruktur direkt ablesbar sind, wie die zeitweise Nutzung einer Wiese als Abstellplatz, Eutrophierungen und Verätzungen der Vegetation durch Hunde sowie Trittbelastungen durch spielende Kinder, finden sich vorwiegend im siedlungsnahen Bereich, wo oft ein großer Erholungsdruck auf benachbarte Freiflächen besteht. Als besonders empfindlich gegenüber Trittbelastungen sind Moore, Verlandungsbereiche, Heiden, Dünen und Grünlandgesellschaften einzustufen (PLACHTER, 1991). Durch Betreten oder Befahren hervorgerufene Veränderungen der Vegetationszusammensetzung und Bodenverdichtungen wirken sich auch auf die Tierwelt des betroffenen Bestandes aus (PLACHTER, 1991). Ebenso wie Beeinträchtigungen durch den Nährstoffeintrag aus benachbarten Ackerflächen ermöglichen direkte Störwirkungen deshalb eine Einstufung der betroffenen Biotope als *überformt* (u) oder *stark überformt* (vgl. Tab. A).

Indirekte Störwirkungen treten vor allem entlang von Siedlungsrändern und Verkehrswegen auf, wobei auch der Zufahrtverkehr zu im Außenbereich liegenden Gärten, Grillhütten oder Sportstätten in empfindlichen Biotopbereichen deutliche Schäden hervorrufen kann. Neben Lärmbelastungen bewirken auch visuelle Störungen durch Spaziergänger oder Fahrradfahrer unter Umständen nachhaltige Entwertungen ganzer Landschaftsbereiche. Die als Folge steigender Mobilität und Entflechtung der Lebensbeziehungen entstandenen Verkehrsströme sowie die Entwicklung zur Freizeitgesellschaft dürften neben den tiefgreifenden Veränderungen in der Landwirtschaft die entscheidenden Gründe für den rapiden Artenrückgang der letzten Jahrzehnte sein.

Das Ausmaß der Beeinträchtigung durch indirekte Randeinflüsse ist ohne eingehende Untersuchungen in der Praxis nur näherungsweise abzuschätzen, zumal die Störanfälligkeit vieler Tierarten jahreszeitlichen Schwankungen unterliegt und von der Funktion des betroffenen Habitats abhängt (DIETRICH & KOEPFF, 1986; PUTZER, 1989). Als Indikatoren dienen hier vor allem störempfindliche Vogelarten, deren Fehlen trotz geeigneter Habitateigenschaften auf den Einfluß indirekter Störungen hinweisen kann. Beachtung finden müssen deshalb vor allem Sumpfgebiete und größere Grünlandkomplexe, die das Vorkommen von Wiesenbrütern erwarten lassen. Diese besitzen wegen ihrer Anpassung an weitläufige, offene Landschaften eine besonders hohe Empfindlichkeit gegenüber Störreizen zum Beispiel durch den Straßenverkehr, der in Abhängigkeit von seiner Intensität auch über eine Entfernung von 500-2.000 m noch deutliche Einflüsse auf das Verhalten von Rotschenkel (*Tringa tonanus*), Kiebitz (*Vanellus vanellus*) und Uferschnepfe (*Limosa limosa)* auszuüben vermag (ZANDE et al., 1980).

Während Nahrungsgäste wie Weißstorch (*Ciconia ciconia*) und Graureiher (*Ardea cinerea*) Menschen bis auf 30 m herankommen lassen (HELLWIG & KRÜGER-HELLWIG, 1993), fliegen Kiebitze nach PUTZER bei der Annäherung von Spaziergängern schon bei Entfernungen von rund 150-200 m auf. FLADE (1994) gibt für den Kiebitz bei Annäherung eines Menschen eine Fluchtdistanz von 30-100 m, für den Wachtelkönig (*Crex crex*) von 30-50 m und für den Eisvogel (*Alcedo atthis*) von 20-80 m an. Nach eigenen Beobachtungen können auch sich ruhig verhaltende Spaziergänger, vor allem, wenn sie für längere Zeit an einem Punkt verweilen, Wiesenpieper (*Anthus pratensis*) in deckungsarmem Gelände bereits in einer Entfernung von rund 100 m zur Unterbrechung des Reviergesangs veranlassen. Demgegenüber zeigen Braunkehlchen (*Saxicola rubetra*) als Bewohner des gehölzdurchsetzten Offenlands eine deutlich größere Toleranz gegenüber Menschen, deren Verweilen sie noch in einer Entfernung von rund 50 m ohne sichtbare Verhaltensänderung tolerieren.

Diese Beobachtung deckt sich mit der von FLADE (1994) angegebenen Fluchtdistanz des Braunkehlchens von 20-40 m. Ähnliche Werte gelten nach FLADE für Schwarzkehlchen (*Saxicola torquata*, 15-30 m), Steinschmätzer (*Oenanthe oenanthe*, 10-30 m), Neuntöter (*Lanius colluro*, 10-30 m) und Grauammer (*Emberiza calandra*, 10-40 m).

In Hecken brütende Kleinvögel, wie Nachtigall (*Luscinia megarhynchos*) und Dorngrasmücke (*Sylvia communis*), scheinen sich aufgrund ihrer versteckten Lebensweise auch in stark von Menschen frequentierten Landschaftsbereichen behaupten zu können. So lassen sich nach eigenen Beobachtungen in einem ursprünglich strukturierten, gehölzreichen Naherholungsgebiet bei Gießen trotz starker Frequentierung durch Spaziergänger, Jogger, Radfahrer und Autos Jahr für Jahr mehrere singende Nachtigall-Männchen verhören. Auch das Vorkommen der Dorngrasmükke wird offensichtlich stärker von den Struktureigenschaften einer Landschaft als vom Ausmaß menschlicher Störungen beeinflußt.

Arten des gehölzdominierten Offenlands, der Streuobstwiesen und lichten Wälder sind gegenüber Störungen im allgemeinen weniger empfindlich als Wiesenbrüter. So tolerieren Gartenrotschwanz (*Phoenicurus phoenicurus*, 10-20 m), Kleinspecht (*Dendrocopos minor*, 10-30 m), Mittelspecht (*Dendrocopos medius*, 10-40 m) und Wendehals (*Jynx torquilla*, 10-50 m) nach

FLADE eine vergleichsweise dichte Annäherung des Menschen, während Arten der gehölzarmen Ackerlandschaften, wie Wachtel (*Coturnix coturnix*, 30-50 m) und Rebhuhn (*Perdix perdix*, 50-100 m) eine deutlich geringere Toleranz zeigen.

Auch größere Spechtarten wie der Grauspecht (*Picus canus*, 30-60 m) reagieren wesentlich anfälliger gegenüber Störungen. Und Greifvögel, wie Roter und Schwarzer Milan (*Milvus milvus, M. migrans*, 100-300 m) Wespenbussard (*Pernis apivorus*, 100-200 m) oder Baumfalke (Falco subbuteo, 50-200 m), erweisen sich im Umfeld ihrer Ansitzwarten als besonders empfindlich.

Die einem Greifvogel nicht unähnlichen Modellflugzeuge und Lenkdrachen rufen wegen ihrer ungewöhnlichen Flugmanöver, einhergehend mit lauten Motor- oder Windgeräuschen, bei vielen Vögeln eine erhöhte Fluchtdistanz hervor. PUTZER (1989) gibt für den Flußregenpfeifer (*Charadrius dubius*) in Kiesgrubenkomplexen zur Vertreibung vom Gelege durch Modellflugapparate Fluchtdistanzen zwischen 180 m und 250 m, für den Kiebitz zwischen 130 m und 200 m an. Graureiher (*Ardea cinerea*) und Bekassine (*Gallinago gallinago*) reagieren auf aufsteigende Modellflugzeuge bereits bei Unterschreitung von 300-350 m Entfernungen mit Fluchtverhalten. Durch Segelboote provoziertes Fluchtverhalten wurde bei Wasservögeln mit rund 350 m ermittelt, während FLADE (1994) für Bekassine und Flußregenpfeifer bei Annäherung eines Menschen Fluchtdistanzen von 10-40 m bzw. 10-30 m nennt.

Nach Angaben der damaligen Landesanstalt für Ökologie, Landesentwicklung und Forstplanung NRW (LÖLF, 1986; zit. in PUTZER, 1989) betragen die Fluchtdistanzen verschiedener artenschutzrelevanter Schwimmvogelarten (Säger, Tauch- und Schwimmenten) während der Wintermonate 200-300 m. Die Fluchtdistanz des Zwergtauchers beträgt nach FLADE (1994) 50-100 m. Bootsangler werden von in einem ufernahen Schilfgürtel lebenden Vögeln außerhalb eines Störfeldradius von rund 250 m toleriert. Am Brutplatz kann bereits ein einzelner Mensch im Umkreis von 50 m das vorübergehende Verlassen des Geleges bewirken und damit den Bruterfolg gefährden (FLADE, 1994).

Großen Einfluß auf das Fluchtverhalten von Vögeln besitzt nach PUTZER neben der Richtung des Störeinflusses (herangehende oder sich entfernende Störquelle) und der Größe des Vogelkontingentes vor allem die Art der Störquelle. Ein sich langsam und still nähernder Angler bewirkt bei Flußregenpfeifern bereits auf eine Entfernung von durchschnittlich 60 m eine Fluchtreaktion, während ein lärmender Kieslaster bis auf rund 30 m Entfernung toleriert wird ("Gehäuseeffekt").

Zusammenfassend und verallgemeinernd kann festgehalten werden, daß Freizeitaktivitäten und unregelmäßige Beunruhigungen in offenem Gelände bei besonders störanfälligen oder in größeren Trupps rastenden Vogelarten bereits in einer Entfernung von 400 m Fluchtverhalten auslösen können. Demgegenüber wird die kritische Distanz empfindlicher Vögel in deckungsreichem Gelände erst bei Annäherung auf rund 250-200 m unterschritten. Bei der Mehrzahl der Wiesenbrüter ist jedoch erst unterhalb von 100 m regelmäßig mit Fluchtreaktionen zu rechnen, bei Bewohnern offener Ackerlandschaften und gehölzbewohnenden Kleinvögeln erst unter 50 m, wobei kurzzeitige Störungen nicht selten auch in unmittelbarer Nähe des Nestes noch toleriert werden. Gewöhnungseffekte sind vor allem gegenüber monotonen Störungen durch den Straßenverkehr zu erwarten (PLACHTER, 1991), während die zunehmende Frequentierung von Biotopbereichen durch Spaziergänger und Sportler zumeist dauerhafte Entwertungen hervorrufen wird.

Streng wissenschaftlich beschreiben die ermittelten Fluchtdistanzen lediglich die direkten Auswirkungen eines Störreizes auf das körperliche Verhalten eines Tieres („Reaktion“) (STOCK et al., 1994). Langfristige Auswirkungen („Konsequenzen“) auf Fitneß und Bruterfolg, die Entwicklung der Population oder der gesamten Biozönose sind aufgrund sich überschneidender Wirkungszusammenhänge in der Praxis nur schwer zu ermessen und zuzuweisen, zumal viele Tiere oder Systeme die Fähigkeit besitzen, Störreizen in gewissen Grenzen durch Kompensation entgegenzuwirken. So können Verlagerungen der Aktivitätszeiten, aber auch Gewöhnungseffekte ultimative Konsequenzen auf einer höheren Ebene ggf. verhindern (STOCK et al., 1994). Angesichts der praktisch nicht zu ermittelnden tatsächlichen Auswirkungen einer Planung erscheint es im Rahmen dieses Verfahrens aber gerechtfertig, die Bewertung von Störwirkungen vereinfachend allein über den Parameter der Reaktion von Tieren auf Störreize vorzunehmen, zumal auch diese in Art und Häufigkeit nur ansatzweise geschätzt werde können.

b) Abgrenzung des Eingriffsgebiets

Auch im Rahmen der Bauleitplanung sind bei der Bewertung der Eingriffserheblichkeit die Umgebungswirkungen zu berücksichtigen.[38] Für die Praxis der Eingriffsbewertung und -bilanzierung bedeutet dies, daß ebenso wie bei der Bestandsbewertung eine zweistufige Vorgehensweise erforderlich wird, sobald Eingriffe absehbar sind, deren Einfluß über direkt betroffene Biotopflächen hinausgeht. Entsprechend sind aber auch Kompensationsmaßnahmen getrennt für das Eingriffsgebiet i.e.S. sowie den übergeordneten Biotopbereich zu bewerten und zu bilanzieren, was im Einzelfall auch dazu führen kann, daß kleinflächig geplante Kompensationsmaßnahmen durch ihre Umgebungswirkungen ein deutlich höheres Potential erlangen als im Maßnahmengebiet selbst. Hierdurch werden nicht zuletzt Vorhaben gefördert, deren positive Wirkung fachlich unstrittig ist, die bei Anwendung konventioneller Bilanzierungsverfahren aufgrund deren einseitiger Ausrichtung auf das vegetationskundliche Entwicklungspotential einer Fläche für die Kommune aber oft wenig attraktiv erscheinen, wie der Rückbau eines öffentlich befahrbaren Asphaltwegs in einer Niederung oder die Anlage eines Brachstreifens in einer Ackerlandschaft.

Die Eingriffsbewertung darf sich folglich nicht nur auf das Plangebiet beschränken, sondern muß - unabhängig vom gewählten Geltungsbereich - das mutmaßlich betroffene Eingriffsgebiet umfassen. Hierbei gelten folgende Begriffsdefinitionen:

a) Das Plangebiet umfaßt den räumlicher Geltungsbereich einer Eingriffsplanung (Bebauungsplan).

b) Das Baugebiet i. S. dieses Verfahrens ist derjenige Teil des Plangebiets, in dem direkte Eingriffe durch die Planung zu erwarten sind.

c) Das Einflußgebiet umschließt neben dem Baugebiet diejenigen Bereiche außerhalb desselben, für die aufgrund Struktur und Einbindung (Wegenetz) grundsätzlich Störwirkungen denkbar sind.

d) Das Eingriffsgebiet („Wirkungsbereich“) umfaßt denjenigen Teil des Einflußgebiets, für den aufgrund seiner Wertigkeit tatsächlich indirekte Eingriffswirkungen durch die Planung zu erwarten sind.

---

[38] Vgl. Beschluß des VGH Kassel vom 22.07.1994 - 3 N 882/94.

Wie dargelegt, ist das Ausmaß möglicher Beeinträchtigungen ohne vergleichende Bestandsaufnahmen im Vorfeld einer Planung und nach dessen Durchführung („Monitoring") nur ansatzweise abzuschätzen. Um eine Berücksichtigung von Störwirkungen im Rahmen der Eingriffsbewertung zu gewährleisten, sind deshalb Vereinfachungen erforderlich. Tab. 41 gibt hierzu die durchschnittlich zu erwartenden Einflußbereiche von Störreizen auf Lebensräume durch menschliche Annäherung wieder. Da die Bewertung von Störeinflüssen in der Regel auf Ebene des Biotopbereichs vorzunehmen ist, werden als Bezugsräume analog der Bewertung von Arealgrößen die verschiedenen Landschaftstypen herangezogen.

Bei Siedlungsplanungen gelten die Werte der Tab. 41 ausgehend vom geplanten Siedlungsrand (Grundstücksgrenzen), sofern keine wesentliche Abschirmung vorgesehen ist, ein gegenüber dem Voreingriffszustand gehäuftes Betreten der Biotopflächen aber nicht erwartet werden muß. Letzteres betrifft vor allem den rückwärtigen Bereich von Gewerbegebieten oder bewußt unzugänglich gehaltene Landschaftsteile.

Tab. 41: Wirkungsbereich und Störwirkungen durch menschliche Annäherung

		Wirkungsbereich Entfernung von der Störquelle [m]					
	Landschaftstyp	**0 25**	**50**	**100**	**250**	**500**	**1.000**
W	**Waldlandschaften**						
WH	Hochwaldlandschaften						
WE	Sonderformen der Waldlandschaften						
J	**Gehölzdominierte Offenlandschaften**						
JR	Weinbaulandschaften						
JS	Obstbaulandschaften						
JP	Parklandschaften						
G	**Wiesen- und Weidelandschaften**						
GFU	Niedermoore und Sümpfe						
GF/H	Mähwiesen- und Weidelandschaften der Niederungen						
GHH	Mähwiesen- und Weidelandschaften der Hanglagen						
GB	Hutelandschaften						
A	**Ackerlandschaften**						
AA	Ackerlandschaften des Flachlands						
AH	Ackerlandschaften des Hügel- und Berglands						

	Dominanz (D) bei mäßig hoher Störintensität (I) durch menschliche Annäherung	
	sehr hoch:	generell eingriffswirksam bei Vorkommen störempfindlicher Arten (≥ e1) oder zeitweise stark eingriffswirksam bei Vorkommen von e2-Arten (Rastgebiet)
	hoch:	generell eingriffswirksam bei Vorkommen sehr störempfindlicher Arten (≥ e2) oder zeitweise stark eingriffswirksam bei Vorkommen von e3-Arten (Rastgebiet)
	mäßig:	generell eingriffswirksam bei Vorkommen besonders störempfindlicher Arten (e3) oder zeitweise eingriffswirksam bei Vorkommen von e3-Arten (Rastgebiet)

Muß jedoch davon ausgegangen werden, daß durch die Ausweisung eines Wohngebiets oder auch eines Wanderparkplatzes eine verstärkte Frequentierung angrenzender Landschaften durch Spaziergänger und Radfahrer erfolgt, so sind biotopspezifische Störwirkungen nicht nur vom Siedlungsrand her anzunehmen, sondern auch für weiter entfernt liegende Gebiete. Als Meßgrößen für das Ausmaß der Störungen dienen hierbei das bestehende Wegenetz sowie Art und Größe des Neubaugebiets, die Aussagen zur Häufigkeit menschlicher Frequentierungen zulassen. Da die häufigsten Störungen im siedlungsnahen Raum durch Spaziergänger hervorgerufen werden, diese bei Auswahl von Rundwandermöglichkeiten aber selten mehr als 3-4 km zurücklegen (das entspricht einem rd. 45-minütigen Spaziergang), ist im Rahmen der Eingriffsprognose zunächst zu ermitteln, über welches Wegesystem ein q- oder u -förmiges Durchschreiten des Biotopbereichs auf gut ausgebauten und landschaftlich attraktiven Wegen zu erwarten ist, wobei durchaus auch mehrere Landschaften betroffen sein können.

Entsprechend der Bewertung innerer oder äußerer Einflüsse auf das Erscheinungsbild einer Landschaftsbild (Kap. 3.3) erfolgt auch hier eine Differenzierung nach Intensität, Dominanz und Wirkungsbereich der Störung. Die Intensität gibt hierbei die spezifische Störwirkung („Störreiz" nach STOCK et al., 1994) eines Objektes wieder, die - wie gesehen - bei menschlicher Annäherung ungleich höher einzustufen ist als beispielsweise bei Kraftfahrzeugen. Der tatsächliche Störeffekt (Störwirkung) hängt jedoch in hohem Maße von der Wahrnehmbarkeit einer Störung (Dominanz) ab, die mit zunehmenden Gehölzanteil einer Landschaft geringer wird. Der Wirkungsbereich schließlich beschreibt den Teil der Landschaft, der - ausgehend von der Störungsquelle - mit einer definierten Dominanz von Störungen erfaßt wird. Ausgehend von dem anzunehmenden Störungskorridor, sind die Anteile des Biotopbereichs beidseits der Wege als Einflußgebiet, also als potentieller Wirkungsbereich, gem. Tab. 41 abzugrenzen und in Abhängigkeit von der Störungsintensität zu bewerten.[39] Hierbei gelten folgende Regeln:

1) Zur Begrenzung des Einflußgebiets ist in der Regel der Bereich heranzuziehen, in dem sehr hohe bis hohe Dominanz besteht. Sind im Gebiet nachweislich besonders störanfällige Tierarten (e3, s. Tab. B) beheimatet, wird der Bereich auf die Stufe (noch) mäßiger Dominanz ausgedehnt. Ist das Eingriffsgebiet bestimmt, bedarf es keiner weiteren Untergliederung in Abhängigkeit von der angenommenen Dominanz (s.u.).

   *Bsp.: Eine Siedlungsplanung läßt eine starke Frequentierung eines gut ausgebauten Wegs im angrenzenden Wald erwarten. Als Eingriffsgebiet wird deshalb ein beidseits 50 m breiter Streifen entlang des Wegs angenommen. Läge für das Gebiet der Brutnachweis eines Fischadlers vor, so würde ein 2 * 100 m = 200 m breiter Korridor, in Niederungslandschaften sogar ein bis zu 1.000 m breiter Streifen (2 * 500 m) in die Bewertung einfließen.*

2) Das Eingriffsgebiet erstreckt sich unabhängig vom ermittelten Einflußgebiet nur auf Biotopbereiche, die zumindest als *mäßig wertvoll* ($BW_t \geq 1,1$) einzustufen sind. Ausnahmen bilden hier nur traditionelle Rastgebiete von Zugvögeln, die grundsätzlich einzubeziehen sind. Da die Bewertung ausschließlich auf Ebene des Biotopbereichs vorgenommen wird, ist eine differenzierte Betrachtung einzelner Biotope innerhalb dieses Bereichs unter Berücksichtigung der Punkte 3) und 4) nicht erforderlich.

[39] Anders als bei der Bewertung von Intensität und Dominanz einer Störung läßt sich deren Wirkungsbereich nicht analog der Vorgehensweise bei der Landschaftsbewertung (Kap. 3) ermitteln, da Störungen durch menschliche Aktivitäten nicht immer von einem festen Punkt ausgehen und betroffene Gebiete in sich funktionale Beziehungen aufweisen.

3) Liegen Teile des Biotopbereichs außerhalb des angenommenen Einflußgebiets, so können diese dem Eingriffsgebiet dann zugeordnet werden, wenn sie aufgrund ihrer Kleinflächigkeit die Biotopfunktion des Biotopbereichs allein nicht aufrecht erhalten können. Dies betrifft beispielsweise Streuobstfragmente, deren Wert durch Arealeinengung infolge sehr hoher Störwirkungen insgesamt deutlich herabgesetzt wird.

4) Auch Teile eines Biotopbereichs, die sich innerhalb des Einflußgebiets befinden, beispielsweise durch Kuppen oder Wegeinschnitte aber abgeschirmt sind und keine Störwirkungen erwarten lassen, werden dann dem Eingriffsgebiet zugerechnet, wenn für den überwiegenden Teil des übergeordneten Biotopbereichs schwerwiegende Eingriffswirkungen zu erwarten sind, so daß der abgeschirmte Bereich allein die Biotopfunktion nicht aufrecht erhalten kann. Ansonsten begrenzen natürliche oder künstliche Sichtbarrieren, also auch Abpflanzungen und Lärmschutzwälle, das Eingriffsgebiet (s.u.).

   Bsp.: Ein 0,5 ha großer, in ein Waldgebiet hineinreichender Abschnitt eines 6 ha großen Bachtals, der durch einen Höhenzug von einem geplanten Industriegebiet abgeschirmt ist, wird dennoch zum Eingriffsgebiet gezählt, wenn das übrige Feuchtgrünland durch die zu erwartenden Lärmimmissionen in seiner bisherigen Funktion als Lebensraum störempfindlicher Wiesenbrüter weitgehend entwertet wird, weil der nur 100 m breite Ausläufer des Bachtals allein die Biotopansprüche der auf weiträumiges Offenland angewiesenen Vögel nicht erfüllt.

5) Komplexbegrenzende Nutzungen, mit Ausnahme asphaltierter Wirtschaftswege und Gemeindestraßen, begrenzen regelmäßig das Eingriffsgebiet, sofern nicht zwingend davon auszugehen ist, daß die Eingriffsplanung auch jenseits der Trennlinie deutliche Beeinträchtigungen hervorruft (z.B. durch die Nutzung als Naherholungsgebiet). Die Eigenschaft einer Trennlinie als komplexbegrenzend wird durch die Ausdehnung des betroffenen Biotopbereichs bestimmt (s. Tab. 32).

   Bsp.: Eine Siedlungsplanung am Ortsrand berührt einen intakten Streuobstwiesengürtel von insgesamt 30 ha, der von einer Kreisstraße durchzogen wird, die das Baugebiet randlich tangiert. Wegen der Ausdehnung des Komplexes, die bezugsgruppenbedingt (Vögel) keine Trennwirkung durch die Kreisstraße vermuten läßt, wird das Eingriffsgebiet auch auf die jenseits der Straße liegenden Bestände ausgedehnt.

Grundsätzlich sind Umgebungswirkungen auf einzelne Biotope nicht nur bei der prognostizierenden Beurteilung von Planungsvorhaben zu berücksichtigen, sondern auch bei der Bestandsbewertung, wobei nachgewiesene Artvorkommen hier zur Überprüfung der Plausibilität angenommener Störungen heranzuziehen sind. Wirkt eine Störungsquelle erst kurzzeitig auf den Lebensraum ein, so können Umgebungswirkungen im Einzelfall durchaus auch zur Abwertung eines Lebensraums führen, dessen aktuelle Artenausstattung noch keine Auswirkungen erkennen läßt. Unabhängig hiervon, sollen Abwertungen nur erfolgen, wenn der Lebensraum noch das Potential zur Besiedlung mit typischen störempfindlichen Arten erkenne läßt, also die erforderlichen Mindestgröße aufweist und aufgrund seiner Struktur zumindest als *wertvoll* gilt.

Abb. 6: Abgrenzung eines Eingriffsgebiets (Beispiel)

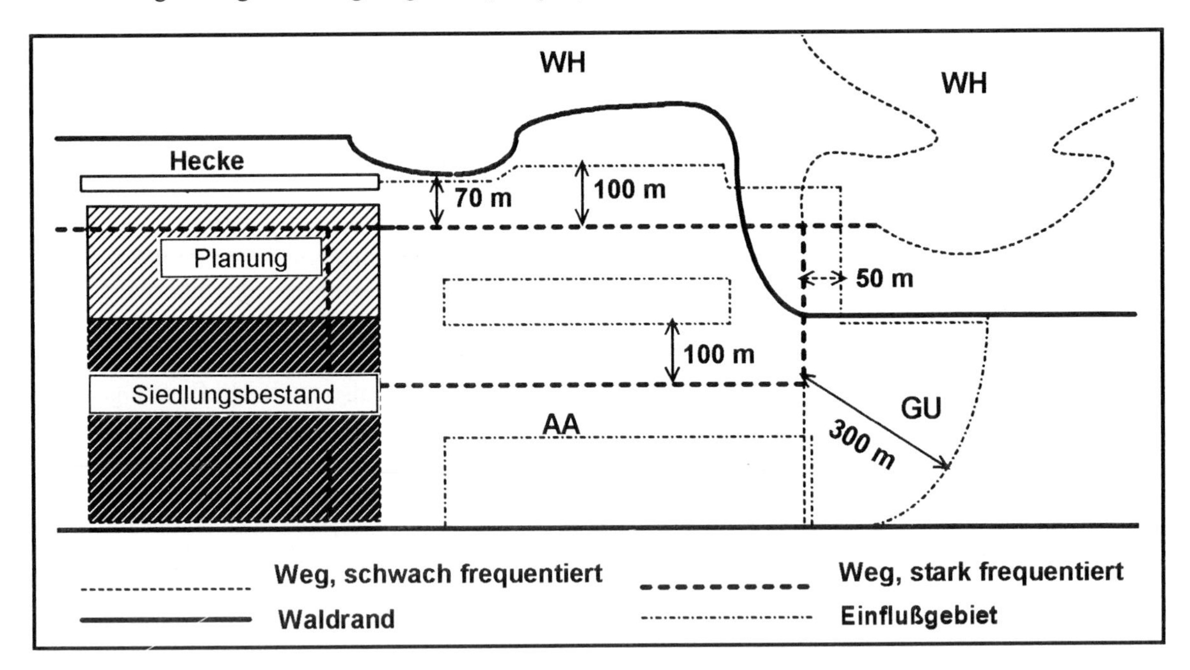

Bsp. (Abb. 6): Durch die Ausdehnung eines Wohngebiets sind Störungen auf die benachbarte Ackerlandschaft anzunehmen, da diese aufgrund ihrer extensiven Nutzung u.a. die Wachtel beherbergt und als mäßig wertvoll einzustufen ist. Der Wirkungsbereich durch den Siedlungsrand beträgt gem. Tab. 41 100 m, nördlich des Plangebiets nur 60-80 m, da der angrenzende Waldrand außerhalb des Einflußgebiets von 50 m für Wälder liegt. Die Planung einer 10 m breiten, hochwüchsigen Hecke im Nordwesten läßt hier keine über den Siedlungsrand hinausgehenden Störungen erwarten. Zusätzliche Beeinträchtigungen für die Ackerlandschaft ergeben sich aber durch das gut ausgebaute Wegesystem östlich des Wohngebiets, in Randbereichen auch für den Wald. Aufgrund des steil ansteigenden Geländes und unbefestigter, nicht zum Plangebiet zurückführender Forstwege ist eine weiterreichende Nutzung durch Spaziergänger hier aber nicht zu erwarten. Hingegen ist das Eingriffsgebiet im Südosten auf 250 m auszudehnen, da die hier befindliche Niederung Heimat des besonders störanfälligen Großen Brachvogels (e3) ist.

Im Gegenzug können Kompensationsmaßnahmen, beispielsweise durch besucherlenkende Maßnahmen, wie die Sperrung eines Wegs, auch zur Aufwertung eines Gebiets führen. In diesem Fall wird der mögliche Wert des betroffenen Lebensraums über seine Struktur und Ausdehnung abgeschätzt und die anzunehmenden bestehenden Störeinflüsse zur Ermittlung seiner aktuelle Bedeutung in Abzug gebracht (vgl. auch Kap. 3.2.4.3b).

c) Bewertung visueller Eingriffswirkungen

Wie dargelegt, kann auch bei der Einstufung visueller oder akustischer Beeinträchtigungen von Tierlebensräumen zwischen der Intensität (I), der Dominanz (D) und dem Wirkungsbereich (W) einer Störung unterschieden werden. Da sich die vom Landschaftstyp abhängigen Größen Wirkungsbereich und Dominanz aus Tab. 41 ableiten lassen, bedarf es zur Bewertung der Eingriffswirkungen lediglich noch einer Berücksichtigung der Störintensität, die in Abhängigkeit von der jeweils zu erwartenden Nutzung festgelegt wird. Aufgrund der minimierenden „Gehäuse"- und Gewöhnungseffekte sind Straßenplanungen grundsätzlich mit einer geringeren visuellen Intensität behaftet als Freizeitnutzungen. Zumindest im Vergleich zu Wander- oder Fahrradwegen üben sie aber zusätzliche akustische Eingriffswirkungen aus, die in Kap. 3.2.3.2d beschrieben werden.

Tab. 42: Spezifische Wirkung (Intensität) visueller Störungen (ohne Abschirmung)

Intensität (I)	**Verkehrswege**	**punktuelle u. lineare Störungsquellen**
extrem hoch	Wege mit überregionalem Einzugsbereich (Tourismusgebiete, Skigebiete) stark befahrene Bundesstraße, Autobahn	Flughafen Sportstadion Freizeitzentrum
sehr hoch	Wege mit regionalem Einzugsbereich (Naherholungsschwerpunkte) Landesstraße, Bundesstraße	Modellflugplatz Moto-Cross-Strecke größerer Campingplatz
hoch	Wege mit örtlichem Einzugsbereich (größere Wohngebiete, Kurkliniken etc.) Kreisstraße, kleinere Landesstraße	Rastplatz an Bundesstraße Sportplatz*, Hundeplatz* kleiner Campingplatz
mäßig	Wege mit erkennbarem Einzugsbereich (kleine Wohngebietserweiterungen, Gewerbegebiete) Gemeindestraße, Anliegerstraße	Siedlungsrand (ohne Wegenutzung) Aussiedlerhof Kleingartenanlage Rastplatz an Kreis- oder Landesstraße Grillhütte*, Festplatz*
gering	Wege ohne erkennbare regelmäßige Freizeitnutzung (nur sporadischer landwirtschaftlicher Verkehr)	kleines Einzelgehöft, Mühle, Forsthaus Schutzhütte

*): bei nur zeitweiser Nutzung

Wie schon bei der Berücksichtigung wertgebender Artvorkommen oder Flächenumfänge des Biotopbereichs, wird auch bei der Bewertung von Störwirkungen auf Tab. 39 zurückgegriffen. Ausgehend vom ermittelten Biotopwert, erfolgen mögliche Abwertungen in Abhängigkeit von Intensität und Dominanz der Störung innerhalb einer Spalte bis zum vorgegebenen Maximalwert. Die Werte der Tab. 39 gelten hierbei für Störungen hoher Dominanz. Mäßig hohe Intensitäten bewirken eine Abwertung um eine Stufe (= ¼ Wertstufe), hohe Intensitäten um 2 Stufen und sehr hohe Intensitäten um drei Stufen. Bei sehr hoher Dominanz verschieben sich die Werte um eine Stufe nach oben, bei nur mäßig hoher Dominanz um eine Stufe nach unten. Tab. 43 zeigt die Vorgehensweise beispielhaft für Lebensräume der Wertstufen III bis V.

> *Bsp.: Für einen aufgrund seiner Struktur wertvollen, wegen des langjährigen Vorkommens u.a. von Wendehals (b4) und Steinkauz (b4) aber als sehr wertvoll (BW_t: 2,6) einzustufenden Streuobstwiesenkomplex ist als Folge zunehmenden Freizeitdrucks durch ein geplantes Wohngebiet mit hohen Störintensitäten zu rechnen. Wegen des Vorkommens des sehr störempfindlichen Steinkauzes (e2) ist ein Wirkungsbereich von 100 m beidseits des angenommenen Wegesystems mit durchschnittlich hoher bis sehr hoher Dominanz anzunehmen, was einer durchschnittliche Abwertung um 2,5 Stufen, also 0,50 Punkte bedeutet (dies entspricht einer 2/3-Wertstufe). Der Bestand ist demnach im prognostizierten Nacheingriffszustand mit BW_t: 2,1 nur noch als wertvoll zu bilanzieren.*

Tab. 43: Bewertung von Störeinflüssen bei Biotopen unterschiedlicher Wertstufe

	Stufe III			Stufe IV			Stufe V		
	Dominanz			Dominanz			Dominanz		
Intensität visueller Störungen (I)	**mäßig**	**hoch**	**sehr hoch**	**mäßig**	**hoch**	**sehr hoch**	**mäßig**	**hoch**	**sehr hoch**
sehr hoch	- 0,30	- 0,45	- 0,60	- 0,35	- 0,53	- 0,70	- 0,40	- 0,60	- 0,80
hoch	- 0,15	- 0,30	- 0,45	- 0,18	- 0,35	- 0,53	- 0,20	- 0,40	- 0,60
mäßig hoch	-	- 0,15	- 0,30	-	- 0,18	- 0,35	-	- 0,20	- 0,40
gering	-	-	- 0,15	-	-	- 0,18	-	-	- 0,20

Durch die exponentiellen Zuwächse zwischen den einzelnen Wertstufen bleibt grundsätzlich gewährleistet, daß das Ausmaß angenommener Störeffekte mit zunehmender Bedeutung des betroffenen Lebensraums steigt. Eine Abwertung um eine halbe Stufe entspricht bei *sehr wertvollen* Biotopen (BW_t: 2,6) beispielsweise einem nominalen Wertverlust von 0,40, bei *wertvollen* (BW_t: 1,8) von 0,35 und bei *mäßig wertvollen* (BW_t: 1,1) von 0,30. Abwertungen erfolgen mithin nicht linear, sondern immer in Relation zum Biotopwert des betroffenen Gebiets. Dennoch ermöglicht der Ansatz auch eine ordinale Einstufung von Entwertungen in verbal-argumentativer Form.

Wie in Kap. 3.2.2.1c ausgeführt, dient die progressive Steigerung zwischen den Wertstufen der Berücksichtigung der exponentiell ansteigenden Entwicklungs- bzw. Regenerationsdauer verschiedener Biotoptypen. Aus pragmatischen Gesichtspunkten mußte das progressive Wachstum der Werte zwar gestaucht werden, dennoch wirken sich die o. g. Unterschiede in der Praxis allein durch die erforderliche Multiplikation mit der Flächengröße des betroffenen Biotops deutlich aus. Da Störeinflüsse aber immer nur einen Teil der vorkommenden Arten in einem Gebiet betreffen und der potentielle Wert einer Landschaft unverändert bestehen bleibt, sind Abwertungen bei Eingriffsprognosen in Abhängigkeit von der jeweiligen Wertstufe maximal bis zum unteren Schwellenwert der nächst niedrigeren Wertstufe möglich. Dies entspricht im übrigen den Auswirkungen durch das Verschwinden störempfindlicher, bislang rezedent vorkommender Vogelarten aus einem Lebensraum für dessen (Bestands-) Bewertung. Ausnahmen bilden lediglich extrem hohe Störintensitäten, die einer einzelfallbezogenen Bewertung unterliegen müssen und deshalb an dieser Stelle unberücksichtigt bleiben. Bei sich überschneidenden Störwirkungen, beispielsweise durch einen Siedlungsrand sowie zusätzliche Frequentierung durch Spaziergänger, gilt die höhere Intensität der Störung als maßgeblich.

d) Störwirkungen durch Lärm

Neben visuellen Einflüssen beeinträchtigen vor allem permanente oder regelmäßig wiederkehrende Lärmimmissionen den Biotopwert einer Landschaft. Der Störwirkung einer Nutzung ergibt sich hierbei aus dem emittierten Lärmpegel sowie der Dominanz der im zu bewertenden Gebiet wirkenden Immission. So weisen REIJNEN et al. (1995) für stark befahrene Autobahnen (10.000 Kfz / Tag) Störwirkungen in einer Entfernung von bis zu 1.500 m vom Fahrbahnrand nach, wobei der Anteil visueller Störreize gegenüber akustischen Störintensitäten vernachlässigt werden kann. Auch

ZANDE et al. (1980) wiesen einen Zusammenhang zwischen der Verkehrsdichte und der resultierenden Fluchtdistanz von Limikolen auf, die bei einer Frequenz von 50 Pkw / Tag bei 480 m, bei 54.000 Fahrzeugen am Tag 2.000 m betrug.

Auch wenn eine meßtechnische Ermittlung der Lärmbelastung zumeist nicht durchführbar ist, kann auf Ebene der Landschaftsplanung durchaus eine näherungsweise Berechnung der Lärmimmissionen vorgenommen werden (vgl. Kap. 3.3.3.1bbb). Es erscheint im Interesse der Praktikabilität des vorliegenden Verfahrens aber nicht erforderlich, derartige Ermittlungen regelmäßig auch bei der Eingriffsbewertung von Siedlungsplanungen auf Tierlebensräume vorzunehmen, da Störwirkungen hier vor allem von visuellen Reizen ausgehen. Lärmeinwirkungen sind deshalb nur bei der Planung stark lärmemittierender Gewerbeansiedlungen sowie bei Straßenplanungen gesondert zu berücksichtigen. In diesen Fällen können vereinfachend die Werte der Tabellen 74 (Intensität), 76 und 77 (Dominanz und Wirkungsbereich) auch zur Bewertung der Störwirkung auf Tiere herangezogen werden, wobei Dominanzen ab 0,19 in Tab. 43 als *mäßig*, ab 0,38 als *hoch* und über 0,5 als *sehr hoch* einzustufen sind.

e) Berücksichtigung eingriffsminimierender Maßnahmen

Im Hinblick auf die Schaffung neuer Lebensräume eigentlich eine Ausgleichsmaßnahme, bewirken dichte Anpflanzungen, ebenso wie Mauern und geschlossene Gebäuderückfronten, eine Verringerung von visuellen Störeinflüssen auf die Umgebung und sind deshalb in diesem Zusammenhang als Eingriffsminimierung zu betrachten. Die großzügige Eingrünung eines Baugebiets führt gleichwohl zu einer Reduzierung des Ausgleichsbedarfs, sofern keine zusätzlichen Störungen durch zunehmenden Freizeitbetrieb zu erwarten sind.

Ihrem Wesen nach beeinflussen Eingrünungen nicht die Intensität, sondern die Dominanz, mit der eine Störung in einem Biotopbereich wirkt. Zu berücksichtigen sind hierbei in erster Linie mehr oder weniger geschlossene Eingrünungen in Form von Hecken und anderen Pflanzflächen im Sinne der Tab. 40, da flächige Anlagen beispielsweise von Streuobstwiesen wie andere Biotope bewertet werden, d.h. sowohl mögliche Aufwertungen durch Strukturanreicherung als auch Abwertungen infolge der Siedlungsnähe erfahren. Ist dabei unter Beachtung der Tab. 41 für den neu zu etablierenden Gehölzbestand eine geringere Dominanz oder ein engerer Wirkungsbereich als für die angrenzende Landschaft zu unterstellen, so vermag er ggf. zusätzlich eine Verringerung der Störeinflüsse auf bestehende Biotopbereiche herbeizuführen.

Da das vorliegende Verfahren nicht zuletzt eine nachvollziehbare Eingriffs- und Ausgleichsbilanzierung ermöglichen soll, bietet es sich an, die eingriffsminimierende Funktion von Festsetzungen zu schematisieren. Ausgehend vom Grundsatz einer „vollständigen Minimierung" bei vollständiger Eingrünung" sind hierbei die Kriterien Höhenentwicklung und Dichte der Pflanzung zu beachten. Orientiert an den üblichen Wuchshöhen verschiedener Gehölze im besiedelten Raum, können diese der gewählten Höhenstufung von Bauwerken angepaßt werden, d.h. eine Hecke ist demnach regelmäßig geeignet, eine 1-geschossige Bebauung wirksam einzugrünen, ein Obstbaum mit einer Endhöhe von normalerweise 6-8 m gilt - einen entsprechenden Unterwuchs vorausgesetzt - als mittelfristig „1,5-geschossig" eingrünend (s. Abb. 7).

Anders als bei der Landschaftsbildbewertung gehen visuelle Störungen für Lebensräume in der Regel nur von der unteren Ebene des Siedlungsrandes bzw. einer Straße aus, weshalb allein die Geschlossenheit einer Pflanzung bis rd. 5 m Höhe, dies entspricht 1,5 Geschossen bzw. der lichten Höhe eines Lastkraftwagens, zu beurteilen ist. Die Differenz zwischen dieser eingriffswirksamen „Bauhöhe“ und der eingrünenden Wirkung vorgesehener Gehölzpflanzungen in der Vertikalen läßt sich ebenfalls in Geschossen ausdrücken und beschreibt somit die Dominanz, mit der Störreize aus einem Baugebiet auf die Umgebung wirken.

Abb. 7: Ermittlung der eingriffsminimierenden Wirkung von Gehölzen auf Störreize (Erläuterungen s. Text)

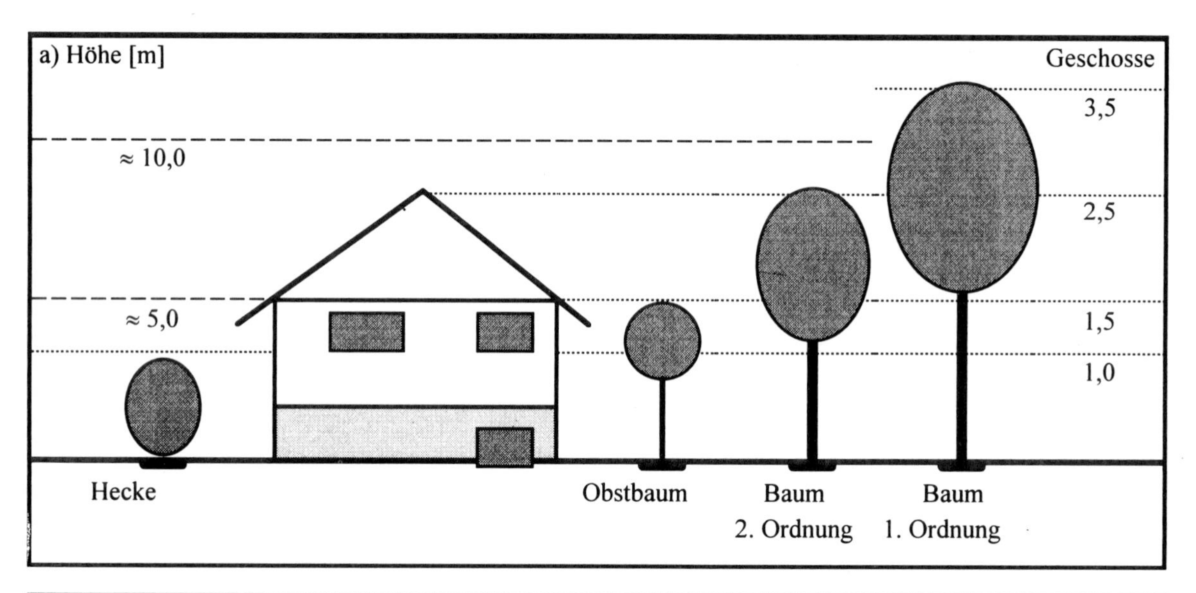

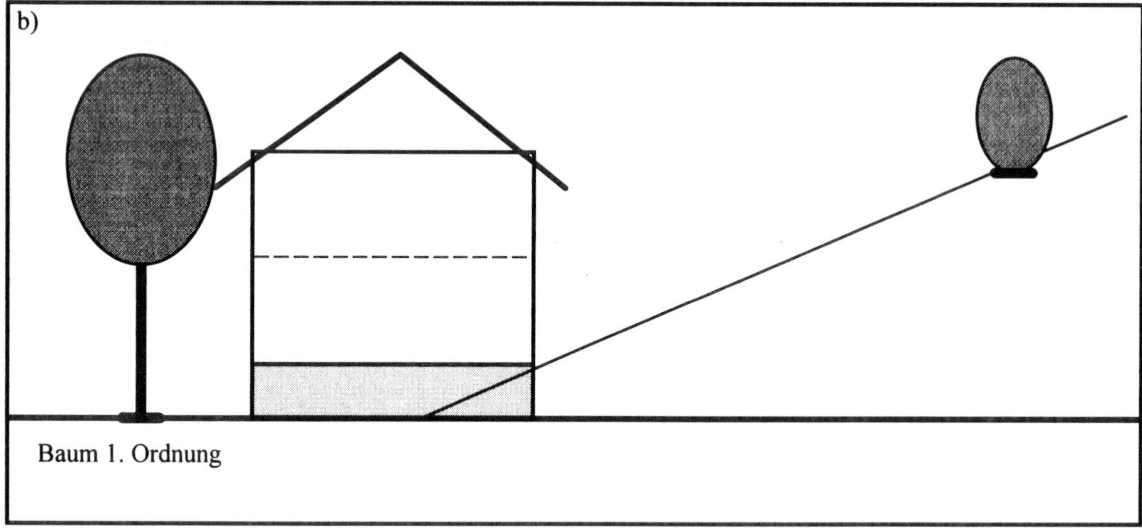

Pflanzabstände von 1 m, wie sie bei Heckenpflanzungen üblich sind, bewirken eine auf Dauer geschlossene Gehölzpflanzung und somit eine nahezu vollständige „horizontale“ Abnahme der Dominanz visueller Störungen. Da mit jeder Verdoppelung der Pflanzreihen näherungsweise eine Halbierung der projizierten Gehölzabstände einhergeht, ergeben sich für andere Pflanzungen die Werte der Tabelle 44. Mehrreihige Hecken bewirken folglich auch bei mittleren Pflanzabständen von 2 m immer eine lückenlose Abschirmung in der Horizontalen, während Obstbaumpflanzungen mit ihren gängigen Pflanzabständen von 10 * 10 m erst mit der 8. Pflanzreihe, also in einer Tiefe von 80-90 m eine nahezu vollständige Eingrünung bewirken. Bei einer Pflanzdichte von 1, d.h. einem projizierten Pflanzabstand von 1 m, ergibt sich dabei eine Verringerung der in Tab. 41 vorausgesetzten Dominanz visueller Störungen um drei Stufen, bei einer Dichte von 2 um zwei Stufen und bei einer Pflanzdichte bis 4 um eine Stufe, dies entspricht beispielsweise einer zweireihigen Obstbaumpflanzung mit 8 m Pflanzabstand in der Reihe.

Tab. 44: Einfluß der Pflanzdichte auf die Dominanz visueller Störungen

projizierter Gehölzabstand [m] (Pflanzdichte)

Pflanzreihen						
8					**1,0**	**1,0**
6				**1,0**	**1,3**	**1,5**
4			**1,0**	**2,0**	**2,5**	**3,0**
2		**1,0**	**2,0**	**4,0**	**5,0**	**6,0**
1	**1,0**	**2,0**	**4,0**	**8,0**	**10**	**12**
max. Pflanzabstand [m]	**1**	**2**	**4**	**8**	**10**	**12**

- D (visuell)	**max. projizierter Gehölzabstand [m] (Pflanzdichte)**
	32,0
	16,0
	8,0
mäßig	4,0
hoch	2,0
sehr hoch	1,0

	Dominanz (D)
(hell schraffiert)	**mäßig**
(dunkel schraffiert)	**hoch**
(schwarz)	**sehr hoch**

Bsp.: Ein geplantes großflächiges Wohngebiet mit mäßig hoher Störwirkung (Intensität) soll gegenüber einer angrenzenden Bachniederung (GF) durch eine 4-reihige Obstbaumpflanzung (Abstand in der Reihe 8 m, Reihenabstand 10 m) abgeschirmt werden. Bei einer Pflanzdichte von 2,0 und einer Tiefe von 40 m (Traufbereich) reduziert sich die visuelle Dominanz um zwei Stufen. Bei Eingrünung mit einer 10 m breiten, geschlossenen Hecke (Pflanzdichte 1 m) würde sich die visuelle Dominanz um drei Stufen verringern lassen.

Erstrecken sich die für Eingrünungsmaßnahmen vorgesehenen Flächen oder bestehende Gehölze über eine Tiefe von mehr als 10 m oder schließen nicht unmittelbar an den Siedlungsrand an, so kann die Dominanz eines Siedlungsrandes mit zunehmender Hanglage von der in ebenem Gelände abweichen. Hangaufwärts kann so ggf. eine nur 5 m hohe Strauchhecke eine vollständige Eingrünung bewirken, hangabwärts unter Umständen selbst eine Bepflanzung mit hochwüchsigen Bäumen visuelle Einflüsse durch ein Baugebiet nicht verhindern (s. Abb. 7b). Maßgeblich ist hier der Standort, für den die größten Störwirkungen zu erwarten sind.

f) Praktische Vorgehensweise

Da bestehende Beeinträchtigungen bereits bei der Bestandsbewertung Berücksichtigung finden, ist zu beachten, daß in der Prognose nur *zusätzliche* Störungen in die Bilanz eingestellt werden dürfen. Maßgeblich zur Beurteilung der Auswirkungen ist hierbei der jeweilige landschaftstypische Wirkungsbereich der Tab. 41, der sich, sofern die Dominanz des Eingriffs etwa der des alten Siedlungsrandes entspricht, parallel zu diesem in den betroffenen Biotopbereich vorschiebt. Überlappen sich alter und neuer Wirkungsbereich, so sind lediglich die jeweiligen Differenzen der Dominanz als zusätzliche Störung zu bewerten. Nimmt die Dominanz beispielsweise infolge einer dichten Eingrünung gegenüber dem bestehenden Siedlungsrand ab, so kann sie die Wirkung des neuen Siedlungsrandes im Ergebnis unter Umständen sogar aufheben.

Abb. 8 gibt Beispiele zur Ermittlung der effektiven Eingriffswirkung durch Siedlungsränder. Da in der Praxis auf eine Differenzierung der Wirkungsbereiche in der Regel verzichtet werden soll, wären bei einer vereinfachten, d.h. mittelnden Vorgehensweise in Bsp. a) mäßig hohe Störungen in einer Tiefe von 80 m, in Bsp. b) keine zusätzlichen Störungen anzunehmen. Straßenplanungen, aber auch die beschriebenen Störwirkungen durch zunehmenden Freizeitbetrieb sind in gleicher Weise zu behandeln, wobei sich Veränderung gegenüber dem Voreingriffszustand aber zumeist nicht durch eine Verschiebung des Wirkungsbereichs, sondern durch dessen Ausdehnung infolge steigender Störintensität ergeben. Als Richtgröße gilt hierbei, daß eine Verdoppelung der Frequentierung eine Erhöhung der Störintensität um eine Stufe bewirkt.

> *Bsp. (Abb. 8a): Ein geplantes Wohngebiet dringt mit einer Bautiefe rd. 30 m tief in eine angrenzende Streuobstwiese ein (ab), für die durch den alten Siedlungsrand (aa) aufgrund unzureichender Eingrünung bislang sehr hohe Eingriffswirkungen anzunehmen sind. Sähe der Bebauungsplan auch für den neue Grundstücksgrenzen keine nennenswerte Begrünung vor, so würde sich die Störungszone um 30 m in den Obstwiesenkomplex verschieben, effektiv aber nur mäßig hohe zusätzliche Störwirkungen in einer Tiefe von 100 m zu bilanzieren sein (ac).*
>
> *Bsp. (Abb. 8b): Würde der Planungsträger eine 20 m tiefe (Traufbereich), zweireihige Obstbaumpflanzung mit 8 m Pflanzabstand in der Reihe vorsehen, ließe sich hierdurch die Dominanz um eine Stufe verringern. Es wären also hohe Störwirkungen bis in 25 m Tiefe (ausgehend vom Außenrand der Eingrünung) zu erwarten, bis in eine Tiefe von 50 m mäßig hohe Einflüsse. Effektiv wären nahezu keine zusätzliche Störwirkungen in die Bilanz einzustellen (bc).*

Auch wenn sich die der Bewertung von Störwirkungen zugrunde liegenden Werte fachlich plausibel herleiten lassen, stellen sie - wie das gesamte Verfahren - dennoch ein stark vereinfachtes Modell dar. Die detaillierten Zuordnungsvorschriften dürfen deshalb nicht als Versuch gedeutet werden, Natur berechenbar zu machen, sondern dienen einer nachvollziehbaren Bewertung und wiederholbaren Bilanzierung, die dennoch fachlichen Erkenntnissen Rechnung tragen soll. Wichtiger als eine penible Zuweisung eines jeden Parameters ist deshalb die klare Definition aller in die Bilanzierung eingehenden Annahmen.

Abb. 8: Einfluß von Siedlungsrändern auf benachbarte Lebensräume (Beispiele)

a)	Entfernung vom Siedlungsrand										
aa)	Bestand: 20	25	30	40	50	60	70	80	90	100	
ab)	Planung:	10	20	25	30	40	50	60	70	80	90	100
ac)	Differenz (Bilanz):	10	20	25	30	40	50	60	70	80	90	100

b)	Entfernung vom Siedlungsrand										
ba)	Bestand: 20	25	30	40	50	60	70	80	90	100	
bb)	Planung:	10	20	25	30	40	50	60	70	80	90	100
bc)	Differenz (Bilanz):	10	20	25	30	40	50	60	70	80	90	100

Dominanz (D)

mäßig
hoch
sehr hoch

3.2.4 Die Kompensationsplanung und ihre Bewertung

3.2.4.1 Effizienz von Kompensationsmaßnahmen

Die bloße Unterschutzstellung eines bereits wertvollen Biotops stellt aus naturschutzrechtlicher Sicht keine Kompensationsmaßnahme dar. Neben der Eingriffserheblichkeit einer Planung bestimmt deshalb die Verbesserungsfähigkeit einer Fläche maßgeblich den zum Ausgleich der Eingriffe erforderlichen Flächenbedarf. Um dies in der Eingriffs- und Ausgleichsbilanzierung hinreichend berücksichtigen zu können, müssen die vorgesehenen Flächen in ihrem aktuellen Wert begutachtet und der in Abhängigkeit von Standort und angestrebter Nutzung innerhalb von rd. fünf Jahren erreichbare Zustand bestimmt werden. Die Differenz beider Bewertungen stellt das Ausgleichspotential der Fläche dar und kann zur Tilgung des Ausgleichsdefizits durch die Eingriffsplanung herangezogen werden.

Die Einschätzung des zu erreichenden Biotopwertes einer Fläche ist jedoch noch problematischer als die ohnehin unsichere Beurteilung ihrer aktuellen Bedeutung, da die Wahrscheinlichkeit und der Zeitpunkt einer Besiedlung durch charakteristische Tier- und Pflanzenarten nicht oder nur unzureichend vorhersehbar ist. Nachfolgend soll deshalb das Entwicklungs- und Regenerationspotential insbesondere von grünlanddominierten Biotoptypen anhand verschiedener Untersuchungen aufgezeigt werden.

a) Neuanlage und Extensivierung von Wirtschaftsgrünland

Die Extensivierung bestehender Grünlandflächen ist nach BRIEMLE & ELSÄSSER (1992) nur auf Standorten sinnvoll, deren natürliche Standortproduktivität relativ gering ist. Dies betrifft insbesondere nasse oder trockene und flachgründige Böden, deren ursprüngliche Ertragsleistung unter 40 dt/ha liegt. Nährstoffreiche Fettwiesen lassen sich hingegen auch nach jahrelanger Aushagerung nicht in Magerrasen verwandeln (BRIEMLE et al., 1991).

MICHELS (1993) konnte im Rahmen der Effizienzkontrolle zum nordrhein-westfälischen Feuchtwiesenprogramm im Feuchtgebiet "Saerbeck" bei verschiedenen Molinietalia-Gesellschaften bereits in den ersten zwei bis drei Jahren der Extensivierung eine Zunahme der Artenzahlen bei gleichzeitigem Rückgang der mittleren Stickstoffzahlen feststellen. Begünstigend wirkten sich hierbei die kolloidarmen Sandböden im Untersuchungsgebiet aus, die eine raschere Aushagerung zuließen.

Eine deutliche Abnahme des Nitrophytenanteils auf Saatgrasland über Niedermoorböden als Folge einer 4-5 jährigen Extensivierung beschreiben BLOCK et al. (1993) für das Trappen-Schongebiet Buckow in Brandenburg. Gleichzeitig nahm die Zahl standorttypischer Grünlandarten zu. Hervorzuheben ist in diesem Zusammenhang vor allem auch die Zunahme der Aktivitätsdichte und steigende Artenzahlen bei Arthropoden, verbunden mit einer Veränderung der Dominanzstruktur. Auch die Zahl der Wiesenbrüter nahm signifikant zu.

Ähnlich ist die Überführung von Ackerflächen in Grünland zu bewerten. Dem zumeist großen Stickstoffangebot im Böden steht hier die bei Anwendung der Heumulchsaat rasch erfolgende Ansiedlung standorttypischer Grünlandarten gegenüber. Mit der Ausbildung wertvoller Pflanzengesellschaften kann zwar ebenfalls erst nach mehrjähriger Aushagerung der Flächen gerechnet werden, doch stellen die neu angelegten Wiesen nach Umstellung der Nutzung zur 1-2 schürigen Mäh- oder Streuwiese in vielen Fällen durchaus bedeutende Tierlebensräume dar.

Als Ergebnis kann festgehalten werden, daß sich Grünlandgesellschaften, die durch jahrzehnte- oder jahrhundertelange Aushagerung entstanden sind, auf nährstoffreichen Böden, beispielsweise langjährigen Intensivackerflächen, in überschaubaren Zeiträumen auch ansatzweise kaum rekonstruieren lassen. Hingegen können sich auf mageren Böden bereits nach relativ kurzer Zeit Bestände entwickeln, die zumindest im Hinblick auf ihren faunistischen Wert eine deutliche Verbesserung gegenüber dem Ausgangszustand erfahren. Nährstoffarme oder trockenere Standorte weisen deshalb, trotz ihres zumeist schon größeren Biotopwerts, oft ein höheres Entwicklungspotential auf als nährstoffreiche Böden. Für Ausgleichsmaßnahmen sind Flächen mit aktuell geringem Naturschutzwert deshalb nicht generell besser geeignet.

b) Regeneration brachgefallener Magerrasen

Aus Sicht des Artenschutzes, aber auch aus kulturhistorischen Gründen, ist dem Erhalt von Biotopflächen, deren Entstehung auf eine oft jahrhundertelange und regionaltypische Bewirtschaftung zurückzuführen ist, der Neuanlage von Lebensräumen grundsätzlich der Vorzug zu geben. Die bei der Biotoptypenbewertung herangezogenen Regenerationszeiten nach RIECKEN et al. (1994) machen deutlich, daß eine Wiederbegründung von wertvollen Vegetationsbestände in historischen Zeiträumen kaum möglich ist. Selbst die relativ schnell zu etablierenden Hecken oder Streuobstwiesen weisen noch viele Jahre nach ihrer Anlage nicht die typische Artenzusammensetzung auf.

Im Rahmen der Bauleitplanung eignen sich grundsätzlich alle Magerrasen für Ausgleichsmaßnahmen, die aufgrund Verbrachung oder Nutzungsänderung beeinträchtigt sind und nach Umsetzung gezielter Pflegemaßnahmen eine deutliche Verbesserung ihres Zustandes erwarten lassen. Besonders verbrachende oder verbuschende Magerrasen besitzen zumeist ein noch sehr hohes Regenerationspotential, weil sie nicht durch irreversible Aufdüngungsmaßnahmen oder Umbruch zerstört wurden, sondern noch weitgehend intakte Standortbedingungen aufweisen. So konnten GERKEN & MEYER (1994) für das NSG "Räuschenberg" in Ostwestfalen zeigen, daß sich auf zuvor flächenhaft verbuschten Kalkmagerrasen nach ihrer Entbuschung mit nachfolgender Schafbeweidung bereits nach fünf Jahren wieder recht artenreiche Bestände entwickelten. Auf brachgefallenen Halbtrockenrasen bewirkt die Schafbeweidung einen Abbau der akkumulierten Streuschicht und einen Rückgang des Verbrachungszeigers Fiederzwenke (*Brachypodium pinnatum*). Positive Veränderungen der Artenzusammensetzung konnten MÜNZEL & SCHUMACHER (1991) schon zwei Jahre nach Wiederaufnahme der Nutzung feststellen.

3.2.4.2 Durchführung von Kompensationsmaßnahmen

Die zur Anerkennung als Ausgleichsmaßnahme erforderliche Möglichkeit zur Aufwertung eines Lebensraumes bedingt eine dem Standort angepaßte, optimale Nutzung der Kompensationsfläche. Diese kann in Abhängigkeit vom angestrebten Entwicklungsziel oder regionaler Besonderheiten im Einzelfall abweichen, doch lassen sich für die verschiedenen Grünlandtypen generelle Pflegehinweise geben, die im allgemeinen eine Ausnutzung der in Tab. 45 angenommenen Entwicklungspotentiale erwarten lassen (vgl. Kap. 3.2.4.3a). Für den diesem Verfahren zugrunde liegenden Bezugsraum sollen deshalb nachfolgend Nutzungsformen der wichtigsten Grünlandtypen definiert werden, deren Festsetzung im Bebauungsplan eine Übernahme der Biotopentwicklungswerte (BW_e) in die Eingriffs- und Ausgleichsbilanz zulassen. Der Effekt suboptimaler Pflegemaßnahmen, z.B. Mulchung statt Mähnutzung, ist entsprechend eine Stufe niedriger anzusetzen.

Um die Entwicklung eines Bestandes langfristig sicherzustellen, aber auch als Beitrag zum Erhalt der bäuerlichen Kultur, sollte der Nutzung von Kompensationsflächen durch Landwirte oder Schäfer im allgemeinen der Vorzug vor gewerblichen oder ehrenamtlichen Pflegeeinsätzen gegeben werden. Die Auswahl der Mahdzeitpunkte sollte sich deshalb, soweit möglich, nicht nur an einer optimalen Vegetationsentwicklung, sondern auch an der Verwertbarkeit des anfallenden Schnittguts im landwirtschaftlichen Betrieb orientieren.

Eine Düngung von Grünlandbeständen, insbesondere eine organische oder mineralische Stickstoffzufuhr, sollte grundsätzlich unterbleiben. Auch mechanische Maßnahmen zur Bodenverbesserung, wie Walzen und Schleppen, nivellieren die Standortbedingungen und damit die Voraussetzung zur Ausbildung eines artenreichen Tier- und Pflanzenvorkommens. Die Mahd sollte mit Balkenmähern mit einer Schnitthöhe von 5-7 cm erfolgen und das anfallende Schnittgut nach seiner Trocknung abgefahren werden.

a) Extensive Grünlandnutzung

Nährstoffreiche Feuchtwiesen (Calthion) zeichnen sich nicht selten durch das Vorkommen gefährdeter Pflanzenarten wie Knabenkräuter (*Dactylorhiza majalis, D. maculata*) und Trollblume (*Trollius europaeus*) oder seltene Seggenarten (*Carex div. spec.*) aus. Derartige Bestände sollten in Abhängigkeit von ihrem Artenbestand und den Bodenverhältnissen ein- bis zweimal jährlich gemäht werden.

Auf nährstoffärmeren Böden insbesondere wechselfeuchter Standorte bietet sich auch eine längerfristige Überführung von Feucht- oder Glatthaferwiesen zur Pfeifengraswiese (Verband Molinion) an, sofern noch Relikte dieser stark bedrohten Pflanzengesellschaft im Bestand enthalten oder keimfähige Samen von Streuwiesenpflanzen, wie Pfeifengras (*Molinia caerulea*), Teufelsabbiß (*Succisa pratensis*), Kümmelblättrige Silge (*Selinum carvifolia*) oder Heilziest (*Betonica officinalis*), im Boden zu erwarten sind. Eine ggf. vorzunehmende Aushagerung sollte über eine Zeitraum von 4-5 Jahren erfolgen, aber auf eine zweimalige Mahd im Jahr Mitte Juli und Ende September beschränkt bleiben (BRIEMLE et al., 1991). Die spätere Nutzung der Streuwiese erfolgt durch einmalige Herbstmahd.

Wechselfeuchte und feuchte Glatthaferwiesen eutropher Standorte, z. B. Subassoziationen von Wiesenknopf (*Sanguisorba officinalis*), Wiesensilge (*Silaum silaus*) oder Kohldistel (*Cirsium oleraceum*), weisen aufgrund ihres Vorkommens auf nährstoffreichen und tiefgründigen Böden im Auenbereich von Bächen und Flüssen von Natur aus oft nur wenige Magerkeitszeiger auf, weshalb eine Aushagerung derartiger Bestände kaum möglich ist (BRIEMLE et al., 1991). Dennoch lassen sich allein schon durch die Umstellung auf eine düngerfreie Extensivnutzung bereits kurzfristig deutliche Verbesserungen vor allem im Hinblick auf den faunistischen Artenschutz erzielen. Frisch- und Feuchtwiesen können beim Verzicht auf eine frühe Mahd schon nach wenigen Jahren von gefährdeten Wiesenbrütern wieder als Bruthabitat erschlossen werden. Sofern vegetationskundliche Aspekte nicht entgegenstellen, sollten Feuchtwiesen, insbesondere in weitläufigen Niederungen, deshalb nicht vor Ende August, nach Beendigung der Brut- und Nestlingszeiten wiesenbrütender Vögel, gemäht werden.

Gemähte Glatthaferwiesen mittlerer Standorte (Arrhenatheretum typicum) unterliegen traditionell einer 2-3-maligen Mahd im Jahr. In der submontanen bis montanen Höhenstufe werden sie von Goldhaferwiesen des Verbandes Polygono-Trisetion abgelöst, die aufgrund klimatisch ungünstiger Standorteigenschaften höchstens zweimal jährlich genutzt werden können. Beide Gesellschaften weisen durchschnittliche Bestandsfeuchtezahlen von mF 5,1-5,2 auf (BRIEMLE et al., 1991) und zeigen damit mäßig frische bis frische Bedingungen an. Die Mahd sollte in der Regel Mitte Juni und Mitte bis Ende August erfolgen.

Bei der Extensivierung aufgedüngter Wiesen mittlerer Standorte sollte einer 1-2 schürigen Mähnutzung grundsätzlich eine gezielte, mehrjährige Aushagerung mit 3-4 maligem Schnitt pro Jahr ab Mitte Mai vorangehen. Bleibt diese aus, so kann erst mit deutlicher Verzögerung eine Abnahme der Erträge und damit eine Verbesserung der Vegetationszusammensetzung erwartet werden (ELSÄSSER, 1993).

Auch Glatthaferwiesen mäßig trockener Standorte (mF 4,8), wie Salbei-Glatthaferwiesen (Subassoziation von *Salvia pratensis*) oder Knollenhahnenfuß-Glatthaferwiesen (Subassoziation von *Ranunculus bulbosus*), sollten ein- bis zweischürig genutzt werden. Trockene Glatthaferwiesen basenreicher Standorte bilden Übergänge zu den Kalkmagerrasen (Mesobromion), sollten -

anders als diese - aber nicht mit Schafen beweidet werden, um Artenverschiebungen als Folge selektiven Freßverhaltens zu vermeiden (MICHELS & WOIKE, 1994). Günstige Mahdtermine für Glatthaferwiesen mäßig trockener bis trockener Standorte liegen aufgrund der verzögerten Vegetationsentwicklung und des Vorkommens daran angepaßter, spät blühender Kräuter Ende Juni und Ende August, bei einmaliger Mahd vor allem auf trockenen Böden Mitte Juli.

b) Regeneration und Entwicklung von Magerrasen

Beweidete Enzian-Schillergrasrasen (Gentiano-Koelerietum) waren noch in den fünfziger Jahren in den hessischen Mittelgebirgen weit verbreitet (NOWAK, 1990). Sie besiedeln neben Kalkgesteinen des Zechstein, Muschelkalk und Keuper auch basenreiche Basalt und Diabasböden, hier häufig am Übergang zu den Borstgrasrasen (Nardetalia).

Zur Regeneration und Entwicklung ehemals beweideter Halbtrockenrasen bietet sich insbesondere die Huteschafhaltung an, die den spezifischen Bedingungen der traditionellen Wanderschäferei des 18. Jahrhunderts zumindest ansatzweise entspricht. Diese zeichnen sich vor allem durch einen allmählichen Nährstoffaustrag infolge nächtlicher Pferchung auf benachbarten Äckern und die Verbreitung von Samen und Kleintieren entlang regelmäßig genutzter Triftwege aus.

Die Wiederherstellung artenreicher Halbtrockenrasen bedarf einer kontinuierlichen Erfolgskontrolle, um Fehlentwicklungen frühzeitig entgegenwirken zu können. Eine detaillierte Festsetzung bestimmter Pflegemaßnahmen im Bebauungsplan ist deshalb nicht zweckdienlich, sondern sollte auf die Festlegung eines Entwicklungszieles und die grundsätzliche Bewirtschaftungsform "Huteschafhaltung" beschränkt bleiben.

MICHELS & WOIKE (1994) geben folgende Auflagen für die Beweidung von Halbtrockenrasen mit Schafen an, die bei der Erstellung von Pflege- und Beweidungsplänen aufgegriffen werden sollten:

Nährstoffeintrag:
- Verbot der Düngung, Kalkung und Anwendung von Pflanzenbehandlungsmitteln
- Verbot jeder Zufütterung während der Beweidung
  (Ausnahme: Muttertiere während der Ablammphase)
- Koppelung / Pferchhaltung nur auf vorgegebenen Flächen
- Abstand des Nachtpferchs mindestens 500 m von den nährstoffarmen Weideflächen

Beweidungsintensität:
- 2 bis 4 Beweidungen pro Jahr
- Zeitlicher Abstand zwischen zwei Weidegängen mind. 6-8 Wochen
- Herdengröße zunächst nicht beschränken,
  Verbleib der Herde, bis ca. 70 % des Bestandes abgeweidet sind

Beschränkung oder Ausschluß der Beweidung:
- in trittempfindlichen Lebensräumen
- an Brutplätzen von Bodenbrütern
- entlang von Waldrändern und Hecken (5 m - Zone)

Auch zur Regeneration und Entwicklung von Heideflächen und Sandmagerrasen stellt der Einsatz von Schafen eine geeignete Maßnahme dar (MICHELS & WOIKE, 1994; SCHÜTZ & GRIMBACH, 1994). Demgegenüber ist die Beweidung anderer Grünlandstandorte mit Schafen kritisch zu beurteilen, da deren starke Artenselektion zur Verarmung der Vegetation führen kann (MICHELS & WOIKE, 1994). Zur Regeneration brachgefallener Borstgrasrasen oder zur Wiederaufnahme der Nutzung auf Wiesen und Weideflächen bietet sich stattdessen eine extensive Rinderhaltung im Familienverband oder die Mutterkuhhaltung mit Robustrassen bei einer Besatzdichte von nicht mehr als 2 GVE (Großvieheinheit) / ha an. Im Gegensatz zu Schafen selektieren Rinder aufgrund ihrer Freßtechnik nicht nach bestimmten Pflanzenarten, sondern nach Standorten und gewährleisten bei geringem Besatz auch in einer Standweide den Erhalt verschmähter, aber für den Naturschutz oft besonders wertvoller Pflanzenvorkommen (KÖNIG, 1994). Eine gelegentliche Pflegemahd kann die Entwicklung von Dominanzbeständen verschmähter Arten verhindern und schafft darüber hinaus kurzrasige Bruthabitate für eine Reihe von Bodenbrütern (ITJESHORST & GLADER, 1994).

Als betriebswirtschaftlich interessante Alternative bietet sich die extensive Rinderhaltung auch in Frisch- und Feuchtwiesengebieten an, die durch Nutzungsaufgabe in ihrem Bestand bedroht sind. Hier sollten sie in der Regel aber als suboptimale Variante gegenüber der Mähnutzung betrachtet und bewertet werden.

3.2.4.3 Bewertung von Kompensationsmaßnahmen

Für die Bewertung von Maßnahmen im Rahmen der Eingriffs- und Ausgleichsbilanzierung ergibt sich aus den Darlegungen des Kapitels 3.2.4.1, daß sowohl die Umwandlung von Ackerflächen in Grünland als auch die Extensivierung bestehender Wiesen sinnvolle Kompensationsmaßnahmen darstellen können. In der Regel sollte einer 1-2 schürigen Nutzung aber eine gezielte, mehrjährige Aushagerung mit 3-4 maligem, auf Streuwiesen 2 maligem Schnitt pro Jahr vorangehen. Bleibt diese aus, so kann erst mit deutlicher Verzögerung eine Abnahme der Erträge und damit eine Verbesserung der Vegetationszusammensetzung erwartet werden (ELSÄSSER, 1993).

In besonderer Weise ist die Regeneration brachgefallener und verbuschender Halbtrockenrasen, Silikatmagerrasen und Borstgrasrasen zum Ausgleich von Eingriffen geeignet. Die Wiederherstellung, Erweiterung und langfristige Sicherung der oft nur noch kleinflächig vorhandenen Magerrasenfragmente in unserer Landschaft ist nach Ansicht des Verfassers bei der Auswahl geeigneter Kompensationsmaßnahmen auch höher einzuschätzen als eine räumliche und funktionale Nähe zum Eingriff. Vor allem wenn relativ unbedeutende (weil häufige) Biotoptypen von einer Planung betroffen sind, macht das Festhalten am Gebot funktionaler Nähe oft keinen Sinn. Die Möglichkeit zur räumliche Trennung von Eingriff und Ausgleich verhindert zudem, daß Ausgleichsmaßnahmen zur bloßen Gebietseingrünung herabgewürdigt werden. Heckenpflanzungen oder neu angelegte Streuobstreihen in unmittelbarer Nähe zum Neubaugebiet sind oft so großen Störungen ausgesetzt, daß ihre Entwicklungsmöglichkeiten von vornherein eng begrenzt sind.

Die gezielte Konzentration von Kompensationsmaßnahmen in dafür besonders geeigneten Gebieten einer Gemeinde bietet zudem noch weitere, nicht zu unterschätzende Vorteile gegenüber kleinflächig durchgeführten, oft isolierten Maßnahmen:

- Mit zunehmender Größe eines Biotopbereichs steigt seine (potentielle) Bedeutung als Lebensraum. Eine großflächig angelegte Maßnahme kann u.U. für den Naturschutz bedeutsamer sein als zahlreiche kleine Vorhaben.
- Magerrasen und ehemalige Huteweiden befinden sich vielerorts noch in gemeindlichem Besitz und müssen nicht kostspielig erworben werden. Gesparte Gelder können der Finanzierung von Regenerationsmaßnahmen zufließen.
- Für großräumige "Kompensationsbereiche" sind gezielte Regenerations- und Entwicklungsmaßnahmen effizienter zu planen und durchzuführen. Die Anschaffung einer Schafherde zum Beispiel ist nur sinnvoll, wenn genügend Huteflächen bereitstehen. Ggf. können isolierte Teilflächen durch die Wiederherstellung oder Neuschaffung von Triftwegen zu einem funktional vernetzten Ausgleichsflächenmosaik entwickelt werden (vgl. GERKEN & MEYER, 1994).

Um den tatsächlichen Ausgleichseffekt von Kompensationsmaßnahmen im Einzelfall gewichten zu können, berücksichtigt das vorliegende Verfahren bei der Eingriffs- und Ausgleichsbilanzierung, analog der Eingriffsbewertung, sowohl die eingeschränkten Entwicklungsmöglichkeiten von Ausgleichsmaßnahmen innerhalb des Eingriffsgebietes als auch die über die Grenzen der Kompensationsfläche hinausgehende Umgebungswirkung.

a) Biotopentwicklungswerte

Das im Rahmen der Eingriffs- und Ausgleichsbilanzierung anzunehmende Entwicklungspotential einer Kompensationsfläche läßt sich für die einzelnen Biotoptypen auf Grundlage der Biotopwerttabelle A als *Biotopentwicklungswerte* (BW_e) herleiten (Tab. 45). Maßgeblich ist der innerhalb von fünf bis zehn Jahren erreichbare Zustand, der sich mit Hilfe der Regenerationsstufen näherungsweise bestimmen läßt. Die Biotopentwicklungswerte werden als *Planung* in der Bilanz dem Wert des Ausgangsbiotops (*Bestand*) gegenübergestellt. Daraus ergibt sich, daß Neuanlagen auf wertvolleren Biotopen keine Verbesserung bewirken und das Ausgleichsdefizit u.U. sogar erhöhen.

- Für die Neuanlage von Wald, Feldgehölzen, Hecken und Streuobstwiesen wird die Entwicklungsstufe X (Dickung, geschlossenes Gehölz, Ertragszuwachsphase) des jeweiligen Biotoptyps als mittelfristig erreichbar angenommen. Für Buchenwälder ergibt sich daraus ein Biotopentwicklungswert von 1,2. Bei der Begründung eines Waldmantels gilt entsprechend die Stufe " l " (lückig).

- Bei Etablierung von Extensivgrünland auf Ackerstandorten wird als mittelfristig erreichbarer Zielzustand der einer mäßig intensiv genutzten, artenarmen Wiese unterstellt, was auf nährstoffreichen, frischen bis feuchten Ackerstandorten einem Wert von 0,6 entspricht. Ist trotz intensiver Ackernutzung eine deutliche Eutrophierung der Böden nicht zu erkennen, so gilt auf (wechsel-) feuchten Böden ein Wert von 0,7, auf (mäßig) trockenen Standorten ein Wert von 1,0.

- Die Extensivierung von Wirtschaftsgrünland führt zur Aufwertung um eine Extensivierungsstufe. Das Potential sinkt folglich mit steigender Nutzungsintensität des Ausgangsbestandes, was den in Kap. 3.2.4.1 gewonnenen Ergebnissen Rechnung trägt.

- Grünlandbrachen werden gegenüber ihrer früheren Nutzungsintensität und in Abhängigkeit ihres Artenreichtums (ohne Brachezeiger) ebenfalls um eine Stufe aufgewertet und erhalten den Wert der entsprechenden Grünlandgesellschaft.

- Da von der Biotoptypengruppe "Magerrasen und Heiden" nur Bestände erfaßt werden, deren ursprüngliche Artenausstattung noch erkennbar ist, wird durch Nutzungsintensivierung oder Überweidung überformten oder stark überformten Magerrasen, ebenso wie brachgefallenen Flächen, generell das Entwicklungspotential zum *typischen* Bestand (BW_e 2,2) zugesprochen. Eine Differenzierung zwischen ursprünglich gemähten und beweideten Beständen wird nicht vorgenommen, um regionaltypische Nutzungsformen gleichrangig bewerten zu können. Das Entwicklungspotential brachgefallener Borstgrasrasen wird über den Bestandswert intakter Bestände hinaus angehoben, da Brachstadien infolge ihrer eigenen Gefährdung sehr hoch bewertet werden.

- Als "brachgefallen" gelten auch verbuschende oder verbuschte Magerrasen, solange für sie eine Regeneration denkbar ist. Diese Generalisierung ist nicht nur fachlich haltbar, sondern erleichtert auch die Bilanzierung, wenn größere Magerrasenkomplexe mit verbuschten Bereichen als Gesamtheit regeneriert werden sollen.

Tabelle 45 faßt die angenommenen mittelfristigen Entwicklungspotentiale der wichtigsten Kompensationsmaßnahmen zusammen. Extensivierungsmaßnahmen werden hierbei in Abhängigkeit vom Artenreichtum des jeweiligen Ausgangsbestandes differenziert. Nicht aufgeführte Maßnahmen können im Einzelfall aus der Biotopwerttabelle A abgeleitet werden. Grundsätzlich wird zur Erreichung der angegebenen Entwicklungswerte eine optimale Bestandspflege vorausgesetzt, für die Kap. 3.2.4.2b Hinweise gibt.

Biotopverbessernde Maßnahmen im oder am Rande des Baugebiets, wie die Extensivierung verbleibender Wiesenstreifen oder randliche Gehölzpflanzungen, können planungsbedingten Beeinträchtigungen zwar entgegenwirken, ihr Entwicklungspotential ist gleichwohl niedriger einzustufen als das vergleichbarer Flächen in der freien Landschaft. Kompensationsmaßnahmen innerhalb des Baugebiets sollen deshalb, sofern sie *eigenständigen* Flächen für Anpflanzungen (§ 9 (1) 25 a BauGB) oder zum Schutz, zur Pflege und zur Entwicklung von Boden, Natur und Landschaft gemäß § 9 (1) 20 BauGB zugeordnet sind, die eine Fläche von mindestens 200 m^2 bei einer Mindestbreite von 5 m erreichen, grundsätzlich zwar wie externe Kompensationsmaßnahmen bewertet werden (Tab. 45), ähnlich den zum Erhalt festgesetzten Flächen aber mit Abschlägen bis zu 0,3 Punkten auf den Entwicklungswert belegt werden, wenn für sie wertmindernde Störwirkungen zu erwarten sind. Vorgesehene Pflanzungen auf den nicht überbaubaren Grundstücksflächen sowie eigenständige Pflanzflächen, die die genannte Mindestgröße unterschreiten, gehen in die Bilanz als *Freiflächen* gem. Tab. 40 ein, Flächen nach § 9 (1) 20 oder 25a BauGB, die als Neuanlage zu betrachten sind, aber die in Kap. 3.2.3.1c genannten Voraussetzungen erfüllen, als Pflanz- bzw. Ausgleichsflächen.

Tab. 45: Bewertung von Kompensationsmaßnahmen

01.000[1]	Typ	ANLAGE VON WÄLDERN	BW_e
	Wf	**Anlage naturnaher Wälder nasser bis feuchter Standorte (≥ 0,5 ha)**	X
1.174	Wfb	Bruch-, Sumpf- und Moorwälder	1,5
01.173	Wfa	Bachuferwälder (Schwarzerlen- oder Eschenwälder, mind. 5 m breit)	0,9
01.171	Wfw	Weichholzauenwälder ohne Überflutungsdynamik (mind. 5 m breit) Weichholzauenwälder mit Überflutungsdynamik (mind. 5 m breit)	0,9 1,5
01.172	Wfh	Hartholzauenwälder ohne Überflutungsdynamik (mind. 10 m breit) Hartholzauenwälder mit Überflutungsdynamik (mind. 10 m breit)	1,5 1,7
01.140	Wfc	Eichen-Hainbuchenwälder	1,2
	Wm	**Anlage naturnaher Wälder wechselfeuchter bis frischer Standorte (≥ 1 ha)**	X
01.162	Wma	Edellaubbaumwälder	0,9
01.110	Wmf	Buchenwälder basenreicher Standorte	1,2
01.120	Wmf	Buchenwälder bodensaurer Standorte	1,2
01.150	Wmq	Eichenwälder	1,2
	Wt	**Anlage naturnaher Wälder mäßig frischer bis trockener Standorte (≥ 1 ha)**	X
01.130	Wtf	Buchenwälder	1,2
01.140	Wtc	Eichen-Hainbuchenwälder	1,2
01.150	Wtq	Eichenwälder	1,2
02.000	**Typ**	**ENTWICKLUNG VON WALDRÄNDERN UND -MÄNTELN, GEBÜSCHE, HECKEN, FELGEHÖLZE, BAUMREIHEN, ALLEEN**	BW_e
		Anlage von Waldmänteln (einschl. Saum mind. 20 m breit)	u
	Hm	vor Laub- und Nadelwald	1,2
		Entwicklung durch standorttypische Pflanzung oder Sukzession (≥ 5 m breit)	X
02.200	Hgf	Gehölze feuchter bis nasser bis feuchter Standorte	1,2
02.100	Hgm	Gehölze wechselfeuchter bis frischer Standorte	0,9
02.100	Hgt	Gehölze mäßig frischer bis trockener Standorte	0,9
	Hbl	Baumreihen, Alleen gebietstypischer Laubbaumarten (Pflanzstreifen (≥ 2 m breit)	0,9
02.500	Hbo	Obstbaumreihen (Pflanzstreifen mind. 2 m breit)	0,9
	Typ	ANLAGE VON GEHÖLZKULTUREN	BW_e
03.100	**Js**	**Neuanlage von Obstwiesen durch Pflanzung (mind. 2-reihig)**	X
		auf mäßig intensiv genutztem Grünland auf Intensivgrünland auf Intensivacker	1,2 1,2 1,2
11.200	**Jr**	**Extensivierung von Rebfluren**	u
11.210	Jre	Rebflur in Steillage, extensiv genutzt	1,6
11.210	Jre	Rebflur in ebener bis schwach geneigter Lage , extensiv genutzt	1,4

1) Biotopschlüsselnummer gemäß Hessischer Biotopkartierung

Tab. 45: Bewertung von Kompensationsmaßnahmen (Fortsetzung)

06.000	**Typ**	**ANLAGE UND ENTWICKLUNG VON WIRTSCHAFTSGRÜNLAND**				**BW_e**
	Gxe[a]	**Anlage von Extensivrünland auf feuchten bis (mäßig) trockenen Standorten**				
		auf Ackerland oder -brachen eutropher Standorte				0,6
		auf Ackerland oder -brachen mäßig eutropher Standorte				
		• (wechselfeuchter) Böden				0,7
		• (mäßig) trockener Böden				1,0
	Gxe	**Extensivierung auf feuchten bis (mäßig) trockenen St.**	**aa**	**ma**	**mr**	**ar[b]**
		Extensivierung mäßig intensiv genutzter Wiesen	1,0	1,2	1,4	1,6
		Extensivierung intensiv genutzter Wiesen	0,6	0,8	1,0	-
		Extensivierung von Ansaatgrünland	0,6	-	-	-
	Gxe	**Wiederaufnahme der Nutzung auf feuchten bis frischen St.**	**aa**	**ma**	**mr**	**ar**
		auf Brachen ehemals mäßig intensiv genutzter Wiesen	1,0	1,2	1,4	1,6
		auf Brachen ehemals intensiv genutzter Wiesen	0,6	0,8	1,0	-
		auf Brachen von Ansaatgrünland	0,6	-	-	-
	Gte	**Wiederaufnahme der Nutzung auf (mäßig) trockenen St.**	**aa**	**ma**	**mr**	**ar**
		auf Brachen ehemals mäßig intensiv genutzter Wiesen	1,2	1,4	1,6	1,9
		Rotschwingel-Straußgras-Rasen, brachliegend	1,2	1,4	1,6	1,9
	Gfe	**Wiedervernässung v. Grünland durch Anhebung des Grundwasserspiegels[c]**				**BW_e**
				zu erwartende mF		
		Ausgangsbestand		**6**	**7**	**8**
		Acker oder Grünland frischer bis betont frischer Standorte (mF < 5-6)		0,1	0,2	0,3
		Acker oder Grünland wechselfeuchter Standorte (mF < 6-7 ~)		-	0,1	0,2
		Acker od. Grünland mäßig feuchter bis feuchter Standorte (mF < 6-7)		-	-	0,2
06.500	**Typ**	**REGENERATION VON MAGERRASEN UND HUTUNGEN**				**BW_e**
	Mg	**Regeneration brachgefallener Magerrasen**				**ar**
06.520		Halbtrockenrasen				1,9
06.530		Silikatmagerrasen				1,9
	Mh	**Regeneration brachgefallener Borstgrasrasen und Zwergstrauchheiden**				**t***
06.540		Borstgrasrasen	*): Höherstufung, da auch Brachestadien			
		• planare bis submontane Stufe	als besonders hochwertig eingestuft sind			2,5
		• montane bis hochmontane Stufe				2,2
06.550		Zwergstrauchheiden				2,2

a) Gxe: Gfe, Gwe, Gme, (Gte); b) Artenreichtum bezogen auf den jeweiligen *Ausgangs*bestand (ohne Brachezeiger) c) Zusatzbewertung bei gleichzeitiger Extensivnutzung durch Anhebung der Mittelwasserlinie von Bächen und Flüssen, Schließung von Drainagen und Gräben, ggf. auch durch Versickerung (hier max. zu erwarten: mF 7)

Tab. 45: Bewertung von Kompensationsmaßnahmen (Fortsetzung)

09.000	Typ	ENTWICKLUNG VON RUDERALFLUREN	BW_e
09.100	**Ra**	**Annuelle Ruderalfluren**	t
	Ram	frischer Standorte	
		• der offenen Landschaft	0,7
		• im besiedelten Bereich	1,0
	Rat	trocken-warmer Standorte	1,2
09.200	**Rh**	**Ausdauernde Ruderalfluren feuchter bis frischer Standorte (o. Ufersäume)**	t
	Rhs	Waldaußensäume (mind. 5 m breit)	
		• oligo- bis mesotropher Standorte	1,7
		• eutropher Standorte	1,2
	Rho	Staudensäume der offenen Landschaft (Wegraine etc., mind. 2 m breit)	
		• oligo- bis mesotropher Standorte	1,5
		• eutropher Standorte	1,0
09.300	**Rt**	**Ausdauernde Ruderalfluren trocken-warmer Standorte**	t
	Rts	Waldaußensäume (mind. 5 m breit)	
		• oligo- bis mesotropher Standorte	1,5
		• eutropher Standorte	1,2
	Rto	Staudensäume der offenen Landschaft (Wegraine etc., mind. 2 m breit)	
		• oligo- bis mesotropher Standorte	1,5
		• eutropher Standorte	1,2

11.000	Typ	ENTWICKLUNG VON ACKERWILDKRAUTFLUREN, REBFLUREN	BW_e
11.100		**Extensivierung von Ackerflächen (auch Ackerrandstreifen ≥ 5 m)**	u
	Aef	Äcker flachgründiger Standorte	
11.110		• auf skelettreichen Kalkböden	1,2
11.120		• auf Silikatverwitterungsboden	1,4
11.130		• auf Sandboden	1,2
11.120	Aem	Äcker mittlerer Standorte	1,0

Maßgebliche Entwicklungsstufen:
X: mittelfristiges Entwicklungsziel: Dickung, geschlossenes Gehölz
l: mittelfristiges Entwicklungsziel: noch lückiger Bestandsaufbau
u: mittelfristiges Entwicklungsziel entspricht älterem, aber überformtem Bestand
t: mittelfristiges Entwicklungsziel entspricht typischem Bestand

Artenreichtum:		Bestandsfeuchtezahl (mF) nach ELLENBERG (1979):	
aa:	artenarme Bestände	**mF 8:**	naß
ma:	mäßig artenarme Bestände	**mF 6-7:**	mäßig feucht bis feucht, ~: wechselfeucht:
mr:	mäßig artenreiche Bestände	**mF 5:**	mäßig frisch bis betont frisch, ~: wechselfrisch
ar:	artenreich	**mF 3-4:**	trocken bis mäßig trocken, ~: wechseltrocken

Betrachtet man die Biotopentwicklungswerte in Relation zum Biotopwert des Ausgangsbestandes (Tab. 46), ist zu erkennen, daß aufgrund des noch vorhandenen Standortpotentials insbesondere die Regeneration von Magerrasen und Feuchtwiesen besonders gute Verbesserungsmöglichkeiten erwarten lassen. Aber auch die Etablierung von Wald und die in jüngster Zeit oft geschmähte Anlage von Streuobstwiesen sind nach wie vor als geeignete Kompensationsmaßnahmen zu betrachten. Ursache hierfür ist die vor allem aus der Struktur erwachsenden Bedeutung dieser Biotope, der auch bei nivellierten Standortbedingungen einen großen Wertzuwachs vor allem für die Tierwelt erwarten läßt. Da das Verfahren die Auswahl komplexbestimmender oder

-ergänzender Nutzungen (gem. Tab. 28) zur Anerkennung als Kompensationsmaßnahme voraussetzt, bewirkt die Pflanzung flächiger Streuobstwiesen (anders als die Anlage wegbegleitender Obstbaumreihen) in einer Bachniederung oder inmitten traditioneller Ackerlandschaften keine Verbesserung. Hingegen kann durch die Ergänzung bestehender und nicht selten überalterter Bestände im Umfeld der Dörfer ggf. sogar eine zusätzliche Aufwertung vorgenommen werden, sofern durch die Maßnahmen eine höhere Arealstufe erreicht wird (s. Kap. 3.2.2.3b).

Tab. 46: Beispiele möglicher Kompensationsmaßnahmen

Maßnahme	**BW_t**	**BW_e**	**Diff.**
Extensivierung artenarmen Ansaatgrünlands	0,3	0,6	0,3
Überführung von Intensivackerland in Extensivgrünland	0,3	0,6	0,3
Extensivierung artenarmen Intensivgrünlands	0,3	0,6	0,3
Extensivierung mäßig intensiv genutzten, mäßig artenarmen Grünlands	0,8	1,2	0,4
Regenerierung brachgefallener, mäßig artenreicher, ehem. mäßig int. genutzter Feuchtwiesen	1,0	1,4	0,4
Anlage von Streuobstwiesen auf Intensivackerland	0,3	0,8	0,5
Anlage von Streuobstwiesen auf mäßig intensiv genutztem Grünland (ma)	0,8	1,4	0,6
Extensivierung und Wiedervernässung mäßig intensiven, mäßig artenarmen Grünlands	0,8	1,4	0,6
Regenerierung brachgefallener, artenarmer, ehemals intensiv genutzter Feuchtwiesen	0,3	1,0	0,7
Regenerierung brachgefallener, mäßig artenreicher Rotschwingel-Straußgrasrasen	1,2	1,9	0,7
Pflanzung von Feldgehölzen auf Intensivgrünland	0,3	1,2	0,9
Etablierung von Buchenwald auf Intensivackerland	0,3	1,2	0,9
Regenerierung verbuschter Halbtrockenrasen	1,2	2,2	1,0
Regenerierung brachgefallener Borstgrasrasen	1,5	2,5	1,0

b) Berücksichtigung günstiger Umgebungswirkungen

Analog der Bestandsbewertung fließen auch bei der Beurteilung von Entwicklungsmaßnahmen raumwirksame Effekte mit in die Bilanz ein. Da im Vorfeld einer Planung selbstverständlich keine Nachweise zur Wiederbesiedlung mit wertgebenden Arten vorliegen, bemessen sich Aufwertungen nach Maßgabe der Tab. 39 allein an der von der Fläche erreichten Arealstufe bzw. an der Ausdehnung des übergeordneten Biotopbereichs, ggf. ergänzt um absehbare Verbesserungen als Folge besuchslenkender Maßnahmen (vgl. Kap. 3.2.3.2b).

Die Aufwertung eines ganzen Biotopbereichs setzt voraus, daß die mittelfristig erreichbare Raumwirkung einer Maßnahme plausibel begründet werden kann, d.h. diese in aller Regel auf Arten abzielt, deren Raumansprüche vom übergeordneten Biotopbereich grundsätzlich erfüllt werden können, gleichzeitig aber Habitateigenschaften fördern soll, die im Biotopbereich nicht in ausreichender Zahl vorhanden sind (Mangelfaktoren im Sinne von RIECKEN & BLAB 1989).

Auch müssen die gewählten Maßnahmen eine entsprechende Häufung und Verteilung im Einflußgebiet erzielen, wobei davon auszugehen ist, daß der Effekt landschaftstypischer Maßnahmen mit zunehmender Offenheit der Landschaft steigt. Eine Ausnahme bilden die Entwicklung von Altholzinseln oder die Wiederherstellung stehender Gewässer, die wegen ihrer wichtigen Funktion als Bruthabitat und Überwinterungsquartier bzw. Laichplatz positiven Einfluß auf einen größeren Biotopbereich ausüben. Die in Tab. 47 zusammengestellten raumwirksamen Effekte setzen in jedem Fall die Durchführung landschaftstypischer und -verträglicher Maßnahmen voraus. Die Anlage einer hochwüchsigen Hecke in einer ebenen Agrarlandschaft dient hier ebenso wenig den an das Offenland angepaßten Tierarten wie die Zerstörung einer Feuchtwiese durch ein willkürlich angelegtes „Amphibienbiotop".

Tab. 47: Angenommene raumwirksame Effekte ausgewählter Maßnahmen (Beispiele)

Landschaftstypen	**Raumwirksame Maßnahmen**	**a**	**b**
Ackerlandschaften des Flachlands (gehölzarm)	Anlage von Brachflächen und Säumen	10 %	1,00 ha
	Pflanzung von Obstbaumreihen	50 %	0,20 ha
Ackerlandschaften, des Hügel- und Berglands (mäßig gehölzreich)	Anlage von Brachflächen und Säumen	20 %	0,50 ha
	Pflanzung von Obstbaumreihen und Hecken	50 %	0,20 ha
Wiesen- und Weidelandschaften der Niederungen (gehölzarm)	Anlage und Extensivierung von Grünland, Anlage von Säumen	20 %	0,50 ha
	Regeneration von Laichgewässern	5 %	2,00 ha
Wiesen- und Weidelandschaften der Hanglagen (gehölzreich)	Anlage und Extensivierung von Grünland, Anlage von Brachflächen und Säumen	40 %	0,25 ha
	Pflanzung von Obstbaumreihen und Hecken	50 %	0,20 ha
gehölzdominiertes Offenland, Streuobstgebiete	Anlage und Extensivierung von Grünland, Anlage von Brachflächen und Säumen	50 %	0,20 ha
	Pflanzung von Obstbäumen und Hecken	50 %	0,20 ha
Waldlandschaften	Anlage und Entwicklung von Laubwald	50 %	0,20 ha
	Entwicklung von Altholzbeständen	5 %	2,00 ha

a) Mindestanteil der Maßnahme an der aufzuwertenden Gesamtfläche
b) mit 1.000 m² Kompensationsfläche durch Umgebungswirkungen aufzuwertende Fläche

Erreicht eine Kompensationsfläche durch die beabsichtigten Maßnahmen aufgrund ihrer Ausdehnung selbst die angestrebten Eigenschaften als Lebensraum für die jeweiligen Leitarten und unterliegt somit einer Aufwertung, entfällt diese in der Regel für den übergeordneten Biotopbereich. Gleichzeitige Aufwertungen von Biotop und Biotopbereich sind folglich nur möglich, wenn die geplanten Maßnahmen im Biotopbereich zusätzlich Arten einer höheren Arealstufe zu fördern vermögen als auf der Kompensationsfläche selbst.

> *Bsp.: Eine intensiv genutzte Ackerlandschaft (BW_t: 0,6) soll durch die Umwandlung einer schmalen, inmitten eines zusammenhängenden Ackerschlags liegenden Parzelle in eine periodisch zu pflügende Dauerbrache aufgewertet werden. Der Effekt der Maßnahmen beruht hierbei neben der Schaffung von Lebensräumen für Ackerwildkräuter und Arthropoden vor allem in ihrer strukturbereichernden Eigenschaft als Voraussetzung zur Anhebung der Populationen von Rebhuhn und Feldhase. Da diese Arten auf großräumige Offenlandschaften (A3) angewiesen sind, werden auch Teile des Biotopbereichs aufgewertet. Voraussetzung ist, daß die Maßnahmen im Gebiet ein deutliches Populationswachstum von sporadischem zu rezedentem Vorkommen der b2- bzw. b3-Arten erwarten lassen. Da die 1,25 ha große Kompensationsfläche innerhalb der rd. 25 ha großen Ackerlandschaft 5 % der Gesamtfläche erfaßt, kann dies für einen 6,25 ha großen Teil der Ackerlandschaft angenommen werden, der in der Ausgleichsbilanz somit um eine halbe Wertstufe, also 0,3 Punkte aufgewertet wird. Eine Aufwertung um zwei Stufen würde die Ausbildung dominanter Vorkommen bedingen und ist deshalb nur in Ausnahmefällen zulässig, beispielsweise, wenn entsprechende Populationsstärken im Gebiet für frühere Jahrzehnte nachgewiesen sind und sich deren Rückgang durch eindeutig determinierte, gleichzeitig aber reversible Ursachen begründen läßt.*

Bsp.: In einer intensiv genutzten, mäßig wertvollen (BW_t: 0,8) Bachniederung soll ein 8 ha umfassende Fläche gesichert und künftig als Streuwiese genutzt werden (Entwicklung von BW_t: 0,5 auf 0,8). Da durch das Erreichen der Arealstufe A2 (> 5 ha) mit dem künftigen Vorkommen arealabhängiger a1-Arten zu rechnen ist, wird das Gebiet um zusätzlich 0,3 Punkte, im Ergebnis also auf 1,1 Punkte aufgewertet. Eine Aufwertung des nur 10 ha großen Biotopbereichs erfolgt nicht, da die Maßnahme offensichtlich nicht zur Ansiedlung von A3-Arten wie den Kiebitz führen wird.

Bsp.: Ein rd. 20 ha großer Streuobstwiesenkomplex soll im Zuge vorlaufender Ersatzmaßnahmen um 10 ha auf rd. 30 ha vergrößert werden, wodurch der Biotopbereich die Arealstufe A3 erreicht, in der arealabhängige a2-Arten wie der Grünspecht zu erwarten sind. Eine Aufwertung der neu anzulegenden Wiesen selbst ist aufgrund der erst nach Jahrzehnten eintretenden Bedeutung der Flächen als Bruthabitat für wertgebende Arten nicht möglich. Zulässig hingegen ist eine Aufwertung des Gesamtkomplexes, da dieser ausreichend Brutmöglichkeiten bereithält und allein durch die Arealausdehnung bereits nach wenigen Jahren an Wert gewinnt.

3.3 LANDSCHAFTSBILD, ERHOLUNGSEIGNUNG UND KULTURHISTORISCHE BEDEUTUNG DER LANDSCHAFT

3.3.1 Landschaft als kulturgeographisches Phänomen

Anders als bei der Bewertung von Bodeneigenschaften oder Lebensraumqualitäten lassen sich Merkmale und Bedeutung des Schutzgutes „Landschaft“ nicht allein auf naturwissenschaftlicher Grundlage bestimmen. Bereits die begriffliche Definition der Kulturlandschaft, vor allem aber ihre individuelle Charakterisierung und Abgrenzung, bedarf einer verstärkten Berücksichtigung sozioökonomischer und geschichtlicher Zusammenhänge.

Der Wert landschaftskundlicher Forschung kommt nach UHLIG (1956) erst dann zur Geltung, wenn es gelingt, von der physiognomisch faßbaren Raumgestalt her den Zugang zum darunter verborgenen vielfältigen Wirkungsgefüge zu finden. Das Landschaftsbild ist folglich nicht nur ästhetischer Ausdruck des Zusammenwirkens räumlicher Elemente, sondern beinhaltet neben dieser horizontalen Gliederung auch eine vertikale, historische Komponente. Der Begriff der „Kulturschichtung“ drückt hierbei die sich in historischen Zeiträumen allmählich vollziehende, im Ergebnis additiv wirksame Wandlung der Landschaft durch die über Generationen neu hinzugefügten Elemente aus, deren Summe sich als „objektivierter Geist“ (SCHWIND, 1951) der jeweiligen Kultur manifestiert.

Jede konkrete kulturgeographische Raumbildung unterliegt nach UHLIG (1956) einem Kräftespiel zwischen den ökonomischen und sozialen Zuständen einer Zeit und den herrschenden ökologischen Bedingungen, die zwar Einfluß auf die Gestaltwerdung einer Kulturlandschaft nehmen, niemals aber deren Entwicklung allein vorherbestimmen. Auf dem Wechselspiel zwischen Naturausstattung und Funktionserfüllung menschlicher Bedürfnisse basiert letztlich auch der vielfältige Formenschatz und das individuelle Wesen unserer Landschaften, die immer als Synthese aus natürlichen, historischen, wirtschaftlichen und soziologischen Faktoren hervorgehen („Unteilbarkeit der geographischen Substanz“).

Ziel der Kulturgeographie, nach SCHLÜTER (1906) „die große Gruppe der Spuren, welche die menschliche Tätigkeit in der Landschaft hinterläßt", bleibt bei aller Notwendigkeit zur Einbeziehung historischer Entwicklungen aber die Erkenntnis und Bewertung der *heutigen* Landschaft, weshalb eine rückblickende Betrachtung nur diejenigen Zustände erfassen darf, deren Fortleben in den Zügen der bestehenden Umwelt spürbar ist. Eine allgemeingültige Festlegung des bei der Erfassung der Landschaftsgeschichte einzubeziehenden Zeitraums ist folglich nicht möglich, sondern orientiert sich an den Elementen, die für den betrachteten Raum zu einem bestimmbaren Zeitpunkt mit einer merklichen landschaftsprägenden Wirkung in Erscheinung treten und bis heute in ihrer Wirkung nachhalten (UHLIG, 1956).

Als Ergebnis der bisherigen Ausführen läßt sich der Begriff „Kulturlandschaft" in Anlehnung an UHLIG (1956) als räumlich umgrenzbare Vergesellschaftung dominanter Gestaltungselemente beschreiben, deren Bestand durch das räumlich und zeitlich differenzierbare Zusammenspiel ökologischer Einflüsse (Naturausstattung) und menschlichen Wirkens (wirtschaftliche und soziale Funktionen) determiniert ist. Die kennzeichnenden Teile ihres Gefüges zeigen eine formale Ordnung und sind vorwiegend typenhaft entwickelt, unterliegen aber auch topographischen und geschichtlichen Einflüssen, die auf den Formenbestand individualisierend einwirken.

Betrachtet man die Kulturlandschaft, wie sie sich uns präsentiert, als kumulatives Ergebnis und Spiegel menschlicher Bedürfnisse und Werte, wird augenfällig, daß die Herleitung eindeutiger Kriterien zur Bewertung einer Landschaft kaum objektivierbar ist. Ebenso wenig, wie es möglich ist, einen allgemein anerkannten Referenzzeitpunkt für den „optimalen Zustand" einer Landschaft festzulegen, kann es gelingen, aktuell ablaufende Prozesse und Veränderungen in ihrem Einfluß auf das Erscheinungsbild der Landschaft verbindlich zu beurteilen.

Bietet sich für das Schutzgut Vegetation und Fauna mit der vermutlich größten erreichten Arten- und Standortvielfalt Mitte des19 Jh. ein zumindest in Teilen geeigneter Maßstab zur Wertbestimmung heutiger Lebensräume, scheidet eine derartige Festlegung für die Erfassung von Landschaften im kulturgeographischen Sinne aus. Dennoch sei davor gewarnt, die in den letzten Jahrzehnten vollzogenen und sich zunehmend beschleunigenden Veränderungen in unserer Landschaft als einen der kulturgeographischen Definition entsprechenden und vorbehaltlos zu legitimierenden Prozeß zu betrachten und einer kritischen Betrachtung zu entziehen.

Zwar steht es den Menschen des beginnenden 21. Jh. nicht an, die Wertmaßstäbe späterer Generationen zur Beurteilung von Kulturlandschaften vorweg bestimmen zu wollen. Ein Rückzug auf das Postulat unumstößlicher Kontinuität der Landschaftsentwicklung ist angesichts der sich immer rasanter und infolge der europäischen Agrarordnung zunehmend global vollziehenden Umbrüche in der Landnutzung aber kaum zu rechtfertigen. Vergleichbar dem Umgang mit unserem baulichen Kulturerbe in den Städten und Dörfern, erscheint es deshalb geboten, die sich in jüngster Zeit vollziehenden Entwicklungen in Landnutzung und Städtebau nicht als konsequente Fortführung kultureller Prozesse zu akzeptieren, sondern die gegenwärtigen Bedingungen als Zäsur der über Jahrhunderte ablaufenden kulturellen Entwicklung zu erkennen.

Die Forderung, dem Erhalt des Bestehenden gegenüber der Legitimation kontinuierlicher Fortentwicklung den Vorrang einzuräumen, stößt zwangsläufig auf den Vorwurf einer rückwärts gerichteten Denkweise, ist im Denkmalschutz aber seit Jahrzehnten unbestritten, fordert heute doch keine ernst zu nehmende Stimme (mehr), die noch erhaltenen historischen Stadtkerne den aktuellen städtebaulichen Entwicklungen zu öffnen. Bei aller Einsicht für den dynamischen Charakter der Landschaftsentwicklung darf nicht übersehen werden, daß heute erstmals seit den Anfängen menschlicher Einflußnahme auf die Landschaftsgestalt vor 8-10.000 Jahren keine Ergänzung landschaftsprägender Elemente mehr erfolgt, sondern infolge immer raumgreifenderer Bewirtschaftungsformen deren ersatzlose Vernichtung zu befürchten steht.

Die nachträgliche, gezielte Strukturanreicherung ihres Gesichts beraubter Landstriche vermag zwar die ästhetische Qualität einer Landschaft zu verbessern, ist in ihrer Motivation aber in keiner Weise vergleichbar mit der Entstehung der Raumgestalt früherer Jahrhunderte. Viele, die Urwüchsigkeit einer Landschaft maßgeblich bestimmende Elemente, wie Böschungen, Hohlwege, Lesesteinhaufen oder bizarre Hutebäume, verdanken ihre Entstehung - und ihren Erhalt - der Nutzung *benachbarter* Flächen, nicht aber ihrer selbst. Sie sind eindeutig Zeugnisse früherer kulturelle Tätigkeit und als solche unbedingt schutzwürdig. Sie sind mit der Aufgabe der ursächlichen Wirtschaftsbedingungen gleichfalls hochgradig schutzbedürftig, ohne daß durch die fortschreitende Intensivierung unserer Landwirtschaft jemals noch mit einem adäquaten Ersatz derartiger Elemente durch neue, unserem Zeitgeist entsprechende zu rechnen wäre. Der „objektivierte Geist“ als Summe der über Generationen zusammengetragenen kulturellen Einflüsse auf eine Landschaft weicht somit zunehmend einer geschichtslosen, nicht einmal in der Kontinuität einer einzigen Generation stehenden Landschaftsgestalt, für die der Begriff „Kulturlandschaft“ kaum mehr Rechtfertigung finden kann.

Es mag bedauert werden, daß nach unseren Städten und Dörfern, Pflanzen und Tieren nun auch unsere Landschaften nurmehr durch restriktiven Schutz vor dem Untergang zu bewahren sind und die einstmals ihren Erhalt und ihre Entwicklung sichernden kulturellen Prozesse längst dazu geeignet sind, ihren Untergang zu beschleunigen. Aber so lange der bestehende gesellschaftliche Konsens zum Erhalt von Denkmälern, kulturhistorischen Zeugnissen und gewachsenen Landschaften von den wirtschaftlichen und kulturellen Entwicklungen konterkariert wird, muß eine bloße Rückbesinnung auf die landschaftsgestaltenden Kräfte der Kulturschichtung scheitern.

3.3.2 Landschaftstypen

3.3.2.1 Bestimmung von Landschaftstypen

Die Bewertung der Ursprünglichkeit einer Landschaft, aber auch die Beurteilung der Wirkung von Ausgleichs- und Ersatzmaßnahmen, setzt ihre Charakterisierung und Abgrenzung hinsichtlich ihres historischen Erscheinungsbildes voraus. Vergleichbar der Ausprägung von Pflanzengesellschaften oder Biotopstrukturen, unterliegt die Entwicklung der Landschaft in hohem Maße den jeweiligen standörtlichen Bedingungen und folgt bis hin zur Siedlungsstruktur und Hofform typischen Gesetzmäßigkeiten (vgl. ELLENBERG, 1990), die in der Vergangenheit lediglich durch politische und militärische Einflußnahme in größerem Maße überprägt worden sind. Landschaft ist folglich nicht die Summe von gleichartigen, mehr oder weniger zufällig zusammentreffenden Nutzungen und Biotopen, sondern diese sind vielmehr Ausdruck und unter den jeweiligen Bedingungen regelmäßig wiederkehrender Bestandteil einer Landschaft.

Die Annahme zugrunde legend, daß die mittlerweile landes- und bundesweit klassifizierten und erfaßten Biotoptypen (HMLWLFN, 1994; RIECKEN et al., 1994) eine Landschaft durch ihre Verteilung, Häufung und Vergesellschaftung in typischer Weise charakterisieren, lassen sich beispielsweise für den mittelhessischen Raum eine Reihe von Landschaftstypen unterscheiden, die nachfolgend hinsichtlich ihrer landschaftsbildprägenden Bedingungen und charakteristischen

Elemente beschrieben werden. Wesentliches Ordnungskriterium außerhalb von Siedlungen ist hierbei die aufgrund der geologischen und pedologischen Bedingungen dominierende Nutzungsform (Waldlandschaften, Gehölzdominierte Offenlandschaften, Wiesen- und Weidelandschaften sowie Ackerlandschaften), gefolgt von topographisch bedingten Abwandlungen und Übergängen (Flachland / Hügel- und Bergland) oder landschaftsprägenden Unterschieden im Geländewasserhaushalt eines Gebiets. Hinzu kommen drei extrazonale Sonderstandortstypen, die keinem der Landschaftstypen zugeordnet werden können und sich wegen ihrer Kleinflächigkeit oder Nutzungsform auch nicht als eigener Typ beschreiben lassen.

Ebenso wie die Lebensräume von Pflanzen und Tieren, lassen sich auch Landschaften auf unterschiedlichen Maßstabsebenen charakterisieren und abgrenzen. Entgegen der gängigen Sprachregelung, nur großräumige, den naturräumlichen Haupt- oder zumindest Untereinheiten entsprechende Gebiete als Landschaften zu bezeichnen, soll der Begriff im Rahmen dieser Arbeit deshalb weitgehend unabhängig von der Flächengröße verwendet werden. TROLL (1950) definiert als kleinste, durch den Naturplan dem Menschen dargebotene Raumeinheiten der Landschaft das Ökotop, das als Gesamtheit aus Physiotop (Flies) und Biotop aus jeweils charakteristischen Vergesellschaftungen einzelner Landschaftselemente besteht, die in einem bestimmten Raumgefüge die kleinsten Landschaftsindividuen zusammensetzen. Mit UHLIG (1956) soll der Begriff, der dem Fliesengefüge nach SCHMITHÜSEN (1948) und der Kleinlandschaft nach PAFFEN (1948) entspricht, nachfolgend auch das menschliche Einwirken auf die natürlichen Gegebenheiten einbeziehen.

Als Landschaft läßt sich mithin jedes Gebiet beschreiben und abgrenzen, dessen Nutzung eine gewachsene kulturelle Entwicklung erkennen läßt und das sich von benachbarten Gebieten durch Nutzung, Nutzungsverteilung oder andere Kultureinflüsse deutlich unterscheidet. Dies setzt in der Regel ein zugrunde liegendes Parzellen- oder Wegenetz voraus, d.h. eine Abfolge verschiedener, aber nicht zwangsläufig voneinander differierender Nutzungseinheiten. Ein einzelner Akker oder ein Großseggenried kann folglich nur in wenigen Ausnahmefällen als eigene Landschaft charakterisiert werden, wohl aber eine sich wiederholende Abfolge von Ackerparzellen und Streuobstwiesen oder auch ein einheitlich als Grünland genutztes Bachtal. Hutelandschaften oder Moore lassen sich hingegen oft gerade durch das Fehlen eines Nutzungsschemas charakterisieren und von benachbarten Landschaften durch deren Flursystem abgrenzen. Faktisch entsprechen derart charakterisierte Landschaften in der Regel den in Kap. 2 beschriebenen Biotopbereichen, so daß sie als einheitliche Bewertungsgrundlage sowohl für das Schutzgut Landschaft als auch für das Schutzgut Vegetation und Fauna herangezogen werden können.

Die Einteilung und Benennung der Landschaftstypen beruht auf der Auswertung zahlreicher Biotopkartierungen und Landschaftspläne, geographischer Quellen, aktueller und historischer Karten und Luftbilder sowie einer Vielzahl von Begehungen in den vergangenen Jahren.[40] Als engerer Bezugsraum läßt sich deshalb die in Abb. 9 wiedergegebene Region zwischen dem Limburger Becken im Westen und dem Vorderen Vogelsberg im Osten abgrenzen, die zwar keine vollständige Repräsentativität für ganz Hessen in Anspruch nehmen kann und viele in anderen Regionen Deutschlands verbreitete Landschaftstypen unbeachtet lassen muß, dennoch aber einen charakteristischen Querschnitt des planar-kollinen bis submontanen Raums bietet und im übrigen weiteren Ergänzungen offensteht.

[40] Die wesentlichen Quellen sind im Literaturverzeichnis zusammengestellt.

Abb. 9: Naturräumliche Gliederung des Untersuchungs- und Bezugsgebietes und seine Zugehörigkeit zu den Großregionen (nach HLU, 1987 und HMILFN, 1996)

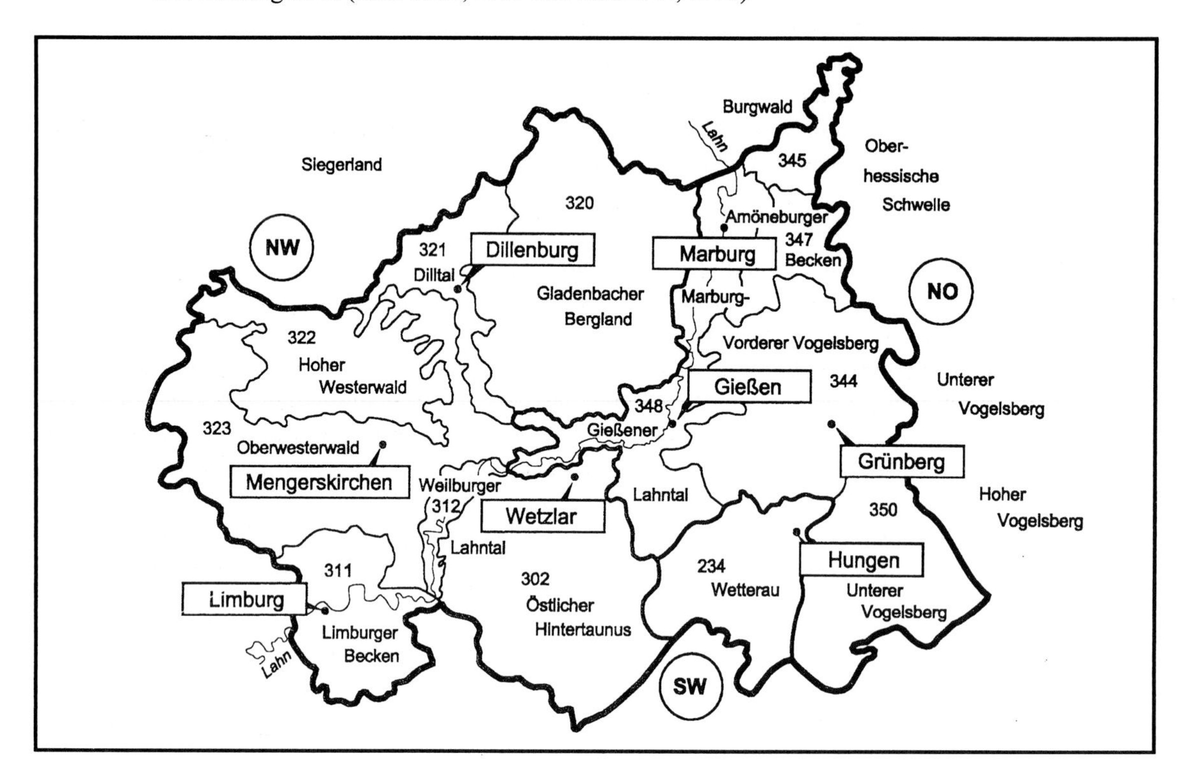

In der jeweiligen Landschaft regelhaft wiederkehrende, sie prägende Nutzungsstrukturen und Einzelobjekte sind als „charakteristische Elemente“ beispielhaft aufgeführt. Sie sollen Anhaltspunkte bei der Bewertung, gleichzeitig aber auch Hinweise auf mögliche Mangelfaktoren und bestehende Überformungen geben. Als „störende Elemente“ sind häufig wiederkehrende, das Erscheinungsbild der Landschaft nachhaltig verändernde Strukturen aufgeführt, die sich als Ursache für den Verlust ästhetischer Wirkung oft erst durch Vergleich mit alten Ansichten oder noch intakten Landschaften offenbaren. So hat die in den letzten Jahrzehnten betriebene Asphaltierung von Wald- und Wirtschaftswegen einschließlich ihrer Säume auch ohne nennenswerte Einbußen der Strukturvielfalt in der Umgebung zu einem nachhaltigen Verlust der Urwüchsigkeit vieler Landschaften geführt. Die beispielhaft genannten Störungen können deshalb durchaus unbewußt ihre Wirkung entfalten, aber auch unterschiedlichen Gewichtungen unterliegen. Von außerhalb einwirkende Störungen, wie Siedlungsränder, Verkehrswege, Hochspannungsleitungen oder auch Lärmimmissionen, bleiben hierbei unberücksichtigt. Sie sollen separat in die Bewertung einfließen, weil sie dem zu beurteilenden Gebiet nicht immanent sind, ihr Einfluß also nicht den Wert einer Landschaft selbst, sondern deren Eignung als Erholungsgebiet beeinflußt.

1 Waldlandschaften

1.1 Hochwaldlandschaften

1.1.1 Auwälder

Vornehmlich in den schmalen Kerbtälern der Mittelgebirgslagen, stellenweise aber auch noch entlang von Flüssen, wachsen von Schwarzerlen, Eschen und Weiden geprägte Weichholz-Auenwälder. Sie vermitteln aufgrund ihrer schlechten forstwirtschaftlichen Nutzbarkeit einen oft urwüchsigen Eindruck. Bedingt durch die Flußregulierung und Siedlungstätigkeiten der Vergangenheit sind naturnahe Auwälder in Hessen weitgehend verschwunden, flächenhafte Reste finden sich noch im Naturschutzgebiet „Kühkopf / Knoblochsaue" bei Darmstadt.
Landschaftsbildprägende Bedingungen vor allem der Bachauenwälder sind ein vielfältiger Bestandsaufbau mit Bäumen unterschiedlichen Alters, eine vergleichsweise dichte Krautschicht mit Farnen und Blütenpflanzen sowie Stockausschlag als Hinweis auf eine frühere Niederwaldnutzung. Am Rande ehemals landwirtschaftlich genutzter Bachtäler finden sich zudem Böschungen und „innere" Waldränder mit Hasel und Hainbuche.
Charakteristische Elemente: Altholz, Naßstellen, Tümpel, moosbewachsenes Totholz, innere Waldränder, Böschungen, Bachläufe und Rinnsale, Blößen, Säume und Quellsümpfe, Spuren früherer menschlicher Tätigkeiten, wie Gräben, Böschungen, Stockausschlag und Wegsteine
Störungen: Asphaltwege, Nadelholzpflanzungen, Räumspuren, Fischteiche

1.1.2 Hochwälder des Flachlands

Naturnahe Laubwaldbestände haben sich im mittelhessischen Raum erst wieder nach Einführung einer geregelten Forstwirtschaft im 18. und 19. Jahrhundert ausgebreitet. Sie stellen in unterschiedlichen Ausprägungen die potentielle natürliche Vegetation fast aller Landschaftstypen dar, wurden in früheren Jahrhunderten vor allem in den Tieflagen aber durch Waldweide und Streuentnahme großflächig ausgelichtet.
Landschaftsbildprägende Bedingungen sind in Buchenwäldern der großflächige Hallencharakter, in lichteren Wäldern eine hohe Strukturvielfalt mit starker vertikaler und horizontaler Schichtung; hoher Altholzanteil mit dominanten Einzelbäumen bei wechselnder, in Buchenwäldern oft hoher Durchschaubarkeit.
Charakteristische Elemente: Altholz, tief beastete Einzelbäume, teilweise moosbewachsenes Totholz, innere Waldränder, Böschungen, schmale Waldwege, Bachläufe, Blößen, Säume und Quellsümpfe, Spuren früherer menschlicher Tätigkeiten, wie Terrassen, Gräben, alte Wege, Wegsteine, Hügelgräber oder Abgrabungen
Störungen: Asphaltwege, Nadelholzkulturen, Kahlschläge, Räumspuren, Einzelbauwerke (Wasserhochbehälter etc.)

1.1.3 Hochwälder des Hügel- und Berglands

Die Wälder der submontanen bis montanen Stufe weisen in Abhängigkeit von den jeweiligen geologischen Bedingungen und klimatischen Einflüsse sowie ihrer Nutzungsgeschichte eine sehr vielfältige Gestalt auf. So zeichnen sich die durch Waldweide devastierten Hänge der tieferen Lagen aufgrund relativ trockener Bodenbedingungen meist durch einen hohen Eichenanteil und eine lückigere Bestandsstruktur aus und hinerlassen bei geringerer Wuchsleistung zuweilen einen fast mediterranen Eindruck. Demgegenüber vermitteln die Buchenwälder der feucht-kühlen Hochlagen von

Rhön, Vogelsberg und Westerwald mit ihren moosbewachsenen Blockschutthalden einen fast schon urwaldartigen Charakter, auch wenn sie nicht selten aus ehemaligen Huteflächen hervorgegangen sind.
Landschaftsbildprägende Bedingungen sind die hohe Strukturvielfalt mit starker vertikaler und horizontaler Schichtung; hoher Altholzanteil mit dominanten Einzelbäumen bei wechselnder Durchschaubarkeit.
Charakteristische Elemente: Altholz, tief beastete Einzelbäume, teilweise moosbewachsenes Totholz, innere Waldränder, Böschungen, schmale, in Hanglage geschwungene Waldwege, Blößen, Säume, Spuren früherer menschlicher Tätigkeiten, wie Terrassen, Gräben, alte Wege, Wegsteine, Hügelgräber, Abgrabungen
Störungen: Asphaltwege, Nadelholzkulturen, Kahlschläge, Räumspuren, Einzelbauwerke (Wasserhochbehälter etc.)

1.2 Sonderformen der Waldlandschaften

Während die bis in die Neuzeit in Mitteleuropa noch weit verbreiteten Hutewälder mittlerweile fast vollständig aus unserer Landschaft verschwunden sind, finden sich Nieder- und Mittelwälder - wenn auch zumeist in nicht mehr genutzter Form - noch in vielen Mittelgebirgen, zumeist auf flachgründigen Hang- oder Kuppenlagen. Der ursprüngliche Charakter derartiger periodisch genutzter Wälder ist gleichwohl oft dem schlechtwüchsiger Hochwälder trockener Standorte gewichen. Nur im Lahn-Dill-Bergland an der Grenze zum Siegerland bestehen bis heute vielfach durch Haubergsgenossenschaften genutzte Niederwälder mit ihrer typischen Parzellenstruktur.
Landschaftsbildprägende Bedingungen von Niederwäldern sind eine einheitliche Bestandsstruktur mit periodisch wechselnder Durchschaubarkeit, bei Hutewäldern eine ungleich höhere Strukturvielfalt mit ständig wechselnden Eindrücken und bizarren Baumformen bei oft geringer Durchschaubarkeit infolge starker horizontaler Schichtung.
Charakteristische Elemente: Stockausschlag, tief beastete Einzelbäume, Böschungen, schmale, in Hanglage geschwungene Waldwege, Spuren früherer menschlicher Tätigkeiten, wie Terrassen, Gräben, Wegsteine, Hügelgräber oder Abgrabungen
Störungen: Asphaltwege, Nadelholzkulturen, Kahlschläge, Räumspuren, Einzelbauwerke (Wasserhochbehälter etc.)
Subtypen: 1.2.1 Nieder- und Mittelwälder
1.2.2 Hutewälder

2 Gehölzdominierte Offenlandschaften

2.1 Weinbaulandschaften

Die bis ins 19. Jh. vor allem im Lahntal weit verbreiteten Weinbaulandschaften sind mittlerweile aus Mittelhessen verschwunden und erst wieder im Rheingau sowie am Unterlauf der Lahn auf rheinland-pfälzischem Gebiet erhalten. Ursprüngliche Reblandschaften zeichnen sich durch Offenheit, aber kleinteilige Terrassierungen und eine vielfältigen Wechsel zwischen Weinbergen, Brachen und nicht bewirtschaftungsfähigen Flächen aus.
Landschaftsbildprägende Bedingungen für Weinbaulandschaften sind im hessischen Raum eine starke Reliefenergie, hohe Übersicht und ein reizvoller Wechsel zwischen natürlichen und künstlichen Elementen wie Terrassen und Trockenmauern.
Charakteristische Elemente: Terrassen, verbuschende Weinbergsbrachen, unbefestigte Wege, Trockenmauern, Steinriegel, Holzschuppen
Störungen: Asphaltwege, Betonmauern, Feldscheunen, Gartengrundstücke

Subtypen: 2.1.1 Weinbaulandschaften des Flachlands
2.1.2 Weinbaulandschaften des Hügel- und Berglands
2.1.2.1 Weinbaulandschaften flach geneigter Hanglagen
2.1.2.2 Weinbaulandschaften steiler Hanglagen

2.2 Obstbaulandschaften

Der Anbau von Streuobst im Umfeld der Siedlungen oder auf schlecht nutzbaren Hängen war vor allem im 18. und 19. Jahrhundert weit verbreitet. Angrenzend an die Scheunenkränze der Dörfer, waren sie oft durchsetzt von zahlreichen Nutzgärten oder kleineren Ackerflächen und bildeten ein sehr strukturreiches, aber auch relativ intensiv bewirtschaftetes Nutzungsmosaik. Obstwiesen außerhalb der Ortsrandlagen beschränken sich meist auf ackerbaulich schlecht nutzbare Hänge in der Umgebung der Dörfer, wie sie am Taunusrand bis heute erhalten sind. Größere dorfrandnahe Streuobstgebiete finden sich hingegen vor allem in der nördlichen Wetterau, im Hüttenberger Hügelland sowie im Vorderen Vogelsberg.
Landschaftsbildprägende Bedingungen für Streuobstwiesen und traditionelle Obstgärten sind ein parkartiger, halboffener Charakter mit hoher Strukturvielfalt.
Charakteristische Elemente: alte Einzelbäume, verbuschende Obstbaumreihen, Totholz, unbefestigte Wege, alte Terrassen oder Wölbäcker, Zäune, Trockenmauern, Steinriegel, Holzschuppen
Störungen: Asphaltwege, Feldscheunen, Gartengrundstücke, Metallgatter, Koniferenpflanzungen, Vielschnittrasen, Pferdekoppeln, (mobile) Umzäunungen
Subtypen: 2.2.1 Streuobstgebiete
2.2.2 Obstkultur-Landschaften

2.3 Parklandschaften

Alte Parks, Friedhöfe und großflächige Landschaftsgärten vermitteln in ihrem landschaftlichen Charakter zwischen den natürlichen Wäldern und halboffenen Obstwiesenkomplexen. Im Gegensatz zu diesen entstammen sie aber keiner kontinuierlichen Nutzung, sondern einer allein unter gestalterischen Gesichtspunkten gelenkten Entwicklung.
Landschaftsbildprägende Bedingungen von Parkanlagen sind ein enges, geschwungenen Wegenetz, das dem Erholungssuchenden in Verbindung mit bewußt eingeplanten Sichtachsen zwischen geschlossenen Gehölzpflanzungen vielfältige und ständig wechselnde Sichtbeziehungen auf solitäre Bäume, Brücken oder andere gestaltende Elemente bietet und damit in hohem Maße zur Erlebniswirksamkeit des Geländes beiträgt.
Charakteristische Elemente: tief beastete Einzelbäume, Alleen, Gewässer, Brücken, Laternen, Parkbänke
Störungen: Asphaltwege, Betonmauern, moderne Bauwerke
Subtypen: 2.3.1 Parks
2.3.2 Friedhöfe

3 Wiesen- und Weidelandschaften

3.1 Grünlandgebiete des Flachlands

3.1.1 Niedermoore und Sümpfe

Sieht man von den Hochmooren höherer Mittelgebirgslagen ab, sind großflächige Sümpfe im mittelhessischen Raum aufgrund des Fehlens eiszeitlich entstandener Flachseen schon immer auf staunasse Mulden sowie die Auen von Flüssen und größeren Flachlandbächen beschränkt gewesen. Die Nutzung dieser Standorte vollzog sich periodisch und beschränkte sich auf die Gewinnung von Einstreu oder Schilf.
Landschaftsbildprägende Bedingungen sind die ausgeglichene Topographie und ein vielfältiges Vegetationsmuster aus Röhrichten, Naßwiesen, Gräben und Gehölzen.
Charakteristische Elemente: Wasserflächen, Röhrichte, Einzelbäume, Holzzäune
Störungen: Asphaltwege, Gartengrundstücke, Metallgatter
Subtypen: 3.1.1.1 Niedermoore
3.1.1.2 Sümpfe der Flußniederungen und Mündungsgebiete
3.1.1.3 Teichlandschaften

3.1.2 Mähwiesen- und Weidelandschaften des Flachlands

3.1.2.1 Flußniederungen des Flachlands

Auf den periodisch durch Hochwässer überschwemmten, nährstoffreichen Auensedimenten der Täler von Flüssen und größeren Bächen wurde bis zur Regulierung der Fließgewässer und Entwässerung des Geländes traditionell Grünlandnutzung betrieben. Der relativ hohe Grundwasserflurabstand ermöglichte eine regelmäßige und flächendeckende Bewirtschaftung zur Gewinnung von Grünfutter oder Einstreu für die Stallungen. Infolge von Regulierungs- und Meliorationsmaßnahmen werden viele Auenstandorte heute ackerbaulich bewirtschaftet, aber auch an der Lahn finden sich noch immer Niederungsbereiche, die einen Eindruck von der früheren Landschaftsgestalt der Flußauen vermitteln.
Landschaftsbildprägende Bedingungen sind eine hohe Überschaubarkeit bei ausgeglichener Topographie, dominante Einzelelemente, ein dichter und alter Ufergehölzsaum sowie eine vielfältige Gewässerstruktur.
Charakteristische Elemente: Einzelbäume, Gräben und Säume, hölzerne Zaunpfähle, Flutmulden, Uferabbrüche, Kiesbänke und Geröll, Wehre und alte Brücken
Störungen: Asphaltwege, Gartengrundstücke, Metallgatter, Koniferenpflanzungen, Kurzschnittrasen, Ackernutzung

3.1.2.2 Bachniederungen des Flachlands

In den fruchtbaren Lößgebieten der planaren bis kollinen Höhenstufe sind die ursprünglich meist sumpfigen Bachniederungen infolge Entwässerung und Überführung von Grünland in Acker heute oft nicht mehr als solche erkennbar und in ihrer ursprünglichen Ausdehnung nur noch über historische oder bodenkundliche Karten nachzuvollziehen, da sie sich anhand der Geländetopographie kaum von den angrenzenden Ackerbaugebieten abheben. Wie die wenigen bis heute von Grünlandnutzung dominierten Bachtäler des Flachlands zeigen, ähnelt der Landschaftstyp deshalb eher den Flußauen als den Bachniederungen des Hügel- und Berglands.
Landschaftsbildprägende Bedingungen sind eine hohe Überschaubarkeit bei ausgeglichener Topographie, dominante Einzelelemente, ein dichter und alter Ufergehölzsaum sowie eine vielfältige Gewässerstruktur.

Charakteristische Elemente: Einzelbäume, Gräben und Säume, hölzerne Zaunpfähle, Flutmulden, Uferabbrüche, Röhrichte, Wehre und alte Brücken
Störungen: Asphaltwege, Gartengrundstücke, Metallgatter, Koniferenpflanzungen, Kurzschnittrasen, Ackernutzung

3.2 Grünlandgebiete des Hügel- und Berglands

3.2.1 Fluß- und Bachniederungen des Hügel- und Berglands

3.2.1.1 Flußniederungen des Hügel- und Berglands

Gegenüber den ausgedehnten Niederungen im Flachland sind die Täler der Mittelgebirgsflüsse deutlich schmäler und werden in ihrer Wirkung stärker von den Galeriewäldern des sie durchziehenden Flusses geprägt. Seitlich oft von steil aufragenden Hängen begrenzt, werden die Flußniederungen im submontanen bis montanen Bereich bis heute überwiegend von Grünland bedeckt. Als Beispiele für naturnahe Flußlandschaften der höheren Lagen können Weil (Taunus) und Fulda genannt werden.
Landschaftsbildprägende Bedingungen sind eine hohe Strukturvielfalt bei relativ geringer Überschaubarkeit, ein dichter und alter Ufergehölzsaum sowie eine vielfältige Gewässerstruktur.
Charakteristische Elemente: Ufergehölze (oft aus Stockausschlag), Terrassierungen, unbefestigte oder teilbefestigte Wege, hölzerne Zaunpfähle, Böschungen, Staudenfluren, Naßstellen
Störungen: Asphaltwege, Gartengrundstücke, Fischteiche, Metallgatter, Koniferen- und Pappelpflanzungen, Kurzschnittrasen

3.2.1.2 Bachniederungen des Hügel- und Berglands

Die schmalen Kerbtäler höherer Lagen wurden aufgrund ihrer nährstoffreichen Böden in früheren Jahrhunderten bis hinauf zu den oft von Wald umschlossenen Oberläufen als Futter- oder Streuwiesen genutzt. Das hoch anstehende Grundwasser der Gleye und Naßgleye schränkte die Bewirtschaftung der Flächen stark ein. Die Erlen- und Weidensäume entlang der Bäche wurden zur Gewinnung von Ruten und Nutzholz periodisch "auf den Stock gesetzt".
Landschaftsbildprägende Bedingungen sind eine hohe Strukturvielfalt bei relativ geringer Überschaubarkeit, ein dichter und alter Ufergehölzsaum sowie eine vielfältige Gewässerstruktur.
Charakteristische Elemente: Ufergehölze (oft aus Stockausschlag), Terrassierungen, unbefestigte Wege, hölzerne Zaunpfähle, Böschungen, Staudenfluren, Naßstellen
Störungen: Asphaltwege, Gartengrundstücke, Fischteiche, Metallgatter, Koniferen- und Pappelpflanzungen, Kurzschnittrasen

3.2.2 Mähwiesen- und Weidelandschaften der Hanglagen

3.2.2.1 Feuchtgrünlandgebiete quelliger Hangbereiche und Senken

Der Landschaftstyp umfaßt wechselfeuchte oder sickernasse, oft pseudovergleyte Hänge mit Quellaustritten und einzelnen Naßstellen, die teilweise schon in früherer Zeit von gehölzgesäumten Gräben durchzogen und zumeist als Viehweide genutzt wurden. Er repräsentiert somit die im Offenland liegenden Quellgebiete des Landschaftstyps *Bachniederung*. Sickerfeuchte Hangzüge finden sich vor allem im Lahn-Dill-Bergland, aber auch auf miozänen Schichten am Nordrand des Gießener Beckens.

Landschaftsbildprägende Bedingungen: Anders als die Bachtäler höherer Lagen, zeichnen sich von Feuchtgrünland geprägte Hangbereiche nicht selten durch einen weitläufigen und gehölzarmen Charakter aus. In ursprünglicher Form besitzen sie ein welliges Profil mit kleinräumig wechselnden Standortbedingungen.
Charakteristische Elemente: Einzelgehölze, ggf. Hutebäume, Kopfweiden oder kleine Feldgehölze, Quellmulden, Rinnsale und Gräben, unbefestigte Wege, Böschungen, kleinflächige Röhrichte, hölzerne Zaunpfähle
Störungen: Asphaltwege, Gartengrundstücke, Fischteiche, Metallgatter, Koniferen- und Pappelpflanzungen, Kurzschnittrasen, Trittschäden durch Überweidung

3.2.2.2 Grünlandgebiete mittlerer Hanglagen

3.2.2.2.1 Grünlandgebiete des schwach reliefierten Hügellands

Schwach geneigte, aufgrund wechselfeuchter oder flachgründigerer Standortbedingungen ackerbaulich aber meist schlecht nutzbare Hänge bilden bei überwiegender Grünlandnutzung einen Übergang von den Ackerbaugebieten höherer Lagen zum Extensivgrünland quelliger Hanglagen und dem gehölzreichen Extensivgrünland des stark reliefierten Hügellands. Ihr Verbreitungsschwerpunkt in Mittelhessen liegt in der submontanen Höhenstufe des Vorderen Vogelsbergs, wo sie traditionell zur Heugewinnung genutzt werden.
Landschaftsbildprägende Bedingungen sind ein gleichmäßiges Relief und hohe Überschaubarkeit sowie die Dominanz von Einzelelementen.
Charakteristische Elemente: Einzelgehölze, unbefestigte oder teilbefestigte Wege, Säume, Holzzäune, Holzunterstände
Störungen: Asphaltwege, Feldscheunen, Silage, Gartengrundstücke, Metallgatter, Koniferenpflanzungen, Kurzschnittrasen

3.2.2.2.2 Grünlandgebiete des stark reliefierten Hügellands

Mittelgründige, in früheren Jahrhunderten oft ackerbaulich genutzte und deshalb terrassierte Hanglagen finden sich in submontaner bis montaner Stufe oft in engem Kontakt zu strukturreichen Ackerbaugebieten höherer Lagen oder Streuobstwiesen auf ehemaligen Ackerterrassen. Kleinflächig treten sie aber auch in tieferen Lagen auf, wo sie zwischen den Ackerbaugebieten der Täler und den bewaldeten Hangzügen vermitteln.
Landschaftsbildprägende Bedingungen sind eine sehr hohe Strukturvielfalt bei ausgeprägter Topographie
Charakteristische Elemente: Hecken, Obstbaumreihen, Einzelgehölze, unbefestigte oder teilbefestigte, oft geschwungene Wege, Böschungen, Terrassen, Säume, Trokkenmauern
Störungen: Asphaltwege, Feldscheunen, Silage, Gartengrundstücke, Metallgatter, Koniferenpflanzungen, Kurzschnittrasen

3.3 Hutelandschaften

3.3.1 Hutelandschaften des Flachlands

Anders als in Norddeutschland, konnten sich in den Lößgebieten des hessischen Flachlands Heiden und Magerrasen nur kleinflächig entwickeln, so daß größere Ausbildungen dieses Landschaftstyps lediglich auf den Sanddünen des Rhein-Main-Gebiets zu finden sind.

Landschaftsbildprägende Bedingungen sind eine ebene bis wellige Topographie mit niederwüchsiger Vegetation und hoher Überschaubarkeit sowie dominanten Einzelelementen.
Charakteristische Elemente: Hecken, Einzelgehölze, unbefestigte Wege, Terrassen, Säume, Abrisse, Trockenmauern, Steinriegel, Fels
Störungen: Asphaltwege, Feldscheunen, Gartengrundstücke, Metallgatter, Koniferenpflanzungen, Kurzschnittrasen

3.3.1 Hutelandschaften des Hügel- und Berglands

Höhere, klimatisch oft benachteiligte Hang- und Kuppenlagen mit flachgründigen, mäßig trockenen bis frischen Standortbedingungen wurden traditionell als Viehtriften und Hutungen für Schafe oder Rinder genutzt. Der Landschaftstyp umfaßt sowohl die Heiden und Borstgrasrasen in den Hochlagen des Rheinischen Schiefergebirges, von Westerwald, Vogelsberg und Rhön als auch die klimatisch meist begünstigten Halbtrockenrasen der Basaltkuppen und Kalkgebirge. Definitionsgemäß sind neben zusammenhängenden Heidegebieten beispielsweise auch die kleinflächigen Halbtrokkenrasen in der nördlichen Wetterau zu diesem Landschaftstyp zu zählen.
Landschaftsbildprägende Bedingungen sind eine ebene bis wellige Topographie mit niederwüchsiger Vegetation und hoher Überschaubarkeit sowie dominanten Einzelelementen.
Charakteristische Elemente: Einzelgehölze, unbefestigte Wege, Terrassen, Säume, Trockenmauern, Steinriegel, Fels
Störungen: Asphaltwege, Feldscheunen, Gartengrundstücke, Metallgatter, Koniferenpflanzungen, Kurzschnittrasen
Subtypen: 3.4.1 Hutelandschaften der Basaltkuppen und Kalkgebirge
3.4.2 Hutelandschaften der Silikatgebirge

4 Moore

Im mittel- und osthessischen Raum finden sich ombrogene Hochmoore von Natur aus fast nur in den regenreichen Hochlagen von Vogelsberg und Rhön. Die hier erhaltenen Relikte des wohl am stärksten bedrohten Landschaftstyps sind als solcher heute kaum mehr wahrnehmbar.
Landschaftsbildprägende Bedingungen: weitläufige Überschaubarkeit
Charakteristische Elemente: Schlenken, Laggs, Bulten, Handtorfstiche, Einzelbäume
Störungen: Gräben, randliche Aufforstungen, maschinelle Torfstiche
Subtypen: 4.1 Hochmoor
4.2 Zwischenmoor

5 Ackerlandschaften

5.1 Ackerlandschaften ebener Lagen

Ertragreiche Lößböden in ebener bis schwach geneigter Lage wurden, wie zum Beispiel in der Wetterau, schon in römischer Zeit flächenintensiv landwirtschaftlich genutzt (BAATZ & HERRMANN, 1982). Aufgrund des gleichmäßigen Reliefs bestand kein Erfordernis zur Terrassierung des Geländes, nicht nutzbare und somit der Sukzession überlassene Stufenraine oder Böschungen konnten sich kaum entwickeln, Naßstellen beschränkten sich auf tiefergelegene Mulden und Bachtäler. Auf den ertragreichen Böden wurde vornehmlich Getreide angebaut, Obstwiesen fanden sich, wenn überhaupt, nur im siedlungsnahen Bereich. In der freien Landschaft wurden Obstbäume

fast ausschließlich entlang der Ortsverbindungswege gepflanzt. Der Strukturreichtum derartiger Landschaften ergab sich aus seiner kleinparzellierten, mosaikartig gestalteten Feldflur, die eine Vielzahl unterschiedlicher Nutzungen und Brachestadien auf engstem Raum hervorbrachte. Der steppenartige Offenlandcharakter führte zur Einwanderung zahlreicher Tier- und Pflanzenarten kontinentaler Herkunft, die von einem vielfältigen Angebot an Wildkräutern und Insekten profitierten.
Landschaftsbildprägende Bedingungen sind die weitläufige Überschaubarkeit sowie die optische Dominanz von Einzelelementen.
Charakteristische Elemente: schmale Parzellenstruktur, unbefestigte oder teilbefestigte Wege, Säume, Einzelbäume, ggf. Obstbaumreihen, Hohlwege
Störungen: Asphaltwege, Feldscheunen
Subtypen: 5.1.1 Ackerlandschaften der Lößebenen
5.1.2 Ackerlandschaften fruchtbarer Plateaulagen

5.2 Ackerlandschaften des Hügellands

Hängiges, aber aufgrund guter Bodenbedingungen ackerbaulich nutzbares Gelände zeichnet sich kleinflächig durch ähnliche Standort- und Nutzungsverhältnisse wie der zuvor beschriebene Typ aus. Maßgeblicher Unterschied ist ein höherer Gehölzanteil als Folge eingeschränkter Nutzungsmöglichkeiten und Terrassierungen des Geländes. Bei abnehmender Weitläufigkeit steigt die Erlebnisvielfalt und Kammerung der Landschaft.
Landschaftsbildprägende Bedingungen: mäßig hohe Grenzliniendichte und abwechslungsreiche, oft geschwungene Topographie
Charakteristische Elemente: Ackerterrassen, Hecken, Baumreihen, unbefestigte oder teilbefestigte Wege, Säume, Böschungen, Erosionsrinnen
Störungen: Asphaltwege, Feldscheunen, Gartengrundstücke, Koniferenpflanzungen
Subtypen: 5.2.1 Ackerlandschaften flach geneigter, welliger Hanglagen
5.2.2 Ackerlandschaften mäßig steiler, terrassierter Hanglagen

6 Siedlungslandschaften

6.1 Historisch gewachsene Siedlungen

Ursprüngliche Dörfer mit ihren Hofreiten, Kirchhöfen und Gärten, aber auch historische Stadtkerne sowie Klosteranlagen und Burgen weisen durch das Nebeneinander baulicher und natürlicher Elemente sowie ihre vielfältige, oft ungeordnete Raumstruktur einen sehr hohen Erlebniswert auf, der ihnen in Verbindung mit ihrer geschichtlichen und kulturhistorischen Bedeutung besonderen Wert verleiht.
Ortsbildprägende Bedingungen: vielfältige, gewachsene Siedlungsstruktur mit oft geringer Überschaubarkeit; regionaltypische Bauformen, enger Straßenraum
Charakteristische Elemente: prägende Gebäude, Plätze, alte Einzelbäume, Treppen und Mauern, Brunnen, Holzzäune, Bäche und Brücken
Störungen: bauliche Veränderungen, moderne, nicht angepaßte Bebauung, Reklame, Verkehrsflächen und -schilder, ruhender Verkehr
Subtypen: 6.1.1 Altstädte
6.1.2 Dörfer
6.1.3 Historische Einzelanlagen (Klöster, Burgen)

6.2 Siedlungsgebiete jüngerer Zeit

Anders als gewachsene Dörfer und viele (nicht alle) Altstadtkerne, sind die Siedlungsgebiete des 20. Jahrhunderts überwiegend Ergebnis gezielter Planungen. Sie zeichnen sich deshalb durch regelmäßige Straßennetze, zumeist große Grundstücke und eine strukturarme Bebauung und Freiflächengestaltung aus. Sieht man von manchen Wohngebieten der Gründerzeit und des frühen 20. Jh. ab, sind Siedlungsgebiete der jüngeren Zeit zumeist arm an Gehölzen, insbesondere alten Bäumen, sporadisch genutzten Ruderalflächen, Bruchsteinmauern und Schuppen. Ausnahmen bilden hier lediglich ältere Gewerbegebiete, die in ihrer Struktur durchaus gewachsenen Dörfern ähneln können, aber dennoch den Siedlungsgebieten der jüngeren Zeit zugerechnet werden sollen.
Ortsbildprägende Bedingungen: moderne, vom regionalen Stil abweichende Bauformen, meist geringer Durchgrünungs- und hoher Verkehrsflächenanteil
Charakteristische Elemente: prägende Gebäude, Einfriedungen, Baumreihen, Einzelbäume, öffentliche Grünflächen
Störungen: unharmonische Bebauung, Reklame, Verkehrsflächen, ruhender Verkehr
Subtypen: 6.2.1 Wohngebiete überwiegend lockerer Einzelhausbebauung
6.2.1.1 Wohngebiete des 19. bis frühen 20. Jh.
6.2.1.2 Wohngebiete des mittleren 20. Jh. (30er-60er Jahre)
6.2.1.3 Wohngebiete des ausgehenden 20. und frühen 21. Jh.
6.2.2 Mischbaugebiete einschl. verdichteter Wohnblockbebauung
6.2.2.1 Innerstädtische Verdichtungsgebiete
6.2.2.2 Gebiete großflächiger Block- und Zeilenbebauung
6.2.2.3 Großform- und Hochhausbebauung
6.2.3 Gewerbe- und Industriegebiete

7 Sonderstandorte

7.1 Fels und Steinbrüche

Zusammengefaßt sind hier sowohl natürliche als auch durch menschliche Nutzung entstandene Felswände, die sich durch eine spärliche bis fehlende Vegetationsbedeckung auszeichnen. Steinbrüche stehen oft in engem Kontakt zu Abgrabungen und Aufschlüssen.
Landschaftsbildprägende Bedingungen: extreme, von der Umgebung stark abweichende Topographie und Vegetation
Charakteristische Elemente: Fels, Gebüsch, Abbruchkanten, Geröll
Störungen: gewerbliche Nutzung, Bauten, Freizeiteinrichtungen
Subtypen: 7.1.1 Fels
7.1.2 Steinbrüche

7.2 Abgrabungen und Aufschlüsse

Ton-, Lehm und Sandgruben, großflächige Erdaufschlüsse oder feuchte Rohböden im Bereich großflächiger Steinbrüche sind durchweg anthropogen bedingt, ähneln in ihrer Erscheinung aber periodisch freigespülten Uferregionen naturnaher Flüsse.
Landschaftsbildprägende Bedingungen: extreme, von der Umgebung stark abweichende Topographie und Vegetation
Charakteristische Elemente: Böschungen, Halden, Kleinstgewässer, Fahrspuren
Störungen: gewerbliche Nutzung, Bauwerke, Halden
Subtypen: 7.2.1 Abgrabungen
7.2.2 Aufschlüsse
7.2.3 Rekultivierungsflächen

7.3 Teiche und Seen

Anders als in den eiszeitlich geprägten Moränengebieten Norddeutschlands und des Alpenvorlands, finden sich im mittelhessischen Raum mit Ausnahme temporärer Kleinstgewässer, die als Bestandteil der beschriebenen Landschaftstypen zu betrachten sind, keine natürlichen Stillgewässer. Der Typ umfaßt deshalb ausschließlich anthropogene Sonderstandorte, wie großflächige Abgrabungsgewässer und Stauseen, während Teiche sich oft als prägende Bestandteile den Niederungslandschaften zuordnen lassen.

Landschaftsbildprägende Bedingungen: offene Wasserflächen, Uferröhrichte oder -gehölze

Charakteristische Elemente: Wasserflächen, Röhrichte, Einzelbäume, Stege

Störungen: bauliche Anlagen, Freizeitnutzung

Subtypen: 7.3.1 Teiche und Weiher (sofern nicht 3.1.1.3)
7.3.2 Abgrabungsgewässer
7.3.3 Seen und Talsperren

3.3.2.2 Landschaftsgliederung

Maßgebliche Bezugseinheit sowohl bei der Beurteilung des aktuellen Landschaftswertes als auch im Rahmen der Eingriffsbewertung ist im Rahmen dieses Verfahrens grundsätzlich die in sich geschlossene, aufgrund historischer und standörtlicher Bedingungen abgrenzbare Landschaft. Läßt sich die Ausdehnung einer Landschaft in Talniederungen und am Übergang zu Waldgebieten und Siedlungsflächen noch relativ leicht erkennen, so sind ursprünglich als Grünlandgebiete ausgebildete, mittlerweile aber in Ackernutzung genommene Hanglagen oder aufgeforstete Feuchtwiesengebiete in ihren Grenzen oft nur durch Analyse historischer Karten in Verbindung mit geologischen und bodenkundlichen Daten nachzuvollziehen. Und selbst, wenn es gelingt, ein vor Jahrzehnten aufgeforstetes Bachtal als im letzten Jahrhundert zur Streugewinnung genutztes Wiesengebiet zu identifizieren, muß dieses im Interesse eines pragmatischen Vorgehens nicht zwangsläufig dem ursprünglichen Landschaftstyp zugeordnet werden. Es ergeben sich somit die folgenden Regeln zur Charakterisierung und Abgrenzung von Landschaften:

- Unabhängig von ihrer in der Vergangenheit praktizierten Nutzung sind geologische Auen von Bächen und Flüssen außerhalb geschlossener Siedlungsgebiete den *Auwäldern* (Landschaftstyp 1.1.1) oder den *Mähwiesen- und Weidelandschaften bzw. Fluß- und Bachniederungen* (3.1.2, 3.2.1) zuzuordnen. Ausnahmen bilden Teile von Niederungen, die offensichtlich einem benachbarten Landschaftstyp zugehören, sofern dieser nicht durch Akkerbau geprägt wird (beispielsweise ein in ein Bachtal hineinreichender Streuobstwiesenkomplex).

- Landschaften im Offenland außerhalb der Niederungen sind grundsätzlich aufgrund ihrer im 19. Jh., näherungsweise bis Mitte des 20. Jh. praktizierten Nutzung zu charakterisieren und abzugrenzen.

- Größere, geschlossene Siedlungsflächen (auch Wochenendhausgebiete, nicht jedoch Einzelhöfe) sowie azonale Sonderstandorte (Abgrabungen, Talsperren) gelten nicht als Bestandteil der sie umgebenden Landschaft.

- Lineare Störungen mit begrenzender Intensität gem. Tab. 66, wie mehrspurige Schnellstraßen und Eisenbahnlinien, begrenzen eine Landschaft, auch wenn sich diese jenseits der Störung fortsetzt.

- Lineare Störungen mit sehr hoher Intensität gem. Tab. 66, wie ausgebaute Bundesstraßen oder Kanäle (nicht aber Stromleitungen), begrenzen eine Landschaft, wenn ein Teil der zerschnittenen Landschaft die Größe eines Teilgebiets (wenige ha, s. Tab. 58) nicht überschreitet. Das abgetrennte Teilgebiet kann in diesem Fall entweder als eigene Landschaft gewertet, oder - wenn es für sich allein den Landschaftstyp nicht zu repräsentieren vermag - der angrenzenden Landschaft zugeschlagen werden.

  Bsp.: Ein durch den begradigenden Ausbau einer Straße abgetrennter randlicher Ausläufer einer Bachniederung wird dem angrenzenden Wald zugeordnet. Ein ebenfalls abgetrenntes Seitental wird hingegen als eigene, wenn auch kleine Landschaft gewertet.

- Sofern innerhalb einer Landschaft räumlich klar trennbare Wertunterschiede erkennbar sind, beispielsweise in einer teilweise flurbereinigten, teilweise ursprünglichen Ackerlandschaft, so kann das Gebiet in zwei Bewertungseinheiten geteilt werden. Sind derartige Unterschiede in einem Gebiet jedoch mosaikartig verteilt, so wird eine einheitliche, nivellierende Bewertung vorgenommen.

- Nach dem Bezugszeitpunkt eingetretene Veränderungen können dem aktuellen Landschaftstyp zugeordnet werden, wenn die eigenartsbildende Intensität der ursprünglichen Landschaft höchstens mäßig hoch ist (vgl. Tab. 55: I = 0,4: in der Hauptregion eher selten, in der Haupteinheit selten oder in der Untereinheit sehr selten) und der neue Landschaftstyp seinem Wesen nach regionaltypisch ist.

  Bsp.: Ein teilweise mit Fichten aufgeforstetes „Feuchtgrünlandgebiet quelliger Hangbereiche“ kann aufgrund seines noch recht häufigen Vorkommens im Naturraum dem Landschaftstyp „Laubwald feuchter Standorte“ zugeordnet werden. Der verbuschende Rest eines Kalkhanges ist hingegen den „Weidelandschaften des Hügel- und Berglands“ zuzurechnen.

3.3.3 Bewertungsmethodik

Abweichend vom BNatSchG, das in § 1 auch die undefinierbare „Schönheit“ einer Landschaft als Schutzgut festschreibt, soll die Bewertung der Landschaft nachfolgend anhand der Kriterien Ursprünglichkeit, Raumstruktur und Eigenart erfolgen (s. Abb. 10). Letztgenannten entsprechen bei der Eingriffsbewertung die Auswirkungen geplanter Vorhaben, da sich diese zumeist nicht auf Ursprünglichkeit und Raumstruktur auswirken, sondern die tatsächliche visuelle Wirkung einer Landschaft beeinflussen. Während Ursprünglichkeit und Raumstruktur anhand kardinalskalierter Stufen zwischen 0,1 und 1,0 bzw. 0,1 und 0,8 für die zu untersuchende Landschaft einheitlich festzulegen sind, gehen Störungen, eigenartsprägende Elemente und äußere Einflüsse als mit ihrem Wirkungsbereich gewichtete Faktoren in die Bewertung ein. Anders als bei der Bilanzierung von Eingriffen in die Schutzgüter Boden und Bodenwasserhaushalt (Kap. III.1) sowie Vegetation und Fauna (Kap. III.2), die grundsätzlich auf den selben Abgrenzungskriterien basieren und ebenfalls auf ordinal- bzw. kardinalskalierten Bewertungsmaßstäben beruhen, betreffen bestehende oder geplante Eingriffe sowie Ausgleichsmaßnahmen im Hinblick auf die Landschaft nicht einen einzelnen aggregierten Gesamtwert, sondern je nach Art der Maßnahme vorrangig den „potentiellen Erholungswert" einer Landschaft. Eine Herabsetzung des durch Ursprünglichkeit und Eigenart bedingten Wertes der Landschaft ist hingegen nur bei großflächigen Überformungen oder Zerstörungen geboten. Hierdurch wird gewährleistet, daß die kulturhistorische Bedeutung einer Landschaft immer einer unabhängigen Bewertung unterliegt und mehr oder weniger ursprüngliche oder reizvolle Landschaften auch im Falle starker Randeinflüsse als schutzwürdig erkennbar bleiben. In der Bilanz werden folglich nicht die bestehenden oder absehbaren Werte einzelner Landschaftselemente aufsummiert, sondern die Auswirkungen einzelner Störungen vom eingangs ermittelten Wert der Landschaft abgezogen.

Abb. 10: Kriterien und Stufen der Landschaftsbewertung

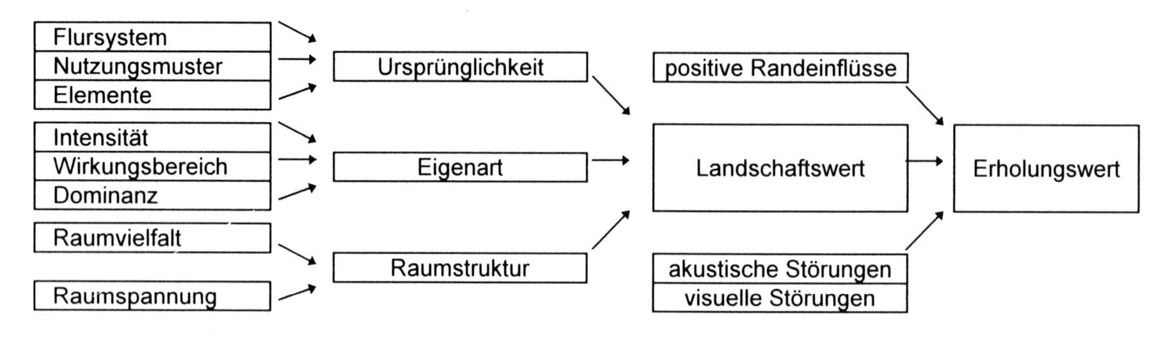

3.3.3.1 Bestandsbewertung

a) Landschaftswert

aa) Ursprünglichkeit

Als Ausdruck eines über Jahrhunderte währenden, nicht wiederholbaren Prozesses kommt der Ursprünglichkeit ein besonderes Gewicht bei der Bewertung einer Landschaft zu. Auch wenn nicht jedes mehr oder weniger ursprünglich erhaltene Gebiet als solches ohne weiteres erkennbar ist und nicht jede geschichtsträchtige Landschaft einen hohen Erlebniswert besitzt, so ist für die Bewertung der Schutzwürdigkeit einer Landschaft analog der Einstufung von Bau- und Bodendenkmälern nicht deren ästhetische Wirkung, sondern ihr geschichtlicher und kultureller Stellenwert maßgeblich, der vor allem mit dem Alter einer Landschaft, aber auch mit ihrem dokumentarischen Gehalt zunimmt.

Zweifellos ist der Wald, der nach der letzten Eiszeit bis zum Einsetzen menschlicher Rodungstätigkeit im Jungneolithikum weite Teile Mitteleuropas bedeckte (ELLENBERG, 1996), bis heute für viele Menschen nicht nur die ursprünglichste, sondern auch die ästhetischste Gestalt unserer Landschaft. Im Interesse des Erhaltes einer über Jahrhunderte und Jahrtausende gewachsenen, unzählige Zeugnisse unserer Geschichte bergenden Kulturlandschaft soll Ursprünglichkeit im Rahmen dieses Bewertungsansatzes aber im wesentlichen als der Landschaftszustand betrachtet werden, der ab der 2. Hälfte des 19. Jahrhunderts bis lange ins 20. Jahrhundert Bestand hatte und durch historische Karten, Luftbilder aus den 30er Jahren, alte Photos und Schriftquellen auch heute noch gut belegbar ist.[41] Er entspricht zugleich dem oft im Hinblick auf den Artenschutz herangezogenen Bezugspunkt zur Beurteilung der ursprünglichen Artenvielfalt eines Lebensraumes (BASTIAN & SCHREIBER, 1994). Bestimmte, mittlerweile als schädlich erkannte Prozesse, wie die Waldweide, bei der Erstellung eines Idealbildes der ursprünglichen Landschaft gegenüber der zunehmend ökologisch orientierten Forstwirtschaft des ausgehenden 20. Jh. zurückzustellen und somit landschaftsprägende Nutzungsformen verschiedener Epochen zu kombinieren, erscheint jedoch statthaft.

Die Ursprünglichkeit einer Landschaft bemißt sich folglich nicht am Vorhandensein mehr oder weniger natürlicher Waldbestände, sondern am Grad ihrer Überformung durch Nutzungsintensivierung, Siedlungs- und Verkehrsentwicklung, nicht selten auch durch gutgemeinte „Verschönerungs"-Maßnahmen. Auch ursprünglich erhaltene Landschaften weisen nicht immer eine reichhaltige Ausstattung prägender Landschaftselemente auf. Vor allem die seit jeher gut und vor allem flächendeckend beackerbaren Lößbörden sowie viele Grünlandgebiete Norddeutschlands sind „von Natur aus" eher arm an - sichtbaren - Zeugnissen ihrer Nutzungsgeschichte. Eine gehölzarme, in ihrem überkommenen Flursystem aber noch intakte Ackerlandschaft ist hinsichtlich ihrer Ursprünglichkeit aber nicht weniger hoch einzustufen als eine terrassierte Heckenlandschaft im Mittelgebirgsraum, auch wenn sich ihre Erlebniswirksamkeit als deutlich niedriger erweist. Historische Kontinuität spiegelt sich in derartigen Regionen vor allem im überkommenen Flur- und Wegesystem wider, das als Ausgangspunkt der übrigen, die Ursprünglichkeit bestimmenden Teilkriterien gemäß Tab. 48 drei Kategorien zugeordnet werden kann.

Tab. 48: Flurformen und ihre Entstehung (nach KÜSTER, 1996)

Kat.	Flurform	Aufkommen	Prinzip*	Nutzung
1	Blockflur	Neolithikum, Bronzezeit		± quadratische, mit Ritzpflügen beackerte Flur
1	Langstreifenflur	Eisenzeit, rd. 800-400 v. Chr.		bis zum Aufkommen des Wendepflugs im Spätmittelalter als Wölbacker ausgebildete, schmale, lange, mit eisernen Pflugscharen beackerte Flur
1	Gewannflur	Mittelalter		mit Ausbreitung der Dreifelderwirtschaft eingeführter Flurzwang auf mind. 3 (6, 9 etc.) einheitlich bebauten Gewannen (Zelgen)
1	Koppel	15. / 16. Jh.		ursprünglich zu Weidezwecken zusammengelegte Gewannfluren, vor allem im norddeutschen Raum
2		ausgehendes 19. Jh. bis frühes 20. Jh.		erste, der starken Zersplitterung entgegenwirkende Flurbereinigungen nach Aufgabe der Dreifelderwirtschaft unter Beibehaltung kleiner Parzellengrößen
3	moderne Flur	2. Hälfte 20. Jh.		mit tiefgreifenden Veränderungen verbundene Neugliederung der Flur, Schaffung großflächiger Ackerschläge

*) Die unterschiedlichen Grautöne symbolisieren verschiedene Nutzungsarten.

[41] Die Orientierung am Zustand der Landschaft im 19. und frühen 20 Jh. widerspricht nur scheinbar der in Kap. III.1 gemachten Aussage, nach der die Festlegung eines Referenzzeitpunktes für die Landschaftsbewertung sich verbietet, da der gewählte Zeit*raum* keinen statischen, willkürlich ausgewählten Landschaftszustand widerspiegelt, sondern die „letzte" Phase einer kontinuierlichen Landschaftsentwicklung vor Einsetzen massiver Umbrüche in der Landnutzung darstellt.

Im Wortsinne „ausgefüllt“ wird das Flursystem durch sein Nutzungsmuster, also die in einem Gebiet verbreiteten Nutzungsformen, ihre Verbreitung und Anteile, die neben Ackerbau, Wiesen- oder Weidewirtschaft, Obstkulturen, Weinbau oder Wald auch die Ausbildung (sprich: Befestigung bzw. den Ausbau) der das Gebiet durchziehenden Wege und Fließgewässer umfassen. Die Bestimmung des ursprünglichen Nutzungsmusters erfolgt durch Auswertung historischer Karten, Luftbilder und schriftlicher Quellen, läßt sich vielerorts aber auch durch die Standortbedingungen herleiten. Um den Anteil typischer, verträglicher und untypischer Nutzungen festlegen zu können, sollten die von der Bewertung erfaßten Landschaften gemäß Kapitel 3.2 zunächst abgegrenzt und einem Typ zugeordnet werden. Hierdurch lassen sich Fehlbeurteilungen als Folge einer zu kleinräumigen Betrachtung vermeiden.

Dennoch ermöglicht das Verfahren nicht nur die Bewertung einer Landschaft in ihrer Gesamtheit. Auch Teilbereiche lassen sich hinsichtlich ihres Wertes beurteilen, was im Einzelfall zunächst deutliche Abweichungen vom Wert der Gesamtlandschaft nach sich ziehen kann. Da aber mit abnehmender Größe der Bewertungseinheit der Einfluß angrenzender Landschaften bzw. Landschaftsteile steigt, führt dies bei richtiger Zuordnung einer Fläche zu ihrem übergeordneten Landschaftstyp zwangsläufig auch zu einer Anhebung ihres Werts.

> *Bsp.: Eine Schlagflur inmitten ausgedehnter Wälder besitzt für sich genommen keine hohen Erholungswert, bereichert aber die Vielfalt des Waldgebiets deutlich. Bei Berücksichtigung der Einflüsse angrenzender Waldbestände, die bei gleichem Landschaftstyp („naturnaher Laubwald“) sehr hoch einzustufen sind, ergibt sich eine deutlich höhere Bewertung der Schlagflur, als wenn diese als Relikt inmitten eines in der Erschließung befindlichen Gewerbegebiets liegen würde.*

Dem Umstand Rechnung tragend, daß im ausgehenden 20. Jahrhundert traditionelle Bewirtschaftungsmethoden, wie die Dreifelderwirtschaft, Huteschafhaltung, Streuwiesennutzung oder Wässerwiesen, aus unserer Landschaft weitgehend verschwunden sind, müssen auch auf diesen aufbauende, moderne Nutzungen als wertgebend anerkannt werden, sofern sie den ureigenen Charakter einer Landschaft nicht verfremden oder gar negieren. Ungeachtet anderer ökologischer Auswirkungen, ist somit auch ein intensiver Getreideanbau, beispielsweise in der Wetterau, als mehr oder weniger landschaftstypisch einzustufen. Abwertungen sind indes immer dann geboten, wenn Nutzungsintensivierungen auch die äußere Erscheinung der Landschaft verändert haben, beispielsweise durch die Umnutzung ehemals blütenreicher Wiesen in eintönige Umtriebsweiden oder durch den Anbau extrem kurzhalmiger Getreidesorten. Gegenüber durchgreifenden Veränderungen des Landschaftsbildes durch die Aufforstung von Wiesentälern oder die Umwandlung von Auenwiesen in Ackerland sind die negativen Auswirkungen von Nutzungsintensivierungen auf die Ursprünglichkeit der Landschaft aber deutlich niedriger einzuordnen.

Ähnlich dem Wiederaufbau eines zerstörten historischen Gebäudes oder auch manch tief in die Bausubstanz eingreifender Sanierung von Altbauten, stellt die Wiederaufnahme landschaftsypischer Nutzungsformen streng genommen lediglich eine Rekonstruktion der Landschaft dar, deren Ursprünglichkeit im Sinne einer ungebrochenen Nutzungskontinuität nur dann als gewahrt angesehen werden kann, wenn beispielsweise ein zwischenzeitlich brachgefallener Magerrasen oder ein durchgewachsener Niederwald wieder in Nutzung genommen wird. Die Wiederherstellung von Wiesen auf umgebrochenem Auengrünland hingegen markiert einen - wenn auch erstrebenswerten - Neuanfang, dessen Einfluß auf die Bewertung der Landschaft niedriger einzustufen ist. Zur Kompensation geplanter Eingriffe stellt er gleichwohl eine geeignete und bilanzwirksame Maßnahme dar (s. Kap. 3.3.2.2).

In der Regel weisen gewachsene Landschaften auch eine Vielzahl von Zeugnissen vergangener, zumindest aber traditioneller Nutzungsformen wie Wölbäcker, Terrassierungen, Be- und Entwässerungsgräben oder Hohlwege auf. Derartige, im folgenden unter dem Begriff „Landschaftselemente“ bzw. „Elemente“ zusammengefaßte Relikte menschlicher Landnutzung sind ihrem Charakter nach zumindest teilweise eng mit archäologischen Bodendenkmälern verwandt, auch wenn ihnen vielfach noch nicht der Status offizieller Denkmäler zuteil wird. Ihr Einfluß auf den Wert der sie beherbergenden Landschaft bemißt sich folglich ausschließlich nach ihrem Vorhandensein, nicht nach ihrer visuellen Wirkung, die ggf. zusätzlich als eigenartsbildende „Singularität“ in die Bewertung einfließen kann (s. Kap. 3.3.1.1cb). Tab. 49 faßt die wesentlichen im mittelhessischen Raum vorhandenen Landschaftselemente einschließlich „offizieller“ Bodendenkmäler zusammen und gliedert sie nach ihrem Ursprung als natürliche, indirekt geförderte, bewußt geschaffene oder künstliche Erscheinungen oder indirekt geförderte Landschaftsausprägungen.

Tab. 49: Elemente historischer Kulturlandschaften (aus WÖBSE, 1992; verändert)

natürliche, ohne menschliche Einflüsse entstandene Landschaftselemente und -ausprägungen:			
Abri (Felsüberhang)	Blockschutthalde	Geröll	Quelle
anstehender Fels	Doline	Höhle	Steilwand
Baumstamm	Düne	Kiesbett	Uferabbruch
Baumstumpf	Furt	Lößterrasse	Wasserfall
halbnatürliche, durch menschliche Einflüsse indirekt entstandene oder geförderte Landschaftselemente und -ausprägungen:			
Ackerrain	Heide	Mittelwald	Streuwiese
Baumgruppe	Hohlweg	Niederwald	Trift
Erosionsrinne	Hutebaum	Obstbaumreihe	Überhälter (Wald)
Furt (verändert)	Hutewald	Obstwiese	Wacholderheide
Gerichtsbaum	Kopfweide	Schneitelbaum	Waldrand, tief beastet
Grenzbaum	Krautsaum	Schneitelhecke	Waldrand, ausgehagert
Hecke	Mähwiese	Staudenflur	
halbnatürliche, durch menschliche Einflüsse (ursprünglich) bewußt geschaffene Landschaftselemente und -ausprägungen:			
Ackerterrasse	Entwässerungsgraben	Hochacker	Tingplatz
Allee	Gebück	Hofbaum	Tonkuhle
Anger	Gewannflur	Holzhaufen	Wallanlage
Abraumhalden (hist.)	Graben	Kirchweg	Wallhecke
Bauerngarten	Grenzgraben	Lehmgrube	Wässerwiese
Bewässerungsgraben	Grenzwall	Mühlgraben	Weiher
Blockflur	Handelsstraße	Mühlenteich	Weinberg
Böschung	Handtorfstich	Park, -baum	Zelge
Deich	Heerstraße	Steinbruch	
Dorfteich	Heideweg	Treidelpfad	
künstliche, durch menschliche Einflüsse entstandene bauliche Anlagen, Landschaftselemente und -ausprägungen:			
Bienenzaun	Grenzstein	Landwehr	Warte, Wartturm
Bohlenweg	Haus	Meilenstein	Wegkreuz
Brücke	Hügelgrab	Natursteinmauer	Wehr
Brunnen	Holzzaun	Ruine	Weinbergsmauer
Friedhof	Kopfsteinpflaster	Stollen	Wüstung

Die drei Teilkriterien *Flur- und Wegesystem*, *Nutzungsmuster* sowie *Landschaftselemente* gehen gleichrangig in die Bewertung der Ursprünglichkeit einer Landschaft ein, wobei die jeweiligen Merkmalsausprägungen, in fünf Stufen differenziert, zum noch vorhandenen Grad der angenommenen ursprünglichen Ausbildung einer Landschaft gemittelt werden. Die Tabellen 50 bis 52 geben die jeweiligen Zuordnungsvorschriften in verbaler Form wider, entsprechen in ihrem Aufbau aber einer einfachen Bewertungsmatrix. Die Definitionen zur Ausprägung eines Merkmals gelten für den jeweils höheren Wert einer Stufe. Nicht aufgeführte Ausprägungskombinationen können durch die Wahl eines Zwischenwertes (z.B. 0,3 oder 0,5) zugeordnet werden.

> *Bsp.: Für Tab. 51: „Verteilung und Anteile weichen bei erkennbarem Anteil typischer Nutzungsformen großflächig deutlich vom Leitbild ab“ ergibt den Wert 0,5.*

Tab. 50: Bewertung der Ursprünglichkeit bestehender Flur- und Wegesysteme bzw. des Orts- und Stadtgrundrisses von Siedlungsgebieten

H_f	**Stufe**	**Ausprägung**
0,9-1,0	ursprünglich	Das bestehende Flursystem (bzw. der Grundriß) entspricht weitestgehend der Kategorie 1
0,7-0,8	weitgehend ursprünglich	Das bestehende Flursystem entspricht weitgehend der Kategorie 1, aber in Teilen der Kategorie 3 oder es entspricht weitestgehend der Kategorie 2
0,5-0,6	mäßig ursprünglich	Das bestehende Flursystem entspricht weitgehend der Kategorie 2, aber in Teilen der Kategorie 3
0,3-0,4	überformt	Das bestehende Flursystem entspricht weitgehend der Kategorie 3, aber in Teilen der Kategorie 2 oder weitestgehend der Kategorie 3, aber in Resten der Kategorie 1
0,1-0,2	stark überformt	Das bestehende Flursystem entspricht weitestgehend der Kategorie 3

Kategorie	**Offenland**	**Wald**	**Siedlung**
1	Block-, Streifen- und Gewannfluren des Mittelalters oder der Neuzeit bis einschl. 19. Jh.	± kontinuierlich bewaldete Gebiete (Kuppen, Hügel- u. Bergland), Wälder mit übernommenem Flursystem des ehemaligen Offenlands (14. bis 18. Jh.)	mittelalterliche oder frühneuzeitliche Orts- oder Stadtgrundrisse (bis Mitte 17. Jh.)
2	Flursysteme des ausgehenden 19. bis Mitte 20. Jh.	Wälder mit Rasternetz seit dem ausgehenden 18. Jh.	Orts- und Stadtgrundrisse des ausgehenden 17. und 18. Jh.
3	moderne Flursysteme	Wälder des späten 20. Jh. (Rekultivierungsflächen)	Orts- und Stadtgrundrisse des 19. und 20. Jh.

weitestgehend:	Wegenetz und Flursystem bzw. Parzellenstruktur sind mehr oder weniger vollständig erhalten
weitgehend:	Wegenetz und Flursystem sind zum überwiegenden Teil erhalten oder das Wegenetz ist vollständig, das Flursystem zumindest (noch) in Teilbereichen vorhanden
teilweise:	Wegenetz und Flursystem sind in deutlich erkennbaren Anteilen erhalten oder das Wegenetz ist weitgehend, das Flursystem zumindest (noch) in Resten vorhanden
in Resten:	Wegenetz und Flursystem sind nur noch kleinflächig erhalten oder das Wegenetz ist teilweise, das Flursystem nicht (mehr) vorhanden

Die unterschiedenen drei Kategorien sollen lediglich Anhaltspunkte zur Einstufung vorgefundener Flurformen oder Ortsgrundrisse geben, wobei die Kategorie 1 aufgrund des deutlichen Wandels der Dorf- und Stadtentwicklung nach dem 30-jährigen Krieg für Siedlungsgebiete (LANDESAMT FÜR DENKMALPFLEGE HESSEN, 1994) neben mittelalterlichen neuzeitliche Grundrisse nur bis zur Mitte des 17. Jh. umfaßt. Demhingegen werden Siedlungsgebiete des 19. Jahrhunderts bereits zur Kategorie 3 gezählt, da sich diese im Zuge der Industrialisierung schneller entwickelten als die außerhalb der Städte und Dörfer liegenden Flursysteme.

Tab. 51: Bewertung der Ursprünglichkeit von Nutzungsmustern und Baustruktur

H_n	Stufe	Landschaft	Siedlung
0,9-1,0	ursprünglich	Typische Nutzungsformen, ihre Verteilung und Anteile sind mehr oder weniger vollständig erhalten.	Die Baustruktur (-substanz) entstammt weitestgehend der Zeit vor dem 19. Jh.
0,7-0,8	weitgehend ursprünglich	Typische Nutzungsformen, ihre Verteilung und Anteile sind in großen Teilen vorhanden oder bei vollständiger Dominanz typischer Nutzungsformen weichen ihre Verteilung und Anteile großflächig nur geringfügig oder nur in Teilen deutlich vom Leitbild ab.	Die Bausubstanz entstammt weitgehend der Zeit vor dem 19. Jh. und nur ausnahmsweise dem 20. Jh. oder die Bausubstanz entstammt weitestgehend dem 19. bis frühen 20. Jh.
0,5-0,6	mäßig ursprünglich	Typische Nutzungsformen, ihre Verteilung und Anteile sind in Teilbereichen erhalten oder bei deutlichem Anteil typischer Nutzungsformen weichen ihre Verteilung und Anteile großflächig deutlich oder in Teilen beträchtlich vom Leitbild ab.	Die Bausubstanz entstammt teilweise der Zeit vor dem 19. Jh. und höchstens teilweise dem 20. Jh. oder die Bausubstanz entstammt weitgehend dem 19. bis frühen 20. Jh.
0,3-0,4	überformt	Typische Nutzungsformen, ihre Verteilung und Anteile sind nur noch in sehr kleinen Anteilen erhalten oder bei erkennbarem Anteil typischer Nutzungsformen weichen ihre Verteilung und Anteile großflächig beträchtlich vom Leitbild ab.	Die Bausubstanz entstammt in Resten der Zeit vor dem 19. Jh. und mindestens teilweise dem 20. Jh. oder die Bausubstanz entstammt teilweise dem 19. bis frühen 20. Jh. und mindestens teilweise dem 20. Jh.
0,1-0,2	stark überformt	Typische Nutzungsformen, ihre Verteilung und Anteile sind nicht mehr erkennbar.	Die Bausubstanz entstammt weitestgehend dem 20. Jh.

Leitbild:
Offenland: Nutzungsmuster des 19. bis frühen 20. Jh., ggf. auch früherer Jahrhunderte
Wald: Nutzungsmuster des ausgehenden 20. Jh.: Laub- oder Laubmischwald unter ausschließlicher Verwendung heimischer Gehölzarten, überwiegend einzelstammweise, auf Kahlschläge verzichtende Nutzung mit gleichmäßig verteiltem, kontinuierlich nachwachsendem Alt-holzanteil; Verzicht auf Melioration und Entwässerung; Fortführung rezenter historischer Waldnutzungsformen (Niederwald, Mittelwald)

Die Einstufungen in Tab. 51 (außer Stufe „stark überformt") setzen durchweg eine mehr oder weniger extensive Landnutzung voraus. Intensive Ausprägungen, beispielsweise der Grünlandbewirtschaftung, gelten dann als leitbildkonform, wenn sie den Charakter der Landschaft nicht wesentlich überprägen, führen in Abhängigkeit von ihrem Flächenanteil aber zu einer Abwertung um 0,1 Punkte, d.h. bei definitionsgemäßer Ausprägung gelten die jeweils niedrigeren Werte einer Stufe.

Dem Nutzungsmuster der freien Landschaft entspricht in besiedelten Gebieten die bauliche Struktur, d.h. das Alter der angetroffenen Bausubstanz, unabhängig von seiner visuellen Wirkung bzw. Sichtbarkeit. Überformungen durch moderne Fassadengestaltung, Werbeanlagen oder dergleichen gelten als Störungen und werden in Kap. 3.3.2.1a berücksichtigt. Charakteristische Baudetails und Schmuckelemente, wie Renaissancegiebel, Erker, Schmuckfachwerk, Brunnen oder Portale werden analog den prägenden Landschaftselementen als die Eigenart bestimmende „Bauelemente" gesondert bewertet.

Tab. 52: Bewertung der Ursprünglichkeit durch das Auftreten typischer Landschafts- und Bauelemente

H_e	Stufe	Landschaft	Siedlung
0,9-1,0	ursprünglich	Die Landschaft besitzt ein nahezu vollständige Ausstattung typischer Landschaftselemente in charakteristischer Verteilung oder weist eine Vielzahl typischer, darunter einzelne seltene* Elemente auf.	Die Siedlung besitzt eine nahezu vollständige Ausstattung typischer Bauweisen, Gestaltungsformen und Schmuckelemente oder weist eine Vielzahl, darunter einzelne besonders wertvolle Elemente auf.
0,7-0,8	weitgehend ursprünglich	Die Landschaft besitzt ein nahezu vollständige, aber traditionell geringe Ausstattung typischer Landschaftselemente in charakteristischer Verteilung oder weist eine noch in weiten Teilen vorhandene Ausstattung oder bei deutlich reduzierter Ausstattung einzelne seltene Elemente auf.	Die Siedlung besitzt eine nahezu vollständige, aber traditionell geringe Ausstattung typischer Bauweisen, Gestaltungsformen und Schmuckelemente oder weist eine noch in weiten Teilen vorhandene Ausstattung oder bei deutlich reduzierter Ausstattung einzelne besonders wertvolle Elemente auf.
0,5-0,6	mäßig ursprünglich	Die Landschaft besitzt ein nahezu vollständige, aber traditionell sehr geringe Ausstattung typischer Landschaftselemente in charakteristischer Verteilung oder weist eine noch in Teilen vorhandene Ausstattung oder bei beträchtlich reduzierter Ausstattung einzelne seltene Elemente auf.	Die Siedlung besitzt eine nahezu vollständige, aber traditionell sehr geringe Ausstattung typischer Bauweisen, Gestaltungsformen und Schmuckelemente oder weist eine noch in Teilen vorhandene Ausstattung oder bei beträchtlich reduzierter Ausstattung noch einzelne besonders wertvolle Elemente auf.
0,3-0,4	überformt	Die Landschaft weist eine noch in kleinen Teilen vorhandene Ausstattung oder noch einzelne seltene Elemente auf.	Die Siedlung weist eine noch in kleinen Teilen vorhandene Ausstattung typischer Bauweisen, Gestaltungsformen und Schmuckelemente oder noch einzelne besonders wertvolle Elemente auf.
0,1-0,2	stark überformt	Die Landschaft weist keine oder nur noch wenige, nicht seltene Elemente auf.	Die Siedlung weist keine oder nur noch sehr wenige, nicht besonders wertvolle Elemente typischer Bauweisen, Gestaltungsformen und Schmuckelemente auf.
selten:	auch bei vollständiger Ausstattung der Landschaft im Sinne des Leitbildes von Natur aus, traditionell oder aufgrund historischer Veränderungen im Landschaftstyp nicht regelmäßig vorkommende Elemente wie Steingräber, Gebücke oder Bohlenwege		

ab) Raumstruktur

Die Raumstruktur fließt als eigenes Kriterium sowohl bei der Beurteilung der offenen Landschaft als auch des besiedelten Raums ein. Sie wird bestimmt von der Topographie einer Landschaft, der hieraus hervorgegangenen Grenzliniendichte und -anordnung sowie der Vielfalt einzelner Landschaftselemente. Zur Bestimmung der Raumstruktur soll in Anlehnung an KRAUSE (1991a) eine vierstufige Ordinalskalierung als Grundlage herangezogen werden (Abb. 11). Als

„innere Gliederung“ wird hierbei die Kombination aus Raumvielfalt (Strukturwechsel, Grenzliniendichte, Einzelobjekte) und Raumspannung, d.h. dem Ausmaß unterschiedlicher Gestalt und Größe benachbarter Teilräume, verstanden.

Die der Vielfalt einer Landschaft zugrunde liegenden Elemente entsprechen vielerorts denen einer ursprünglichen Landschaft, vor allem im siedlungsnahen Raum können sie aber auch Ergebnis gezielter Entwicklungs- oder Rekultivierungsmaßnahmen jüngerer Zeit sein und sind im Zusammenhang mit der Raumstruktur deshalb anders zu bewerten als hinsichtlich Ursprünglichkeit und Eigenart. Während sich ursprünglich erhaltene Kulturlandschaften im Mittelgebirge zumeist durch eine hohe Raumvielfalt bei gleichzeitig hoher Raumspannung auszeichnen, weisen reliefarme, ursprüngliche Ackerlandschaften infolge schmaler, aber gleichförmiger Parzellenstruktur bei hoher Raumvielfalt eine nur geringe Raumspannung auf. Letztere ist vor allem ein Ergebnis der Überlagerung natürlicher, oft geschwungener Grenzlinien (Bäche und Flüsse, Talränder, Hanglinien, teilweise auch Waldgrenzen) mit anthropogen bedingten, tendenziell geradlinigen Nutzungsgrenzen (Äcker, Terrassen, Wege). Die Diskrepanz zwischen natürlichen und menschlich bedingten Grenzlinien wächst mit zunehmender Reliefenergie der Landschaft, weshalb diese in die Beurteilung der Raumspannung direkt einfließt und als eigene Größe vernachlässigt werden kann.

Abb. 11: Innere Gliederung der Landschaft als Funktion von Raumvielfalt und Raumspannung (nach KRAUSE, 1991a; schematisiert)

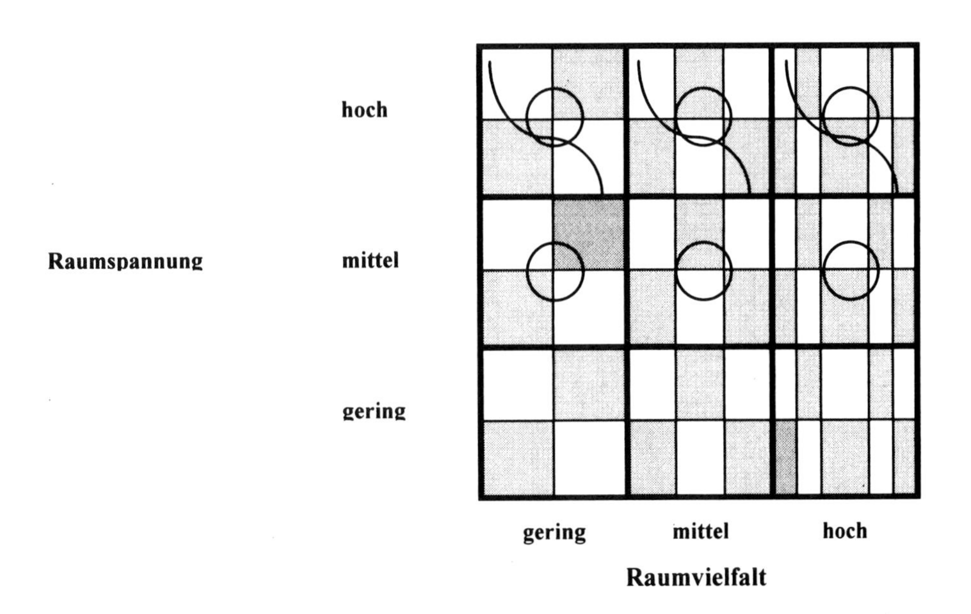

Historisch gewachsene Ortschaften, vor allem dicht bebaute Altstadtkerne, zeichnen sich oft durch eine, zumindest im rückwärtigen Bereich der Straßen und Gassen ungeordnete Siedlungsstruktur und eine vielfältige Dachlandschaft aus. Eine große Raumspannung ergibt sich hier insbesondere durch ein ungeordnetes Straßennetz, asymmetrische Plätze, unterschiedliche Bauhöhen und geländebedingte Baulücken. Vergleichbar der offenen Kulturlandschaft, nimmt die innere Gliederung einer Ortschaft folglich mit ihrem Alter und der Vielfalt der topographischen Verhältnisse zu. Im deutlichen Kontrast zu mittelalterlichen Haufendörfern oder aus Handelsniederlassungen hervorgegangenen Städten, die oft schon aus strategischen Gründen gewundene Straßenzüge aufweisen (PLANITZ, 1996), stehen planmäßig angelegte Stadtgrundrisse mit rechtwinklig angeordnetem Straßenraster und mehr oder weniger einheitlicher Bebauung, wie die um das Jahr 1.200 bzw. 1699 datierenden Stadtgründungen Melsungen und Karlshafen (GROSSMANN & HOPPE, 1991) oder viele im 17. und 18. Jh. entstandene Dorferweiterungen entlang der Ausfallstraßen und Feldzufahrten (LANDESAMT F. DENKMALPFLEGE HESSEN, 1994a).

Die Raumstruktur oder die Raumwahrnehmung (KRAUSE, 1991a) einer Landschaft wird darüber hinaus maßgeblich von ihrer Übersicht, also ihrer visuellen Erfaßbarkeit mitbestimmt. Diese nimmt sowohl mit der Reliefenergie einer Landschaft (Raumspannung) als auch mit der Vielzahl der Elemente allmählich ab. Hieraus ergibt sich, daß eine besonders erlebniswirksame Raumstruktur nicht denjenigen Landschaften beizumessen ist, die sowohl eine sehr hoher Raumvielfalt als auch eine sehr hohe Raumspannung aufweisen, sondern die in einem der beiden Teilkriterien eine nur hohe Ausprägung besitzen (s. Tab. 53). Die Bewertung erfolgt mit Werten zwischen 0,1 und 0,8, wobei für Landschaften mit extremer innerer Gliederung eine nur hohe Wirkung der Raumstruktur (0,7) unterstellt wird.

Tab. 53: Bewertung der Raumstruktur einer Landschaft (in Anlehnung an KRAUSE, 1991a; verändert)

Raumspannung		Raumvielfalt: sehr gering	gering	mäßig	hoch	sehr hoch
	sehr hoch	0,5	0,6	0,7	0,8	0,7
	hoch	0,4	0,5	0,6	0,7	0,8
	mäßig	0,3	0,4	0,5	0,6	0,7
	gering	0,2	0,3	0,4	0,5	0,6
	sehr gering	0,1	0,2	0,3	0,4	0,5

Raumstruktur (Wirkung)	
0,8	sehr hoch
0,6-0,7	hoch
0,4-0,5	mäßig hoch
0,2-0,3	gering
0,1	sehr gering

Bsp.: Bei vergleichbarer Bestandsstruktur besitzt ein Waldgebiet im Hügelland eine deutlich höhere Wirkung der Raumstruktur als im Flachland. Gründe sind zum einen die hohe Raumspannung, die sich im ständigen Wechsel der Geländeneigung sowie in topographiebedingten Ungleichmäßigkeiten des Wegenetzes mit teilweise serpentinenartigen Verbindungen widerspiegelt, zum anderen die hohe Raumvielfalt, deren Ursprung ebenfalls im bewegten Relief liegt. So werden Waldwege bereits in schwach hängigem Gelände oft von Wegböschungen mit unterschiedlichem Bewuchs begleitet und bieten - hangabwärts - oft ein wesentlich größeres Blickfeld. Aufgrund schlechterer Bewirtschaftungsbedingungen finden sich häufiger Totholz und Spuren früherer Nutzung, und auch der für die ästhetische Wirkung von Wäldern besonders wichtige Wechsel zwischen Licht und Schattenwurf ist in gebirgigen Gegenden ausgeprägter wahrnehmbar.

Ein strukturreicher, vielschichtig aufgebauter Laubwaldbestand in leicht bewegtem Gelände besitzt bei hoher Raumvielfalt und mäßiger Raumspannung eine hohe Wirkung der Raumstruktur. Ein zweischichtiger Laubwaldbestand mit guter Durchschaubarkeit an den Hängen eines kleinen Taleinschnitts bewirkt bei mäßig hoher Raumvielfalt und hoher Raumspannung ebenfalls eine hohe Wirkung der Raumstruktur.

Tab. 54: Bewertung der Raumstruktur aufgrund Raumvielfalt und Raumspannung (Beispiele)

S	Stufe (Wirkung)	Landschaft	Siedlung
0,8	sehr hoch	• teilweise terrassierte, heckendurchsetzte Grünlandgebiete des Hügellands in stark welligem Gelände mit einzelnen Ackerflächen, Felsvorsprüngen, Gebüschgruppen und teilweise am Gelände ausgerichteten Wegenetz • ursprünglich erhaltene Weinbergslandschaften mit Bruchsteinmauern, Brachflächen, Treppen und einzelnen Gebüschen • mehrschichtige, vielgestaltige und artenreiche Laubwälder im Bergland mit steilen Hängen und hohen Wegeböschungen, Windbrüchen, Tot-holz und alten inneren Waldrändern	• am Hang liegende Altstädte mit ungeometrischem Wegenetz, Wechsel enger Gassen mit öffnenden Plätzen, Treppen und vielfältiger Gebäudestruktur (geschlossene Fachwerkzeilen, Adelshöfe, Kirchen, Stadtmauer); Bsp.: Marburg, Wetzlar
0,6-0,7	hoch	• ursprüngliche, quellige Grünlandgebiete in Geländemulde mit gehölzbestandenen Gräben, kleinen Feldgehölzen, Hutebäumen, Sukzessionsinseln und Röhrichtbeständen • mehrschichtige Laubwälder in leicht welligem Gelände mit Totholz und einzelnen alten Überhältern	• in leicht bewegtem Gelände liegende Altstädte mit Bauten unterschiedlicher Zeitstellung, Höfen, Kirchplatz, Gräben etc. (Bsp.: Büdingen, Alsfeld) • ursprüngliche Haufendörfer
0,4-0,5	mäßig hoch	• teilweise terrassierte Ackerbaugebiete des Hügellands mit einzelnen Streuobst- und Grünlandparzellen • Ackerlandschaften des Hügellands mit welligem Geländeprofil und tief eingeschnittenen Hohlwegen • einschichtige Laubwälder in ebenem Gelände	• planmäßig angelegte Altstädte mit ± regelmäßig, teilweise aber gekrümmt verlaufendem Straßennetz, überwiegend einheitlicher, giebelständiger Fachwerkbebauung mit einzelnen herausragenden Gebäuden (Rathaus, Kirche etc.) (Bsp.: Melsungen) • zu Straßendörfern erweiterte, überformte Haufendörfer • moderne Wohngebiete mit geländeangepaßtem Grundriß, Innenhöfen und vielfältigem Wechsel unterschiedlicher Bauformen
0,2-0,3	gering	• Ackerlandschaften des Hügellandes mit einzelnen Obstbaumreihen und Böschungen • einheitlich genutzte Grünlandgebiete der Flußniederungen mit leicht mäandrierenden Gewässern • Wohngebiete der 70er Jahre mit vielfältigen Baustilen, aber gleichförmig gerastetem Grundriß	• mehrgeschossige Blockbebauung der Jahrhundertwende • einheitlich bebaute Straßendörfer • Gewerbe- und Industriegebiete
0,1	sehr gering	• geometrisch ausgerichtete Ackerlandschaften im Flachland ohne gewundene Elemente	• uniforme Blockbebauung des 20. Jh., Großform- und Zeilenbebauung, Großmärkte und Einkaufszentren

ac) Eigenart

aca) Intensität eigenartbildender Elemente und Landschaften[42]

Anders als die bereits im Bundesnaturschutzgesetz als Schutzgut definierte „Schönheit" einer Landschaft, unterliegt deren „Eigenart" weit mehr objektivierbaren Größen, da sich diese als spezifische Ausprägung eines aufgrund ähnlicher Entstehungs- oder Entwicklungsprozesse überregional konvergierenden Landschaftstyps definieren läßt und deshalb in engem Bezug zur Ursprünglichkeit und kulturhistorischen Bedeutung der Landschaft steht. Im Sinne dieses Verfahrens besitzen Landschaften immer dann Eigenart, wenn sie über die allgemeinen Merkmale des übergeordneten Landschaftstyps nach Kap. 3.3.1.2 hinaus eigene Charakteristika aufweisen. Derartige „Subtypen" sind beispielsweise Niederwälder (Landschaftstyp: *Sonderformen der Waldlandschaften*) oder Wacholderheiden (Landschaftstyp: *Hutelandschaften des Hügel- und Berglands*). Die Zugehörigkeit einer Landschaft zu einem Subtyp beschränkt ihre Verbreitung in aller Regel auf eine mehr oder weniger große Region, da geologische und andere naturräumliche sowie kulturelle Gegebenheiten das generelle Vorkommen eines Landschaftstyps nur in seinem Grundmuster, quasi seiner nivellierten Ausprägung zulassen. „Eigenart" besitzt eine Landschaft folglich immer dann, wenn sie vom (mittlerweile) Gewohnten abweicht, was für die Bewertung folgende Konsequenzen aufwirft:

1) Die Einschätzung der Eigenart von Landschaften bzw. von Landschaftselementen ist immer in Relation zum jeweiligen Bezugsraum vorzunehmen. Je größer der Naturraum, für den die zu bewertenden Landschaft als einzigartig, zumindest aber als außergewöhnlich gilt, desto höher ist ihre Eigenart einzustufen. Tab. 56 differenziert deshalb den Grad der eigenartsbildenden Intensität großflächiger Erscheinungen, die nur auf der Makroebene wahrnehmbar sind, in Abhängigkeit von ihrer naturraumbedingten Seltenheit.

   Bsp.: Die aus ehemaligen Hutewäldern hervorgegangenen „Urwälder" im Reinhardswald bei Kassel sind nicht nur regional, sondern zumindest landesweit einmalig und deshalb von außergewöhnlicher Eigenart.

2) In einer Region seltenen Landschaftstypen kann auch dann eine hohe Eigenart zugesprochen werden, wenn diese in anderen Landstrichen großflächig verbreitet sind.

   Bsp.: Genannt seien die Dünen des „Mainzer Sandes" oder die Kalkfelsen an der Lahn zwischen Runkel und Limburg. Sind beide Erscheinungen bereits auf Landesebene bzw. in der Region einmalig, so kommt den im Raum Gießen von jeher seltenen und nur kleinflächig vorkommenden Heideflächen zwar eine lokale Besonderheit zu, angesichts der im Lahn-Dill-Bergland noch vergleichsweise weit verbreiteten Wacholderheiden aber keine regionale oder gar landesweite.

3) Auch Relikte früher häufiger Landschaftsausprägungen zählen aus heutiger Sicht zu den besonders „eigenartigen" Landschaften. Es handelt sich hierbei zumeist um Landschaften, die als besonders repräsentativ für eine Gegend gelten. Als solchen ist ihnen auch dann eine hohe Eigenart zuzusprechen, wenn sie im Bezugsraum noch deutlich häufiger bzw. großflächiger verbreitet sind als anderswo. Ausschlaggebend ist das Verhältnis zwischen ihrer aktuellen und ihrer historischen Verbreitung.

[42] Zur Definition der Wahrnehmungsebenen vgl. Tab. 58.

Bsp.: Die wacholderbestandenen Enzian-Schillergras-Rasen der nordhessischen Zechstein- und Muschelkalkgebiete östlich Kassel, die bis ins 19. Jh. weit verbreitet waren und infolge rückläufiger Schafhaltung seitdem zunehmend verbuschten oder aufgeforstet wurden (SIEBERT 1991), galten in den Zeiten exzessiver Huteschafhaltung vor allem des 18. Jh. in der Region sicher nicht als „eigenartig". Mit heute noch 2.000-2.500 ha (SIEBERT 1991) sind sie heute - verglichen mit anderen Regionen - zwar noch ausgesprochen großflächig erhalten, besitzen aufgrund der massiven Flächenverluste aber auch innerhalb der Region eine hohe Eigenart.

Es zeigt sich, daß in Zeiten weitreichender Nivellierungsprozesse in der Landschaft Ursprünglichkeit und Eigenart aufs engste mit der Seltenheit und Gefährdung einer Landschaft korrelieren. Sie sind insofern auch in idealer Weise geeignet, die Schutzwürdigkeit eines Gebietes zu ermitteln und zu begründen. Auf die Einbeziehung des Kriteriums „Gefährdung" kann deshalb verzichtet werden, auch wenn eine „Rote Liste der Landschaften Hessens" durchaus überraschende Ergebnisse zeitigen würde: so sind entgegen weitläufiger Annahmen weniger die heckendurchzogenen Grünlandhänge der Mittelgebirgsräume, sondern vielmehr die Ackerbaugebiete der Wetterau, des Hüttenberger Hügellands oder des Limburger Beckens in ursprünglicher Form vom Verschwinden bedroht, wenn nicht sogar bereits ausgestorben. Seltene, mehr oder weniger ursprüngliche Waldlandschaften finden sich nicht nur auf entlegenen, der mittelalterlichen Waldweide entgangenen Basaltkuppen, wie dem Hangelstein bei Gießen (SCHWARZ, 1989), sondern auch auf den unter Botanikern eher verschmähten Silikatböden des Buntsandsteins, die in Mittelhessen infolge großflächiger Fichtenaufforstungen in der Vergangenheit einen deutlichen Rückgang erfahren haben.

Zur Einstufung der Eigenart (Intensität) einer zu bewertenden Landschaft auf der Makroebene, d.h. aufgrund ihrer von außerhalb erlebbaren Gesamterscheinung, gelten die Werte der Tab. 56. Maßgebliches Kriterium ist neben der Nutzungs- und Vegetationsstruktur (*kulturhistorisch* begründete Eigenart) auch die Topographie als Ausdruck der *natürlichen* Eigenart einer Landschaft.

Bsp.: Das Basaltgebiet des Vorderen Vogelsbergs zeichnet sich vielerorts nicht durch eine besondere Nutzungsstruktur, sondern durch sein sanft geschwungenes, einem Golfplatz nicht unähnliches Relief aus. Diese für den Naturraum durchaus typische und repräsentative Topographie ist in ihrer ursprünglichen Verbreitung im wesentlichen erhalten und für den Naturraum deshalb nicht „eigenartig", in ihrer ursprünglichen Kombination mit großflächiger Grünlandnutzung bildet sie aber mittlerweile einen bereits seltenen Landschaftstyp von mäßig hoher Eigenart.

Im Normalfall gelten auch hier immer die höheren Werte einer Stufe. Da zur Charakterisierung einer Landschaft als „eigenartig" ihre zumindest mäßig hohe Ursprünglichkeit vorausgesetzt wird, kann naturraumfremden, also künstlichen und deshalb in einer Region auch seltenen Landschaftstypen, ebenso wie beispielsweise stark verbuschten Heidegebieten, keine besondere Eigenart in Sinne dieses Verfahrens zugesprochen werden.

Als übergeordnete Bezugsräume gelten für Hessen im Rahmen dieses Verfahrens die vier für die Rote Liste der Farn- und Samenpflanzen Hessens (HMILFN, 1996) definierten Regionen (s. Abb. 9 und Tab. 55), im weiteren als „Hauptregion" bezeichnet. Anders als die von ADAM et al. (1983) in ihrer „Gliederung der Landschaftsbilder des Bundesgebiets nach geomorphographischen Kriterien" vorgeschlagenen Landschaftsbildeinheiten, bietet diese grundsätzlich auf der naturräumlichen Gliederung nach KLAUSING (1974) aufbauende Differenzierung eine stärkere Berücksichtigung nutzungsgeschichtlicher und vegetationsgeographischer Einflüsse. Der gewählte Ansatz ermöglicht zudem eine Übertragung des Verfahrens auf andere Bundesländer, ist kompatibel mit der Roten Liste der gefährdeten Biotoptypen der Bundesrepublik Deutschland (RIECKEN et al., 1994) und gewährleistet eine einheitliche Vorgehensweise bei der Festlegung von Bezugseinheiten für die Schutzgüter Landschaft sowie Vegetation und Fauna.

Tab. 55: Zuordnung der Naturraumhaupt- und Untereinheiten Mittelhessens zu den vier Hauptregionen (nach KLAUSING, 1974, HLU, 1987 und HMILFN, 1996; ergänzt)

Haupteinheit (4. Ordng.)	**Untereinheit (5. Ordnung)**	**Teileinheit (6. Ordnung)**
Grundgebirgsschollenland (Nordwest)		
302 Östlicher Hintertaunus	302.0 Wetzlarer Hintertaunus 302.1 Weilburger Hintertaunus 302.2 Bodenroder Kuppen 302.3 Hasselbacher Hintertaunus 302.4 Münster-Maibach-Schwelle 302.5 Usinger Becken	
311 Limburger Becken	311.0 Nördliches Limburger Becken 311.1 Limburger Lahntal 311.2 Südliches Limburger Becken	311.20 Linterer Hochfläche 311.21 Kirberger Hügelland
312 Weilburger Lahntal		
320 Gladenbacher Bergland	320.0 Lahn-Dill-Bergland	320.00 Breidenbacher Grund 320.01 Bottenhorner Hochfläche 320.02 Schelder Wald 320.03 Zollbuche 320.04 Hörre 320.05 Krofdorf-Königsbg. Forst
	320.1 Gladenbacher Hügelland	320.10 Damshäuser Kuppen 320.11 Elnhsn.-Michelb. Senke 320.12 Salzbödetal 320.13 Niederweidbacher Becken
	320.2 Oberes Lahntal	
321 Dilltal	321.0 Unteres Dilltal 321.1 Oberes Dilltal 321.2 Struth	
322 Hoher Westerwald	322.0 Westerwälder Basalthochfläche	
323 Oberwesterwald	323.0 Westerwald-Osthang 323.1 Oberwesterwälder Kuppenland 323.3 Südoberwesterwälder Hügelland	
Hess. Bruchschollentafelland (Nordost)		
345 Burgwald	345.2 Südlicher Burgwald 345.3 Wohratal	
347 Amöneburger Becken	347.0 Ohmsenke 347.1 Ebsdorfer Grund	

Tab. 55: Zuordnung der Naturraum- Haupt- und Untereinheiten Mittelhessens (Fortsetzung)

Haupteinheit (4. Ordng.)	Untereinheit (5. Ordnung)	Teileinheit (6. Ordnung)
348 Marburg-Gießener Lahntal	348.0 Marburger Bergland	348.00 Marburger Rücken 348.01 Lahnhänge Marburg 348.02 Marburger Lahntalsenke
	348.1 Gießener Becken	348.10 Gießener Lahntalsenke 348.11 Großenlindener Hügelland
349 Vorderer Vogelsberg	349.0 Lumda-Plateau 349.1 Ohmtal 349.2 Gießener Landrücken 349.3 Laubacher Hügelland	
350 Unterer Vogelsberg	350.4 Westlicher Unterer Vogelsberg	
Oberrheinische Tiefebene (Südwest)		
234 Wetterau	234.0 Horloffsenke	234.00 Hungener Höhen 234.01 Horloffniederung
	234.1 Münzenberger Rücken	
	234.2 Nordwestliche Wetterau	234.20 Butzbacher Becken 234.21 Mörlener Bucht
Süddeutsches Schichtstufenland (Südost)		

Bsp.: Nach GREGOR (in: BVNH & NZH, 1991) existierten im Hohen Vogelsberg Anfang des 20. Jh. noch fast 3.000 ha Gemeindeweiden, von denen mindestens 1.500 ha von Borstgrasrasen bedeckt waren. Geht man davon aus, daß rd. 2.000 ha dieser Flächen dem Landschaftssubtyp „Mit Einzelbäumen bestandene Hutungen" angehörten, läßt das verbliebene Vorkommen von rd. 80 ha Borstgrasrasen im Hohen Vogelsberg (BVNH & NZH, 1991) auf einen Rückgang der Hutungen auf unter 0,05 % der ursprünglichen Verbreitung schließen. Der Landschaftstyp ist somit als in der Haupteinheit selten und seine Eigenart für den Hohen Vogelsberg als hoch einzustufen. Überträgt man das Ergebnis (mit aller gebotenen Vorsicht) auf die dem Grundgebirgsschollenland zugehörige Haupteinheit 349 Vorderer Vogelsberg, so läßt sich der Landschaftstyp als für die Hauptregion Nordwest sehr selten und damit von sehr hoher Eigenart bewerten.

In großen Teilen des mittelhessischen Raums bedecken Streuobstwiesen etwa 8-10 % der Gemarkungsflächen. Übertragen auf die übergeordneten Haupteinheiten, sind Streuobstwiesen weder im Vorderen Vogelsberg, noch im Marburg-Gießener Lahntal als selten einzustufen und besitzen, da sie in den vergangenen Jahrzehnten keine drastischen Bestandseinbußen erlitten haben, somit keine besondere Eigenart.

In den Stadtgebieten von Limburg und Hadamar (Kreis Limburg-Weilburg) lassen sich rd. 250-300 ha mittlerweile weitgehend verbuschter Talhänge dem Landschaftstyp 3.4 „Weidelandschaften des Hügel- und Berglands" zuordnen, von denen in ± ursprünglicher Ausprägung weniger als 10 ha kleinflächiger Kalkmagerrasen erhalten sind. Von Natur aus auf den das Limburger Becken durchziehenden Massenkalkzug beschränkt, entlang der Lahn und ihrer Seitentäler aber regelmäßig vorkommend, kann für den Landschaftstyp übertragen auf den Naturraum ein ursprünglicher Flächenanteil in der Untereinheit 311.0 Nördliches Limburger Becken von rd. 3-4 %, im gesamten Becken von rd. 2 % angenommen werden, d.h. er war nicht selten. Infol-

ge der Flächenrückgänge auf unter 0,1 % der ursprünglichen Ausdehnung und einem verbliebenen Vorkommen auf rd. 0,001 % des Naturraums ist der Landschaftstyp aktuell sehr selten, seine Eigenart sehr hoch.

Tab. 56: Spezifische Wirkung (Intensität) von Siedlungsgebieten und Landschaften

I	Stufe	Siedlungen[43]	Einzelanlagen
0,7-0,8	sehr hoch	Mittelalterliche und frühneuzeitliche Stadtkerne	Schlösser, Burgen
0,5-0,6	hoch	Stadtkerne des 17. und 18. Jh.	Klöster, Befestigungsanlagen
0,3-0,4	mäßig	Dörfer des 17. und 18. Jh. Städte des 19. Jh.	Höfe und Weiler des 17. und 18. Jh.
0,1-0,2	gering	Siedlungsgebiete des frühen 20. Jh.	Höfe und Weiler des 19. U. frühen 20. Jh.
keine Eigenart		jüngere Siedlungsgebiete (vgl. aber Bewertung in der Planung)	

I	Stufe	Häufigkeit des Landschaftstyps bzw. -subtyps
0,7-0,8	sehr hoch	Der Landschaftstyp ist in der Hauptregion sehr selten
0,5-0,6	hoch	Der Landschaftstyp ist in der Hauptregion selten oder in der naturräumlichen Haupteinheit sehr selten
0,3-0,4	mäßig	Der Landschaftstyp ist in der Hauptregion eher selten oder in der naturräumlichen Haupteinheit selten oder in der naturräumlichen Untereinheit sehr selten
0,1-0,2	gering	Der Landschaftstyp ist in der naturräumlichen Haupteinheit eher selten oder in der naturräumlichen Untereinheit selten oder in der naturräumlichen Teileinheit sehr selten

Seltenheit:[44]	
sehr selten	in zumindest mäßig ursprünglicher Form Anteil der Landschaft < 0,01 % oder Rückgang auf unter 0,1% der ursprünglichen Verbreitung
selten	in zumindest mäßig ursprünglicher Anteil der Landschaft < 0,1 % oder Rückgang auf unter 1 % der ursprünglichen Verbreitung
eher selten	in zumindest mäßig ursprünglicher Form Anteil der Landschaft < 1 % oder Rückgang auf unter 10 % der ursprünglichen Verbreitung

acb) Eigenartsbildende Wirkung von Landschaftselementen (Meso- und Mikroebene)

Innerhalb einer als (Sub-) Typ eher häufigen Landschaft wird deren Eigenart weniger von Nutzungsstruktur und Topographie, als vielmehr vom Vorhandensein landschaftsprägender Elemente, wie markanter Einzelbäume oder schroffer Felswände, bestimmt. Da diese fast immer auch Bestandteil der gewachsenen Landschaft sind, gelten sie gleichzeitig als wichtige Indikatoren zur Bestimmung der Ursprünglichkeit, wo sie als gleichrangiges Teilkriterium neben Flurform und Nutzungsmuster Berücksichtigung finden (s. Tab. 52). Da hierbei aber allein das *Vorhandensein* charakteristischer oder seltener Elemente, nicht aber ihre *ästhetische Wirkung* den Grad der Ursprünglichkeit bestimmen, bedarf es zur Beurteilung der Eigenart einer Landschaft

[43] Vorausgesetzt wird ein weitgehend erhaltenes und erlebbares Ortsbild; Überformungen oder Mischformen sind entsprechend abzuwerten, ggf. sogar als Störung einzustufen

[44] Die Angaben zur Seltenheit beruhen auf der Auswertung verschiedener Datenquellen, u.a. BVNH & NZH (1991) GEMEINDE BUSECK (1997), STADT STAUFENBERG (1997), STADT LIMBURG a.d.L. (1997), STADT HADAMAR (1997), stellen aber nur Richtwerte dar und bedürfen in der Zukunft einer näheren Präzisierung.

einer gesonderten Vorgehensweise. Dieses Vorgehen bietet zudem den Vorteil, daß der Wert einzelner Landschaftselemente unabhängig von der sie umgebenden Landschaft ermittelt und beispielsweise in einer Bewertungskarte dargestellt werden kann (s. Tabellen 61 und 63-65).

Natürliche und anthropogene Landschaftselemente lassen in der Regel keine feste Bindung an einen bestimmten Landschaftstyp erkennen und ihre Gestalt vermag oft mehr landschaftsprägenden Einfluß auszuüben als ihre Seltenheit in einer Region, so daß es auf der sie betreffenden Meso- und Mikroebene keiner Unterscheidung unterschiedlich dimensionierter Bezugsräume bedarf (s. Tab. 57). Auch hier folgt der Ansatz dem Vorgehen bei der Bewertung der Intensität von Störungen, für die ebenfalls keine regionale Differenzierung vorgenommen wird.

Die Einstufung von Landschaftselementen als prägende „Singularität" oder prägendes „Ensemble" ist grundsätzlich an folgende Voraussetzungen gebunden:

1) Landschaftselemente, die als grundsätzlich typisch gelten, müssen sich gegenüber anderen, gleichartigen Elementen durch eine besondere Ausprägung hervorheben.

> *Bsp.: Ein vielschichtig aufgebauter, mit alten Buchen durchsetzter Waldbestand gilt als im Sinne der Definition (weitgehend) ursprünglich, besitzt aber keine besondere Eigenart, da hochwüchsige Buchen oder Eichen als typische Elemente eines (ursprünglichen) Laubwaldes gelten. Grundsätzlich landschaftstypisch, aber dennoch die Eigenart prägend, können hingegen vor Jahrhunderten im Wald als Bienenweide oder zur Mast angepflanzte alte Linden oder Kastanien bewertet werden. Eigenartsbildend sind aber auch alte, tief beastete Bäume entlang eines Waldweges, die den Verlauf eines ehemaligen Waldrandes markieren oder einzelne mächtige Bäume, die über viele Jahrzehnte keinem geschlossenen Waldbestand angehörten und deshalb durch eine für geschlossene Waldungen außergewöhnliche Wuchsform auffallen.*

2) Landschaftselemente, die nicht als grundsätzlich typisch gelten, müssen für die Landschaft in ihrer historischen Entstehung bzw. Entwicklung nachvollziehbar sein.

> *Bsp.: Ein für die Erhebungen des Taunus typischer Ringwall (Steinversturz keltischer Oppida) stellt im nördlichen Hessen keine typische, aber im Einzelfall historisch durchaus belegbare und somit die Eigenart der Landschaft prägende Erscheinung dar. Ein Ende des 19. Jh. in historisierenden Formen errichteter Aussichtsturm oder ein auf markantem Felsvorsprung thronendes Ehrenmal wilhelminischer Zeit besitzen ungeachtet ihrer ästhetischen Qualitäten durchaus Denkmalwert, gelten aber (noch) nicht als historisch begründbares Element der Landschaft. Hingegen besitzen die im Barock inmitten ausgedehnter Parkanlagen (z.B. Kassel-Wilhelmshöhe) entstandenen „Ruinen" als prägende Elemente der jeweiligen Park-Landschaft eigenartsbildende Qualitäten. Als Singularität sind auch reliktische Hutebäume innerhalb eines Waldes einzustufen, da diese aufgrund ihrer besonderen Entwicklungsumstände für Wälder nicht typisch, gleichwohl aber historisch nachvollziehbar sind.*

3) Prägen mehrere gleichartige Elemente eine Landschaft, so ist ihre gemeinsame Wirkung auf die Landschaft (oder Teile der Landschaft) zu berücksichtigen.

> *Bsp.: Anders als bei herausragenden „Singularitäten" geht die Wirkung kleiner Felsklippen an einem Hang weniger von der Größe oder Gestalt eines einzelnen Objektes aus, sondern von ihrer Gesamtwirkung, weshalb auch wenig imposante Elemente im*

Verbund mit anderen als prägend einzustufen sind, sofern sie nicht als grundlegendes Element des Landschaftstyps gelten (z.B. Obstbäume auf einer Obstwiese) oder aber eine Einordnung des Gebiets insgesamt als Landschaft besonderer Eigenart bedingen (Wacholder auf einem Magerrasen).

4) Das Element oder Ensemble muß zumindest kleinräumig wirksam sein.

Da die Eigenart einer Landschaft, anders als ihre Ursprünglichkeit, grundsätzlich visuell wirksam ist, müssen die sie prägenden Elemente auch für den unkundigen Betrachter als solche erkennbar und untereinander sowie in Beziehung zu ihrer Umgebung erlebbar sein. (Der Einfluß auch unscheinbarer Elemente auf die Beurteilung der Ursprünglichkeit bleibt hiervon unbenommen).

Tab. 57 ordnet die landschafts- und ortsbildprägende Wirkung (Intensität) wichtiger Landschafts- und Bauelemente in eine kardinalskalierte Rangfolge zwischen 0,1 (gering) und 0,8 (sehr hoch). Durch Multiplikation mit dem jeweiligen Wirkungsbereich (Tab. 60) und der in diesem wirksamen Dominanz (Tab. 61) eines Landschaftselements ergeben sich Werte zwischen 0,01 (aufgerundet) und 0,80.

Tab. 57: Spezifische Wirkung (Intensität) landschafts- und ortsbildprägender Elemente (Meso- und Mikroebene)

I	Stufe	offene Landschaft	Wald	Siedlung
0,7-0,8	sehr hoch	Felsplateau, Steilwand, Hohlwegsystem, Gewannflur, Wallanlage, Ruine	Blöße, Windwurf, Steilwand, Waldwiese, Niederwald, Sumpfwald	Bach, Mühlgraben, frei stehendes Gebäude, Kirche, Turm
0,5-0,6	hoch	Felsvorsprung, Hohlweg, Hutebaum, Niederwald, naturnaher Bach, Wüstung	altes Totholz, Altholz, Bach Einzelbaum am Weg, kleine Lichtung, Erosionsrinne	im Verband stehendes Gebäude, Fassade, Mauer, hochwüchsiger Baum
0,3-0,4	mäßig	kleine Höhle, Ackerterrasse, Schneitelhecke, blütenreiche Wiese	Staudenflur, Hügelgrab, Wegböschung, Holzstapel, Baumstubben, Jagdkanzel	Brunnen, Treppe, Giebel, Portal, Tor, kleiner Platz
0,1-0,2	gering	Felsspalte, Meilenstein, Ackerrain, Lesesteinhaufen, Einfriedung, Grenzstein	Wegsaum, Fahrspur, Verjüngung, Wegstein	Garten, Einfriedung, Laterne, Zunftzeichen, Knagge, Tür, Gaube

cc) Wirkungsbereich und Dominanz

Anders als Ursprünglichkeit und Raumstruktur, deren bestimmende Merkmale innerhalb einer Landschaft zumeist eine mehr oder weniger homogene Verteilung aufweisen, wirken eigenartsbildende Landschaftselemente oder Landschaften ihrem Wesen nach wie Störungen, d.h. sie hängen in hohem Maße von ihrer Wahrnehmbarkeit ab und sollen deshalb als mit ihrem Wirkungsbereich[45] gewichtete Zuschläge auf den Landschaftswert einfließen. Bei der Definition des Wirkungsbereichs von Landschaften oder Landschaftselementen lassen sich mit KRAUSE (1991a) dabei drei Ebenen der Wahrnehmung unterscheiden:

Tab. 58: Wechselwirkungen zwischen Geländestruktur und Wahrnehmungsformen (nach KRAUSE, 1991a; verändert)

Ebene	Sichtfeld	Beispiele
Makroebene	Die Entfernung zwischen Betrachter und Objekt ist so groß, daß Objekte geographischer Dimension in ihrer Struktur erfaßt werden können.	• Wirkung einer Hutelandschaft oder großflächigen Wacholderheide auf den Betrachter am gegenüberliegenden Hang • Wirkung eines Neubaugebiets auf den Betrachter am gegenüberliegenden Hang • Wirkung einer Industrieanlage im Tal auf den Betrachter am benachbarten Hang
Mesoebene	Die Entfernung zwischen Betrachter und Objekt ist so groß, daß Objekte von mittlerer Dimension (Bäume, Häuser) mit einem Blick erfaßt werden können, ihre Struktur aber sichtbar bleibt.	• Wirkung einer alten Huteeiche auf den sich nähernden Spaziergänger in rd. 50 m Entfernung • Wirkung eines Gebäudes am Ortsrand auf den sich nähernden Autofahrer • Wirkung einer Obstwiese am Ortsrand auf den sich nähernden Autofahrer
Mikroebene	Die Entfernung zwischen Betrachter und Objekt ist so klein, daß die Objektgestalt nicht erfaßt werden kann, aber Details sichtbar sind.	• Wirkung einer wegbegleitenden Heckenpflanzung auf den Spaziergänger • Wirkung einer blühenden Wiese auf den Spaziergänger • Wirkung bizarrer Stockausschläge in einem alten Niederwald oder geschneitelter Haselnußsträucher am Waldrand • Wirkung eines Gebäudes auf den Betrachter am Straßenrand

Zur Begrenzung des Wirkungsbereichs von Landschaften, Landschaftselementen sowie Störungen läßt sich die zu bewertende Landschaftseinheit (oder in Anlehnung an Kap. 2.1 der „Landschaftsbereich"), also die gem. Kap. 3.2.2 definierte und umgrenzte Landschaft, ggf. auf der Meso- und Makroebene in Teilbereiche gliedern, die größere, in sich geschlossene, aber von der übrigen Landschaft deutlich abgegrenzte Flächenanteilen umfassen und von der Wirkung einzelner Elemente deshalb nicht in gleicher Weise beeinflußt werden. Als „kleinräumig" im

[45] Anmerkung: Im Gegensatz zur betrachterbezogenen Wahrnehmungsebene bei KRAUSE (1991a) beschreibt die Ebene des Wirkungsbereichs im Rahmen dieses Verfahrens nicht (nur) die Ebene, auf der ein Landschaftselement oder eine Störung in ihrer Gesamtheit erfaßt werden kann (diese hängt allein von der Größe des Objektes ab und wird bei der Bewertung von Randeinflüssen berücksichtigt), sondern die Ebene, innerhalb derer das Objekt jederzeit wahrnehmbar ist. Die Grenze dieses Bereichs ist aber identisch mit dem Standpunkt, der zur Bestimmung der Dominanz eines Elementes ausschlaggebend ist (s.u.), so daß die Abgrenzung des Wirkungsbereichs über die Wahrnehmungsebene beispielsweise die Erheblichkeit eine Eingriffs deutlicher erkennen läßt, als es die Verwendung von Entfernungsangaben zu leisten vermag. Die Bestimmung des Wirkungsbereichs nach Tab. 60 erscheint auch sinnvoller und praktikabler als eine prozentuale Abschätzung des von der Wirkung eines Landschaftselements oder einer Störung betroffenen Anteils der Gesamtlandschaft, da hierdurch der Anschein der mathematischen Berechenbarkeit reduziert wird und die Wirkung eines Objektes auch in verbal-argumentativer Form nachvollziehbar beschrieben werden kann.

Sinne der Tab. 59 lassen sich so beispielsweise eine noch unverbuschte Insel inmitten der Sukzession ausgesetzter Magerrasen, als „Teilgebiet“ ein von Wald umgebenes Seitental einer Bachniederung oder auch ein durch dichte Heckenzüge abgeschirmter Oberhang definieren.

Tab. 59: Unterteilung der Landschaft in Wahrnehmungs- und Wirkungsbereiche

Ebene	**Landschafts-ausschnitt**	**Definition**	**Wahrnehmungsbeispiele**
Makroebene	Landschaftseinheit (ha bis km²)	in sich geschlossene, großräumige Landschaften, die nur von außerhalb als Gesamtheit und in ihrer Struktur erfaßt werden können	• Talniederung • bewaldeter Hangzug • Ackerbaugebiet • Dachlandschaft einer Stadt
Mesoebene	größeres Teilgebiet* (mehrere ha)	Landschaftsteile oder geschlossene, kleinere Landschaftseinheiten, die in ihren Grenzen und ihrer Struktur von innen her annähernd erfaßt werden können	• größeres Seitental einer Bachniederung • Streuobstgebiet am Ortsrand • Dachlandschaft eines Dorfs
	Teilgebiet* (wenige ha)	Landschaftsteile oder geschlossene, kleine Landschaftseinheiten, die in ihren Grenzen und ihrer Struktur von innen her erfaßt werden können und als in sich geschlossene „Landschaft“ erlebbar sind	• schmales Seitental einer Bachniederung • von Niederwald bedeckter Hangzug in geschlossenem Waldgebiet • Kleingartengebiet am Ortsrand • Straßenzug
Mikroebene	kleinräumiger Bereich (Parzelle)	Landschaftsteile, die in ihren Grenzen und ihrer Struktur von innen her leicht erfaßt werden können, aber nur im Zusammenhang mit ihrer Umgebung als „Landschaft“ wirken	• eine noch unverbuschte Insel inmitten der Sukzession ausgesetzter Magerrasen • Feuchtbrache in Bachniederung • Waldwiese, kleine Schlagflur • Gebäude (-fassade)
	Vorfeld (wenige m²)	unmittelbares, bis in kleinste Details wahrnehmbares Umfeld des Betrachters	• Insektenleben auf einem blühenden Strauch • Fische am Grund eines Baches • Tür eines Hauses

*) Die Bezeichnung gilt für großräumige Landschaften. Kleinlandschaften und Ökotope bilden auf der Mesoebene kein Teilgebiet, sondern eine eigene Landschaftseinheit.

Die zur Bilanzierung erforderliche quantitative Einstufung des Wirkungsbereichs erfolgt gemäß Tab. 60 in fünf Stufen, wobei der ungefähre Wirkungsbereich ebenso wie die zugehörigen Landschaftselemente oder Störungen und ihre Intensität in einer Übersichtskarte dargestellt werden können. Im Gegensatz zum Vorgehen bei Landschaftselementen und Störungen muß der Wirkungsbereich bei der Bewertung der Eigenart ganzer Landschaften grundsätzlich die Makroebene erfassen (B = 0,8 bis 1,0) und die Dominanz zumindest den Wert 0,6 erreichen. Die Wahrnehmungsebene bezieht sich aber auch hier ausschließlich auf die betreffende Landschaft selbst, im Hinblick auf die Fernwirkung von Landschaften auf benachbarte Gebiete wird der Wirkungsbereich von deren Entfernung, Topographie und Struktur mitbestimmt.

Tab. 60: Wirkungsbereiche prägender Landschaftseinheiten und Landschaftselemente

B	Ebene	Wirkungsbereich
1,0	Makroebene	in der gesamten Landschaftseinheit wirksam
0,8		in großen Teilen der Landschaftseinheit bzw. mehreren Teilgebieten wirksam oder in der gesamten Landschaftseinheit stark wechselnd wirksam
0,6	Mesoebene	in einem größeren Teilgebiet oder in mehreren Teilgebieten wirksam
0,4		in einem Teilgebiet wirksam
0,3	Mikroebene	kleinräumig wirksam

Die Summe aller Wirkungsbereiche, einschließlich der des Landschaftstyps, darf den Wert 1,0 nicht überschreiten, d.h. eine Überlappung der Bereiche ist auszuschließen. Prägen mehrere, aber nicht als „Ensemble" einzustufende Elemente unabhängig voneinander eine Landschaft mit sich überschneidenden Wirkungsbereichen, so gelten für die einzelnen Bereiche die jeweils erreichbaren Höchstwerte für eines der prägenden Landschaftselemente. Hintergrund dieser Begrenzung ist der Umstand, daß mit zunehmender Dominanz eines Objektes die Wirkung eines anderen herabgesetzt wird und deshalb das jeweils stärkste Element zur Bewertung der Eigenart maßgeblich ist.

Kann einer Landschaft insgesamt eine besondere Eigenart zugesprochen werden, so entfällt in der Regel die Berücksichtigung einzelner Landschaftselemente, da diese in ihrer Wirkung der einer Gesamtlandschaft meist nachstehen. Ausnahmen sind vor allem in kleine Landschaftseinheiten denkbar, wo einzelne Objekte, beispielsweise mächtige Bäume, auf die gesamte Landschaft einwirken (B = 1,0), diese ansonsten aber nur eine geringe Intensität besitzt.

Tab. 61: Dominanz prägender Landschaften und Landschaftselemente innerhalb eines definierten Wirkungsbereichs

D	Anteil am Sichtfeld	Landschaften	Landschaftselemente
0,9-1,0	sehr hoch	• Die Landschaft dominiert das Sichtfeld als homogene, von umliegenden Landschaften deutlich hervortretende Einheit.	• Das Element dominiert das Sichtfeld nachhaltig, andere Elemente treten weitgehend zurück oder fehlen.
0,7-0,8	hoch	• Die Landschaft dominiert das Sichtfeld als weitgehend homogene, von umliegenden Landschaften hervortretende Einheit.	• Das Element prägt das Sichtfeld nachhaltig, andere Elemente treten deutlich zurück, bleiben aber erkennbar und wirksam.
0,5-0,6	mäßig hoch	• Die Landschaft dominiert das Sichtfeld als mäßig homogene, von umliegenden Landschaften mehr oder weniger hervortretende Einheit.	• Das Element ist vom Standort aus gut erkennbar, wird durch vorgelagerte Landschaftselemente höchstens unwesentlich verdeckt und tritt vor dem jeweiligen Hintergrund deutlich hervor.
0,3-0,4	gering	• Die Landschaft tritt im Sichtfeld trotz deutlicher Randeinflüsse als homogene Einheit hervor.	• Das Element ist vom Standort aus erkennbar, wird durch vorgelagerte Landschaftselemente aber teilweise verdeckt oder tritt vor dem jeweiligen Hintergrund nicht deutlich hervor.
0,1—0,2	sehr gering	• Die Landschaft tritt im Sichtfeld aufgrund starker Randeinflüsse nur schwach als homogene Einheit hervor.	• Das Element ist vom Standort aus nur schwer erkennbar, wird durch vorgelagerte Landschaftselemente teilweise verdeckt oder tritt vor dem jeweiligen Hintergrund nur schwach hervor.

Bsp.: Die vier alten, einen Hangbereich prägenden Hutebäume besitzen bei hoher spezifischer Wirkung (I = 0,6) aufgrund des weitgehenden Fehlens anderer Gehölzstrukturen eine sehr hohe Dominanz (D = 1,0). Lediglich einem der Bäume ist wegen seiner Lage am Waldrand nur eine hohe Dominanz (D = 0,8) zu attestieren. Die Wirkungsbereiche der Bäume sind aufgrund der bewegten Topographie des Geländes überwiegend auf mehr oder weniger große Teilgebiete beschränkt (Mesoebene, B = 0,4 - 0,6); lediglich eine besonders prägnante Linde ist bis in benachbarte Landschaften deutlich erkennbar (B = 1,0). Bei getrennter Bewertung ergäbe sich folgendes Ergebnis:

I	*B*	*D*	*W (= I * B * D)*
0,6	*0,4*	*1,0*	*0,24*
0,6	*0,6*	*1,0*	*0,36*
0,6	*0,4*	*0,8*	*0,20*
0,6	*1,0*	*1,0*	*0,60*
	2,4		*1,40*

Die Summe der einzelnen Wirkungsbereiche von 2,4 läßt erkennen, daß die Sichtfelder der Bäume sich stark überschneiden, d.h. von vielen Standpunkten aus mehrere Hutebäume einsehbar sind, was wiederum die Dominanz des einzelnen Baums reduziert. Es wird deutlich, daß eine sehr hohe Dominanz der Bäume tatsächlich nur auf der Mikroebene besteht. Aufgrund der Gleichartigkeit der Elemente und ihrer Ensemblewirkung (Überschneidung der Wirkungsbereiche!) bietet es sich an, die Hutebäume als Gesamtheit mit hoher Intensität und starker Dominanz in der gesamten Landschaftseinheit (W = 0,60) zu bewerten.

Bsp.: Ein Hangzug wird von einer alten Burgruine mit darunterliegenden, inzwischen mit Obstbäumen bewachsenen Ackerterrassen geprägt, die in steileren Lagen von Weinbergen abgelöst werden. Die alte Auffahrt zur Burg wird hangseitig von einer imposanten Bruchsteinmauer gestützt. Da die drei Landschaftselemente unterschiedlichen Nutzungsepochen entstammen und deshalb nicht als Ensemble einzustufen sind, ist vorrangig derjenige Wirkungsbereich zu ermitteln, der bei maximaler Ausdehnung die höchste Dominanz und Intensität eines der Elemente aufweist. Die Ruine prägt hierbei den größten Bereich (B = 0,8) mit sehr hoher Intensität (I = 0,8), aufgrund des außerordentlich strukturreichen Hanges aber nur geringer Dominanz (D = 0,4). Die Ackerterrassen hingegen erfassen bei mäßiger Intensität (I = 0,4) und mäßig hoher Dominanz (D = 0,8) ein Teilgebiet (B = 0,3) der Landschaft. Die Weinbergsmauer schließlich ist in einem größeren Teilbereich (B = 0,4) mit hoher Intensität (I = 0,8) und hoher Dominanz (D = 0,8) wahrnehmbar.

	I	*B*	*D*	*W*
Burgruine	*0,8*	*0,8*	*0,4*	*0,26*
Ackerterrassen	*0,4*	*0,3*	*0,8*	*0,10*
Weinbergsmauer	*0,8*	*0,4*	*0,8*	*0,26*
		2,4		*0,62*

Im Ergebnis ist die landschaftsprägende Wirkung der Trockenmauer trotz geringeren Wirkungsbereichs am höchsten, ihr Wirkungsbereich ausschlaggebend. Der das Sichtfeld der Weinbergsmauer vollständig überdeckende Wirkungsbereich der Burgruine ist entsprechend zu reduzieren, erhält gegenüber der noch geringeren Wirkung der Ackerterrassen aber den Vorzug, so daß im Ergebnis folgende Bewertung in die Bilanz einfließt:

	I	*B*	*D*	*W*
Burgruine	*0,8*	*0,6*	*0,4*	*0,19*
Ackerterrassen	*0,4*	*0,0*	*0,8*	*0,00*
Weinbergsmauer	*0,8*	*0,4*	*0,8*	*0,26*
		1,0		*0,45*

Vorausgesetzt wurden - wie vorgesehen - die jeweils höchstmöglichen Wirkungen der einzelnen Landschaftselemente. Hätte die Burgruine jedoch in einem Teilgebiet (B = 0,4) eine hohe Dominanz (D = 0,8) erreicht, so hätte sie eine höhere Gesamtwirkung (0,38 statt 0,19) zugewiesen bekommen, wodurch auch die prägende Wirkung der Akkerterrassen für einen kleinen Teil des Gebiets hätte in die Bilanz einfließen können (Die Mindestgröße des Wirkungsbereichs von 0,3 gilt nur für die Bestimmung landschaftsprägender Elemente, nicht aber für deren abschließende Bilanzierung). Im Effekt wäre die Gesamtwirkung der drei Elemente mit 0,52 (65 % des maximal erreichbaren Faktors) deutlich höher bemessen, die Landschaft aufgrund ihrer Eigenart deutlich aufgewertet worden:

	I	*B*	*D*	*W*
Burgruine	*0,8*	*0,4*	*0,8*	*0,26*
Ackerterrassen	*0,4*	*0,2*	*0,8*	*0,06*
Weinbergsmauer	*0,8*	*0,4*	*0,8*	*0,26*
		1,0		*0,52*

Die in o.g. Beispiel angenommenen Überschneidungen verschiedener Wirkungsbereiche unterschiedlicher, nicht als Ensemble wirkender Landschaftselemente sind in der Praxis eher selten und betreffen fast durchweg Landschaften, die sich bereits durch eine hohe Ursprünglichkeit und Strukturvielfalt auszeichnen. Es ist deshalb durchaus plausibel, die Zahl eigenartsbildender Elemente - wie oben geschehen - in der Bilanz durch die nur einmalige Belegung des Gesamtwirkungsbereichs zu begrenzen. In einer vielfältigen Landschaft nimmt die Wahrnehmbarkeit einzelner Objekte stark ab, die eigenartsprägende Funktion beispielsweise von Ackerterrassen ist hier gegenüber einer weitgehend ausgeräumten Landschaft deutlich herabgesetzt.

Die Wirkung eines in sich eindeutig als „eigenartig" erlebbaren Landschaftselements oder einer Gesamtlandschaft hängt in hohem Maße von ihrer Wirkung auf den Betrachter ab. Eine einzeln stehende Huteeiche auf einem beweideten Borstgrasrasen vermag die umliegende Landschaft weitaus mehr zu prägen als das selbe Exemplar inmitten einer seit Jahrzehnten ungenutzten und von Gebüschsukzession durchsetzten Fläche, wo sie allein im unmittelbaren Vorfeld, also auf der Mikroebene, wirksam hervortritt. Da die Dominanz eines Landschaftselements somit in enger Beziehung zur jeweiligen Betrachtungsebene steht, ist die Gesamtwirkung eines Elements bei gleichbleibender Intensität unabhängig vom Standort konstant.

*Bsp.: Eine einzeln stehende Bruchweide wirkt in einer Niederung, die ein Teilgebiet umfaßt (B = 0,6), mit hoher Intensität (I = 0,8) und mäßig hoher Dominanz (D = 0,6) auf den am Wiesenrand stehenden Betrachter. Nähert sich dieser dem Baum, steigt dessen Dominanz auf 1,0, die Gesamtwirkung (W = 0,29) ändert sich aufgrund des kleiner werdenden Wirkungsbereichs (Parzelle) jedoch nur geringfügig (W = 0,6 * 1,0 * 0,4 = 0,24).*

Als hoch sollen hohe spezifische Wirkungen mit sehr hoher Dominanz (I * D = 0,6 * 1,0 = 0,6) in großen Teilen der Landschaftseinheit (0,8), als sehr hoch in der gesamten Landschaftseinheit (1,0), so daß sich für die verbal-argumentative Bewertung die Richtwerte der Tabelle 61 ergeben. Im Zusammenhang mit der Eingriffs- und Ausgleichsbilanz kommt den Schwellenwerten aber keine Bedeutung zu.

Die ermittelten Werte werden in der Bilanz mit der Größe der zu bewertenden Landschaft multipliziert und jeweils zum Landschaftswert hinzu addiert. Die Eigenart einer Landschaft ist mithin immer auch eine Funktion ihrer Ursprünglichkeit und nicht allein die Summe von Einzelobjekten. Dennoch ermöglicht das Verfahren auch eine isolierte Bewertung von Landschaftselementen. So bietet es sich an, prägende Objekte in einer der Bilanzierung beigefügten Übersichtskarte, in der sich auch die wesentlichen Wirkungsbereiche abgrenzen lassen, zu markieren und entsprechend ihres ermittelten Bewertungsfaktors beispielsweise gemäß Tab. 62 darzustellen.

Tab. 62: Bewertung der eigenartsbildenden Funktion von Landschaftselementen

W	**die Eigenart einer Landschaft prägende Wirkung**	
0,64-0,80	□	sehr hoch
0,48-0,63	O	hoch
0,32-0,47	Δ	mäßig hoch
0,16-0,31	-	gering
0,02-0,15	-	sehr gering

Sollen Landschaftselemente unabhängig von der sie umgebenden Landschaft bewertet werden, so sind sie zusätzlich zur Bewertung ihrer Eigenart hinsichtlich ihrer „Ursprünglichkeit“ (hier: Alter) und „Raumstruktur“ einzuordnen. Den Kriterien der Landschaftsbewertung ähnlich, setzt sich die Raumstruktur eines Elements aus seiner Vielfalt, also seinem Detailreichtum, und dem von ihm ausgehenden Reiz zusammen. Als reizvoll erscheinen Landschaftselemente, die durch ungewöhnliche Formen auffallen oder natürliche und künstliche Elemente vereinen. Hierbei gelten die Stufen der Tabellen 63 und 64 sowie die vereinfachte Bewertungsmatrix der Tab. 65

Aufgrund der bis 1,0 reichenden Skalierung der Altersstufen ergibt sich eine Verschiebung der Bewertung zugunsten dieses Kriteriums. Als *sehr wertvoll* können somit nur Landschaftselemente eingestuft werden, die vor 1950 entstanden sind, alle vor 1800 zu datierenden Elemente sind zumindest als *wertvoll* zu beurteilen.[46]

[46] Die Staffelung der fünf Altersstufen berücksichtigt zwar den mit zunehmendem Alter exponentiell steigenden Wert von Landschaftselementen oder Bauwerken, ermöglicht aber nur eine grobe Klassifizierung von Zeugnissen der Natur- und Kulturgeschichte, wie sie zur Beurteilung des Landschaftswertes genügt. Sie ersetzt im Einzelfall aber nicht die fachliche Prüfung der Schutzwürdigkeit von Bau- und Bodendenkmälern durch die zuständigen Fachbehörden.

Tab. 63: Bewertung des Alters von Landschaftselementen

Altersstufe	Alter (Richtwerte)	typische Beispiele
0,9-1,0	vor 1800	Hutebaum, Ackerterrasse, Wegkreuz, Hohlweg, Ruine
0,7-0,8	vor 1900	Wegböschung, gepflasterter Feldweg, Steinbruch, Wehr
0,5-0,6	1900-1950	bewachsener Lesesteinhaufen, Teich, Holzbrücke
0,3-0,4	1950-1970	Holzzaun, alter Holzstapel, Straßenfragment, Zierbaum
0,1-0,2	nach 1970	Schutzhütte, Asphaltweg, Pflanzkübel, Wegeinfassung

Tab. 64: Bewertung der Raumstruktur von Landschaftselementen

S	Stufe (Wirkung)	Struktur	typische Beispiele
0,8	sehr hoch	vielfältig und reizvoll oder sehr vielfältig oder sehr reizvoll	bewachsene Ruine, stark bewachsene Mauer alter, tief beasteter Baum, Schmuckfachwerk efeuumrankter Turm, Wassermühle mit Graben
0,6-0,7	hoch	vielfältig oder reizvoll	naturnaher Wald, Hohlweg, Fachwerkhaus, Allee
0,4-0,5	mäßig hoch	mäßig vielfältig oder mäßig reizvoll	Blumenwiese, Anpflanzung, Bach im Tiefland Holzbrücke, alter Garten, Obstbaumreihe
0,2-0,3	gering	ziemlich gleichförmig und reizlos	Grillhütte (Holz), begradigter Bach, Betonbrücke
0,1	sehr gering	gleichförmig und reizlos	Rasenfläche, Grillhütte (Beton), Klinkermauer

Tab. 65: Bewertung von Landschaftselementen aufgrund Alter und Raumstruktur

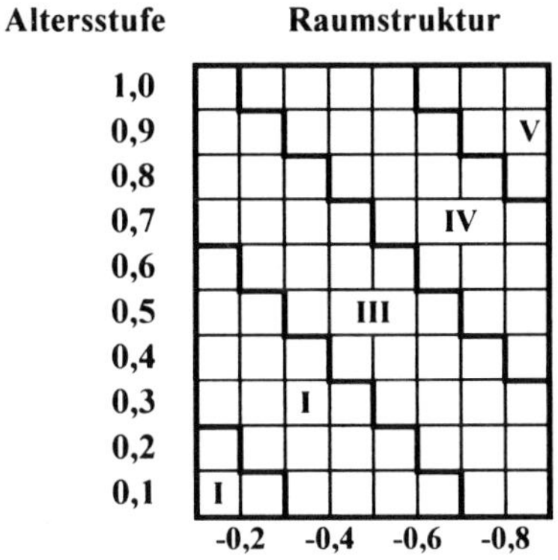

Altersstufe / **Raumstruktur**

Altersstufe		-0,2		-0,4		-0,6		-0,8
1,0								
0,9								V
0,8								
0,7							IV	
0,6								
0,5					III			
0,4								
0,3				I				
0,2								
0,1	I							

	Wertstufe:	
1,60-1,80	V	sehr wertvoll
1,20-1,59	IV	wertvoll
0,80-1,19	III	mäßig wertvoll
0,40-0,79	II	geringwertig
0,20-0,39	I	wertlos

Bsp.:

1. *zerfallene, aber weitestgehend abgetragene Burgruine des 13. Jh.:*
   Alter: 1,0; typisch, vielfältig und reizvoll: 0,8; Wertstufe V (sehr wertvoll)
2. *im historisierenden Stil des 19. Jh. errichteter Aussichtsturm*
   Alter: 0,8; mäßig vielfältig: 0,4; Wertstufe III (mäßig wertvoll)
3. *stark bewachsene Friedhofsmauer des frühen 20. Jh.*
   Alter: 0,6; reizvoll: 0,6; Wertstufe IV (wertvoll)

ad) Bestimmung des Landschaftswertes

Ursprünglichkeit, Eigenart und Raumstruktur ergeben in Kombination den Landschaftswert (LW), der durch Addition der drei Größen Werte zwischen 0,20 und 2,60 erreicht. Eigenart und Raumstruktur gehen hierbei mit jeweils bis zu 0,8 Punkten, die Ursprünglichkeit mit maximal 1,0 Punkten in den Landschaftswert ein. Aufgrund äußerer Einflüsse sind zusätzliche Aufwertungen bis zu einem theoretischen Maximalwert von 3,64 Punkten möglich. Diese betreffen jedoch nicht den Landschafts-, sondern den Erholungswert, so daß sich die in Tab. 66 zur Differenzierung der sieben Wertstufen herangezogenen Schwellenwerte ergeben.

Tab. 66: Einstufung des Landschaftswertes von Gebieten ohne und mit besonderer Eigenart

LW	**Stufe**	**Gebiete ohne besondere Eigenart (historisch-strukturelle Komponente |LW_{hs}|)**	**Gebiete mit besonderer Eigenart**
≥ 2,40	VII		außerordentlich wertvoll
2,00-2,39	VI		besonders wertvoll
1,60-1,99	V	sehr wertvoll	sehr wertvoll
1,20-1,59	IV	wertvoll	wertvoll
0,80-1,19	III	mäßig wertvoll	mäßig wertvoll
0,40-0,79	II	geringwertig	geringwertig
0,20-0,39	I	wertlos	wertlos

Unter Berücksichtigung maximaler Abwertungen infolge innerer oder von außerhalb auf ein Gebiet einwirkender Störungen um jeweils maximal 40 % lassen sich folgende Schlußfolgerungen für die Bilanzierung festhalten:

- Landschaften ohne besondere Eigenart vermögen aufgrund Ursprünglichkeit und Raumstruktur Werte bis 1,80 und damit die Stufe *sehr wertvoll* zu erreichen.

- Eine im Bestand der höchsten Wertstufe zugeordnete Landschaft ist auch bei extremen zu erwartenden Störungen von außerhalb immer noch zumindest als *wertvoll* (≥ 1,45) einzustufen. Ursprünglichkeit, Eigenart und Raumstruktur einer Landschaft können durch Randeinflüsse folglich nur in vergleichsweise geringem Umfang überlagert werden. Dies ist fachlich sinnvoll, da Randstörungen, anders als direkte Eingriffe in eine Landschaft, grundsätzlich reversibel sind. Eine beispielsweise durch Lärm in ihrer Erholungsfunktion herabgesetzte Landschaft bleibt dennoch als schutzwürdig erkennbar und wird nicht der Gefahr ausgesetzt, als scheinbar wertlos für weitere Eingriffe zur Disposition gestellt zu werden. Gleichwohl schlägt sich die Wirkung von Randeinflüssen in vollem Umfang auf den Ausgleichsbedarf nieder.

- Aufgrund der anteilsmäßigen Berechnung von Abschlägen wirken sich randliche Störungen mit abnehmendem Wert einer Landschaft schwächer aus. So kann eine Landschaft der Stufe VII um höchstens 3 Stufen, der Stufe V um maximal 2 Stufen und der Stufe III lediglich noch um eine Stufe herabgesetzt werden. Bedenkt man, daß vor allem reizvolle, also ursprüngliche und vielgestaltige Landschaften Bedeutung als Erholungsgebiet besitzen, ist dieser Effekt gerechtfertigt.

- Nur Landschaften, die aufgrund Ursprünglichkeit, Eigenart und Raumstruktur höchstens als *geringwertig* gelten, können infolge bestehender oder absehbarer Randstörungen als wertlos eingestuft werden.

- Um der Stufe VII zugeordnet zu werden, muß sich eine Landschaft zumindest als *weitgehend ursprünglich* ausweisen.

b) Erholungswert

Flächenintensive *Veränderungen* von Gestalt und Nutzung einer Landschaft, wie beispielsweise die (Reb-) Flurbereinigungen vergangener Jahrzehnte, ausgedehnte Neubaugebiete oder massive Erdbewegungen im Zusammenhang mit Fernstraßen- oder Schnellbahnplanungen, schlagen sich, sofern sie größere Anteile einer in sich geschlossenen Landschaft berühren, durch eine entsprechend niedrige Bewertung der drei den Landschaftswert bestimmenden Kriterien Ursprünglichkeit, Raumstruktur und Eigenart nieder und führen ggf. zur Ausscheidung eigener „Landschaften" (s. Kap. 3.3.3.1a). Von außerhalb in die Landschaft einwirkende Erscheinungen, aber auch gebietsuntypische Einzelobjekte innerhalb des zu bewertenden Gebiets, wirken sich hingegen nicht auf den immanenten Landschaftswert aus, sondern beeinflussen als *Störung* die Erholungseignung einer Landschaft.[47]

Folgerichtig setzt die Bewertung bestehender oder geplanter Eingriffe, aber auch von landschaftsbildwirksamen Ausgleichsmaßnahmen (s. Kap. 3.3.3.2b), an dem ermittelten Landschaftswert an, aus dem sich der aktuelle oder prognostizierte Erholungswert ergibt. Wie bei der Bewertung der Eigenart sind hierbei als maßgebliche Einflußgrößen die Intensität, der Wirkungsbereich und die Dominanz einer Störung zu ermitteln, die resultierende Eingriffswirkung (E) jedoch nicht als eigene, unabhängige Größe vom ermittelten Landschaftswert abzuziehen. Da Störungen - ebenso wie positive Eindrücke durch benachbarte Landschaften (s. Kap. 3.3.3.1bb) - den Erholungswert eines Gebietes in seiner Gesamtheit überlagern, müssen ihre Wirkungen in Abhängigkeit vom Landschaftswert beurteilt werden, d.h. als dessen Anteile in die Bilanz eingehen.

> <u>Bsp.:</u> *Eine mit 1,2 bewertete Landschaft wird durch den Bau eines Funkturms mit hoher Intensität (I = 0,6) und hoher Dominanz (D = 0,8) in großen Teilen der Landschaft (B = 0,8) gestört. Die Eingriffswirkung (E = 0,38) wird mit dem Wert der Landschaft in Relation gesetzt (0,38 * 1,2 = 0,46) und von diesem subtrahiert (EW = 1,2 - 0,46 = 0,74). Wäre die Eingriffswirkung ungeachtet von Ursprünglichkeit und Vielfalt der Landschaft bewertet worden, hätte sie den Erholungswert der Landschaft nicht mehr herabgesetzt als den einer deutlich geringwertigen, nämlich einheitlich mit 0,38).*

---

[47] <u>Anmerkung:</u> Gebiete, die ihre Bedeutung nicht aufgrund ihrer Ursprünglichkeit erlangen, sondern sich vor allem durch ihren Strukturreichtum oder eine ausgeprägte Reliefenergie auszeichnen, besitzen zumeist eine höhere Erholungseignung als ursprüngliche, aber strukturarme Gebiete. Sie erweisen sich zudem in geringerem Maße anfällig gegenüber Eingriffen in das Landschaftsbild. Demgegenüber sollte bei wertvollen, ursprünglich erhaltenen Gebieten das Hauptaugenmerk auf die Bewahrung der Nutzungsstruktur gerichtet werden, eine Entwicklung der Erholungsfunktion muß hier - wenn überhaupt - sehr zurückhaltend betrieben werden. Unproblematisch sind in dieser Hinsicht Gebiete, deren Wert zu gleichen Teilen auf ihrer Ursprünglichkeit und ihrer Raumstruktur gründet.

Unter „Erholungseignung“ wird in diesem Zusammenhang nur die visuelle oder akustische Wirkung einer Landschaft als die Summe aller auf das ästhetische Empfinden einwirkenden Faktoren verstanden. Den Erholungswert positiv beeinflussende Geräusche, wie Vogelgesang oder das Rauschen von Baumkronen müssen hierbei aber ebenso unberücksichtigt bleiben wie Störungen, die erst durch den Erholungsbetrieb hervorgerufen werden. Ebenso ausgespart bleiben infrastrukturelle Einflußgrößen, wie der Ausbau geeigneter Wegenetze und die Erreichbarkeit einer Landschaft für Erholungssuchende, weshalb genaugenommen der Begriff des „potentiellen Erholungswerts“ verwendet werden müßte.

Auch Geruchsbelästigungen sollen im Rahmen dieses Verfahrens nicht einbezogen werden, da sie als Bestandteil der kleinklimatischen Verhältnisse einer Landschaft und in Ermangelung heranziehbarer Richtgrößen durch einen flächenbezogenen Bewertungs- und Bilanzierungsansatz wie dem vorliegenden nicht ausreichend quantifiziert werden können. Im Gegensatz zu Lärmeinwirkungen, deren Ausmaß bundesweit von Jahr zu Jahr zunimmt und längst die Qualität einer eigenen Form der Umweltverschmutzung besitzt, sind Geruchsbelästigungen als die Erholungseignung einer Landschaft beeinflussender Faktor nur (noch) selten von Bedeutung. Im begründeten Einzelfall können sie aber durchaus Gewicht erlangen und stehen dann grundsätzlich einer Berücksichtigung analog der Vorgehensweise bei Lärmimmissionen offen.

ba) Innere Störungen

Gebietsuntypische Einzelobjekte in Sinne dieses Bewertungsansatzes sind alle punktuellen oder linearen Strukturen, die keinen historischen Bezug zur Umgebung besitzen, sofern sie die Wahrnehmung des betroffenen Gebiets als in sich geschlossene Landschaftseinheit noch zulassen. Eine seit Jahrhunderten dem Talverlauf folgende Straße gilt hingegen nicht als gebietsuntypisches Einzelobjekt, sondern bewirkt im Falle eines überdimensionierten Ausbaus eine Herabstufung der Ursprünglichkeit einer Landschaft, da Ausbau und Befestigung von Straßen als Bodennutzung definiert sind, sofern ihre Trassen Bestandteil der gewachsenen Kulturlandschaft sind. Großbauwerke der jüngsten Geschichte, wie Autobahnen und Kraftwerke, sowie großflächige Abgrabungen und Aufschüttungen sind zwar als Einzelobjekte zu betrachten, anders als ein Sendemast oder Aussichtsturm gelten sie in der Regel aber nicht mehr als Bestandteil eines Landschaftsbereichs. In Abhängigkeit von dessen Ausdehnung bilden sie eine Trennlinie zwischen nunmehr zwei Landschaften gleichen Typs oder gar eigene „Landschafts“-Einheiten. Sie beeinflussen ihre Umgebung somit weder als innere Überformung der Ursprünglichkeit noch als gebietsuntypisches Einzelobjekt, sondern als von außerhalb einwirkender Faktor.

Die Eingriffswirkung gebietsuntypischer Einzelobjekte resultiert aus ihrer spezifischen Wirkung in Abhängigkeit auf den von ihr betroffenen Wirkungsbereich. Die spezifische Wirkung (Intensität) eines Objektes auf das ästhetische Empfinden unterliegt wie die Bewertung der Schönheit einer Landschaft in hohem Maße subjektiven Erfahrungen, kann aber näherungsweise über den Grad der Entfremdung von landschaftstypischen Objekten festgelegt werden. Ein hölzerner Aussichtsturm oder eine schlichte Schutzhütte beispielsweise entsprechen weitaus mehr dem seit Jahrzehnten gewohnten Bild von Jagdkanzeln oder Viehunterständen als die erst in jüngster Zeit Verbreitung findenden Sendemasten des Mobilfunks.

Tab. 67: Intensität störender Landschaftselemente (typische Beispiele)

I	Stufe	Störungen (Außenbereich)			
		Bauwerke **(± punktuelle Störungen)**	**Verkehrswege** **Leitungstrassen (linear)**	**ebenerdige Flächennutzungen** (generell landschaftsuntypisch)	**Geländeveränderungen**
begrenzend		geschlossene Siedlungen	Schnellstraßen, 4- und mehrspurig Bahnlinien, 4- und mehrgleisig		
0,7-0,8	sehr hoch	Gewerbebauten, Kraftwerke, Verbrauchermärkte Talbrücken Umspannwerke, Sendetürme	Bundes- / Landesstraßen (2-3 sp.) (modern ausgebaut) Bahnlinien (2-spurig), ausgebaut Schiffahrtskanäle, Überland-Stromleitungen (Gittermasten, mehrarmig)		Einschnitte und Dammbauwerke für Landes- und Bundesstraßen oder mehrgleisige Bahnstrecken, industrielle Abgrabungen und deponieähnliche Aufschüttungen
0,5-0,6	hoch	größere Feldscheunen (mehrtorig) Wohngebäude (modern) Straßenbrücken (modern) Werbemasten Aussichtstürme (Betonbauweise)	Bundes und Landesstraßen (nicht ausgebaut) Kreisstraßen, modern ausgebaut Bahnlinie 2-spurig, nicht ausgebaut kleinere Überland-Stromleitungen (Gittermasten, einarmig)	Sportplätze (Asche) größere Asphaltflächen und -plätze größer Kompost- und Aushubdeponien	Einschnitte und Dammbauwerke für Orts- und Kreisstraßen oder zweigleisige Bahnstrecken, mittelgroße Abgrabungen und Aufschüttungen (dauerhaft)
0,3-0,4	mäßig	Feldscheunen, Wochenendhäuser Wasserhochbehälter, Pumpwerke Betonmauern, hoch Lichtmasten, Sendemasten	Gemeindestraßen, ausgebaut Asphaltwege* regionale Stromleitungen (Betonmasten, einarmig)	Sportplätze (Rasen), größere Schotterflächen, Koniferenpflanzungen, kleinere Kompost- und Aushubdeponien, landwirtschaftliche Lagerplätze	Anschnitte und Dammbauwerke für Wege oder Einzelgebäude sowie eingleisige Bahnstrecken, kleinere Abgrabungen und Aufschüttungen (dauerhaft)
0,1-0,2	gering	Feldscheunen (Betonbauweise) Gartenhütten (modern) Betonmauern, niedrig Wasserhochbehälter, tw. begrünt Metallzäune, -tore	kleinere Straßen, nicht ausgebaut Spurwege (Asphalt oder Beton)* lokale Stromleitungen (Holzmasten, einarmig)	Zier- und Freizeitgrundstücke	Anschnitte zur Wegeverbreiterung
keine Störung		Holzunterstände Gebäude des 19. Jh. oder früher alte Holzlattenzäune	schmale, asphaltierte, aber nicht ausgebaute Straßen alte Strom- und Telefonleitungen (Dorf- oder Hausanschlüsse)		

*) Als Störung gelten nur als Ergänzung zum Wegenetz erstellte oder durch massive Ausbauten (Verbreiterungen, Geländenivellierungen entstandene Asphalt- bzw. Spurwege, die Befestigung ursprünglich wassergebundener oder unbefestigter Wege gilt als Überformung der ursprünglichen Nutzung (s. Kap. 3.3.1.1a).

Die Definition eingriffswirksamer Bauwerke und landschaftstypischer Objekte schwankt zwar in Abhängigkeit vom jeweiligen Landschaftstyp und der betroffenen Region, wird in Tab. 67 aber dennoch einer einheitlichen Bewertung unterzogen. Ebenerdige Flächennutzungen sind nur dann als „Störung“ einzustufen, wenn sie für keinen Landschaftstyp (außer Siedlungen) charakteristisch sind, wie Sportplätze, Weihnachtsbaumkulturen, Lagerplätze und Freizeitgärten. Ackerflächen in der Aue oder Aufforstungen in Grünlandgebieten gelten hingegen als das Nutzungsmuster und somit die Ursprünglichkeit einer Landschaft beeinträchtigende Überformung (s. Kap. 3.3.3.1aa). Tab. 67 erfaßt nur häufig auftretende Objekte und soll lediglich Orientierungswerte geben.

Der Wirkungsbereich eines Eingriffs orientiert sich vorrangig an der Bauhöhe eines Objektes sowie an der Geländetopographie, aber auch am Vorhandensein anderer baulicher Anlagen wie Bahndämme oder bestehende Gebäude. Die Durchsetzung einer Landschaft mit natürlichen Sichtbarrieren, wie Feldgehölze und Heckenzüge, aber auch Eingrünungsflächen am Rande von Baugebieten, beeinflußt die Dominanz eines Eingriffs. Im unmittelbaren Vorfeld eines Objektes durchgeführte Anpflanzungen wirken sich, ebenso wie die Durchgrünung eines Baugebiets, hingegen auf die Intensität einer Störung aus.

Lassen sich für einen absehbaren Eingriff mehrere nicht ineinander übergehende Wirkungsbereiche unterscheiden, so sind diesen jeweils eigene Störintensitäten zuzuordnen und die effektiven Störwirkungen aufzusummieren. Innerhalb eines Wirkungsbereichs zählt analog der Wirkung eigenartsprägender Elemente grundsätzlich die höchste „erzielbare“ effektive Störwirkung, d.h. ein Eingriff mit mäßig hoher Wirkung in einem größeren Teilgebiet des Untersuchungsraums (0,4 * 0,6 = 0,24) ist mit 0,24 zu bewerten, auch wenn innerhalb dieses Teilgebiets kleinräumig hohe Eingriffswirkungen durch die Planung anzunehmen sind (0,8 * 0,3 = 0,16). Generell gilt auch hier, der Übersichtlichkeit und Nachvollziehbarkeit einer Bewertung im Zweifel den Vorrang vor ihrer Differenzierung einzuräumen. Eine Unterscheidung verschiedener Zonen[48] innerhalb eines Wirkungsbereichs sollte nur vorgenommen werden, wenn das beschriebene vereinfachte Vorgehen offensichtlich zu deutlichen Fehlbewertungen führen muß.

Tab. 68: Wirkungsbereiche störender Landschaftselemente

B	Ebene	Wirkung
1,0	Makroebene	in der gesamten Landschaftseinheit wirksam
0,8		in großen Teilen der Landschaftseinheit bzw. mehreren Teilgebieten wirksam oder in der gesamten Landschaftseinheit stark wechselnd wirksam
0,6	Mesoebene	in einem größeren Teilgebiet oder in mehreren Teilgebieten wirksam
0,4		in einem Teilgebiet wirksam
0,3	Mikroebene	kleinräumig wirksam
0,2		im Vorfeld wirksam
0,1		im unmittelbaren Vorfeld wirksam

[48] Als „Wirkungszone“ ist hierbei in Anlehnung an NOHL (1991) die durch den Radius bestimmte Fläche innerhalb eines konzentrisch um das Eingriffsobjekt verlaufenden Kreises zu verstehen, während unter „Wirkungsbereich“ im Sinne dieses Verfahrens das sich auf das Eingriffsobjekt keilförmig zuspitzende Sichtfeld verstanden wird, innerhalb dessen das Objekt erkennbar ist.

Neben dem Wirkungsbereich, quasi dem „Sichtfeld" des Eingriffs ist zur Beurteilung der Eingriffserheblichkeit auch die Dominanz von Bedeutung, mit der ein Eingriff innerhalb des jeweiligen Wirkungsbereichs auftritt. Anders als die „spezifische Wirkung", also die Störintensität eines Objektes, ist deren Dominanz abhängig vom Standort, vor allem von der Entfernung des Betrachters. Mit zunehmendem Abstand sinkt der Anteil des Eingriffs am einsehbaren Landschaftsausschnitt und folglich auch seine Eingriffswirkung. Ausschlaggebend bei der Bewertung der Dominanz ist mithin das Sichtfeld des Beobachters, das in diesem Zusammenhang als der Teil der Landschaft definiert wird, der von einem bestimmten Punkt aus zu überblicken ist. Als maßgeblich ist hierbei derjenige Standort zu verstehen, der

1. am Rande des zu bewertenden Wirkungsbereichs eine maximale Einsicht auf den Eingriff zuläßt oder

2. innerhalb des Wirkungsbereichs liegt, hier aber von besonderer Repräsentativität ist und deshalb die höchste Störeinwirkung erwarten läßt (z.B. Wanderweg).

Grundsätzlich ist aber in beiden Fällen eine möglichst große Entfernung zur Störungsquelle auszuwählen, da nur so die Wirkung eines Eingriffs auf die Gesamtlandschaft erfaßt werden kann. Bestimmt wird hierdurch die „minimale" Dominanz eines Objektes, die mit der Annäherung des Betrachters stetig zunimmt. Die resultierende Eingriffserheblichkeit bleibt bei gleichzeitiger Verringerung des zugehörigen Anteils am Wirkungsbereich aber in etwa konstant, weshalb aus Gründen der besseren Nachvollziehbarkeit in der Regel ein möglichst weit entfernter Standort innerhalb der betroffenen Landschaft maßgeblich ist.

Die Sensibilität einer Landschaft gegenüber Eingriffen hängt in hohem Maße von ihrer Übersicht, also ihrer Durchschaubarkeit ab. Als besonders gefährdet sind somit diejenigen Landschaftsbereiche einzustufen, deren Raumstruktur nur gering oder mäßig hoch wirksam ist, die folglich als i.w.S. wertvoll *aufgrund ihrer Ursprünglichkeit* darzustellen sind oder die ihren Erholungswert vornehmlich durch externe Einflüsse gewinnen. So ist die Störwirkung einer Hochspannungsleitung in überschaubaren Ackerbaugebieten aufgrund stärkerer Dominanz deutlich höher als im Wald, ein Fernmeldeturm auf einer bewaldeten Kuppe kann benachbarte Landschaften unter Umständen stärker belasten als die nähere Umgebung. Andererseits kann eine strukturarme Ackerlandschaft aufgrund ihrer von bewaldeten Mittelgebirgskämmen umgebenen Lage durchaus eine hohe Erholungseignung aufweisen, während die Kulisse einer am Horizont sichtbaren Industrieanlage die Erholungsqualität auch ursprünglicher Landschaften spürbar beeinträchtigen kann.

Ließe sich bezüglich der Bestandsbewertung durchaus eine kombinierte Bewertung der Kriterien Intensität und Dominanz durchführen, so bedingt das Erfordernis einer Abstufung insbesondere des Effektes von Eingrünungsmaßnahmen eine separate Beurteilung der Dominanz eines Eingriffs. Aus diesem Grund sollen beide Kriterien unabhängig voneinander beurteilt und in die Bilanz eingestellt werden. Zur Vereinfachung kann die Dominanz anhand Tab. 69 einer von fünf Stufen zugeordnet werden.

Tab. 69: Dominanz störender Landschaftselemente

D	Anteil am Sichtfeld	Wirkung innerhalb des definierten Wirkungsbereichs
0,5	sehr hoch	Der Eingriff dominiert das Sichtfeld nachhaltig, andere Elemente treten weitgehend zurück.
0,4	hoch	Der Eingriff prägt das Sichtfeld nachhaltig, andere Elemente treten deutlich zurück, bleiben aber erkennbar und wirksam.
0,3	mäßig hoch	Der Eingriff ist vom Standort aus gut erkennbar, wird durch vorgelagerte Landschaftselemente höchstens unwesentlich verdeckt und tritt vor dem jeweiligen Hintergrund deutlich hervor.
0,2	gering	Der Eingriff ist vom Standort aus erkennbar, wird durch vorgelagerte Landschafts-elemente aber teilweise verdeckt oder tritt vor dem jeweiligen Hintergrund nicht deutlich hervor.
0,1	sehr gering	Der Eingriff ist vom Standort aus nur schwer erkennbar, wird durch vorgelagerte Landschaftselemente teilweise verdeckt oder tritt vor dem jeweiligen Hintergrund nur schwach hervor.

Durch Multiplikation der spezifischen Wirkung (I) und der Dominanz (D) mit dem zugehörigen Wirkungsbereich (B) ergibt sich die relative Eingriffserheblichkeit (E) eines bestehenden oder geplanten Objektes. Als hoch sollen hierbei hohe spezifische Eingriffswirkungen mit sehr hoher Dominanz (I * D = 0,6 * 0,5 = 0,3) in großen Teilen der Landschaftseinheit (B = 0,8), als sehr hoch in der gesamten Landschaftseinheit (B = 1,0) gelten, so daß sich für die verbal-argumentative Bewertung die Richtwerte der Tabelle 70 ergeben. Im Zusammenhang mit der Eingriffs- und Ausgleichsbilanz kommt den Schwellenwerten zwar auch hier keine Bedeutung zu, sie ermöglicht aber gleich der Vorgehensweise für landschaftsprägende Elemente die Darstellung in einer Bewertungskarte.

Tab. 70: Bewertung der Eingriffserheblichkeit von Störungen

E	Eingriffswirkung	
0,30-0,40	■	sehr hoch
0,24-0,29	●	hoch
0,12-0,23	◆	mäßig hoch
0,06-0,11	-	gering
0,01-0,05	-	sehr gering

Um Handhabbarkeit und Nachvollziehbarkeit des Bewertungsansatzes zu gewährleisten, sind bei der Eingriffsbewertung grundsätzlich nur die direkt betroffene Landschaft sowie unmittelbar angrenzende Landschaftseinheiten zu berücksichtigen. Weiterreichende Störungen, z.B. durch die Fernwirkungen eines Fernmeldeturms, sollen nur dann in die Bilanz einfließen, wenn ihre Eingriffserheblichkeit auf außerhalb des Untersuchungsraumes gelegene Landschaften zumindest als hoch einzustufen ist. Letzteres ist regelmäßig dann zu unterstellen, wenn der Eingriff den überwiegenden Anteil der direkt betroffenen Landschaft einnimmt, also beispielsweise durch Ausweisung eines neuen Stadtteils, oder aufgrund seiner flächigen Struktur einen beträchtlichen Anteil an der Horizontlinie einnimmt, wie großflächige Windenergieanlagen oder Hochspannungsleitungen. Zumindest hohe Eingriffswirkungen sind auch dann zu vermuten, wenn direkt betroffene oder an diese angrenzende Landschaften sehr klein sind, beispielsweise Bachtäler in einer Ackerlandschaft.

Sind Intensität, Dominanz und Wirkungsbereich einer Störung als vom Wert einer betroffenen Landschaft unabhängige Größen zu betrachten, so wird die Eingriffserheblichkeit maßgeblich vom Voreingriffszustand eines Gebiets bestimmt. Wie eingangs ausgeführt, spiegelt sich die Erheblichkeit eines Eingriffs im Rahmen dieses Verfahrens im absoluten Punktwertverlust wider, Störungen gleicher Intensität und gleichen Wirkungsbereichs führen in wertvollen Landschaften - absolut gesehen - folglich zu ungleich höheren Wertverlusten.

bb) Äußere Einflüsse

bba) Visuelle Wirkungen

Der Einfluß von außerhalb einwirkender Faktoren, wie benachbarte Siedlungsgebiete, Fernstraßen oder Überlandleitungen, aber auch angrenzende Landschaften sowie am Horizont erkennbare Höhenzüge, wird grundsätzlich analog den Auswirkungen im Gebiet befindlicher Objekte behandelt. Ob eine am Horizont verlaufende Hügelkette oder die Kühltürme eines im Tal liegenden Kraftwerks in einer Landschaft tatsächlich sichtbar sind, oder Häuserzeilen, Hecken oder dichte Waldbestände die Einsichtnahme auf einige wenige Korridore beschränken, bestimmt nicht die vom „Objekt“ ausgehende Intensität, sondern die Dominanz, mit der es innerhalb des maßgeblichen Wirkungsbereichs erkennbar ist.

Bei der Beurteilung von Randeinflüssen ist deshalb in einem ersten Schritt die Ebene zu bestimmen, auf der das „wirksamste“ Objekt wahrgenommen wird. Ist dies in einem allseits von bewaldeten Hängen umgebenen Wiesental noch ohne Schwierigkeiten möglich, so erweist sich die Festlegung immer dann als problematisch, wenn benachbarte Landschaften auf unterschiedlichen Ebenen wahrgenommen werden können. Ausschlaggebend ist in diesem Fall diejenige Ebene, in der Intensität, Wirkungsbereich und Dominanz die höchste Wirkung erzielen, d.h. das Produkt aus I * B * D den höchsten Wert ergibt. Da die Dominanz auch bei externen Einflüssen auf maximal 0,5 beschränkt ist, bilden in der Regel auf der Makroebene sichtbare Einflüsse den zur Bewertung maßgeblichen Effekt.

> *Bsp.: Auch wenn die Dominanz beispielsweise bewaldeter Hänge auf den Betrachter in einem dicht bebauten Altstadtkern nur gering ist (D = 0,2), so ist deren Gesamtwirkung als Produkt aus Wirkungsbereich (0,8), Dominanz und Intensität (I = 0,8) mit 0,13 deutlich höher als die einer Streuobstwiese am Rande der Altstadt, die bei gleicher Intensität (I = 0,8) mit hoher Dominanz (D = 0,4) ein nur kleines Teilgebiet der Siedlungslandschaft (B = 0,3) erfaßt (W = 0,10).*

Auch hier sind sowohl punktuelle und flächenhafte als auch lineare Strukturen als Quelle positiver oder negativer Einflüsse zu unterscheiden. Grundsätzlich nehmen flächenhafte „Objekte“, also Landschaften oder Siedlungen, mit zunehmender Entfernung linearen Charakter an, da topographische Unterschiede zwischen dem Wahrnehmungsort und dem beeinflussenden „Objekt“ über große Entfernungen nivelliert werden. Der Anteil am Gesichtsfeld und mithin die Dominanz verringern sich dementsprechend zugunsten näher gelegener Elemente oder des Himmels, gleichzeitig vergrößert sich aber ihr Wirkungsbereich, so daß angrenzende Landschaften und Horizontlinien grundsätzlich der Makroebene (B = 0,8 bis 1,0) zuzuordnen sind. Wirken mehrere hintereinander liegende Landschaften mit gleichem Wirkungsbereich auf ein Gebiet ein, so bestimmt mit zunehmender Entfernung die Gesamtwirkung der „Landschaftsabfolge" deren Einfluß.

Tab. 71: Wirkungsbereiche äußerer Einflüsse

B	Ebene	Wirkungsbereich
1,0	Makroebene	in der gesamten Landschaftseinheit wirksam
0,8		in großen Teilen der Landschaftseinheit bzw. mehreren Teilgebieten wirksam oder in der gesamten Landschaftseinheit stark wechselnd wirksam
0,6	Mesoebene	in einem größeren Teilgebiet oder in mehreren Teilgebieten wirksam
0,4		in einem Teilgebiet wirksam

Tab. 72: Dominanz äußerer Einflüsse

D	Anteil am Sichtfeld	Dominanz innerhalb des definierten Wirkungsbereichs	Beispiele (auf der Makroebene)
0,5	sehr hoch	Die Landschaft bzw. das Element dominiert das Sichtfeld nachhaltig, andere Elemente treten weitgehend zurück.	• Höhenzug über der im Tal liegenden Ackerlandschaft • Waldgebiet hinter flacher Ackerland-schaft • Gegenhang eines Ackerbaugebiets
0,4	hoch	Die Landschaft bzw. das Element prägt das Sichtfeld nachhaltig, andere Elemente treten deutlich zurück, bleiben aber erkennbar und wirksam.	• Höhenzug über der im Tal liegenden Heckenlandschaft • Waldgebiet hinter hügeliger Ackerland-schaft • teilweise verbauter Gegenhang • Gegenhang eines Ackerbaugebiets mit dazwischenliegenden Streuobstwiesen
0,3	mäßig hoch	Die Landschaft bzw. das Element ist vom Stand-ort aus gut erkennbar, wird durch vorgelagerte Landschaftselemente höchstens unwesentlich verdeckt und tritt vor dem jeweiligen Hinter-grund deutlich hervor.	• Höhenzug über der im Tal liegenden Streuobstwiesenlandschaft • Waldgebiet hinter Heckenlandschaft • Gegenhang eines Ackerbaugebiets mit dazwischen liegendem Siedlungsgebiet
0,2	gering	Die Landschaft bzw. das Element vom Stand-ort aus erkennbar, wird durch vorgelagerte Landschaftselemente aber teilweise verdeckt oder tritt vor dem jeweiligen Hintergrund nicht deutlich hervor.	• Höhenzug über einer Siedlungslandschaft • Waldgebiet hinter Streuobstwiesenland-schaft • Gegenhang eines lichten Waldgebiets
0,1	sehr gering	Die Landschaft bzw. das Element ist vom Standort aus nur schwer erkennbar, wird durch vorgelagerte Landschaftselemente teilweise verdeckt oder tritt vor dem jeweili-gen Hintergrund nur schwach hervor.	• Höhenzug über einer Innenstadt • Waldgebiet hinter einer Siedlungsland-schaft • Gegenhang eines geschlossenen Waldge-biets

Zu berücksichtigen sind bei der Bewertung der potentiellen Erholungseignung aber nicht nur weit entfernte, auf das Gebiet einwirkende Strukturen, sondern auch die Übergänge zu benachbarten Landschaften. Ein naturnah strukturierter Rand eines Buchenwaldes beeinflußt den Erholungswert des angrenzenden Offenlands weitaus positiver als ein monotoner Fichtenforst. Benachbarte Einzelobjekte oder Landschaftsteile können zwar hohe Dominanz entfalten, wirken sich aber zumeist kleinräumiger aus und führen im Ergebnis deshalb zu einer geringeren Beeinflussung des Erholungswerts. Im Rahmen dieses Verfahrens sollen deshalb i.d.R. nur Landschaftselemente oder bauliche Anlagen, deren Wirkung zumindest ein Teilgebiet und somit die Mesoebene (B = 0,4) erreicht, als externe Einflußgrößen erfaßt und bewertet werden.[49]

Tab. 73: Spezifische Wirkung (Intensität) äußerer Einflüsse (Beispiele)

	I	Stufe	Makroebene	
			Einzellandschaften (B = 0,8)	Landschaftsabfolgen (B = 1,0)
+	0,7-0,8	sehr hoch	Laub-(Misch-)Waldgebiete Streuobstwiesen, strukturreich Wacholderheiden, Seen	Wald-Offenland-Gemenge, sehr geringer Siedlungsanteil (ländlicher Raum)
+	0,5-0,6	hoch	Heckenlandschaften Grünlandgebiete, strukturreich gewachsene Ortschaften	Wald-Offenland-Gemenge, geringer Siedlungsanteil (ländlicher Raum) Offenland-Gemenge, sehr geringer Siedlungsanteil (ländlicher Raum)
+	0,3-0,4	mäßig	Nadelwälder Grünlandgebiete, strukturarm, Ackerbaugebiete, strukturreich, Ortschaften, überformt	Wald-Offenland-Gemenge, mäßig hoher Siedlungsanteil (Ordnungsraum) Offenland-Gemenge, geringer Siedlungsanteil (ländlicher Raum)
+	0,1-0,2	gering	Grünlandgebiete, überformt Ackerbaugebiete, strukturarm Ortschaften, stark überformt	Wald-Offenland-Gemenge, hoher Siedlungsanteil (Verdichtungsraum) Offenland-Gemenge, mäßig hoher Siedlungsanteil (Ordnungsraum)
	keine Wirkung		Grünlandgebiete, stark überformt Ackerbaugebiete, überformt	Wald-Offenland-Gemenge, sehr hoher Siedlungsanteil (Verdichtungsraum) Offenland-Gemenge, hoher Siedlungsanteil (Verdichtungsraum)
-	0,1-0,2	gering	Ackerbaugebiete, stark überformt Wohngebiete, modern, eingegrünt	Offenland-Gemenge, sehr hoher Siedlungsanteil (Verdichtungsraum) Siedlungslandschaften mit Grünzügen
-	0,3-0,4	mäßig	Siedlungsgebiete mit Gewerbe (MI) Wohngebiete, ≤ 2 geschossig	Siedlungslandschaften
-	0,5-0,6	hoch	Gewerbegebiete Wohngebiete, ≤ 3 geschossig	Gewerbelandschaften
-	0,7-0,8	sehr hoch	Industriegebiete, SO Einzelhandel Siedlungsgebiete ≥ 4 geschossig	Industrielandschaften

I	Landschaftswert (LW) (Makroebene)		
0,8	≥ 2,40	VII	außerordentlich wertvoll
0,7-0,8	2,00-2,39	VI	besonders wertvoll
0,5-0,6	1,60-1,99	V	sehr wertvoll
0,3-0,4	1,20-1,59	IV	wertvoll
0,1-0,2	0,80-1,19	III	mäßig wertvoll
0,0	0,40-0,79	II	geringwertig
- 0,1-0,2	0,20-0,39	I	wertlos
- 0,3-0,4	0,16-0,19	b	belastend
- 0,5-0,6	0,14-0,15	sb	stark belastend
- 0,7-0,8	0,12-0,13	ssb	sehr stark belastend

[49] Zur Wahl des dominanzbestimmenden Standortes s. Kap. 3.3.1.2a

Kann die Intensität bei baulichen Anlagen durch Eingrünungsmaßnahmen am Objekt deutlich herabgesetzt werden, so wird sie vor allem auf der Makroebene vorwiegend von der groben Nutzungsstruktur und Geländetopographie, also von der Erlebniswirksamkeit der Landschaft bestimmt. Merkmale, die die Ursprünglichkeit oder die Eigenart einer Landschaft ausdrücken, treten in ihrer Wirkung zwar mit zunehmender Entfernung zurück und werden als Randeffekt vornehmlich dann wirksam, wenn eine Landschaft in ebenem Gelände beispielsweise an einen Wald oder Siedlungsrand grenzt. Sie beeinflussen aber dennoch maßgeblich die Strukturvielfalt einer Landschaft, weshalb die Intensität externer Einflüsse mit zunehmender Erfassungsebene mit ihrem Landschaftswert korreliert. Ist dieser beispielsweise durch eine flächenhafte Bewertung eines Gemeindegebiets auf Ebene des Landschaftsplans bekannt, so lassen sich bei der Bewertung des Erholungswertes eines Gebiets oder bei geplanten Eingriffen die Einflüsse benachbarter Landschaften ohne vertiefende Untersuchungen aus dem Landschaftswert ableiten.[50]

Da eine Landschaft für sich genommen auch bei extremer Verunstaltung nicht weniger als wertlos sein kann, sind negative Werte nur im Zusammenhang mit ihrem Einfluß auf andere Gebiete zulässig. Bei Ableitung der Intensität von Fernwirkungen aus ihrem Landschaftswert gelten geringwertige Landschaften deshalb als neutral, wertlose hingegen als Eingriff. Tabelle 73 gibt Beispiele für den möglichen Landschaftswert verschiedener Landschaftstypen und die daraus abzuleitende Intensität der Wirkung von Landschaften auf den Erholungswert in der Umgebung. Als *belastend* gelten hierbei Landschaften mit Werten unter 0,20, d.h. Gebiete, die in jedem Fall sehr hohen Störungen ausgesetzt sind, ohne diese durch Raumstruktur, Eigenart oder Ursprünglichkeit auch nur teilweise kompensieren zu können. Als *stark belastend* sind „Landschaften" zu bewerten, die insgesamt (B = 1,0) starken Störungen (I = 0,8) mit mäßig hoher bis hoher Dominanz ausgesetzt sind, *als sehr stark belastend* Gebiete, in denen vergleichbare Störungen mit sehr hoher Dominanz wirken. Berücksichtigt werden bei der Einstufung neben dem Landschaftswert nur innere Störungen, da äußere Einflüsse, wie Lärmeinwirkungen, sich nicht auf die Fernwirkung einer Landschaft, sondern ggf. direkt auf ein zu bewertendes Gebiet auswirken.

Abb. 12: Fernwirkungen von Landschaften und Störungen (Erläuterungen s. nachfolgend)

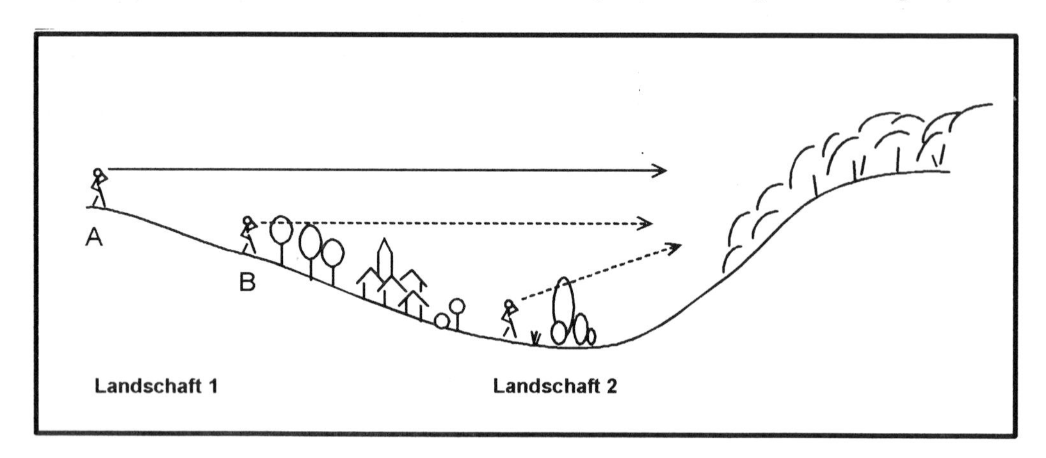

[50] Die Intensität von Landschaftselementen wird gemäß den Tabellen 57 und 65 festgelegt.

Bsp.: Landschaft 1, Standort A: Der Erholungswert wird vom gut einsehbaren, bewaldeten Gegenhang stark beeinflußt. Die hangabwärts liegenden Streuobstwiesen, vor allem aber das Dorf und die Bachniederung im Tal sind vom Oberhang kaum wahrnehmbar.

	I	*B*	*D*	*W*
Streuobstwiesen	*0,6*	*0,3*	*0,2*	*0,04*
Dorf	*0,6*	*0,2*	*0,1*	*0,01*
Niederung	*0,4*	*0,0*	*0,0*	*0,00*
Gegenhang	*1,0*	*0,5*	*0,5*	*0,25*
				0,30

Landschaft 1, Standort B: Die Streuobstwiesen sind gut einsehbar und wirken mit hoher Dominanz (D = 0,5), während der Gegenhang durch die Bäume nur mit mäßiger Dominanz (D = 0,3) wahrnehmbar ist. Im Ergebnis erreichen Randeinwirkungen aber auch hier den Wert von 0,30.

	I	*B*	*D*	*W*
Streuobstwiesen	*0,6*	*0,6*	*0,5*	*0,18*
Gegenhang	*1,0*	*0,4*	*0,3*	*0,12*
				0,30

Landschaft 2: Von der Talniederung aus dominiert die Silhouette des Dorfes das Erscheinungsbild der Landschaft. Der bewaldete Gegenhang tritt hingegen zurück, da seine Dominanz durch die hochwüchsigen Ufergehölze des Baches beeinträchtigt wird.

	I	*B*	*D*	*W*
Dorf	*0,6*	*0,5*	*0,5*	*0,15*
Streuobstwiesen	*0,6*	*0,2*	*0,2*	*0,02*
Gegenhang	*1,0*	*0,3*	*0,2*	*0,06*
				0,23

Auf den Straßen des Dorfes stehend, vermag der Betrachter nur den Gegenhang und diesen mit nur geringer Dominanz wahrzunehmen.

	I	*B*	*D*	*W*
Gegenhang	*1,0*	*0,4*	*0,1*	*0,04*

bbb) Störwirkungen durch Lärm

Neben visuellen Einflüssen beeinträchtigen vor allem permanente oder regelmäßig wiederkehrende Lärmimmissionen den Erholungswert einer Landschaft, weshalb diese gleichrangig der optischen Verunstaltung eines Gebiets zu bewerten sind. Der spezifischen Störwirkung eines gebietsfremden Elements (Intensität) entspricht hierbei der emittierte Lärmpegel, der Dominanz der im zu bewertenden Gebiet wahrnehmbare „Anteil“ der Lärmemission. Das Produkt aus I * D gibt somit vereinfachend die Lärmimmission wieder. Da eine meßtechnische Ermittlung der Lärmbelastung in der Regel nicht durchführbar, auf Ebene der Landschaftsplanung aber auch selten erforderlich ist, gelten für die Bemessung der Lärmintensität (I) und Lärmimmission (D) die Stufen der Tabellen 74 bis 77. Aufgrund der logarythmischen Eigenschaft des Dauerschallpegels halbiert sich der Schalldruck mit jeder Abstandsverdoppelung von der Quelle, dies entspricht einer Abnahme um 3-4 dB (MURL, 1987). Vom menschlichen Gehör wird jedoch erst eine Zu- oder Abnahme um 10 dB, also eine Verzehnfachung bzw. eine Verringerung auf 1/10 des Schallpegels, als eine Verdoppelung bzw. Halbierung der Lautstärke empfunden (MARKS et al., 1992). Die Tabellen berücksichtigen diesen Umstand, indem die einzelnen Wertstufen einer Zunahme der Lärmbelastung um jeweils 10 dB entsprechen. Die einhergehende Verdoppelung der Belastung spiegelt sich in der Zunahme der Wertpunkte wider, die folglich eine Spanne von 0,0 bis 0,8 umfassen. Innerhalb des Waldes nimmt der Schalldruck je 100 m Tiefe zusätzlich um 5-10 dB ab (MURL, 1987), was in Tab. 76 durch entsprechende Korrekturen eingeht.

Tab. 74: Stufen der Lärmbelastung im Umfeld des Emittenten (Intensität), vereinfacht

I	Belastungsstufe[1]	dB[2]	Beispiele für Emittenten[3]
1,6	extrem hoch	85 dB	Bundesautobahn (6-spurig) Großflughafen
0,8	sehr hoch	75 dB	Bundesstraße, stark befahren Bundesautobahn (4-spurig) IC-Strecke Geschäftsflugplatz
0,4	hoch	65 dB	Gewerbe- und Industriegebiet (produzierendes Gewerbe) Kreisstraße, stark befahren Landesstraße, stark befahren Bundesstraße, schwach befahren Eisenbahnstrecke, stark befahren Sportflugplatz
0,2	mäßig	55 dB	belebtes Wohngebiet, Misch- und Dorfgebiet, Schule Gewerbegebiet (ohne produzierendes Gewerbe) Gemeindestraße, Kreisstraße, schwach befahren Landesstraße, schwach befahren Eisenbahnstrecke, schwach befahren
0,1	gering	45 dB	ruhige Landschaft Friedhof, Kleingartengebiet ruhiges Wohngebiet kleine Gemeindestraße
0,0	keine	40 dB	stille Erholungslandschaft

[1] Straßen: ungefährer Lärmpegel (Mittelungspegel) in dB (A) im Abstand von 25 m bei angenommener mittlerer normaler Auslastung der Straße: Gemeindestraße rd. 2-3.000 Kfz/d: 55-60 dB, Landes- und Kreisstraße bis rd. 5.000 Kfz/d: 60-65 dB, Bundesstraße bis 10.000 Kfz/d: 65-70 dB und BAB über 20.000 Kfz/d: 75-85 dB (nach MARKS et al., 1992);
Siedlungsgebiete: Wohngebiet 50 dB, Gewerbegebiet 65 dB, Industriegebiet 65-70 dB (nach UBA, 1985).

[2] vereinfachte Mittelwerte

[3] Angaben z. Tl. geschätzt

Als anzustrebende Obergrenze der Verlärmung gilt für die freie Landschaft ein Dauerschalldruck von 45 dB (A) (MARKS et al., 1992), Erholungslandschaften sollten nicht mehr als 40 dB (A) aufweisen (MURL, 1987). Abweichend von allen übrigen im Rahmen dieses Verfahrens bewertbaren Intensitäten, gilt für Lärmemissionen zusätzlich die Stufe 1,6 (extrem hoch), um die Eingriffserheblichkeit von Lärmbelastungen gegenüber der anderer Eingriffe nicht unterbewerten zu müssen. Wegen der großen Bedeutung von Schallschutzmaßnahmen bei Bauvorhaben wurden die Tabellen 74 bis 76 auch nach unten um die Stufe 0,1 aufgeweitet und ermöglichen somit eine angemessene Berücksichtigung eingriffsminimierender Maßnahmen.

Da Lärmbelastungen eine Landschaft im Gegensatz zu visuellen Störungen zumeist relativ gleichmäßig überziehen und mit zunehmender Entfernung vom Emittenten mehr oder weniger kontinuierlich abnehmen, sollte auf eine Unterteilung der Landschaft in unterschiedliche Wirkungsbereiche in der Regel verzichtet werden (d.h. B = 1,0). Als zur Bewertung maßgeblicher Standort gilt bei von außerhalb einwirkenden Störungen das Zentrum der Landschaft, bei inneren Lärmquellen die ungefähre Hälfte der mittleren Entfernung zwischen Emittenten und Landschaftsrand.

Beeinflussen sowohl visuelle Störungen als auch Lärmeinwirkungen eine zu bewertende Landschaft, so kann deren Erholungseignung theoretisch einen Wert von 0,0 erreichen. Dies betrifft aber ausschließlich extrem verlärmte Gebiete entlang von Autobahnen und Großflughäfen, die aufgrund einer Eingriffsintensität von 1,6 eine relative Eingriffserheblichkeit von 0,8 bewirken, in Verbindung mit visuellen Störungen (max. 0,4) den inneren Wert einer Landschaft (LW) somit vollständig zu überlagern vermögen (I = 1,2, in der Bilanz 1,0). Der Erholungswert von Landschaften, die „lediglich" massiven visuellen Störungen von innen und außen unterliegen, kann auf bis zu 20 % (I = 0,4 + 0,4 = 0,8) des Landschaftswertes sinken.

Tab. 75: Abnahme des Dauerschallpegels bei zunehmender Entfernung von der Quelle (Offenland)[1]

I	- 25 m	- 50 m	- 100 m	- 200 m	- 400 m	- 800 m	-1.500 m	-3.000 m	-6.000 m
1,6	85	80	75	70	65	60	55	50	45
0,8	75	70	65	60	55	50	45	40	-
0,4	65	60	55	50	45	40	-	-	-
0,2	55	50	45	40	-	-	-	-	-
0,1	45	40	-	-	-	-	-	-	
0,0	40	-	-	-	-	-	-	-	-

Tab. 76: Abnahme des Dauerschallpegels (dB) bei zunehmender Entfernung von der Quelle (Wald)[2]

I	- 25 m	- 50 m	- 100 m	- 200 m	- 300 m	- 400 m	- 500 m	- 700 m	- 800 m
1,6	85	77	70	60	50	40	-	-	-
0,8	75	67	60	50	40	-	-	-	-
0,4	65	57	50	40	-	-	-	-	-
0,2	55	47	40	-	-	-	-	-	-
0,1	45	40	-	-	-	-	-	-	-
0,0	40	-	-	-	-	-	-	-	-

[1] Vereinfachend wird für die Halbierung des Schalldrucks bei Abstandsverdoppelung eine Abnahme nicht um 3-4 dB, sondern um 5 dB vorausgesetzt.

[2] angenommene zusätzliche Senkung des Schalldrucks: 5 dB / 100 m Tiefe (mäßig dichter Laubwald), bei 50 m Tiefe: - 3 dB (MARKS et al., 1992)

Tab. 77: Dominanz störender Lärmimmissionen in Offenland und Wald

Offenland									
	- 25 m	**- 50 m**	**- 100 m**	**- 200 m**	**- 400 m**	**- 800 m**	**-1.500 m**	**-3.000 m**	**-6.000 m**
D	1,00	0,75	0,50	0,38	0,25	0,19	0,13	0,09	0,06
Wald									
	- 25 m	**- 50 m**	**- 100 m**	**- 200 m**	**- 300 m**	**- 400 m**	**- 500 m**		
D	1,00	0,70	0,38	0,19	0,01	0,00	-		

*Bsp.: Am Rande eines Erholungsgebiets verläuft eine stark befahrene Bundesstraße (I = 0,8). Die offene Landschaft stößt nach rd. 800 m auf einen dichten, parallel zur Straße verlaufenden Wald, so daß bei einer mittleren Entfernung von 400 m zum Emittenten eine Abnahme des Dauerschallpegels von 75 dB am Straßenrand auf 55 dB anzunehmen ist. Die Abnahme um 2 * 10 dB entspricht einer Reduzierung der wahrgenommenen Lärmbelastung auf 25 %, so daß im Mittel eine Lärmbelastung (E = I * B * D) von 0,8 * 1,0 * 0,25 = 0,20 (mäßig) besteht.*
*Hätte die Straße das Erholungsgebiet in einem Abstand von nur 100 m zum Wald zerschnitten, wäre die Belastung im Schnitt auf das Dreifache gestiegen (E = 0,8 * 1,0 * 0,75 = 0,60), d.h. die Lärmbelastung wäre mit 70 dB hoch bis sehr hoch gewesen.*
*Am angrenzenden Waldrand wäre in diesem Fall ein Dauerschallpegel von 65 dB (0,8 * 1,0 * 0,5 = 0,4) zu messen, so daß die Lärmbelastung im Wald bei einer angenommenen durchschnittlichen Bestandsdichte von 200 m mit 50 dB lediglich gering bis mäßig (E = 0,4 * 1,0 * 0,38 = 0,15) zu bewerten wäre. Aufgrund der gegenüber dem Offenland abweichenden Verhältnisse innerhalb des Waldes gilt hierbei nicht die Intensität der Lärmquelle (0,8), sondern die Intensität am Waldrand (0,4) als maßgeblich.*

3.3.3.2 Bewertung der Planung

a) Eingriffsplanung

Können Planungen von Einzelobjekten oder Straßen hinsichtlich ihres Einflusses auf betroffene Landschaften allein anhand der Zuordnungsvorschriften des Kapitels 3.3.3.1 bewertet werden, so bedingt die Eingriffsbewertung im Rahmen der Bauleitplanung eine zusätzliche Orientierung an den im Bebauungsplan festgesetzten Vorgaben zu Art und Ausmaß der baulichen Nutzung, zur Gestaltung baulicher Anlagen und zur Durch- und Eingrünung von Baugebieten. Da eine differenzierte Beurteilung einzelner Bauvorhaben auf Grundlage des Bebauungsplans nicht möglich ist, sollen Baugebieten hierbei grundsätzlich einheitlich bewertet, also keine grundstücksbezogene Bilanzierung vorgenommen werden.

Wie auch beim Arten- und Biotopschutz oder im Hinblick auf Boden und Wasserhaushalt ist ein flächenhafter Eingriff aus fachlicher Sicht auch für den kulturhistorischen und ästhetischen Wert einer Landschaft nicht wirklich kompensierbar. Daß das Verfahren dennoch eine ausgeglichene Eingriffs- und Ausgleichsbilanzierung zuläßt, begründet sich in der Notwendigkeit einer naturschutzrechtlichen Ausgleichsmöglichkeit bei Eingriffen in Natur und Landschaft.

Die zur Erreichung dieses Ziels zwangsläufig wohlwollende Bewertung eingriffsminimierender Maßnahmen bewirkt aber gleichzeitig vielfältige Anreize zur Aufnahme baurechtlicher Vorschriften, konkretisierender Gestaltungssatzungen und sinnvoller Eingrünungsmaßnahmen in den Bebauungsplan und kann somit in nicht unerheblichem Maße zur Verbesserung der oft vermißten städtebaulichen Qualität und zur Humanisierung des Wohnumfeldes beitragen.

aa) Bewertung von Baugebieten

aaa) Ursprünglichkeit, Raumstruktur und Eigenart von Siedlungsgebieten

Die den Wert einer Landschaft und gewachsener Siedlungen bestimmenden Kriterien Ursprünglichkeit, Raumstruktur und Eigenart lassen sich auch auf die Erschließung von künftigen Wohn- und Gewerbegebieten übertragen, sind wegen der erst sehr langfristig wirkenden Größen Ursprünglichkeit und Eigenart im Ergebnis aber relativ niedrig anzusetzen. Folglich sind auch die anteilsmäßig zu ermittelnden Einflüsse äußerer Faktoren ungleich weniger wirksam als in gewachsenen und wertvollen Landschaften. Aus diesem Grund, aber auch um zu verhindern, daß exponiert liegende Neubaugebiete durch ihre „schöne Fernsicht“ eine Aufwertung erfahren, werden für Plangebiete grundsätzlich keine äußeren Einflüsse unterstellt und neben ihrer eigenen Erscheinung lediglich ihre Wirkungen auf die Umgebung, d.h. auch auf die verbleibenden Reste der überplanten Landschaft, bewertet[51].

Aufbauend auf den Vorgaben des Kapitels 3.3.3.1, sollen die in den Tabellen 78 bis 80 aufgeführten Werte für Ursprünglichkeit, Raumstruktur und Eigenart von Neubaugebieten Verwendung finden. Maßgebliche Kriterien zur Differenzierung sind, ebenso wie bei der Bewertung eingriffsminimierender Maßnahmen, die Festsetzungsmöglichkeiten des Bebauungsplans. Während Ursprünglichkeit und Raumstruktur in der Regel für ein Plangebiet in seiner Gesamtheit - also für alle innerhalb eines Geltungsbereichs liegenden Baugebiete und Verkehrsflächen - festgelegt werden können, bedarf die Bewertung der Eigenart jedoch einer Differenzierung der Anteile öffentlicher Verkehrsflächen sowie überbaubarer und nicht überbaubarer Grundstücksflächen mit Hilfe der Grundflächenzahl (GRZ) (vgl. Kap. 3.1.3.1).

Die eigenartsbestimmende Intensität von baurechtlichen Festsetzungen und Gestaltungsvorschriften wird - getrennt für Verkehrsflächen, überbaubare und nicht überbaubare Grundstücksflächen des oder der Baugebiete - durch Addition der in Tab. 80 genannten Werte bestimmt. Maximal erreichbar sind hierbei Intensitäten von 0,4 für überbaubare Grundstücksflächen und 0,25 für nicht überbaubare Grundstücksflächen. Wirkungsbereich und Dominanz werden einheitlich mit 1,0 festgelegt.

---

[51] Auch wenn das Verfahren letztlich dem Landschaftsschutz dienen soll, müßten derartige Fernwirkungen genau genommen durchaus Eingang in die Bilanz finden und die sich hierbei ergebende Aufwertung eines Plangebiets, das als Siedlungslandschaft sicher mehr Attraktivität besitzt als ein von Gewerbeflächen umschlossenes Wohngebiet, mit dem höheren Wertverlust der überplanten Landschaft gegengerechnet werden. Da die Fernsicht als anteilsmäßiger Zuschlag auf dessen Erholungswert stärkere Wertsteigerungen hervorruft als für das Neubaugebiet, wäre die Eingriffserheblichkeit im Resultat höher als auf einem Standort ohne nennenswerte äußere Einflüsse. Zudem bewirkt ein exponiert liegendes Neubaugebiet massive Wertverluste in der Umgebung, deren Berücksichtigung sich in der Bilanz ungleich stärker niederschlägt. Das vereinfachte Vorgehen, bei der Bewertung von Siedlungsplanungen sämtliche Randeinflüsse auf diese auszusparen, also auch Lärmeinwirkungen, ist deshalb statthaft und bewirkt keine Verzerrung der Bilanz.

Tab. 78: Bewertung der Ursprünglichkeit von Siedlungsgebieten in der Planung

H_f	Stufe	Flur- und Wegesystem
0,4	überformt	Gebiete mit weitgehender Orientierung am gewachsenen Flur- und Wegesystem[a]
0,3		Gebiete mit teilweiser Orientierung am gewachsenen Flur- und Wegesystem
0,2	stark	Gebiete mit in Resten erkennbarer Orientierung am gew. Flur- und Wegesystem
0,1	überformt	Neubaugebiete ohne Orientierung am gewachsenen Flur- und Wegesystem
H_n	**Stufe**	**Nutzungsmuster**
0,4	überformt	Gebiete mit kleinflächigen Anteilen gewachsener Nutzungen[b]
0,3		Gebiete mit flächenhaften Resten gewachsener Nutzungen
0,2	stark	Gebiete mit punktuellen Resten gewachsener Nutzungen
0,1	überformt	Gebiete ohne jegliche Reste gewachsener Nutzungen
H_e	**Stufe**	**Landschafts- und Bauelemente**
0,4	überformt	Gebiete mit kleinflächigen Anteilen ursprünglicher Landschaftselemente[b]
0,3		Gebiete mit flächenhaften Resten ursprünglicher Landschaftselemente
0,2	stark	Gebiete mit punktuellen Resten ursprünglicher Landschaftselemente
0,1	überformt	Gebiete ohne jegliche Reste ursprünglicher Landschaftselemente

a) Für Industrie- und Gewerbegebiete gilt hier i.d.R. das dem Plangebiet zugrunde liegende Flursystem, bei sonstigen Siedlungsplanungen der Orts- bzw. Stadtgrundriß angrenzender Siedlungsflächen (vgl. Tab. 50).

b) Größere Flächenanteile, beispielsweise die einer das Gebiet durchziehenden Bachniederung, gelten als verbleibende, ggf. durch Gestaltungsmaßnahmen überformte Landschaften und werden nicht als Teil des Plangebiets bewertet.

Tab. 79: Bewertung der Raumstruktur von Siedlungsgebieten in der Planung (Beispiele)

S	Stufe	Siedlungsstruktur
0,5	mäßig hoch	lockere Einzel- und Doppelhausbebauung mit unterschiedlichen Bauhöhen, vielfältiger Gebäude- und Grundstücksgestaltung in bewegtem Gelände
0,4		lockere Einzelhausbebauung mit unterschiedlichen Bauhöhen, vielfältiger Gebäude- und Grundstücksgestaltung mit geschwungener Straßenführung
0,3	gering	lockere, ± einheitliche Einzelhausbebauung mit geschwungener Straßenführung Wohn- und Mischgebiete unter Einbeziehung bestehender Gebäudekomplexe Gewerbe- und Industriegebiete mit stark wechselnden Grundstücksgrößen
0,2		lockere, ± einheitliche Einzelhausbebauung mit gleichmäßiger Straßenführung Reihenhausbebauung mit geschwungener Straßenführung öffentliche Einrichtungen mit Fußwegen, Grünflächen und Treppen
0,1	sehr gering	einheitliche Block- oder Zeilenbebauung mit rechteckigem Grundriß einfache Reihenhausbebauung mit gerader Straßenführung Sondergebiete für großflächigen Einzelhandel

Raumvielfalt		Raumspannung	
mäßig 3	stark wechselndes Mosaik aus unterschiedlichen Bauformen, Einzel-, Gruppen- und Reihenhausbebauung unterschiedlicher Gestaltung und Bauhöhen	mäßig 3	ausgeprägte Topographie mit uneinheitlicher Erschließung; Hofbauweise
gering 2	wechselndes Mosaik aus unterschiedlichen Bauformen, Einzel-, Gruppen- und Reihenhausbebauung unterschiedlicher Gestaltung und Bauhöhen	gering 2	bewegte Topographie mit geländeangepaßter, geschwungener Erschließung
sehr gering 1	± einheitliche Bebauung	sehr gering 1	ebene oder schwach geneigte Topographie mit ± gerader Erschließung

Ausgehend von einem Verkehrsflächenanteil von 10 % und einer GRZ von 0,3 ergeben sich bei optimaler Ausnutzung des planungsrechtlichen Instrumentariums somit eigenartsprägende Wirkungen (W) von bis zu 0,29, in verdichteten Baugebieten von bis zu 0,35, dies entspricht einer mäßig hohen Eigenart.

Tab. 80: Bewertung der Intensität (Eigenart) von Siedlungsgebieten in der Planung

I	**Bauordnungsrechtliche Gestaltungsvorschriften im Bebauungsplan (kumulativ)**[52]
I_v	**Verkehrsflächen (max. 0,2)**
	Festsetzungen zur regionaltypischen Gestaltung öffentlicher Freiflächen:
0,1	- Bepflanzung (Ausschluß von Koniferen, Pflanzung von Laubbäumen und -sträuchern) (!)
0,1	- Gestaltung des Straßenraums (Pflasterung, Lampen)
I_f	**Nicht überbaubare Grundstücksflächen (max. 0,25)**
	Festsetzungen zur regionaltypischen Gestaltung von Grundstücksfreiflächen:
0,05	- Gestaltung von Zäunen (Material, Gliederung)
0,05	- Ausschluß von Koniferen
0,10	- Mindestbepflanzung mit typischen Gehölzen (≥ 1 Baum / 150 m²)(!)
0,05	- Gestaltung von Stellplätzen, Fußwegen und Terrassen (Pflasterung)
I_b	**Überbaubare Grundstücksflächen (max. 0,4)**
I_{bg}	Festsetzungen zur regionaltypischen Gestaltung von Gebäuden (max. 0,20):
0,05	- Dacheindeckung (Material, Farbe)
0,05	- Fassadengestaltung (Material, Farbe, Verkleidung)
0,05	- Fassadenbegrünung* (Rankpflanzen, Spalierobst)
0,05	- Fenstergestaltung (Format, Gliederung / Sprossenteilung, Material)
0,05	- Beschränkung von Reklameschildern und Ausschluß von Werbemasten (Lage, Größe, Höhe)°
0,05	- Ausschluß von Leuchtreklame°
I_{bp}	Festsetzungen zur regionaltypischen Proportionierung von Gebäuden (max. 0,15):
0,05	- Dachform und -neigung (!)
0,05	- Firstrichtung (sofern städtebaulich geboten)
0,05	- Fassadengliederung (Fensteranteil und -größe, Ausschluß von Fensterbändern) (!)
0,05	- Dachgauben (Abstand zur Giebelwand, Anteil an der Trauflänge, Dachneigung, Fenster) (!)
0,05	- Gestaltung von Garagen (Dachform, Eindeckung, Material und Farbe von Fassade und Tor)
I_{bl}	Festsetzungen zur regionaltypischen Ausrichtung, Größe und Bauart v. Gebäuden (max. 0,05):
0,05	- Gebäudehöhe (absolut od. Ausschluß v. Drempeln u. Vorgabe der Kellergeschoßoberkante (!)
0,05	- Bauweise (offen / geschlossen; sofern örtlich geboten)
0,05	- Baulinie (sofern örtlich geboten)
-	- Baugrenze (!)
-	- GRZ und GFZ (!)

*): Dachbegrünung gilt nur als eigenartsbildend, sofern sie einheitlich für die gesamte Dachlandschaft eines Baugebiets festgesetzt und zu erwarten ist. Einzelne begrünte Dächer (z.B. von Garagen mit Flachdächern) wirken sich lediglich auf die Raumvielfalt aus.

°): nur in Gewerbe-, Industrie- und Sondergebieten

(!): notwendiges Kriterium, ohne das der jeweilige Block mit I = 0,0 in die Bilanz eingeht

[52] in Hessen gem. § 9 (4) BauGB i.V.m. § 87 (1) HBO

Tab. 81: Bewertung der Eigenart von Siedlungsgebieten in der Planung (Beispiele)*

W	**Stufe**	**Siedlungsstrukturen***
0,31-0,40	mäßig hoch	Baugebiete mit einheitlichem, regionaltypischem Gestaltungsprinzip künstlerisch wertvolle Baugebiete (z.B. „Bauhaus"-Siedlung in Dessau) architektonisch herausragende Baugebiete (z.B. Frankfurter City)
0,21-0,30	gering	Baugebiete mit einheitlichem, aber nicht regionaltypischem Gestaltungsprinzip Baugebiete mit ± einheitlicher, im Ansatz regionaltypischer Gestaltung
0,11-0,20		Baugebiete mit ± einheitlicher, aber nicht regionaltypischer Gestaltung
0,00-0,10	sehr gering	Stilmischungen ohne regionalen Bezug oder einheitliches Gestaltungsprinzip stillose Zweckbebauung (Gewerbe- und Industriegebiete)

*) Elemente bzw. Strukturen der ursprünglichen Kulturlandschaft sind in der Regel nicht eigenartsbestimmend für Neubaugebiete, deren Eigenart durch städtebauliche und architektonische Komponenten geprägt wird.

<u>Bsp.:</u> Eigenart bei weitgehender Vernachlässigung der Festsetzungsmöglichkeiten:

GRZ: 0,3	*Anteil*	*I*	*B*	*D*	*W*
*überbaubare Grundstücksflächen**	*0,41*	*0,25*	*1,0*	*1,0*	*0,10*
nicht überb. Grundstücksflächen	*0,49*	*0,1*	*1,0*	*1,0*	*0,05*
Verkehrsflächen	*0,10*	*0,1*	*1,0*	*1,0*	*0,01*
	1,00				*0,18*

GRZ: 0,6-0,8	*Anteil*	*I*	*B*	*D*	*W*
überbaubare Grundstücksflächen	*0,72*	*0,25*	*1,0*	*1,0*	*0,18*
nicht überb. Grundstücksflächen	*0,18*	*0,1*	*1,0*	*1,0*	*0,02*
Verkehrsflächen	*0,10*	*0,1*	*1,0*	*1,0*	*0,01*
	1,00				*0,21*

<u>Bsp.:</u> Eigenart bei optimaler Ausnutzung der Festsetzungsmöglichkeiten:

GRZ: 0,3	*Anteil*	*I*	*B*	*D*	*W*
überbaubare Grundstücksflächen	*0,41*	*0,4*	*1,0*	*1,0*	*0,16*
nicht überb. Grundstücksflächen	*0,49*	*0,25*	*1,0*	*1,0*	*0,12*
Verkehrsflächen	*0,10*	*0,2*	*1,0*	*1,0*	*0,01*
	1,00				*0,29*

GRZ: 0,6-0,8	*Anteil*	*I*	*B*	*D*	*W*
überbaubare Grundstücksflächen	*0,72*	*0,4*	*1,0*	*0,5*	*0,29*
nicht überb. Grundstücksflächen	*0,18*	*0,25*	*1,0*	*0,5*	*0,05*
Verkehrsflächen	*0,10*	*0,2*	*1,0*	*0,5*	*0,01*
	1,00				*0,35*

**) Nicht-Verkehrsflächen: 0,9; GRZ 0,3; max Überschreitung gem. BauNVO: 50 % bis zur max. GRZ von 0,8;* $\rightarrow \Sigma$ *überbaubaren Grundstücksfläche = 0,9 * 0,3 * 1,5 = 0,41*

aab) Bestimmung des Siedlungswertes

Gleich der Ermittlung des Landschaftswerts, ergibt sich der in die Bilanz eingehende Wert einer Siedlungsplanung durch Addition der Werte für Ursprünglichkeit, Raumstruktur und Eigenart. Bei Beibehaltung der Wertstufen aus Tabelle 66 können Baugebiete in der Planung theoretisch die Stufe IV (wertvoll) erreichen, bleiben wegen der teilweise gegenläufigen Wirkungen insbesondere hinsichtlich Vielfalt und Eigenart eines Baugebiets in der Praxis aber zumeist im Bereich der Wertstufen II und III.

Gegenüber gängigen Bebauungsplänen ohne detaillierte Gestaltungsvorschriften sind bei gleichbleibenden Werten für Ursprünglichkeit (angenommen: H = 0,1) und Raumstruktur (S = 0,2) somit Wertsteigerungen um rund 35 % möglich.

Tab. 82: Bewertung des Ortsbilds von Siedlungsgebieten in der Planung ohne besondere Eigenart aufgrund von Ursprünglichkeit und Raumstruktur [SW_{hs}]

Ursprünglichkeit
0,4
0,3
0,2
0,1
III
II
I
0,1 0,2 0,3 0,4 0,5
Raumstruktur

Punkte	Wertstufe:	
≥ 0,80	III	mäßig wertvoll
0,40-0,79	II	geringwertig
0,20-0,39	I	wertlos

Tab. 83: Bewertung des Ortsbilds von Siedlungsgebieten mit besonderer Eigenart in der Planung

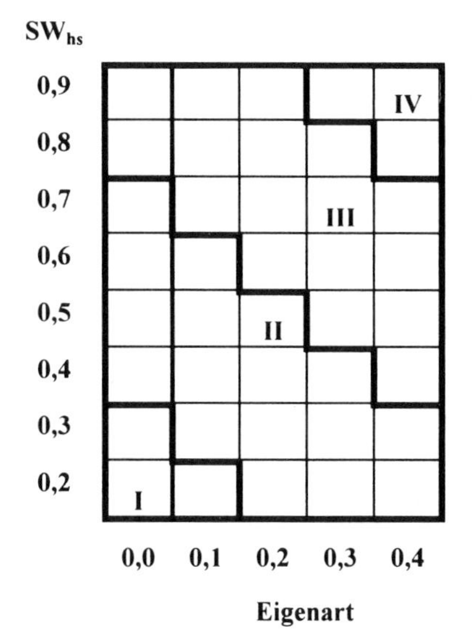

Punkte	Wertstufe	
≥ 1,20	IV	wertvoll
0,80-1,19	III	mäßig wertvoll
0,40-0,70	II	geringwertig
0,20-0,39	I	wertlos

Die aus städtebaulicher, vor allem aber architektonischer Sicht sehr niedrig erscheinende Einstufung auch anspruchsvoller Planungen begründet sich im landschaftsplanerischen, also auch denkmalpflegerischen Ansatz des Verfahrens, das kulturhistorisch und geschichtlich bedeutsame Siedlungsgebiete ungleich höher gewichtet als neu entstehende. Der behutsamen - allerdings nicht historisierenden - Anpassung von Neubaugebieten an gewachsene Strukturen ist aus dieser Sicht immer der Vorrang vor in Glas und Metall gegossenen Monumenten des ausgehenden 20 Jh. einzuräumen, auch wenn diese künstlerischen Ansprüchen eher genügen mögen.

Gleichwohl läßt der Bewertungsansatz die Erlangung eines relativ hohen Siedlungswertes auch mit den Mitteln der modernen Architektur durchaus zu, zielt er doch nur auf eine Reglementierung unproportionaler und die regionaltypische Bauweise negierender Kubaturen ab, nicht aber auf den völligen Ausschluß moderner Werkstoffe und Gestaltungsmittel. Nicht die Unterdrükkung der architektonischen Entwicklung ist Ziel des Bewertungsverfahrens, sondern ein vor allem im ländlichen Raum bewußterer Umgang mit der Geschichte und eine verstärkte Berücksichtigung regionaler Besonderheiten, um gesichtslose Einheitssiedlungen, wie sie noch immer in allen Teilen der Republik in bemerkenswerter Charakterlosigkeit entstehen, in der Zukunft durch in sich geschlossene und identitätsbildende Siedlungsplanungen zu ersetzen.

ab) Eingriffswirkungen auf die Umgebung

Die in Kap. 3.3.3.1.bb beschriebenen Regeln zur Bewertung äußerer Einflüsse auf eine Landschaft gelten grundsätzlich auch bei der Ermittlung von Randstörungen durch ein Baugebiet auf benachbarte Landschaften. Zu unterscheiden sind auch hier die Wirkungen auf die unmittelbare Umgebung, also zumeist die verbleibenden Reste der überplanten Landschaft, sowie auf weiter entfernt liegende Gebiete, beispielsweise den Gegenhang eines Talzugs.

aba) Eingriffswirkungen auf benachbarte Landschaften

Beeinflußt der Siedlungsrand eines Neubaugebiets eine benachbarte Landschaft zumindest auf der Mesoebene, also in einem Teilgebiet, so kann dessen Wirkungsbereich analog der Tabelle 70 eingestuft werden. Die Dominanz der Störung läßt sich über Art und Umfang vorgesehener Eingrünungsmaßnahmen ableiten, die Intensität vor allem von der Bauhöhe, in geringerem Maße auch von der Gliederung und Gestaltung eines Baugebiets bzw. eines Baukörpers. Sie kann deshalb ebenfalls über die Festsetzungen des Bebauungsplans abgeschätzt werden.

Die zu erwartende maximale Bauhöhe läßt sich über die festgesetzte GRZ und GFZ, Obergrenzen für First- und Traufhöhe sowie Vorgaben zu Art und Neigung der Dächer oder zum Ausschluß beispielsweise eines Kniestocks (Drempel) ermitteln. Zur Bewertung des Einflusses auf direkt angrenzende Landschaften sind hierbei in der Regel allein die für den Siedlungsrand geltenden Festsetzungen maßgeblich. Ausnahmen sind möglich, wenn die betroffene Landschaft sehr groß ist oder zu großen Teilen über dem Baugebiet, also am Hang liegt. In diesen Fällen erfolgt die Eingriffsbewertung wie für weiter entfernt liegende Landschaften.

Die Begrenzung der tatsächlichen maximalen Bauhöhe eines Gebäudes ist durch die Festsetzung einer Geschoßflächenzahl (GFZ) oder der Zahl zulässiger Vollgeschosse allein nicht möglich. Ohne zusätzliche Einschränkungen können Gebäude mit einem Vollgeschoß durch Kniestock und Kellerüberstand durchaus zweigeschossiges Format erreichen. Sogenannte einfache „0,4 / 0,8“ - Festsetzungen (GRZ: 0,4, GFZ: 0,8) ermöglichen bei vollständiger Ausnutzung vor allem in Hanglagen Gebäude mit tatsächlich vier Geschossen und Bauhöhen von über 12 m (s. Abb. 13b).

Zur einfachen und nachvollziehbaren Bemessung der künftigen Gebäudehöhen wird im Rahmen dieses Verfahrens die Zahl der gemäß den Festsetzungen des Bebauungsplans maximal möglichen Geschosse ermittelt, wobei Kellerüberstände und Drempel einheitlich als Halbgeschoß anzusetzen sind. Um zu vermeiden, daß Satteldächer gegenüber Flachdächern niedriger einzustufen sind, gelten Dächer mit einer Neigung zwischen 38° und 48°, sofern sie in regionaltypischer Weise einzudecken sind und der zulässige Anteil von Dachgauben bei einer Überspannung von jeweils maximal zwei Dachbalken auf höchstens 2/3 der Trauflänge begrenzt ist, nicht als Geschoß (Bsp. aa).

Abb. 13: Ermittlung der eingriffswirksamen Bauhöhe (Erläuterungen s. Text)

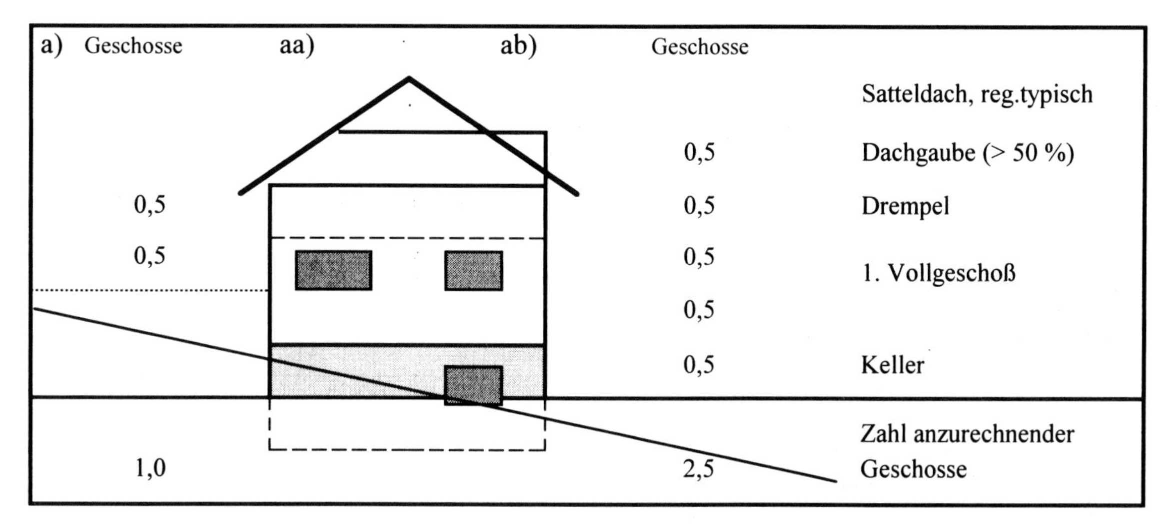

Läßt der Bebauungsplan großformatige Dachgauben zu, so gehen diese als Halbgeschoß in die Bewertung ein (Bsp. ab). Ein Halbgeschoß wird auch für Dächer angesetzt, die mit dachhohen Zwerchhäusern (≤ 40 % der Firstlänge) ausgestattet werden können sowie für Winkelhäuser. Dächer, die in regionalfremder Bauweise erstellt werden oder mehrere Zwerchhäuser (> 40 % der Firstlänge) aufweisen können (Bsp. bb), gehen mit zwei Halbgeschossen in die Bilanz ein.

Tab. 84: Anzunehmende Störwirkungen (Intensität) von Baugebietsplanungen auf die Umgebung

I	Stufe	maximal mögliche Zahl der Geschosse
0,8	sehr hoch	≥ 4
0,7		3,5
0,6	hoch	3,0
0,5		2,5
0,4	mäßig	2,0
0,3		1,5
0,2	gering	1,0
0,1		0,5

Tab. 85: Eingriffsminimierende Wirkung festgesetzter Gestaltungsmaßnahmen auf die Intensität von Siedlungsgebieten in der Planung

I	Bauordnungsrechtliche Gestaltungsvorschriften im Bebauungsplan (kumulativ)
I_v	**Verkehrsflächen (max. 0,02)**
	Festsetzungen zur regionaltypischen Gestaltung öffentlicher Freiflächen:
0,01	- Bepflanzung (Ausschluß von Koniferen, Pflanzung von Laubbäumen und -sträuchern)
0,01	- Gestaltung des Straßenraums (Pflasterung, Lampen)
I_f	**Nicht überbaubare Grundstücksflächen (max. 0,08)**
	Festsetzungen zur regionaltypischen Gestaltung von Grundstücksfreiflächen:
0,01	- Gestaltung von Zäunen (Material, Gliederung)
0,02	- Ausschluß von Koniferen
0,05	- Mindestbepflanzung mit typischen Gehölzen (≥ 1 Baum / 150 m²)(!)
I_b	**Überbaubare Grundstücksflächen (max. 0,10)**
I_{bg}	Festsetzungen zur regionaltypischen Gestaltung von Gebäuden (max. 0,05):
0,01	- Fassadengestaltung (Material, Farbe, Verkleidung)
0,01	- Fassadenbegrünung (Rankpflanzen, Spalierobst)
0,01	- Dachbegrünung
0,01	- Fenstergestaltung (Format)
0,01	- Gestaltung von Dachgauben (Dachform, Gliederung, Material)
0,02	- Beschränkung von Reklameschildern und Ausschluß von Werbemasten (Lage, Größe, Höhe)°
0,02	- Ausschluß von Leuchtreklame°
I_{bp}	Festsetzungen zur regionaltypischen Proportionierung von Gebäuden (max. 0,05):
0,02	- Dachform und -neigung (!)
0,02	- Fassadengliederung (Fensteranteil und -größe, Ausschluß von Fensterbändern) (!)
0,01	- Gestaltung von Garagen (Dachform, Eindeckung, Material und Farbe von Fassade und Tor)

°): nur in Gewerbe-, Industrie- und Sondergebieten
(!): notwendiges Kriterium, ohne das der jeweilige Block mit I = 0,0 in die Bilanz eingeht

Zu beachten ist ferner die Lage des Baugebietsrandes, die im Falle starker Hangneigung hangaufwärts eine deutliche Reduzierung der Eingriffswirkungen, hangabwärts aber auch zusätzliche Halbgeschosse erwarten läßt (Bsp. a). Im Ergebnis gelten die Werte der Tabelle 84, die hinsichtlich ihrer Einstufung den beispielhaft genannten Störwirkungen bestehender Einzelgebäude (Tab. 67) entsprechen.

Hinsichtlich der eingriffsminimierenden Wirkung von Gestaltungsfestsetzungen bietet es sich an, auf die bereits ermittelten Werte der künftigen Eigenart eines Baugebiets zurückzugreifen. Bereinigt um diejenigen Vorgaben, die bereits bei der Ermittlung der Eingriffserheblichkeit einfließen, verbleiben die in Tab. 85 zusammengestellten Maßnahmen, die in ihrer Wirkung nach außen aber nicht in gleicher Weise wirksam sind und deshalb unterschiedlich gewichtet werden. So kommt Gestaltungsmaßnahmen im Straßenraum hinsichtlich angrenzender Landschaften in der Regel keine größere Bedeutung zu, da dieser in der Regel von der randlichen Bebauung eines Gebiets verdeckt wird. Als besonders wichtig erweisen sich stattdessen Festsetzungen zu Dachform und Fassadengliederung sowie zur Begrünung der rückwärtigen Gärten und zum Ausschluß von Koniferen. Allein durch die genannten Festsetzungen sind Abschläge auf die Eingriffswirkung von 0,11 möglich, insgesamt um maximal 0,20 Punkte - dies entspricht der angenommenen Störwirkung eines ganzen Vollgeschosses und bewirkt bei Wohngebieten eine Reduzierung der zu bilanzierenden Eingriffe um rund 1/3.

abb) Eingriffswirkungen auf entfernte Landschaften

Die Wirkung eines Neubaugebiets im Tal auf den Erholungswert eines Hanges wird weniger durch die Gestaltung des Siedlungsrands und nicht allein durch die zulässige Bauhöhe, sondern auch und vor allem von ihrer inneren Gestaltung bestimmt. Anders als bei der Beurteilung eines Baugebiets von seiner näheren Umgebung aus, treten Details, wie die Gestaltung von Zäunen, gegenüber großflächig wirksamen Durchgrünungen und dem Erscheinungsbild der Dachlandschaft zurück. Ausgehend von den Werten der Tabelle 74 bzw. 84, die konventionellen Wohngebieten als „Einzellandschaft" Störintensitäten auf die *nähere* Umgebung bis 0,4, Gewerbegebieten von bis zu 0,6 und Industriegebieten von bis zu 0,8 zuordnet, können die Werte der Tab. 87 als eingriffsminimierende Abschläge auf die in Tab. 86 für *entfernte* Landschaften vorausgesetzten Störwirkung herangezogen werden.

Tab. 86: Anzunehmende Störwirkungen von Baugebietsplanungen auf die Umgebung (Makroebene)

I	Stufe	Siedlungstyp
0,8 0,7	sehr hoch	Siedlungsgebiete mit Hochhausbebauung, Industriegebiete SO Einzelhandel
0,6 0,5	hoch	Gewerbegebiete SO (Krankenhauskomplexe etc.), Wohngebiete, ≥ 4 geschossig
0,4 0,3	mäßig	Wohngebiete, ≤ 3 geschossig Mischgebiete
0,2 0,1	gering	Wohngebiete, ≤ 2 geschossig Wochenendhausgebiete

Tab. 87: Eingriffsminimierende Wirkung festgesetzter Gestaltungsmaßnahmen auf die Intensität von Siedlungsgebieten in der Planung (Makroebene)

I	**Bauordnungsrechtliche Gestaltungsvorschriften im Bebauungsplan (kumulativ)**
I_v	**Verkehrsflächen (max. 0,04)**
	Festsetzungen zur regionaltypischen Gestaltung öffentlicher Verkehrsflächen:
0,04	- Pflanzung großkroniger Laubbäume entlang von mind. 2/3 des Straßenraums
0,02	- Pflanzung großkroniger Laubbäume entlang der Haupterschließungsstraßen (mind. 1/3)
I_f	**Nicht überbaubare Grundstücksflächen (max. 0,04)**
	Festsetzungen zur regionaltypischen Gestaltung von Grundstücksfreiflächen:
0,03	- Mindestbepflanzung mit typischen Gehölzen (≥ 1 Baum / 100 m²)
0,01	- Ausschluß von Koniferen
I_b	**Überbaubare Grundstücksflächen (max. 0,07; in GE, GI und SO max. 0,12)**
I_{bg}	Festsetzungen zur regionaltypischen Gestaltung von Gebäuden (max. 0,03; in GE, GI und SO 0,8):
0,02	- Dacheindeckung (Material, Farbe)
0,01	- Fassadengestaltung (Farbe)
0,02	- Dachbegrünung (sofern obligatorisch)
0,02	- Beschränkung von Reklameschildern und Ausschluß von Werbemasten (Lage, Größe, Höhe)°
0,02	- Ausschluß von Leuchtreklame°
I_{bp}	Festsetzungen zur regionaltypischen Proportionierung von Gebäuden (max. 0,04):
0,03	- Dachform und -neigung
0,01	- Gestaltung von Garagen (Dachform, Eindeckung)

°): nur in Gewerbe-, Industrie- und Sondergebieten

Bei optimaler Ausnutzung der Festsetzungsmöglichkeiten ergeben sich somit maximale Abschläge von 0,15 für Wohngebiete, wodurch sich diese in ihrer Wirkung auf entfernter liegende Landschaften als sehr gering (I = 0,05) einstufen lassen. Gewerbe- und Industriegebiete können hingegen Verbesserungen um bis zu 0,20 erfahren, entfalten aber auch bei bestmöglicher Gestaltung zumindest mäßig hohe Eingriffswirkungen und sind somit als belastend oder stark belastend zu bewerten (s. Tab. 74).

ac) Eingriffsminimierung

aca) Eingriffsminimierende Wirkungen auf benachbarte Landschaften

Während durch die Beschränkung von Bauhöhe und Grundfläche sowie durch Gestaltungsfestsetzungen die spezifische Störwirkung, also die Intensität eines Eingriffs beeinflußt werden kann, dienen Anpflanzungen am Rande von Baugebieten oder entlang von Straßen vorrangig der Eingriffsminimierung durch Beschränkung des Wirkungsbereichs oder der Dominanz. Die Wirkungen von Pflanzmaßnahmen auf den nicht überbaubaren Grundstücksflächen oder auf eigens dafür eingerichteten Pflanzstreifen lassen sich zwar nicht immer voneinander trennen, sind ihrem Wesen nach aber unterschiedlich motiviert und deshalb zu differenzieren. Landschaftsuntypisch begrünte Gärten können durchaus zusätzliche Störwirkungen auf benachbarte Landschaftsteile ausüben und werden deshalb im Zusammenhang mit der Störintensität betrachtet (s. Tab. 85).

An dieser Stelle sollen lediglich diejenigen Pflanzmaßnahmen Berücksichtigung finden, die aufgrund geeigneter Festsetzungen eine mindestens 5 m breite geschlossene oder mind. 10 m breite lockere Abpflanzung eines Baugebiets unter ausschließlicher Verwendung heimischer Gehölze bewirken.

Es sei vorab noch einmal betont, daß die Eingrünung eines Bauwerkes oder Baugebiets allein noch keine Aussage über deren Wirkung auf das Landschaftsbild zuläßt. Kann eine dichte, mit Bäumen durchsetzte Heckenpflanzung zur Abschirmung einer Lagerhalle in Waldrandlage durchaus einen weitgehenden Ausgleich bewirken, ruft dieselbe Maßnahme in einer weitläufigen, nur von einzelnen Gehölzen durchsetzten Flußaue unter Umständen eine nachhaltige Veränderung des Landschaftscharakters hervor. Hier kann die Verwendung von locker gepflanzten Einzelbäumen bei gleichzeitig landschaftsgerechter Gestaltung der Halle ggf. eine harmonischere Einbindung in die Umgebung ermöglichen.

Da das vorliegende Verfahren nicht zuletzt eine nachvollziehbare Eingriffs- und Ausgleichsbilanzierung ermöglichen soll, bietet es sich analog der Einstufung der spezifischen Störwirkung an, die eingriffsminimierende Funktion von Festsetzungen zu schematisieren. Ausgehend vom Grundsatz einer „vollständigen Minimierung“ bei vollständiger Eingrünung“ sind hierbei die Kriterien Höhenentwicklung und Dichte der Pflanzung zu beachten. Orientiert an den üblichen Wuchshöhen verschiedener Gehölze im besiedelten Raum, können diese der gewählten Höhenstufung von Bauwerken angepaßt werden, d.h. ein Obstbaum mit einer Endhöhe von normalerweise 6-8 m gilt als mittelfristig „1,5-geschossig“ eingrünend, ein hochwüchsiger Baum 1. Ordnung, wie Eiche, Esche und Linde, ist demnach regelmäßig geeignet, eine 3,5-geschossige Bebauung nach 10-20 Jahren wirksam einzugrünen.

Die Differenz zwischen der eingriffswirksamen Bauhöhe eines Objektes oder Baugebiets und der eingrünenden Wirkung vorgesehener Gehölzpflanzungen in der Vertikalen läßt sich ebenfalls in Geschoßhöhen ausdrücken und beschreibt - eine geschlossene Bepflanzung angenommen - somit die Dominanz, mit der ein Baugebiet auf seine Umgebung wirkt. Der Wirkungsbereich wird hierbei bestimmt durch den Anteil betroffener Landschaften (mind. ein Teilgebiet), in denen die Dominanz größer 0,0 beträgt, das Gebiet also sichtbar ist.

Pflanzabstände von 1 m, wie sie bei Heckenpflanzungen üblich sind, bewirken eine auf Dauer vollständig geschlossene Gehölzpflanzung und somit eine „horizontale“ Dominanz von 0,0. Da mit jeder Verdoppelung der Pflanzreihen näherungsweise eine Halbierung der projizierten Gehölzabstände einhergeht, ergeben sich Werte der Tabelle 88.

Daraus folgt, daß mehrreihige Hecken auch bei mittleren Pflanzabständen von 2 m immer eine vollständig Abschirmung in der Horizontalen bewirken, während Obstbaumpflanzungen mit ihren gängigen Pflanzabständen von 10 * 10 m erst mit der 8. Pflanzreihe, also in einer Tiefe von 80-90 m eine nahezu vollständige Eingrünung bewirken. Vermag eine 5 m hohe Hecke ein eingeschossiges Bauwerk folglich vollständig zu verdecken, reduziert sich ihre eingriffsminimierende Wirkung bei einem zweigeschossigen Gebäude auf die Hälfte, bei vier Geschossen auf ein Viertel. Setzt man die nicht abgeschirmte Bauhöhe in Relation zur ermittelten Pflanzdichte, so läßt sich die re-sultierende Dominanz des Siedlungsrandes gemäß Tab. 89 ermitteln. Die Werte gelten für strukturame Landschaften mit guter Einsicht auf den Siedlungsrand und sind ggf. mit den Dominanzwerten der Tab. 72 zu multiplizieren.

Abb. 14: Ermittlung der eingriffsminimierenden Wirkung von Gehölzen (Erläuterungen s. Text)

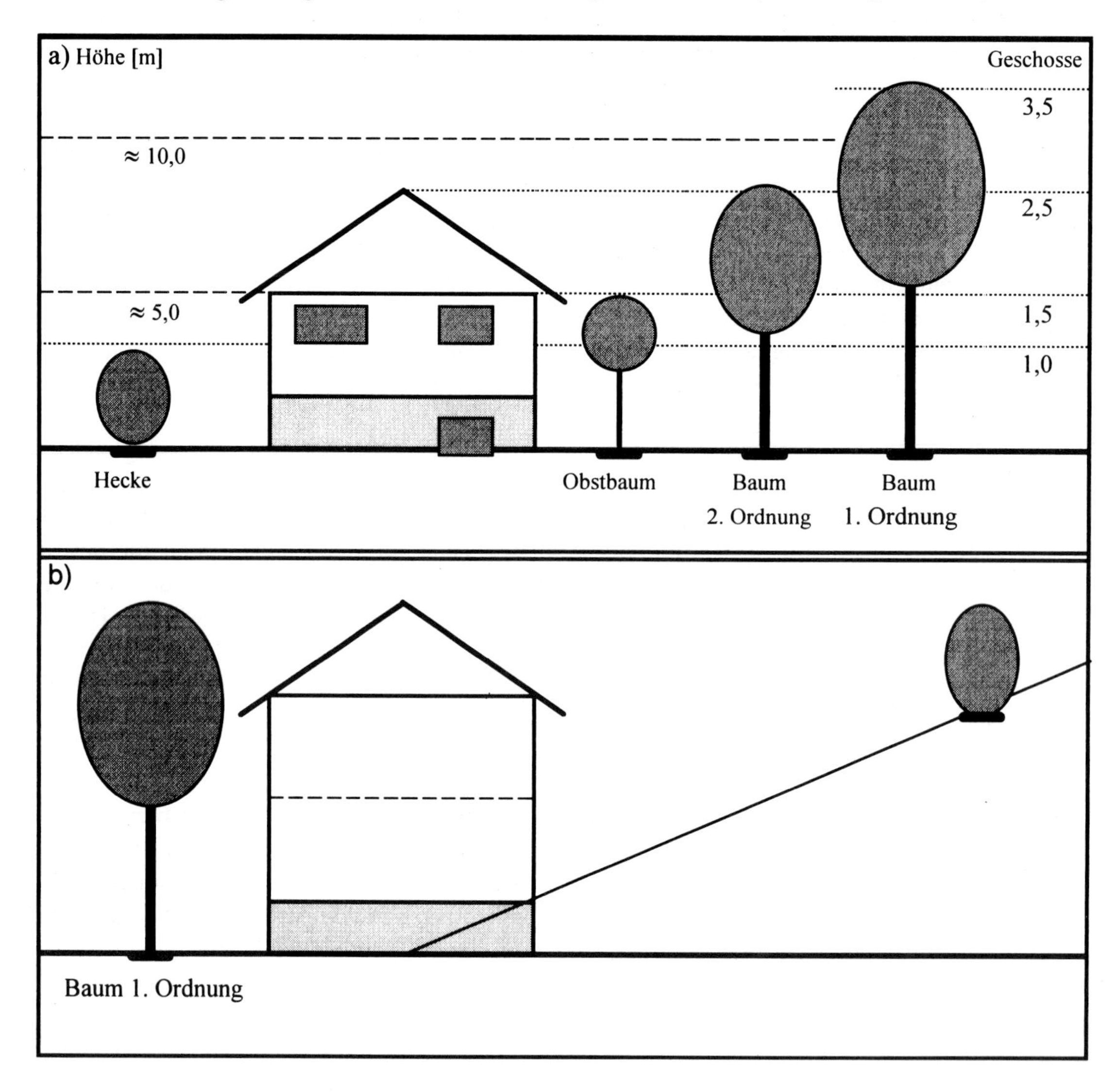

Tab. 88: Einfluß der Pflanzdichte von Gehölzpflanzungen auf die Dominanz von Eingriffen

projizierter Gehölzabstand [m] (Pflanzdichte)

Pflanzreihen						
8					**1,0**	**1,0**
6				**1,0**	**1,3**	**1,5**
4			**1,0**	**2,0**	**2,5**	**3,0**
2		**1,0**	**2,0**	**4,0**	**5,0**	**6,0**
1	**1,0**	**2,0**	**4,0**	**8,0**	**10**	**12**
max. Pflanzabstand [m]	**1**	**2**	**4**	**8**	**10**	**12**

D	**max. projizierter Gehölzabstand [m] (Pflanzdichte)**
0,5	32,0
0,4	16,0
0,3	8,0
0,2	4,0
0,1	2,0
0,0	1,0

Tab. 89: Einfluß von Pflanzdichte und Wuchshöhe von Gehölzpflanzungen auf die Dominanz von Eingriffen (effektive Eingrünungswirkung)

Dominanz

Pflanzdichte						
32	0,5					
16	0,4	0,5				
8	0,3	0,4	0,5			
4	0,2	0,3	0,4	0,5		
2	0,1	0,2	0,3	0,4	0,5	
1	0,0	0,1	0,2	0,3	0,4	0,5
	0,0	**0,5**	**1,0**	**1,5**	**2,0**	**2,5**

Eingriffswirksame Bauhöhe
abzügl. eingriffsminimierender Wirkung von Gehölzen

Bsp.: Ein geplantes Wohngebiet mit Begrenzung auf ein Vollgeschoß und Festsetzung rot einzudeckender Satteldächer, Ausschluß von Drempeln, aber zulässigen Kellerüberständen läßt eine eingriffswirksame Bauhöhe von 1,5 Geschossen erwarten. Das Gebiet kann durch eine kombinierte Anpflanzung hochstämmiger Obstbäume und dichter Hecken ausreichend eingegrünt werden, deren Wirkung von 1,5 eine vollständige Abschirmung des Baugebiets ermöglicht (D = 0,0, B = 0,0).
*Ein Baugebiet mit einer möglichen zweigeschossigen Bauweise und Drempel erreicht eine eingriffswirksame Bauhöhe von 3,0. Die im Bebauungsplan festgesetzte zweireihige Eingrünung mit Obstbäumen (Abstand 10 * 10 m, Pflanzdichte: 5,0) erzielt eine horizontale Minimierung auf D = 0,3. Aufgrund der nur unzureichenden Wuchshöhe beträgt die Gesamtdominanz des Siedlungsrandes dennoch 0,5. Wären statt Obstbäumen Hainbuchen (Bäume 2. Ordnung) in gleichem Abstand gepflanzt worden, so hätte sich die nicht abgeschirmte Bauhöhe auf 0,5 Vollgeschosse verringert, die Gesamtdominanz hätte sich auf 0,4 reduziert.*

Erstrecken sich die für Eingrünungsmaßnahmen vorgesehenen Flächen oder bestehende Gehölze über eine Tiefe von mehr als 10 m oder schließen nicht unmittelbar an den Siedlungsrand an, so kann die Dominanz eines Siedlungsrandes mit zunehmender Hanglage von der in ebenem Gelände abweichen. Hangaufwärts kann so ggf. eine nur 5 m hohe Strauchhecke eine vollständige Eingrünung bewirken, hangabwärts unter Umständen selbst eine Bepflanzung mit hochwüchsigen Bäumen die Einsicht in ein Baugebiet nicht verhindern (s. Abb. 14b). Maßgeblich ist auch hier der Standort, für den die größten Störwirkungen zu erwarten sind.

*Bsp.: In einer Entfernung von rd. 100 m an ein nicht eingegrüntes Wohngebiet schließt sich hangaufwärts eine dichte, rd. 5 m hohe Heckenstruktur an, die eine Wahrnehmung des Gebiets erst vom noch einmal 100 m entfernten Oberhang zuläßt. In nunmehr 200 m Entfernung wirkt die Bebauung jedoch nur mit sehr geringer Dominanz (W = I * B * D = 0,2 * 0,8 * 0,2 = 0,03, so daß als maßgeblicher Standort zur Bewertung der Störwirkung das unterhalb der Heckenstruktur liegende Teilgebiet des Hangzugs gewählt wird. Die Störwirkung ergibt sich hier als W = 0,2 * 4,0 * 0,5 = 0,04.*

acb) Eingriffsminimierende Wirkungen auf entfernte Landschaften

Die Wirkung eingriffsminimierender Eingrünungsmaßnahmen hängt ebenso wie die Störintensität der Ortsrandbebauung oder eines Einzelobjektes maßgeblich von der Entfernung des Betrachters ab. Bei der Bewertung von Siedlungsgebieten in der Makroebene, also beispielsweise von einem Gegenhang aus, tritt die Wirkung der Eingrünung hinter die einer gleichmäßigen Durchgrünung und dem Erscheinungsbild der Dachlandschaft zurück. Großzügige Eingrünungen, wie die im Beispiel genannte, 80-90 m tiefe Streuobstwiese müssen unter Umständen sogar als eigene Landschaften betrachtet werden, was deren positiver Wirkung auch in der Bilanz gleichwohl keinen Abbruch tut. Ist davon auszugehen, daß derartige Pflanzungen längerfristig Teile des Siedlungsgebietes abschirmen werden, so verringert sich dessen Anteil am Sichtfeld und die Bewertung seiner Fernwirkung kann anhand Tab. 72 vorgenommen werden.

Die Störintensität des Baugebiets selbst wird durch Eingrünungen nur dann beeinflußt, wenn diese eindeutig als ein Teil des Plangebiets zu betrachten sind, sie also den randlichen Abschluß der inneren Durchgrünung bilden. Dies ist bei Eingrünungen, deren Tiefe 20 m und deren Anteil am Plangebiet 20 % nicht überschreiten, regelmäßig anzunehmen. Sie bewirken in diesen Fällen, ergänzend zu den Werten der Tab. 87, zusätzliche Abschläge auf die Störintensität einer Siedlungsplanung. Deren Einfuß ist mit maximal 0,08 aber deutlich niedriger als im Nahbereich, wo sie eine ungleich höhere Wirkung ausüben.

Tab. 90: Eingriffsminimierende Wirkung festgesetzter Eingrünungsmaßnahmen auf die Intensität von Siedlungsgebieten in der Planung (Makroebene)

I	Festsetzungen im Bebauungsplan (kumulativ)
I_e	**Flächen gem. § 9 (1) 15, 20 oder 25 BauGB am Siedlungsrand (max. 0,08)**
	Festsetzungen zur landschaftstypischen Eingrünung:
0,01	- Eingrünung mind. 5 m tief (!)
0,02	- Anteil am Plangebiet ≥ 5 % (!)
0,03	- Anteil am Plangebiet ≥ 10 %
0,04	- Anteil am Plangebiet ≥ 15 %
0,01	- Dominanz im Nahbereich: 0,4-0,5 (gem. Tab. 88)
0,02	- Dominanz im Nahbereich: 0,2-0,3
0,03	- Dominanz im Nahbereich: 0,0-0,1

Die Annahme einer eingriffsminimierenden Wirkung von Eingrünungsmaßnahmen auf entfernt liegende Landschaften setzt folglich eine Mindesttiefe der Pflanzflächen von 5 m bei einem Anteil am Plangebiet von zumindest 5 % voraus. Anders als bei der Bewertung im Vorfeld eines Siedlungsrandes werden hierbei sämtliche nicht bestehenden Siedlungsflächen zugewandten Randflächen des Plangebiets in die Bewertung einbezogen und bei uneinheitlicher Tiefe und Gestaltung in ihrer Gesamtwirkung ggf. gemittelt.

Wie die Bewertung der Fernwirkung von Landschaften oder Siedlungen auf den Erholungswert, bedingt auch das beschriebene Vorgehen zur Ermittlung nach außen wirkender Einflüsse einer Planung eine Wahrnehmung des jeweiligen Gebiets in der betroffenen Landschaft auf der

Makroebene. Ist ein künftiges Siedlungsgebiet topographie- oder nutzungsbedingt jedoch nur am Rande einer benachbarten Landschaft, also in einem Teilgebiet erkennbar, erfolgt die Bewertung der Störwirkung nach Kap. 3.3.3.2aba.

b) Ausgleichs- und Ersatzmaßnahmen

ba) Lineare Eingrünungsmaßnahmen

Maßnahmen zur Eingrünung eines Baugebiets, die auf privaten Grundstücken oder auf öffentlichen Flächen nach § 9 (1) 15, 20 oder 25 BauGB vorgesehen sind, hier aber eine Tiefe von 10 m oder eine Ausdehnung von 0,10 ha unterschreiten, werden den nicht überbaubaren Grundstücksflächen zugerechnet und lediglich als „Mindestbepflanzung mit typischen Gehölzen" (I_f = 0,10) sowie im Hinblick auf ihre eingriffsminimierende Wirkung bewertet. Flächen für Eingrünungen mit einer Mindesttiefe von 10-20 m und einem Umfang von 0,10-0,50 ha sind in der Bilanz hingegen gesondert aufzuführen. Wie für das Baugebiet, so werden auch für diese Flächen keine äußeren Einflüsse angenommen. Eine besondere Eigenart kann ihnen nur bei Integration bestehender und eigenartsbildender Landschaftselemente zugesprochen werden. Über ihre eingriffsminimierende Funktion hinaus, bewirken sie grundsätzlich keine Aufwertung angrenzender Landschaften (zur Wirkung auf entfernte Landschaften siehe Kap. 3.3.3.2acb).

bb) Flächenhafte Kompensationsmaßnahmen

Vergleichbar der Wirkung von Ausgleichsmaßnahmen für den Arten- und Biotopschutz, sind Abpflanzungen und Eingrünungen auch hinsichtlich des Landschaftsbildes zumeist nicht in der Lage, eine naturschutzrechtliche Vollkompensation zu ermöglichen, da sie aufgrund ihrer objektbezogenen Gestaltung in der Regel nicht geeignet sind, den gewachsenen Charakter einer Landschaft zu betonen oder wiederherzustellen. Folglich sind auch für Eingriffe in die Landschaft in der Regel weitere Ersatzmaßnahmen erforderlich. Deren Berücksichtigung im Rahmen der Eingriffs- und Ausgleichsbilanzierung bedingt ggf. eine Bewertung zusätzlicher Landschafteinheiten, für die eine Aufwertung durch Kompensationsmaßnahmen angestrebt wird. Analog der Eingriffsbewertung werden hierbei in der Regel aber nur direkt betroffene sowie unmittelbar angrenzende Landschaften betrachtet.

Landschaftsbildverbessernde Maßnahmen wirken sich in der Regel vor allem auf die Raumstruktur, teilweise aber auch auf die Ursprünglichkeit aus, während die Eigenart einer Landschaft nur durch Regenerationsmaßnahmen, wie die Entbuschung einer Wacholderheide, nennenswert beeinflußt werden kann. Zusätzliche Effekte können sich durch die Minderung störender Einflüsse einstellen, so durch die nachträgliche Eingrünung eines Siedlungsrandes oder die Entfernung einer Fichtenpflanzung aus einem Bachtal.

Die Ermittlung des Kompensationseffektes auf Raumstruktur, Ursprünglichkeit und Eigenart erfolgt analog der Bestandsbewertung, wobei für Begrünungsmaßnahmen die auch zur Bemessung der Eingrünungswirkung angenommenen Wuchshöhen und Dichten einer Pflanzung vorausgesetzt werden. Grundsätzlich können nur Maßnahmen in die Bilanz einfließen, die zumin-

Beispiele:

1) Regeneration einer verbuschten Wacholderheide

Ein rund 5,0 ha großer Abschnitt eines weitgehend verbuschten Hangzugs soll im Rahmen einer Kompensationsmaßnahme entbuscht und wieder beweidet werden. Aufgrund der gleichmäßig fortgeschrittenen Sukzession (H_n = 0,3) ist das Gebiet bei teilweise noch erkennbarem Flursystem (H_f = 0,6) und einer Reihe alter, zugewachsener Wacholdersträucher (H_e = 0,8) insgesamt als mäßig ursprünglich (H = 0,56), seine Raumstruktur als mäßig wirksam (S = 0,4) zu bewerten, eine besondere Eigenart ist nicht mehr zu erkennen. Als Folge der geplanten Maßnahmen ist eine weitgehende Wiederherstellung der Ursprünglichkeit aufgrund der Nutzungsform (H_n = 0,7 → H = 0,70) und eine hohe Wirkung der Raumstruktur (S = 0,7) zu erwarten. Da die Fläche die Größe eines Teilgebiets des Hanges erreicht, führen die Regenerationsmaßnahmen auch zu einer Wiedererlangung der Eigenart, die wegen der Seltenheit des Landschaftstyps als sehr hoch (I = 0,8) einzustufen ist. Da in die Bilanz nicht der gesamte Hangzug, sondern nur das 5 ha große Teilgebiet einzustellen ist, umfaßt der Wirkungsbereich mit hoher Dominanz (D = 0,8) das gesamte Bewertungsgebiet (B = 1,0). Die Maßnahmen führt folglich zu einer Verbesserung des spezifischen Landschaftswertes von 0,96 auf 2,04, bei Multiplikation mit der Fläche von EW_a: 4,80 auf 10,20. Bei Zugrundelegen des gesamten Hangzugs wären die Verbesserungen von Ursprünglichkeit, Raumstruktur und Eigenart entsprechend geringer ausgefallen, der Gesamtwert durch die Größe des Hanges aber etwa gleich anzusetzen.

2) Umwandlung einer Fichtenkultur in standorttypischen Schwarzerlenwald

Die für ein rd. 10 ha großes Bachtal untypische, quer zur Tallinie liegende Fichtenkultur im Umfang von 1,0 ha bewirkt eine insgesamt mäßig starke Überformung der Landschaft (H_f = 0,6, H_n = 0,6, H_e = 0,8 → H = 0,67) und eine mäßig hohe Raumstruktur (S = 0,4). Durch die Umwandlung in einen bachbegleitenden Erlenwald mit hangaufwärts angrenzendem Extensivgrünland erhöht sich die Ursprünglichkeit sowohl durch die Wiederherstellung einer landschaftstypischen Nutzung (H_n = 0,8) als auch durch die Orientierung am ursprünglichen Parzellen- und Wegesystem (H_n = 0,7) und die Schaffung landschaftstypischer Elemente (H_e = 0,7) auf H = 0,73. Bei etwa gleich wirksamer Raumstruktur läßt sich für das Bachtal auch nach Durchführung der Maßnahmen zwar keine besondere Eigenart feststellen, die Entfernung der mit mäßig hoher Intensität (I = 0,4) und hoher Dominanz (D = 0,8) in einem großen Teil der Landschaftseinheit (B = 0,8) wirkenden Fichtenpflanzung (E = 0,26 → EW = 1,07 - 0,28 = 0,79) bewirkt aber eine deutliche Verbesserung des Erholungswertes auf EW = 1,13.

3.4 SCHLUSSBETRACHTUNG UND AUSBLICK

3.4.1 Möglichkeiten aggregierter Bewertung und Bilanzierung

Obwohl schutzgutsbezogene Bewertungen niemals in sich geschlossene, unabhängige Ausschnitte des Naturhaushaltes herauszugreifen vermögen, sondern immer nur einen spezifischen Aspekt des Gesamtsystems beleuchten, ist eine Zusammenführung sektoraler Bewertungen zu einem Gesamtwert der Natur nicht möglich. Auch KIEMSTEDT et al. (1996) betonen die Unzulässigkeit einer schutzgutsübergreifenden Gesamtbilanzierung aufgrund fehlender Verrechnungs-

dest zur Aufwertung eines Teilgebiets einer Landschaft beitragen und bei einer Mindesttiefe von 20 m einen Mindestumfang von 0,50 ha erreichen. Die nachfolgenden Beispiele sollen das bilanzwirksame Potential möglicher Kompensationsmaßnahmen verdeutlichen.

Grundsätzlich gilt, daß Neuanlagen, wie Anpflanzungen oder beispielsweise die Aufschichtung einer Lesesteinmauer, die Ursprünglichkeit einer Landschaft höchstens bis zum Wert 0,6 (mäßig ursprünglich) aufzuwerten vermögen, bereits (weitgehend) ursprüngliche Landschaften erfahren hierdurch keine weitere Aufwertung. Ausnahmen bilden Maßnahmen, die auf eine Reaktivierung des alten Flursystems abzielen (H_f: max. 0,8), die flächenhafte Wiederaufnahme traditioneller Nutzungen (H_n: max. 0,8) herbeiführen oder dem absehbaren Verlust prägender Elemente entgegenwirken sollen (H_e: max. 0,8). Die Aufnahme von Nutzungen eines „sekundären" Landschaftstyps wird um 0,2 Punkte niedriger bewertet. Als „sekundär" gelten Landschaftstypen, die aufgrund veränderter Rahmenbedingungen eine Abkehr vom Nutzungsmuster des 19. Jh. erfordern, beispielsweise zur regionaltypischen Gestaltung eines neu entstandenen Ortsrandes. Die Extensivierung bestehender, eher intensiver Nutzungen bewirkt eine Verbesserung um 0,1 (H_n).

Die Intensität eines neu etablierten Landschaftselements wird, sofern es grundsätzlich geeignet ist, die bestehende Eigenart der jeweiligen Landschaft zu verbessern oder zu sichern, zwei Stufen unter der Eigenart vergleichbarer bestehender Elemente angesetzt. Dies gilt auch für nicht lebende, künstlich eingebrachte Elemente, wie Lesesteinhaufen oder Holzzäune. Neugestaltungen, wie Eingrünungsmaßnahmen auf ursprünglichen Ackerflächen, wird hingegen keine Eigenart zugemessen. Wie für alle Bewertungsvorgänge dieses Verfahrens gilt auch hier, daß ihre Anwendung in der Praxis so einfach wie möglich erfolgen soll. Die detaillierten Bewertungsvorschriften dienen einer einheitlichen, nachvollziehbaren und wiederholbaren Bewertung und sollen im Bedarfsfall eine exakte Zuordnung gewährleisten, nicht jedoch die Anwendung des Verfahrens komplizieren.

Tab. 91: Wirkung von Kompensationsmaßnahmen (Beispiele)

Maßnahme	Wirkung				
	H_f	H_n	H_e	S	I
Extensivierung von Grünland in einem Bachtal	-	→ 0,8	-	+ 0,1	0,2
Pflanzung einer wegbegleitenden Obstbaumreihe in der Ackerflur	-	-	→ 0,6	+ 0,2	0,2
Nachpflanzung von Hutebäumen in einer offenen Weidelandschaft	-	-	→ 0,8	+ 0,2	0,4
Umwandlung eines ortsrandnahen Ackers in eine Streuobstwiese	-	→ 0,6*	→ 0,6*	+ 0,4	-
Wiedereinführung der am Flursystem des 19. Jh. orientierten Dreifelderwirtschaft in Teilen eines Ackerbaugebiets	→ 0,8	→ 0,8	→ 0,6	+ 0,3	0,2

→: erreichbarer Wert in der jeweiligen Landschaftseinheit
+: Potential in der jeweiligen Landschaftseinheit
I: Wert der eigenartsbildenden Intensität
*): bei Beanspruchung einer Fläche, die vor Ausdehnung der Siedlung dem Landschaftstyp „Acker" zuzurechnen war, also „sekundär" zum Typ der ortsrandnahen Streuobstwiese zu zählen ist.

einheiten.[53] So wird auch beim Vergleich der in den Kapiteln III.1 bis III.3 beschriebenen Bewertungsverfahren schnell deutlich, daß eine aggregierende Gesamtbetrachtung der drei erfaßten Schutzgüter eine fachlich fragwürdige Nivellierungen hervorbrächte und methodisch unzulässig wäre. Die Bewertungsmethoden basieren nicht nur auf völlig unterschiedlichen Kriterien, sondern zeichnen sich auch durch voneinander abweichende methodische Ansätze aus. So lassen sich für den Boden und seinen Wasserhaushalt zumindest teilweise halbquantitative Werte ermitteln, die erst durch die Aggregierung mit den immanenten Werten des Bodens in eine nach wie vor kardinalskalierte, nunmehr aber normierte Intervallskala überführt werden.

Quantifizierende Bewertungen für Vegetation und Fauna sowie das Landschaftsbild sind grundsätzlich auf eine Inwertsetzung qualitativer Merkmalsausprägungen angewiesen. Während sich hierbei bezüglich Ursprünglichkeit, Raumstruktur und Eigenart der Landschaft ein nutzwertanalytischer Ansatz als geeignet erweist, gehen Fernwirkungen und Störungen als gewichtende Größen in die Bewertung ein. Die in Abhängigkeit von ihrer Entwicklungszeit logarithmische Wertsteigerung von Lebensräumen für Pflanzen und Tiere schließlich bedingt eine nach oben offene Kardinalskalierung mit grundsätzlich exponentiell wachsenden Biotopwerten.

Die Ursachen für die unterschiedlichen Verfahrensweisen liegen also in den funktionalen Beziehungen der einfließenden Kriterien untereinander begründet. Bodenfunktionen und Eigenwert des Bodens lassen sich sinnvollerweise nur additiv verknüpfen, da sie voneinander unabhängig sind. Gleiches gilt für die den Landschaftswert bestimmenden Parameter, auch wenn Ursprünglichkeit und Eigenart faktisch eine hohe Korrelation aufweisen. Der Einfluß einer geplanten Hochspannungstrasse nimmt auf wertvolle Landschaften indes größeren Einfluß als auf bereits beeinträchtigte und muß folglich mit deren Werten in Relation gesetzt werden.

Anders als bei einer von Störungen betroffenen Landschaft, deren Erholungseignung, nicht jedoch deren Eigenwert durch Randeinflüsse abnimmt, wirken sich von außen einfließende Störungen auf den Biotopwert grundsätzlich in seiner Gesamtheit aus. Auf eine auch hier zulässige, aber weniger nachvollziehbare Relativbewertung kann deshalb zugunsten einer gestaffelten Abstufung verzichtet werden. Aufgrund des logarithmischen Aufbaus der Wertetabelle ergibt sich für hochrangige Lebensräume aber dennoch eine nominal höhere Entwertung als für unbedeutende Biotope, die ggf. gar keiner Abwertung mehr unterliegen.

Der unterschiedliche Aufbau der drei Bewertungsverfahren und Bilanzierungstabellen steht einer raschen Einarbeitung in die jeweiligen Methodik sicherlich entgegen. Der Verfasser nimmt diesen Nachteil im Interesse der Entwicklung möglichst plausibel abgeleiteter Landschaftsmodelle aber bewußt in Kauf, zumal hierdurch der Versuchungen entgegengewirkt werden kann, die verschiedenen Werte miteinander zu vermengen oder gegeneinander aufzurechnen.

---

[53] Es soll an dieser Stelle nicht verschwiegen werden, daß KIEMSTEDT et al. (1996) funktionsübergreifende Bewertungen insgesamt ablehnen, also auch die Aggregierung einzelner Funktionen *eines* Schutzguts. Die in Kap. III.1 vorgenommene Zusammenführung der verschiedenen Bodenfunktionen anhand eines Indikators, der nFK, steht dieser Forderung nicht entgegen, wohl aber die Zusammenführung des ermittelte PW_w mit dem immanenten Wert eines Bodens. Dieses Vorgehen mag fachlich nicht voll befriedigend sein, ermöglicht aber allein die Berücksichtigung der Natürlichkeit und Seltenheit eines Bodens, die einer getrennten Bilanzierung kaum offenstehen, da sie - anders als der Wert eines Lebensraums - nicht in eine Funktion transformiert werden können, sondern Eigenschaften darstellen.

3.4.2 Einsatzbereiche und Grenzen des Bewertungsansatzes

Das vom Verfasser 1994 veröffentlichte, eigens für den Einsatz in der verbindlichen Bauleitplanung konzipierten Verfahren hat sich trotz erkennbarer Unzulänglichkeiten vor allem bei der Festlegung der Biotopwerte und Randeinflüsse in den letzen Jahren als insgesamt taugliche Methode zur Bilanzierung von Eingriffen und zur Ermittlung des Kompensationsbedarfs gewährt. Der relativ simple Aufbau ermöglicht eine übersichtliche und nachvollziehbare Übertragung fachlicher Bewertungen in einen Flächenbezug, gestattet schon im Vorfeld einer Planung eine erste überschlägige Ermittlung des Kompensationsbedarfs und erwies sich so als dienliches Instrument bei der tagtäglichen Beratung kommunaler Gremien und Verwaltungen.

Mit Einführung des neuen § 1a BauGB, der eine räumliche Trennung von Eingriffsgebiet und Kompensationsflächen durch mehrere Teilgeltungsbereiche ausdrücklich zuläßt, entfällt de facto auch in Hessen die bisherige landesrechtliche Regelung des § 6b HENatG[53], die die Führung kommunaler Ökokonten bei der Unteren Naturschutzbehörde ansiedelt (§ 6b (5) HENatG) und an die Verwendung der Ausgleichsabgabeverordnung (AAV vom 9. Februar 1995) bindet (§ 6b (6) HENatG) (BATTEFELD, 1997). Da die Gemeinden bei der Aufstellung von Bebauungsplänen aber nicht an standardisierte Bewertungsverfahren gebunden sind[54], ergibt sich künftig die Möglichkeit zur einheitlichen Vorgehensweise bei der Bilanzierung im Rahmen der Bauleitplanung und der Führung des Ökokontos.

Vor diesem Hintergrund lag ein besonderes Augenmerk bei der Entwicklung des nunmehr vorgelegten Ansatzes auf der Konkretisierung sowohl hinsichtlich der zuzuordnenden Biotopwerte als auch bei der Entwicklung fachlich sinnvoller Zuordnungsvorschriften zur Bemessung von Randeinflüssen und übergeordneten Funktionsbeziehungen. Daß diese im Einzelfall eine wissenschaftlich haltbaren Herleitung erfordern, sei an dieser Stelle noch einmal betont. Dennoch bedarf es eindeutiger Operationalisierungsmöglichkeiten, um eine grundsätzlich wiederholbare Übertragung der gewonnenen Erkenntnisse in Bilanzen und dadurch die Führung eines Ökokontos zu ermöglichen.

Unabhängig von seinem Einsatz in der Bauleitplanung, liegt dem Verfahren aber insbesondere das Ziel zugrunde, eine verfahrens- und maßstabsunabhängige Bewertungsgrundlage von Natur und Landschaft zu entwickeln, die fachlich haltbare flächendeckende Landschaftsbewertungen sowohl auf Ebene des Landschaftsplans als auch bei Umweltvertäglichkeitsuntersuchungen gestattet und sich in ihrer Aussageschärfe den Anforderungen der jeweiligen Planungsebene und den zugrunde liegenden Daten anpassen läßt.

Sieht man von den aus methodischen Gründen ausgesparten Schutzgütern Klima und (Grund-) Wasserhaushalt ab, liegen die Grenzen des Verfahrens vor allem bei der Beurteilung nicht flächenspezifischer Funktionen, wie der Nutzung eines Ackers als Rastplatz von Zugvögeln, sowie in der Beantwortung spezieller Fragestellungen, die sich der Beurteilung anhand empirischer Erkenntnisse entziehen. So bedürfen die Bewertung des künftigen Wanderverhaltens einer Erdkrötenpopulation durch ein geplantes Wohngebiet oder die Beurteilung der Auswirkungen des Straßenbaus auf einen angerissenen Waldbestand auch künftig eingehender Untersuchungen - oder in Ermangelung hinreichender Vergleichsdaten auch weiterhin der Spekulation. Aufgrund seiner Konzeption als Landschaftsmodell bietet der Ansatz aber die Möglichkeit, neue wissenschaftli-

[53] Hessisches Gesetz über Naturschutz und Landschaftspflege (Hessisches Naturschutzgesetz - HENatG) vom 19. September 1980 (GVBl. I S. 309), zuletzt geändert durch Gesetz vom 22. Dezember 2000 (GVBl. I S. 429)

[54] Beschluß BVerwG - 4 NB 13.97 - vom 23.04.1997

che Erkenntnisse, beispielsweise zum Einfluß von Wurzelbahnen auf das Infiltrationsvermögen des Bodens oder den Einfluß akustischer Störwirkungen auf Tiere, in den Bewertungsvorgang einzubauen und das Verfahren somit Schritt für Schritt den Abläufen in der Natur anzunähern.

3.4.3 Anwendung des Verfahrens bei der Führung des kommunalen Ökokontos

Zur Bemessung des erforderlichen Kompensationsbedarfs bei Eingriffsplanungen befürworten KIEMSTEDT et al. (1996) eine auf Teilbilanzen aufbauende verbal-argumentative Begründung. Wie eingehend dargelegt, sind im Rahmen der Bauleitplanung und des kommunalen Ökokontos flächenbezogene Wertermittlungen jedoch unabdingbar. Um eine fachlich unzulässige Aggregierung der drei Teilbilanzen, aber auch einen überzogenen Bilanzierungsaufwand zu vermeiden, wird vom Verfasser deshalb vorgeschlagen, das von einer Planung offenbar am stärksten betroffene Schutzgut mittels einer einfachen Vorprüfung festzulegen und dieses stellvertretend für die anderen Komponenten des Naturhaushaltes zu bilanzieren. Dieses Vorgehen entspricht der von KIEMSTEDT et al. (1996) angeregten Unterscheidung von Funktionen allgemeiner oder besonderer Bedeutung bei der Festlegung des Betrachtungsgegenstandes im Vorfeld von Bestandsuntersuchungen, wonach ein gesteigerter Erhebungsaufwand nur für diejenigen Schutzgüter vorgenommen werden soll, die bei einer besondere Funktion deutliche Beeinträchtigung erwarten lassen.

Sofern vorlaufende Kompensationsmaßnahmen durchgeführt und auf einem Ökokonto verrechnet werden sollen, ist eine einheitliche „Währung" jedoch zwingend erforderlich. Die drei Bewertungsmodelle führen aufgrund der unterschiedlichen Verfahrensweisen aber zu abweichenden Zahlenwerten. Da die zeitliche und räumliche Trennung von Eingriff und Ausgleichsmaßnahme eine Vermengung unterschiedlicher Bewertungen ausschließt und die oben beschriebene stellvertretende Bilanzierung bei korrekter Bewertung immer zur Kompensation der stärksten Eingriffswirkung führt, erscheint es deshalb zulässig, die verschiedenen „Einheiten" der drei Bilanzierungsansätze für das Instrument des Ökokontos zu vereinheitlichen.

Läßt man die nicht parallel verlaufenden Wertzunahmen innerhalb eines Schutzgutes außer acht, so gelten Böden ab einem Bodenwert von 2,0 als sehr wertvoll, Lebensräume ab einem Biotopwert von 1,8 und Landschaften ab einem Wert von 1,6 Punkten. Setzt man den für das Ökokonto als „Leitwährung" maßgeblichen Biotopwert gleich 1, so ergeben sich vereinfachte Verrechnungsfaktoren von 0,9 für Bodenbilanzierungen und 1,1 für Überschüsse aus Bilanzierungen landschaftsbildwirksamer Maßnahmen. Wurde also beispielsweise im Rahmen eines Bebauungsplans, der hauptsächlich Eingriffe in den Boden erwarten läßt, durch die Bodenbilanz ein Kompensationsdefizit von 0,6 Punkten ermittelt, das durch Abbuchung vom Ökokonto ausgeglichen werden soll, so erfolgt eine Angleichung der Verrechnungsbasis durch Multiplikation des Defizits mit 0,9. Abzubuchen sind vom Konto folglich 0,9 * 0,60 = 0,54 Punkte. Im Gegenzug wäre der positive Saldo einer Maßnahme, die vorrangig der Verbesserung des Landschaftsbildes dient, vor seiner Einzahlung auf das Konto mit 1,1 zu multiplizieren. Nicht zulässig ist eine solche Umrechnung hingegen innerhalb einer Planung, wo eine Eingriffsbilanz für das Schutzgut Boden auch eine auf diesen ausgerichtete Kompensationsplanung und -bilanzierung bedingt.

4 ANWENDUNGSBEISPIEL

Das nachfolgende Beispiel beschreibt die Anwendung des Verfahrens für einen typischen Bebauungsplan im ländlichen Raum Mittelhessens. Direkt betroffen sind überwiegend intensiv genutzte Ackerflächen. Geplant ist die Ausweisung eines 0,84 ha großen Allgemeinen Wohngebietes (WA) mit einer Grundflächenzahl (GRZ) von 0,3 und einer Geschoßflächenzahl (GFZ) von 0,5 bei Beschränkung auf ein Vollgeschoß. Unter Berücksichtigung der zulässigen Überschreitung gemäß § 19 Baunutzungsverordnung ergibt sich daraus eine maximale Neuversiegelung von 0,36 ha für bauliche Anlagen, zuzüglich 0,05 ha für Verkehrsflächen. Der Anteil nicht überbaubarer Grundstücksflächen beläuft sich somit auf 0,43 ha. Der Ausgleich soll durch die Ergänzung der bestehenden Streuobstwiesen um 0,40 ha auf zuvor intensiv genutztem Ackerland sowie die Wiederherstellung einer extensiv genutzten Streuwiese in der nahegelegenen Bachniederung erreicht werden.

4.1 BODEN UND BODENWASSERHAUSHALT

Der Bebauungsplan sieht eine Begrünung flach geneigter Dächer vor, die aufgrund der Festsetzung von Satteldächern ausschließlich auf Garagen möglich ist (Zgdg), weshalb gem. Tab. 22 ein Verdunstungswert von 0,8 zu wählen ist. Festgesetzt wird zudem eine großzügige Begrünung der nicht überbaubaren Grundstücksflächen (Zfg, 1-E/N: 0,3) sowie die Brauchwassernutzung und dezentrale Versickerung überschüssigen Niederschlagswassers im Plangebiet, wodurch sich für überbaubare Flächen ein Infiltrationsanteil ($1-\psi_{rel}$) von 0,6 (Zgb), für nicht überbaubare Grundstücksflächen von 0,7 (Zfv) ergibt.

Der flach geneigte, von Lößlehm bedeckte Hang ist von mittelgründigen Braunerden lehmiger Bodenart ($1-E/N_{Acker} = 0{,}3$) mit durchschnittlicher Wasserspeicherkapazität bedeckt, so daß allen Bodennutzungen eine nFK-Stufe von 3 zugeordnet wird. Die vegetationsbedeckten Flächen gehen mit Infiltrationsraten zwischen 0,7 und 0,9 in die Bilanz ein, der Schotterweg mit einem Wert von 0,4. Da für den Weg auch eine Einschränkung der Versickerungsleistung aufgrund von Verdichtungen anzunehmen ist, ergibt sich für ihn ein Versickerungswert V von nur 0,03, während die übrigen Flächennutzungen Werte bis zu 0,27 erreichen. Theoretisch werden also rund ein Viertel des jährlichen Niederschlages im Gebiet dem Zwischenabfluß und Grundwasser zugeführt. Dies entspricht in etwa den von BASTIAN & SCHREIBER (1994) dargestellten Wassermengenbilanz, nach der rd. 72 % der Niederschlagsmenge verdunsten.

Da die Unterkellerung von Gebäuden nicht ausgeschlossen ist, wird für die überbaubaren Grundstücksflächen die nFK-Stufe 1, für die Verkehrsflächen aufgrund anzunehmender Verdichtungen die nFK-Stufe 2 gewählt. Vorgesehen ist eine ausschließlich wasserdurchlässige Befestigung von Terrassen und Hofflächen, deren Flächenanteil auf 10 % des Baugebiets, also rd. 0,08 ha geschätzt wird. Aufgrund der Zulässigkeit von Nebenanlagen auf den nicht überbaubaren Grundstücksflächen wird der Umfang wasserdurchlässiger Befestigungen von diesen abgezogen (vgl. Tab. 86). Die Kompensationsmaßnahmen bewirken auf dem zuvor intensiv genutzten Ackerland eine Verbesserung sowohl bei der Infiltration (V: von 0,21 auf 0,24) als auch beim Biotischen Bodenwert (PW_b: 0,4 auf 0,8).

Aufgrund dieser Festsetzungen ergibt sich eine ausgeglichene Bilanz für das Schutzgut Boden und Bodenwasserhaushalt. Aufgrund der eingriffsminimierenden Festsetzungen im Bebauungsplan erreicht das Baugebiet rd. 70 % des Bestandswerts. Hätte der Bebauungsplan auf eine Festsetzung zur Versickerung von Niederschlagswasser sowie die Einbeziehung von Kompensationsflächen verzichtet, so wäre die Bilanz negativ ausgefallen.

Durchschnittlichen Eingriffswirkungen vorausgesetzt, liegt der für ein Baugebiet erreichbare Wert unter Berücksichtigung der im Beispiel genannten Festsetzungen üblicherweise bei rd. 50-70 % des Ausgangswerts. Bei vollständiger Ausnutzung der zur Verfügung stehenden Festsetzungsmöglichkeiten lassen sich bis zu 80 %, ohne wirksamen Festsetzungen hingegen lediglich 30-40 % des Ausgleichs innerhalb des Baugebiets verwirklichen.

4.2 VEGETATION UND FAUNA

Die an das Baugebiet angrenzenden Obstwiesen gehören einem rd. 3,25 ha großen Streuobstwiesenkomplex (JS) an, der sich entlang des Waldrandes nach Westen erstreckt. Die Bestände sind durchweg der Ertrags- oder Altersphase (S) zuzurechnen und bei mäßig artenreicher Ausbildung der relativ extensiv genutzten Grünlandbestände (Gmm, mar) insgesamt wertvoll (Stufe III, BW_t: 1,4). Aufgrund der nur geringen Ausdehnung (< 5 ha) erfahren sie aber keine weitere Aufwertung, zumal das sporadische Vorkommen von „b3-Arten", wie dem angetroffenen Grünspecht (*Picus viridis*), für Biotope der Stufe III vorausgesetzt wird.

Das im Norden anschließende, baumholzdominierte und allein deshalb sehr wertvolle Buchenwaldgebiet (BW_t: 1,9) besitzt eine Gesamtausdehnung von über 100 ha (a1), weshalb es zusätzlich um 0,4 Punkte auf BW_t 2,3 aufzuwerten ist.

Für den Artenschutz mehr oder weniger wirksame Maßnahmen im Baugebiet betreffen die Dachflächenbegrünung (Zgd: 0,05), Anpflanzungen auf den Grundstücksfreiflächen (Zfg: 0,05 sowie die durchlässige Gestaltung von Einfriedungen (Zfz: 0,05). Die randliche Eingrünung durch eine 10 m breite Streuobstwiese ist als Pflanzfläche mit entsprechend geringem Entwicklungspotential einzustufen (Zpk: 0,7).

Zusätzliche Störwirkungen auf angrenzende Biotopbereiche sind sowohl für den Wald als auch die Obstwiesen anzunehmen. Für beide gehölzdominierten Lebensraumtypen gilt ein Wirkungsbereich hoher bis sehr hoher Stördominanz von 50 m, dessen Einflußgebiet wegen einer nur schlechten Einbindung des Waldes in das Wegenetz über die bestehenden Wegeverbindungen parallel zum Waldrand festgelegt wird. Diese ermöglichen eine rd. 500 m lange Rundwandermöglichkeit, woraus sich rechnerisch Eingriffsgebiete von 1,25 ha Wald (250 * 50 m) bzw. 2,00 ha (200 * 50 m) Obstwiesen ergeben. Wegen der geringen Ausdehnung der Obstwiesen sind diese aber in ihrer Gesamtheit betroffen und gehen deshalb mit 3,25 ha in die Bilanz ein, von denen der direkt von der Planung betroffene Anteil des Biotopbereichs von 0,04 ha mit dem durchschnittlich im Baugebiet erreichbaren Wert von 0,27 eingestellt wird.

Die verbleibende, den Anteil indirekt betroffener Landschaftsanteile bestimmende Wegstrecke von 50 m betrifft den Rand der Ackerbaulandschaft, die als nur mäßig wertvoll unberücksichtigt bleibt. Da lediglich eine *Zunahme* der Freizeitnutzung im Gebiet zu unterstellen ist, wird die Intensität der (zusätzlichen) Störung als gering bewertet, wodurch sich bei Mittelung der zwei Dominanzstufen Abwertungen der Obstwiesen um 0,075 (0,08), für die betroffenen Waldbestände um 0,09 ergeben.

Durch die geplante Anlage einer einschürigen Streuwiese wird bei gleichzeitiger Anhebung des Grundwasserspiegels durch Schließung von Drainagen ein mittelfristiger Anstieg der Bestandsfeuchtezahl auf mF 7 angenommen, wodurch sich ein Verbesserungspotential von insgesamt 0,5 Punkten ergibt. Aufgrund überwiegend ackerbaulicher Nutzung der Bachniederung bewirken die Maßnahmen zwar eine deutliche Aufwertung der 1,0 ha großen Parzelle, nicht jedoch des übergeordneten Biotopbereichs.

Verglichen mit dem vom Verfasser 1994 veröffentlichten Bilanzierungsansatz (KARL, 1994b), steigt der externe Kompensationsbedarf folglich um rd. 65 % auf 1,0 ha an. Da die planungsbedingte Abwertung des Baugebiets einschließlich der randlichen Obstbaumpflanzungen auf 72,2 % des Voreingriffszustands gegenüber 77,6 % (KARL, 1994b) keine wesentliche Veränderung darstellt, trägt vor allem die deutlich höhere Bewertung der Umgebungswirkungen zum gestiegenen Ausgleichsbedarf bei. Zwar wird für die indirekt betroffenen Bereiche mit einer Entwertung auf 94,5 % gegenüber 78,6 % des Bestandes eine wesentlich geringere *spezifische* Abwertung angenommen. Wegen der Ausdehnung des indirekt betroffenen Eingriffsgebiets von 0,6 ha auf 4,5 ha beträgt der Anteil am nominalen Wertverlust[55] insgesamt aber rd. 76 % (gegenüber rd. 56 %). Bei Durchführung einer Sammelausgleichsmaßnahme in der Bachniederung hätte im Gegenzug aber auch die geplante Streuwiese positive Einflüsse auf die Umgebung bewirkt und wäre mit deutlich geringerem Flächenumfang in die Bilanz eingegangen.

4.3 LANDSCHAFTSBILD, ERHOLUNGSEIGNUNG UND KULTURHISTORISCHE BEDEUTUNG DER LANDSCHAFT

Die geplante, teilweise am bestehenden Flursystem ausgerichtete Erweiterung des bislang nicht eingegrünten Wohngebiets (*6.2.1 Siedlungsgebiete jüngerer Zeit - Wohngebiete überwiegend lockerer Einzelbebauung*) betrifft vor allem intensiv genutzte Ackerflächen, die den noch nicht überbauten Rest eines schmalen, traditionell ackerbaulich genutzten Streifens oberhalb einer durch Ackernutzung entwerteten Bachniederung bilden und dem Typ *5.2 Ackerlandschaften des Hügel- und Berglands* angehören. Hangaufwärts schließen sich teilweise lückige Bestände des Landschaftstyps *2.2.1 Streuobstgebiete* sowie ein recht ursprünglicher Buchenwald (*1.1.3 Hochwälder des Hügel- und Berglands*) an. Im Osten befindet sich ein stark überformtes Bachtal, dessen ursprünglicher Charakter nur noch über die Bodenkarte (HESS. LANDESAMT FÜR BODENFORSCHUNG, 1983) und historische Quellen (Karte von dem Grossherzogthume Hessen 1:50.000, Blatt 22 Giessen) nachvollzogen werden kann. Südlich der Bachniederung erhebt sich die bewaldete Basaltkuppe des „Katzenbergs", an dessen von flachgründigen Rankern geprägten Hängen ebenfalls Streuobstwiesen ausgebildet sind.

[55] Baugebiet BW_a: 0,475-0,343=0,132; Umgebung BW_a: 7,425 - 7,014 = 0,411; Eingriffsgebiet BW_a: 7,900 - 7,357 = 0,543; Σ BW_a Umgebung / Σ BW_a Eingriffsgebiet: 0,411 / 0,543 = 0,757

Abb. 15: Anwendungsbeispiel, Bestandsaufnahme von Vegetation und Nutzung

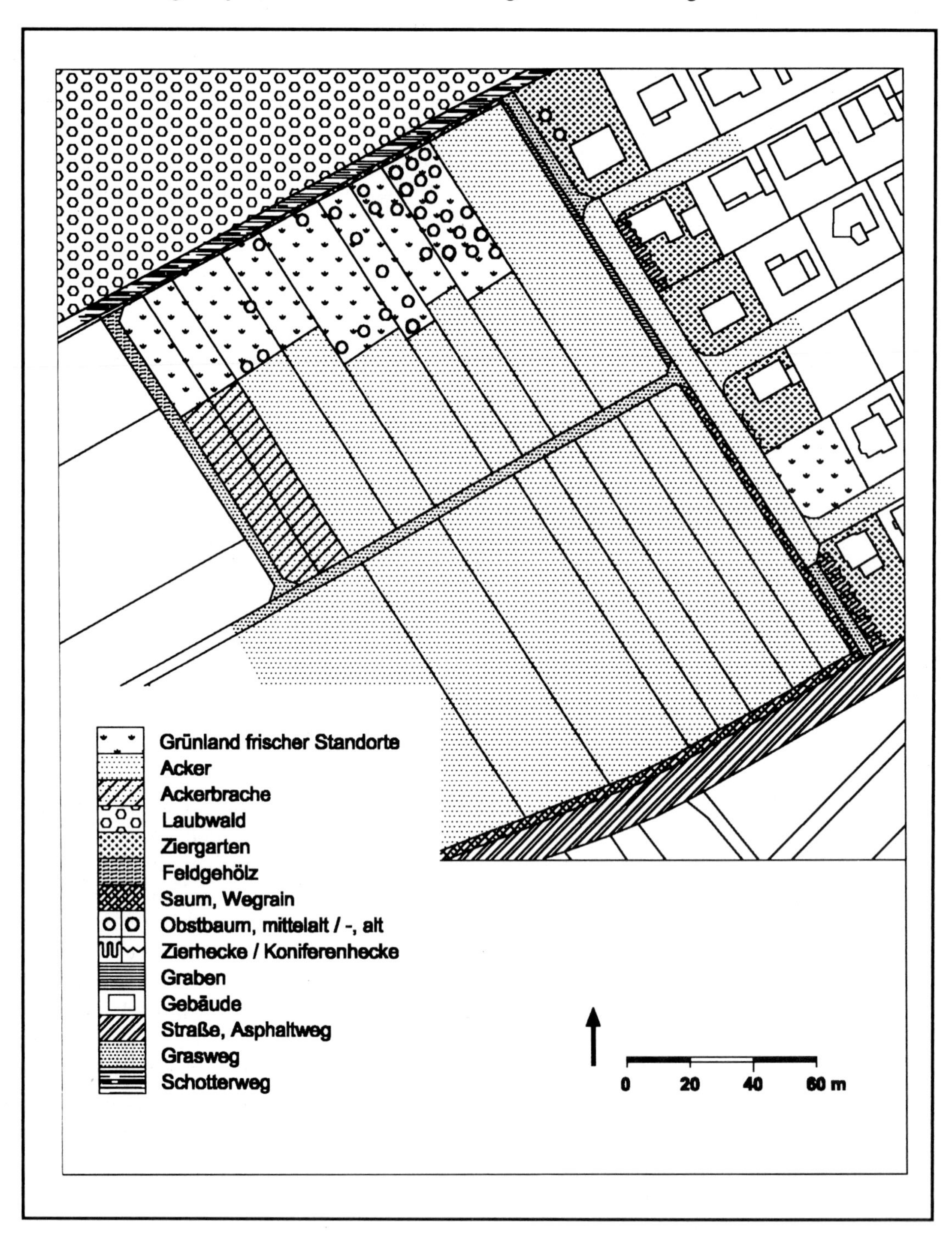

Abb. 16: Anwendungsbeispiel, Muster-Bebauungsplan (Flächenwidmungen vgl. Abb. 2)

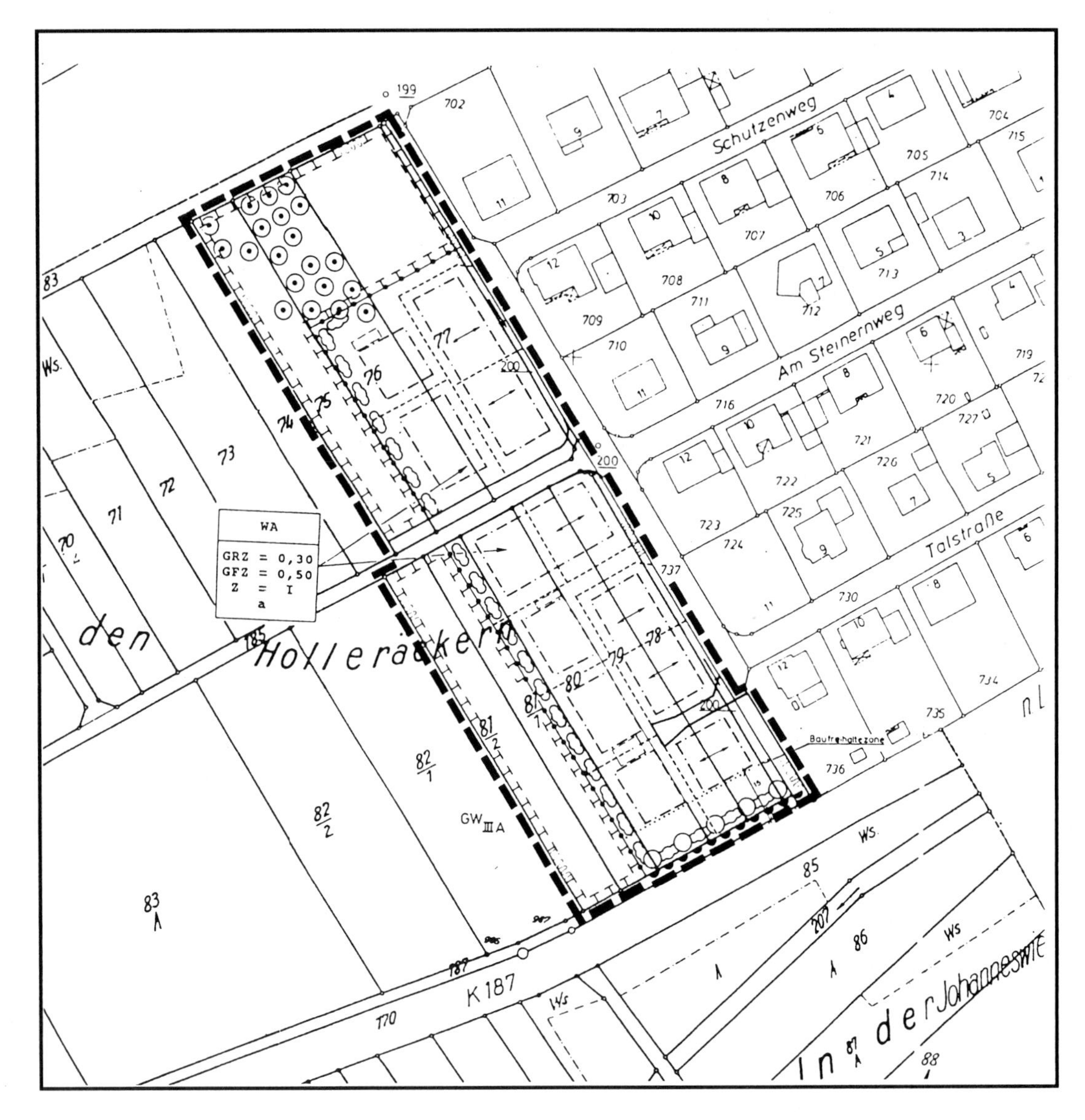

Landschaftsbildwirksame Gestaltungsfestsetzungen umfassen die Beschränkung der Bauhöhe, die ausschließliche Verwendung von Satteldächern und die Vorgabe der Firstrichtung quer zum Siedlungsrand (I_b = 0,15), die landschaftstypische Bepflanzung der Grundstücksfreiflächen, den Ausschluß von Koniferen und die Gestaltung von Einfriedungen, Terrassen und Stellplätzen (I_f = 0,25) sowie Anpflanzungen im Straßenraum (I_v = 0,1). Bei schwach geneigtem Gelände ergeben sich aufgrund des Ausschlusses von Drempeln und einer Beschränkung des Dachgaubenanteils auf 2/3 der Trauflänge eingriffswirksame Bauhöhen von 1,5 Geschossen.

Die dem Baugebiet vorgelagerte, 10 m tiefe, zweireihige Obstbaumpflanzung (I_f = 0,10) soll durch auf den Grundstücken anzupflanzende Strauchhecken ergänzt werden, die jedoch keine zusätzliche Eingrünung des Siedlungsrandes erwarten lassen, so daß sich bei einer Pflanzdichte von 4,0 und einer 1,5-geschossigen Eingrünungswirkung rechnerisch eine Dominanz von 0,2 ergibt. Da für die Waldbestände und die am „Katzenberg“ liegenden Obstwiesen angesichts geringer Intensität und Dominanz der Planung keine nennenswerten Beeinträchtigungen anzunehmen sind, verbleiben bilanzwirksame Einflüsse somit nur für die Streuobstwiesen und Ackerflächen im Westen sowie für die unterhalb der Kreisstraße angrenzende Niederung.

Abb. 17: Anwendungsbeispiel, Abgrenzung und Definition von Landschaftstypen

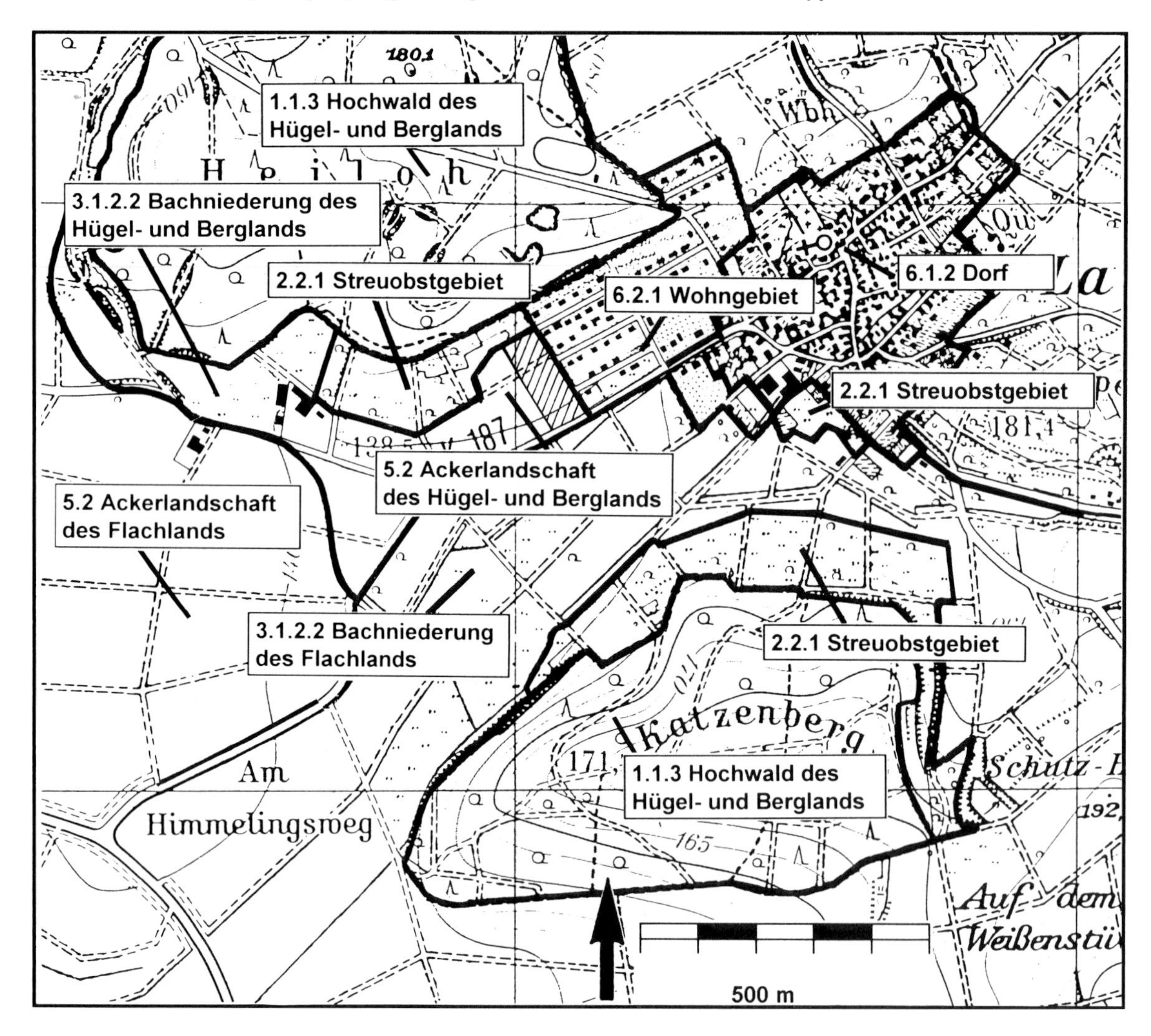

Anders als die 10 m breite, 0,12 ha umfassende Eingrünung im Südwesten, die eindeutig als sekundärer Landschaftstyp in einem ursprünglichen Ackerbaugebiet anzusehen ist und deshalb mit H_n = 0,6 niedriger eingestuft wird, befindet sich der Standort der geplanten Obstwiese im Norden innerhalb des sich entlang des Waldrandes erstreckenden Streuobstgebiets. Dieses erfährt im Bestand aufgrund der teilweisen Ackernutzung eine Einstufung als nur mäßig ursprünglich, da typische Nutzungsformen in Teilen beträchtlich vom Leitbild abweichen (vgl. Tab. 50). Die Wiederherstellung der ursprünglichen Nutzungsform bewirkt eine Verbesserung des Nutzungsmusters von $H_n = 0,6$ auf 0,8 (weitgehend ursprünglich). Zu berücksichtigen ist hierbei, dass aufgrund der geringen Ausdehnung des Obstwiesenkomplexes von nur 3,25 ha der betroffene [illegible] 0,4 ha große Bereich bereits als Teilgebiet gilt (vgl. Tab. 59).

Auch unter Vernachlässigung der externen Kompensationsmaßnahmen (s. Tab. 88) ergibt sich im Ergebnis trotz der Siedlungsplanung sogar eine Verbesserung für das Landschaftsbild im Untersuchungsgebiet, was bei näherer Betrachtung durchaus berechtigt erscheint. So greift die Erweiterung parallel zum bestehenden Siedlungsrand „nur" rd. 45 m tief in die freie Ackerlandschaft über, die mit LW 0,70 (geringwertig) zudem bereits stark überformt ist. Zudem bewirken die genannten Gestaltungsvorschriften sowie die Ergänzung einer bislang völlig unzureichenden Eingrünung eine merkliche Abpufferung des Wohngebiets und somit insgesamt eine Reduzierung der Eingriffswirkung auf die benachbarten Landschaften.

Ein völlig anderes Ergebnis hätte sich jedoch ergeben, wäre das gesamte, einschließlich der aktuellen Planung rd. 7,3 ha große Siedlungsgebiet entlang des Waldrands zu bilanzieren gewesen. Gegenüber dem Voreingriffszustand eines Ackerbaugebiets mit angrenzender Altortlage wären die Eingriffswirkungen auf die Umgebung selbst unter der Voraussetzung einheitlicher Gestaltungsvorschriften ungleich höher zu bewerten. Dem negativen [illegible] durch die Wohngebietsplanung hätte eine positive Wirkung des gewachsenen Ortsrandes entgegengestanden mit der Folge eines deutlichen Kompensationsdefizits bereits für die unmittelbare Umgebung. Aufgrund der ungleich höheren Dominanz wären auch die starken Beeinträchtigungen der Streuobstwiesen am „Katzenberg" in die Bilanz eingeflossen, wodurch sich das zu bilanzierende Eingriffsgebiet selbst bei Vernachlässigung der Waldgebiete von rd. [illegible] ha auf [illegible] 55 ha vergrößert, sein Erholungswert insgesamt auf rd. 75 % verringert hätte. Das Defizit für die Gesamtplanung beliefe sich hierbei auf rd. [illegible] Punkte, was der Aufwertung einer [illegible] ha großen geringwertigen Landschaft um zwei Wertstufen entspricht.

Das Beispiel verdeutlicht die [illegible] der Eingriffswirkung aufgrund der [illegible] des Eingriffsgebiets und der wirksamen Dominanz einer Planung. Gleichzeitig führt es anschaulich vor Augen, wie tiefgehend viele Landschaften durch die Siedlungsaktivitäten der vergangenen Jahrzehnte bereits in Mitleidenschaft gezogen sind. [illegible] der positiven [illegible] behutsam und [illegible] gestalteten Planung beruht weniger auf ihrer ästhetischen Qualität und [illegible] Einpassung, als vielmehr auf ihrer [illegible] Wirkung [illegible] Eingriffe in die gewachsene Kulturlandschaft.

Tab. 92: Bilanzierungsbeispiel für einen Bebauungsplan

Bewertungsbogen *Boden und Bodenwasserhaushalt*

Bestand

Plangebiet											
Bodennutzung	1-E/N	$1-Y_{rel}$	Kf_{rel}	Au/A_{rel}	V	nFK	PW_w	PW_b	PW	ha	PW_a
Acker	0,3	0,7	1,0	1,0	0,21	3	0,63	0,4	1,03	1,15	1,18
Streuobstwiese	0,3	0,9	1,0	1,0	0,27	3	0,81	0,8	0,16	0,16	0,26
Grasweg	0,3	0,8	1,0	1,0	0,24	3	0,72	0,4	0,03	0,03	0,03
Schotterweg	0,4	0,4	0,2	1,0	0,03	3	0,09	0,3	0,02	0,02	0,01
Graben	0,3	0,8	1,0	1,0	0,24	3	0,72	0,7	0,02	0,02	0,03
										1,38	1,51

Kompensationsflächen											
Bodennutzung	1-E/N	$1-Y_{rel}$	Kf_{rel}	Au/A_{rel}	V	nFK	PW_w	PW_b	PW	ha	PW_a
Acker, intensiv	0,3	0,7	1,0	1,0	0,21	3	0,63	0,4	1,03	1,00	1,00
										1,00	1,00
										2,38	**2,51**

Prognose

Plangebiet, Erhalt											
Bodennutzung	1-E/N	$1-Y_{rel}$	Kf_{rel}	Au/A_{rel}	V	nFK	PW_w	PW_b	PW	ha	PW_a
Streuobstwiese	0,3	0,9	1,0	1,0	0,27	3	0,81	0,8	1,61	0,40	0,64
Erhalt	0,3	0,9	1,0	1,0	0,27	3	0,81	0,8	1,61	0,12	0,19
										0,52	**0,83**

Baugebiet	1-E/N	$1-Y_{rel}$	Kf_{rel}	Au/A_{rel}	V	nFK	PW_w	PW_b	PW	ha	PW_a
Zvo	0,9	0,0	0,2	1,0	0,00	2	0,00	0,1	0,10	0,05	0,01
Zvw	0,4	0,4	0,2	1,0	0,03	3	0,09	0,3	0,27	0,02	0,01
Zgdg, Zgb	0,8	0,6	1,0	1,0	0,48	1	0,48	0,0	0,48	0,36	0,17
Zfv, Zfg	0,3	0,7	1,0	1,0	0,21	3	0,63	0,4	1,03	0,35	0,30
Zva	0,5	0,2	1,0	1,0	0,10	3	0,30	0,2	0,50	0,08	0,04
										0,86	**0,53**
										1,38	**1,36**

Kompensationsflächen											
Bodennutzung	1-E/N	$1-Y_{rel}$	Kf_{rel}	Au/A_{rel}	V	nFK	PW_w	PW_b	PW	ha	PW_a
Streuwiese	0,3	0,8	1,0	1,0	0,24	4*	0,96	0,8	1,76	1,00	1,76
										1,00	**1,76**
										2,38	**3,12**

*) aufgrund Grundwasserspiegelanhebung

Tab. 93: Bilanzierungsbeispiel für einen Bebauungsplan

Bewertungsbogen *Vegetation und Fauna*

Untersuchungsgebiet - Bestand

Eingriffsgebiet

Baugebiet

Typ	Ausbild.	BW_t	Arten	Areal	Störg.	BW_{eff}	ha	BW_a
Ain	typ	0,3					1,15	0,345
Js, Gmm	S, mar	1,4					0,04	0,056
Svu	typ	0,2					0,03	0,060
Svg	typ	0,1					0,02	0,002
Fkt	typ	0,6					0,02	0,012
							1,26	**0,475**

übergeordnete Biotopbereiche, betroffene Anteile

Typ	Ausbild.	BW_t	Arten	Areal*	Störg.	BW_{eff}	ha	BW_a
Js, Gmm	S, mar	1,4				1,40	3,25	4,550
							3,25	**4,550**

*) Ausdehnung des übergeordneten Biotopbereichs JS

indirekt betroffene Biotopbereiche, betroffene Anteile

Typ	Ausbild.	BW_t	Arten	Areal*	Störg.	BW_{eff}	ha	BW_a
Wtm	S	1,9		0,4		2,30	1,25	2,875
							1,25	**2,875**

*) Ausdehnung des übergeordneten Biotopbereichs WH

7,900

Ausgleich, Bestand

Kompensationsflächen

Typ	Ausbild.	BW_t	Arten	Areal	Störg.	BW_{eff}	ha	BW_a
Ain	typ	0,3					1,00	0,315
							1,00	**0,315**

übergeordnete Biotopbereiche

Typ	Ausbild.	BW_t	Arten	Areal	Störg.	BW_{eff}	ha	BW_a

0,315

8,215

Prognose

Eingriffsgebiet

Baugebiet

Typ	Ausbild.	BW_e	Arten	Areal	Störg.	BW_{eff}	ha	BW_a
Zv	Zvo	0,00					0,05	0,000
	Zvu	0,10					0,02	0,002
Zg	Zgd	0,05					0,36	0,018
Zf	Zfg,z	0,10					0,43	0,043
Zp	Zpk	0,70					0,40	0,280
							1,26	**0,343**

übergeordnete Biotopbereiche, betroffene Anteile

Typ	Ausbild.	BW_e	Arten	Areal	Störg.	BW_{eff}	ha	BW_a
Js, Gmm	S, mar	1,4			-0,08	1,32	3,21	4,240
						0,27	0,04	0,011
							3,25	**4,251**

indirekt betroffene Biotopbereiche

Typ	Ausbild.	BW_t	Arten	Areal	Störg.	BW_{eff}	ha	BW_a
Wtm	S	1,9		0,4	-0,09	2,21	1,25	2,763
							1,25	**2,763**

7,357

Ausgleich, Prognose

Kompensationsflächen

Typ	Ausbild.	BW_e	Arten	Areal	Störg.	BW_{eff}	ha	BW_a
Gwe	aa	0,8					1,00	0,880
							1,00	**0,880**

übergeordnete Biotopbereiche

Typ	Ausbild.	BW_e	Arten	Areal	Störg.	BW_{eff}	ha	BW_a

0,880

8,237

Tab. 94: Bilanzierungsbeispiel für einen Bebauungsplan

Bewertungsbogen *Landschaftsbild, Erholungseignung und kulturhistorische Bedeutung der Landschaft*

Plangebiet - Bestand

Landschaftstyp	Ursprünglichkeit Hf	Hn	He	H	Raumstruktur RV	RS	S	LW_{hs}	LW	EW	ha	EW_a
5.1 Ackerlandschaft	0,2	0,9	0,4	0,50	2	1	0,20	0,70				

Eigenart	I	B	D	W	
					0,70

Innere Störungen	I	B	D	E	
					xLW=

Äußere Einflüsse	I	B	D	E W	
Siedlungsrand, Bestand	-0,4	0,8	0,40	-0,13	
				-0,13	xLW= -0,09

LW	EW	ha	EW_a
	0,61	3,65	2,23
		3,65	**2,23**

Prognose

Landschaftstyp	Ursprünglichkeit Hf	Hn	He	H	Raumstruktur RV	RS	S	LW_{hs}	LW	EW	ha	EW_a
5.1 Ackerlandschaft	0,2	0,9	0,4	0,50	2	1	0,20	0,70				

Eigenart	I	B	D	W	
					0,70

Innere Störungen	I	B	D	E	
					xLW=

Äußere Einflüsse	I	B	D	E W	
Siedlungsrand, neu	-0,2	0,8	0,08	-0,01	
				-0,01	xLW= -0,01

LW	EW	ha	EW_a
	0,69	2,69	1,86

Planung

Siedlungstyp	Ursprünglichkeit Hf	Hn	He	H	Raumstruktur RV	RS	S	LW_{hs}	LW	ha	SW_a
Wohngebiet	0,3	0,1	0,2	0,20	2	1	0,20	0,40			

Eigenart	I	ha	rel	W
überbaubare Grundstücksflächen	0,15	0,36	0,43	0,06
nicht überbaubare Grundstücksflächen	0,25	0,43	0,51	0,13
Verkehrsflächen	0,10	0,05	0,06	0,01
		0,84	1,00	0,20

LW	ha	SW_a
0,60	0,84	0,50

Eingrünung

Eingrünung	Ursprünglichkeit Hf	Hn	He	H	Raumstruktur RV	RS	S	LW_{hs}	LW	EW	ha	EW_a
2.2.1 Streuobstwiesen	0,2	0,6	0,6	0,47	3	1	0,50	0,97	0,97	0,97	0,12	0,12
											3,65	**2,48**

Umgebung - Bestand

Landschaftstyp	Ursprünglichkeit Hf	Hn	He	H	Raumstruktur RV	RS	S	LW_{hs}	LW	EW	ha	EW_a
2.2.1 Streuobstwiesen	0,7	0,6	0,6	0,63	3	2	0,40	1,03				

Eigenart	I	B	D	W		
alte Obstbäume	0,4	0,8	0,4	0,13		
					0,13	
						1,16

Innere Störungen	I	B	D	E	
					xLW=

Äußere Einflüsse	I	B	D	E/W	
Siedlungsrand, alt	-0,4	0,8	0,2	-0,06	
				-0,06	xLW= -0,08

LW	EW	ha	EW_a
	1,08	3,25	3,51

Planung

Landschaftstyp	Ursprünglichkeit Hf	Hn	He	H	Raumstruktur RV	RS	S	LW_{hs}	LW	EW	ha	EW_a
2.2.1 Streuobstwiesen	0,7	0,8	0,6	0,70	4	2	0,50	1,20				

Eigenart	I	B	D	W		
	0,4	0,8	0,4	0,13		
					0,13	
						1,33

Innere Störungen	I	B	D	E	
					xLW=

Äußere Einflüsse	I	B	D	E/W	
Siedlungsrand, neu	-0,2	0,8	0,04	-0,01	
				-0,01	xLW= -0,01

LW	EW	ha	EW_a
	1,32	3,35	4,29

Umgebung - Bestand

Landschaftstyp	Ursprünglichkeit Hf	Hn	He	H	Raumstruktur RV	RS	S	LW_{hs}	LW	EW	ha	EW_a
3.2.1.2 Bachniederung	0,4	0,4	0,2	0,33	2	1	0,20	0,53				

Eigenart	I	B	D	W	
					0,53

Äußere Einflüsse	I	B	D	E/W	
Siedlungsrand, Bestand	-0,4	0,8	0,40	-0,13	
				-0,13	xLW= -0,07

LW	EW	ha	EW_a
	0,46	35,00	16,10
		42,00	**21,84**

Planung

Landschaftstyp	Ursprünglichkeit Hf	Hn	He	H	Raumstruktur RV	RS	S	LW_{hs}	LW	EW	ha	EW_a
3.2.1.2 Bachniederung	0,4	0,4	0,2	0,33	2	1	0,20	0,53				

Eigenart	I	B	D	W	
					0,53

Äußere Einflüsse	I	B	D	E/W	
Siedlungsrand, neu	-0,2	0,8	0,08	-0,01	
				-0,01	xLW= -0,01

LW	EW	ha	EW_a
	0,52	35,00	18,20
		42,00	**26,83**

5 ZUSAMMENFASSUNG

Beschreibung, Klassifizierung und Bewertung sind der Natur wesensfremd. Erst der Mensch übertrug die von ihm geschaffenen Prinzipien analytischen Denkens auch auf seine unbelebte und belebte Umwelt - letztlich nur, um diese aus eigennützigen Interessen deuten und verstehen zu können. Bewertung und deren auf die Spitze getriebene Konsequenz, die Bilanzierung, sind im Hinblick auf die Umwelt deshalb durchweg in menschlichen Nutzungsansprüchen begründet und folglich immer einseitig. Trotz oder gerade wegen ihres Ursprungs in menschlichem Opportunitätsdenken sind Bewertungen des Naturhaushaltes aber mehr denn je unabdingbare Voraussetzung zur Bewahrung zumindest von Teilen unserer Kulturlandschaft und zur Sicherung unserer eigenen Lebensgrundlagen. Daß hierbei jedweder Bewertungsansatz immer nur eine relative Einordnung von Zuständen in der Natur zuläßt, muß im Interesse zielgerichteten Handelns ebenso in Kauf genommen werden wie die zwangsläufige Abstrahierung und sektorale Gliederung der Umwelt, die in ihrer Fülle niemals durch einheitliche Parameter hinreichend beschrieben werden kann.

Hauptschwächen gängiger Bewertungsverfahren sind nach LESER (1983) die nur scheinbare Quantifizierung von Sachverhalten, eine mangelhafte Beachtung ökologischer Zusammenhänge sowie die inhaltliche und territorialer Begrenztheit des jeweiligen Ansatzes. Während die beiden letztgenannten Problemfelder ursächlich mit der in vielen Bereichen der Landschaftsökologie noch unzureichenden Datenbasis sowie dem Mangel an geeigneten Modellen verknüpft sind, kann das seit Jahren leidenschaftlich und nicht immer sachlich diskutierte „Quantifizierungsproblem“ als das wesentliche Hemmnis bei der Entwicklung und Einführung fachlich anerkannter Bewertungsverfahren gelten. Quantifizierungen sind zur Bewertung des Naturhaushaltes zwar nicht unabdingbare Voraussetzung, zur Transformation der Bewertungsergebnisse in flächenbezogene Bilanzierungen, wie in der Bauleitplanung oder dem kommunalen Ökokonto, aber zwingend erforderlich. Aus den genannten Anforderungen ergeben sich für die landschaftsplanerische Bewertung im Rahmen der Bauleitplanung dabei im wesentlichen folgende Prämissen:

Alle Schutzgüter sind gleichrangig zu betrachten und entsprechend der sie prägenden Kriterien zu bewerten. Diese müssen eindeutig definiert und geeignet sein, die wesentlichen wertgebenden Eigenschaften des jeweiligen Schutzgutes repräsentativ wiederzugeben.

Eine Vermengung funktional nicht in Beziehung stehender Bewertungskriterien ist grundsätzlich zu vermeiden. Da keine allgemeingültigen Kriterien zur Bewertung des Naturhaushaltes benannt werden können, ist eine aggregierende Gesamtbetrachtung aller Schutzgüter erst aufbauend auf sektoralen Bewertungen möglich.

Zum Einsatz im Rahmen der Bauleitplanung sowie der Führung kommunaler Ökokonten müssen Bewertungsverfahren einen konkreten Flächenbezug besitzen, gleichzeitig aber auch funktionale Zusammenhänge einbeziehen. Die Abgrenzung des Bewertungsgebiets darf sich folglich nicht am Geltungsbereich des Vorhabens orientieren, sondern muß näherungsweise alle direkt oder indirekt betroffenen Grundflächen umfassen.

Sowohl Bestands- als auch Eingriffsbewertung bedürfen angesichts des naturwissenschaftlichen Anspruchs der Landschaftsökologie dringend einer seriöseren Vorgehensweise hinsichtlich der Normierung von Einflußgrößen und Skalierungen. Diese sind so weit wie möglich aus naturwissenschaftlichen Erkenntnissen zu entwickeln, unter definierten Voraussetzungen aber grundsätzlich einheitlich zu verwenden.

Der im Rahmen dieser Arbeit beispielhaft für die kommunale Bauleitplanung entwickelte Ansatz zur flächenbezogenen Analyse und Bewertung des Naturhaushalts versucht, die umrissenen Defizite in der Landschaftsbewertung durch konkrete Verfahrensvorschriften abzubauen und zu einer nachvollziehbareren Beurteilung der Landschaft im Rahmen der Planung beizutragen - wohl wissend, daß ein nicht unerheblicher Teil aktueller Umweltveränderungen in mehr oder weniger „diffusen“ Eingriffen durch Landwirtschaft und zunehmenden Erholungsdruck begründet ist. Die hierbei zugrunde gelegten Landschaftsmodelle basieren weitestgehend auf der Auswertung vorliegender Untersuchungen und Erkenntnisse, stehen Korrekturen, Ergänzungen und Präzisierungen aber jederzeit offen.

Das Gebot des Flächenbezugs bedingt eine Beschränkung im Rahmen dieser Arbeit auf Schutzgüter, deren Wert maßgeblich aus der Beschaffenheit der zu bewertenden Fläche selbst erwächst. Das heißt, daß mehr oder weniger „willkürliche“ Eigenschaften, wie die Nutzung eines Ackerschlags als Rastplatz von Zugvögeln, durch flächenbezogene Normierungen nicht erfaßt werden können und ggf. separat zu gewichten sind. Nicht berücksichtigt werden kann auch das Schutzgut Wasserhaushalt, sofern die Betrachtung über die einer Fläche zuweisbare potentielle Grundwasserzuführung hinausgeht. Schließlich muß auch das Kleinklima im Rahmen der nachfolgenden Betrachtungen ausgespart bleiben, da die Eigenschaften der im Gelände durchaus abgrenzbaren Klimatope nur im Hinblick auf eng begrenzte Fragestellungen bewertet werden können und durch übergeordnete, nicht auf eine Fläche projizierbare klimatische Einflüsse in hohem Maße überformt werden. Der vorgestellte Bewertungsansatz gliedert sich demzufolge in die drei Bereiche Boden und Bodenwasserhaushalt, Vegetation und Fauna sowie Landschaftsbild und Erholungseignung unter Einschluß des kulturhistorischen Wertes der Landschaft.

Als die wesentlichen Funktionen eines Bodens im Naturhaushalt gelten

- die Filter-, Puffer- und Transformatorfunktion,
- die Grundwasserschutzfunktion,
- die Grundwasserneubildungsfunktion,
- die Abflußregulationsfunktion sowie
- die Standortfunktion als Ausdruck des Ertrags- und Biotopentwicklungspotentials.

Die benannten Funktionen zeichnet eine gemeinsame Abhängigkeit von den Bodenkennwerten Infiltration, Durchlässigkeit (kf-Wert) und nutzbarer Feldkapazität (nFK) aus. Diese wiederum werden maßgeblich bestimmt von Gründigkeit, Bodenart, Humusgehalt und Lagerungsdichte des Bodens. Die nutzbare Feldkapazität repräsentiert als zentrale Größe folglich eine Vielzahl von Bodenfunktionen und eignet sich nicht zuletzt auch wegen ihrer Eigenschaft, aus Bodenkarten flächendeckend abgeleitet werden können, in besonderer Weise zur Bewertung von Böden. Als weitere Einflußfaktoren sind die Verdunstung, die Hangneigung, die Vegetationsbedeckung sowie der Abflußbeiwert (ψ) eines Standorts zu berücksichtigen. Das Verfahren führt diese Einflußgrößen zum „Bodenwasserhaushaltswert“ (PW_w) als Produkt aus Versickerungswert (V) und Retentionsvermögen (nFK-Stufe) zusammen.

Die Bedeutung eines Bodens als erd- und kulturgeschichtliches Zeugnis, als Lebensraum für Bodenorganismen und Standort der Vegetationsentwicklung, aber auch als Ausgangspunkt menschlicher Nahrungsmittelproduktion, wird durch den Biotischen Bodenwert (PW_b) ausgedrückt. Die biotische Funktionsfähigkeit eines Bodens wird hierbei anhand seiner kulturbedingten Beeinflussung (Hemerobie) bewertet. Zur Ermittlung der Seltenheit oder Gefährdung eines

Bodentyps dient eine in Anlehnung an die Roten Listen bestandsbedrohter Pflanzen- und Tierarten entwickelte Arbeitsliste seltener und gefährdeter Bodentypen, die auch erdgeschichtliche Archivböden sowie kulturhistorisch wertvolle Bodentypen (Kultosole) umfaßt.

Als Summe aus dem Hemerobiewert (H) eines Bodens und einem möglichen Zuschlag aufgrund der Gefährdung seines Typs (G) ergibt sich der Biotische Bodenwert (PW_b). Bodenwasserhaushaltswert (PW_w) und Biotischer Bodenwert (PW_b) ergeben in der Summe den Bodenfunktionswert (PW_f), der die Bedeutung eines Bodens für den Naturhaushalt repräsentiert.

Abweichend von der bislang üblichen Vorgehensweise bei der Bewertung von Flächen für den Artenschutz, Umgebungswirkungen und funktionale Zusammenhänge durch mehr oder weniger willkürlich gewählte Zu- oder Abschläge auf dessen Wert zu berücksichtigen, basiert das vorgestellte Bewertungsverfahren für das Schutzgut Vegetation und Fauna auf einer zweischichten Vorgehensweise, die eine fachlich unzulässige Vermengung nicht aggregierbarer Eigenschaften von Landschaftsausschnitten vermeiden soll. Die in der Regel an der Parzellenstruktur eines Gemarkungsteils und nicht an naturräumlichen Grenzen orientierte Bestimmung von Untersuchungsgebieten bedingt deren Bewertung allein aufgrund ihrer immanenten Habitateigenschaften, d.h. ihrer Eignung als Lebensraum für Pflanzen und Tiere, die aufgrund ihrer Struktur- und Raumansprüche im Bewertungsgebiet selbst dauerhafte Vorkommen ausbilden können. Die Bedeutung der Fläche für den übergeordneten Biotopbereich sowie dessen Einfluß auf das engere Bewertungsgebiet sind indes auf einer höheren Ebene zu bemessen, deren Abgrenzung sich aus dem Anspruchsprofil arealabhängiger Tierarten ableitet und durch die jeweilige Landschaft charakterisiert wird, in der sich das Bewertungs- bzw. Eingriffsgebiet befindet.

Voraussetzung zur Bewertung funktional verknüpfter Landschaftsteile ist deren Charakterisierung und Abgrenzung. Der Ansatz entwickelt deshalb auf der Grundlage tierökologischer Daten geeignete Zuordnungsvorschriften, die eine rasche und fachlich begründete Differenzierung von Lebensräumen ermöglichen. Neben einer auf dem Kartierungsschlüssel der Hessischen Biotopkartierung (HMLWLFN, 1994) sowie der Arbeit von RIECKEN et al. (1994) beruhenden Biotoptypenliste dient hierzu für die übergeordnete Betrachtungsebene der „Biotopbereiche“ eine Zusammenstellung vornehmlich durch ihre geomorphologische Eigenart und die daraus resultierende traditionelle Nutzungsstruktur charakterisierter Landschaftstypen. Aufbauend auf einer Analyse der in der Literatur angegebenen Werte zu den Raumansprüchen von Arten unterschiedlicher Lebensräume, lassen sich hierbei für die einzelnen Landschaftstypen fünf Arealstufe (A1-A5) bilden, denen typische Arten oder Artengruppen zugeordnet werden können.

Meßgröße für die Verbindung bzw. die Isolierung von Lebensräumen sind die üblichen Aktionsradien charakteristischer Tierarten oder Tierartengruppen, also die Entfernungen, die zwischen Teillebensräumen unter geeigneten Bedingungen üblicherweise überwunden werden können. Faßt man die Ergebnisse der Analyse für die terrestrischen Landschaftstypen zusammen, so lassen sich, wenn auch stark vereinfacht, idealtypische Maximalentfernungen zwischen miteinander verknüpften Lebensräumen vergleichbaren Typs in Abhängigkeit von ihrer Ausdehnung sowie der funktionalen Nähe zu benachbarten Lebensräumen herleiten.

Um den prinzipbedingten Mängeln einer kardinalskalierten Bewertung von Biotoptypen durch Zahlenwerte zumindest ansatzweise entgegenzuwirken, erfolgt die Ermittlung des „Biotopwerts" beim vorliegenden Verfahren nicht durch Aufsummierung von Punktwerten für die verschiedenen Eigenschaften eines Biotops, wie Artenzahl, Anteil gefährdeter Arten etc., sondern durch Zuordnung eines Grundwertes für intakte Biotope mit typischer Arten- und Strukturausstattung.

Die vorgegebenen Biotopwerte werden plausibel abgeleitet und steigen durch unterschiedliche Gewichtung der einfließenden Kriterien mit zunehmender Bedeutung in ihrem Wert exponentiell an. Zu- und Abschläge aufgrund deutlich abweichender Eigenschaften oder Artvorkommen erfolgen stufenweise und bleiben somit auch verbal-argumentativ nachvollziehbar und vergleichbar.

Zur Berücksichtigung tierökologischer Belange wird allen in Mittelhessen beheimateten Spezies von sechs Artengruppen unter Beibehaltung der auch die Biotopeigenschaften charakterisierenden vier Kriterien Standort, Struktur, Einbindung und Ausdehnung ein Indikatorrang zugewiesen. Ausgehend von dem ermittelten spezifischen Biotopwert (BW_t), sind die in einem Gebiet nachgewiesenen Tiervorkommen darauf hin zu überprüfen, ob sie das jeweils vorausgesetzte Niveau erreichen oder ggf. überschreiten. Das Auftreten von Arten hoher Arealansprüche bewirkt so eine Aufwertung zumindest des übergeordneten Biotopbereichs, ggf. auch des einzelnen Biotops.

Um eine Berücksichtigung visueller Störwirkungen im Rahmen der Eingriffsbewertung zu gewährleisten, definiert das Verfahren auf Grundlage ausgewerteter Untersuchungen durchschnittlich zu erwartende Einflußbereiche von Störwirkungen auf Lebensräume der verschiedenen Landschaftstypen. Die Bewertung erfolgt durch Bestimmung der Störintensität im jeweiligen Einflußbereich, wobei die eingriffsminimierende Wirkung beispielsweise von Anpflanzungen durch entsprechende Verfahrensschritte berücksichtigt werden kann.

Trotz des gesetzlich verankerten Auftrags zum Schutz historischer Kulturlandschaften und ihrer charakteristischen Eigenart (§ 2 Abs. 1 Nr. 13 BNatSchG) beschränkt sich der Landschaftsschutz in seiner praktischen Umsetzung sowohl im Bereich der amtlichen Denkmalpflege als auch im Rahmen der Landschaftsplanung zumeist auf eine eher lückenhafte Inventarisierung „gängiger" Boden- und Kulturdenkmäler bzw. eine die visuelle Erscheinung und den Erholungswert einer Landschaft einseitig hervorhebende Betrachtungsweise. Landschaft ist jedoch mehr als eine Ansammlung strukturbildender Elemente oder gar die Summe einzelner Biotope, sondern spiegelt als Ergebnis eines über Jahrhunderte, teilweise Jahrtausende währenden Prozesses die Wirtschafts- und Lebensbedingungen unzähliger Generationen und mithin die kulturelle Identität einer Region wider. Der entwickelte Ansatz zur Landschaftsbewertung und zur Bilanzierung von Eingriffen in das Schutzgut Landschaft differenziert deshalb zwischen den immanenten Werten einer Landschaft auf der einen Seite und ihrem durch Störungen und äußere Einflüsse mitbestimmten Erholungswert.

Unter Verwendung der auch für die Abgrenzung übergeordneter Biotopbereiche herangezogenen Typisierung von Landschaften erfolgt die Bewertung des Eigenwertes einer Landschaft anhand der Kriterien Ursprünglichkeit, Raumstruktur und Eigenart. Während Ursprünglichkeit und Raumstruktur anhand kardinalskalierter Stufen für die zu untersuchende Landschaft einheitlich festzulegen sind, gehen Störungen, eigenartsprägende Elemente und äußere Einflüsse als mit ihrem Wirkungsbereich gewichtete Faktoren in die Bewertung ein. Anders als bei der Bilanzierung von Eingriffen in die Schutzgüter Boden und Bodenwasserhaushalt sowie Vegetation und Fauna, betreffen bestehende oder geplante Eingriffe sowie Ausgleichsmaßnahmen im Hinblick auf die Landschaft nicht einen einzelnen aggregierten Gesamtwert, sondern je nach Art der Maßnahme vorrangig den „potentiellen Erholungswert" einer Landschaft. Eine Herabsetzung des durch Ursprünglichkeit und Eigenart bedingten Wertes der Landschaft ist hingegen nur bei großflächigen Überformungen oder Zerstörungen geboten. Hierdurch wird gewährleistet, daß die kulturhistorische Bedeutung einer Landschaft immer einer unabhängigen Bewertung unterliegt und mehr oder weniger ursprüngliche oder reizvolle Landschaften auch im Falle starker Randeinflüsse als schutzwürdig erkennbar bleiben.

Die Ursprünglichkeit einer Landschaft bemißt sich am Grad ihrer Überformung durch Nutzungsintensivierung sowie Siedlungs- und Verkehrsentwicklung und findet ihren Ausdruck im überkommenen Flur- und Wegesystem, in ihrer Nutzungsstruktur sowie dem Vorhandensein typischer Landschafts- bzw. Bauelemente.

Die Raumstruktur fließt als eigenes Kriterium sowohl bei der Beurteilung der offenen Landschaft als auch des besiedelten Raumes ein. Sie wird bestimmt von der Topographie einer Landschaft, der hieraus hervorgegangenen Grenzliniendichte und -anordnung sowie der Vielfalt einzelner Landschaftselemente. Als „innere Gliederung“ wird hierbei die Kombination aus Raumvielfalt (Strukturwechsel, Grenzliniendichte, Einzelobjekte) und Raumspannung, d.h. dem Ausmaß unterschiedlicher Gestalt und Größe benachbarter Teilräume, verstanden.

Eigenart besitzen Landschaften im Sinne dieses Verfahrens immer dann, wenn sie über die allgemeinen Merkmale des übergeordneten Landschaftstyps hinaus eigene Charakteristika aufweisen. Die Einschätzung der Eigenart von Landschaften bzw. von Landschaftselementen ist folglich immer in Relation zum jeweiligen Bezugsraum vorzunehmen, wobei zwischen der Eigenart einer Gesamtlandschaft (Makroebene) und dem bloßen Vorhandensein eigenartsbildender Elemente (Meso- und Mikroebene) unterschieden wird.

Anders als Ursprünglichkeit und Raumstruktur, deren bestimmende Merkmale innerhalb einer Landschaft zumeist eine mehr oder weniger homogene Verteilung aufweisen, wirken eigenartsbildende Landschaftselemente oder Landschaften ihrem Wesen nach wie Störungen, d.h. sie hängen in hohem Maße von ihrer Wahrnehmbarkeit ab und sollen deshalb als mit ihrem Wirkungsbereich gewichtete Zuschläge auf den Landschaftswert einfließen.

Von außerhalb einwirkende Erscheinungen, aber auch gebietsuntypische Einzelobjekte innerhalb der zu bewertenden Landschaft, wirken sich nicht auf den immanenten Landschaftswert aus, sondern beeinflussen als Störung die Erholungseignung eines Gebiets. Folgerichtig setzt die Bewertung bestehender oder geplanter Eingriffe an dem ermittelten Landschaftswert an, aus dem sich der aktuelle oder prognostizierte Erholungswert ergibt.

Die Eingriffsbewertung und -bilanzierung erfolgt für alle betrachteten Schutzgüter anhand standardisierter Werte zur Bemessung des Eingriffsgebiets und zur Beurteilung der Wirkung einzelner Maßnahmen. Diese basieren so weit wie möglich auf wissenschaftlichen Erkenntnissen beispielsweise zum Infiltrationsvermögen befestigter Flächen oder zur Störempfindlichkeit von Vogelarten siedlungsnaher Biotope. Da eine detaillierte Beurteilung über Art und Umfang von baulichen Anlagen und die Gestaltung von Freiflächen im Rahmen der Bauleitplanung nicht möglich ist, werden die Anteile der verschiedenen Flächenarten gemäß den Festsetzungen des Bebauungsplans ermittelt und bei der Bilanzierung in Abhängigkeit der sie betreffenden Festsetzungen bewertet. Diese Vorgehensweise ermöglicht die Ermittlung von Ausgleichsdefiziten und gestattet bei Aufnahme geeigneter Minimierungs- und Kompensationsmaßnahmen einen naturschutzrechtlichen Ausgleich der Planung. Das Verfahren soll somit auch zur Ausschöpfung des zur Verfügung stehenden planungsrechtlichen Instrumentariums motivieren und eine Stärkung der Belange des Naturschutzes in der Bauleitplanung bewirken.

Die Bewertung von Kompensationsmaßnahmen basiert auf dem für das jeweilige Schutzgut anzunehmenden Entwicklungspotential einer Fläche in Abhängigkeit von der vorgesehenen Nutzung. Die Biotopentwicklungswerte werden als Planung in der Bilanz dem Wert des Ausgangsbiotops (Bestand) gegenübergestellt. Daraus ergibt sich, daß Neuanlagen auf wertvolleren Biotopen keine Verbesserung bewirken und das Ausgleichsdefizit u.U. sogar erhöhen. Analog der Bestandsbewertung fließen aber auch bei der Beurteilung von Entwicklungsmaßnahmen raumwirksame Effekte mit in die Bilanz ein und können ggf. das Verbesserungspotential der Maßnahme erhöhen.

Zur Verdeutlichung der Vorgehensweise bei der Bestandsbewertung und Eingriffsprognose wird die Anwendung der beschriebenen Verfahren beispielhaft für einen typischen Bebauungsplan dargestellt. Es zeigt sich, daß aufgrund der unterschiedlichen Ausprägung der einzelnen Funktionen des Landschaftshaushaltes die Eingriffswirkungen auf die verschiedenen Schutzgüter stark voneinander abweichen. Das Beispiel führt somit anschaulich vor Augen, daß eine isolierte Betrachtung nur eines Schutzguts bei der Beurteilung von Planungen keine hinreichende Grundlage zur Bewertung der tatsächlichen Eingriffswirkungen bieten kann.

Auch wenn die ideelle Bedeutung von Natur und Landschaft durch abstrahierende Bewertungsverfahren immer nur unzureichend vermittelt werden kann, bietet eine umfassender Ansatz wie der vorgestellte doch zumindest die Möglichkeit, die Schutzbedürftigkeit aller Naturgüter einschließlich des „Flächendenkmals Landschaft“ zu verdeutlichen, der unzulässigen Beschneidung einer Landschaft auf ihre Erscheinung oder ihren Biotopwert entgegenzuwirken und auch dem Schutz abiotischer Komponenten des Naturhaushalts und der kulturhistorischen Bedeutung der Landschaft im Vorfeld von Planungen künftig ein ihnen angemessenes Gewicht zu verleihen. Schließlich kann die Anwendung des Verfahrens dazu beitragen, dem Gebot der Eingriffsminimierung und des naturschutzrechtlichen (nicht faktischen) Ausgleichs von Eingriffen vermehrt gerecht zu werden und eine fachlich haltbare Bilanzierung geplanter Eingriffe und Kompensationsmaßnahmen zu ermöglichen.

SUMMARY

The apparent quantification of facts, insufficient consideration of ecological context as well as territorial and content limitations of any approach are supposed to be the main shortcomings of current evaluation methods. Territorial and content limitations are based on insufficient database in many areas of landscape ecology and the lack of suitable modelling methods. The main obstacle for the development and use of professional evaluation methods is the so-called „problem of quantification“ that has been discussed enthusiastically but not always factually.

Although these quantification methods are not a basic requirement for evaluating nature, they are absolutly enavitably to transform rating results of area related balance sheets into local development planning or local ecological accounts. In order to evaluate landscape as a component of local development planning the necessary requirements lead to the following premises:

- All objects of protection are of equal value and are thus be rated according to their characteristic criteria. These criteria must be clearly defined and suitable to represent the main value characteristics of the protection object.

- A conglomerate of rating criteria which have no functional correlation should be avoided. Due to the fact that no universally valid rating criteria are at hand, an accumulative view of the protective objects is only possible when based on sectional ratings.

- Rating methods must have a precise relation to the area in order to be useful in the process of local development planning as well as for the management of local ecologial accounts. At the same time they must integrate functional correlations. Consequently, the square dimension to be rated, must not be limited to the scope of the project but has to integrate all directly and indirectly relevant parameters.

- Because of scientific demand landscape ecology holds, resources- and encroachment evaluation are in a desperate need of a reliable procedure for the standardisation of influence characters and scales. These should be generated from scientific results as far as possible – but be used standardized with closely defined assumptions.

With this approach the author aims to reduce the above mentioned deficits in landscape evaluation by implementing precise methods leading to a better and more precise analysis and evaluation of nature. The development of landscape modells based on soil, groundwater, vegetation and animals als well as landscape are based on analysis of actual examinations and perceptions and will be open for corrections and supplementation.

The main soil functions are filter, buffer and transforming function for the formation and protection of groundwater and regulation of drain. In addition soil is an expression for yield and the potential of habitat development. The named functions are dependent on soil constants „infiltration", „permeability" and used „field capacity". Field capacity represents a central variable for a large amount of soil function and can be derived from large scale soil map, which make it a useful tool for the evaluation of soil. Evaporation, gradient of slope, vegetation cover and drainage value have to be considered. The evaluation prosess leads to a soilwatereconomy-value (in German: „Bodenwasser-haushaltswert", PW_w) as product of seepage-value (in German: „Versickerungswert", V) and ability of retention (nFK-level).

The importance of soil as a testimony of earth- and cultural history, living space for soil organisms and and location for soil development is represented by the „biotic soil value" (PW_b). The working ability of soil is evaluated due to its cultural related influence (hemeroby).

Rareness and endangering status of soil type - which encloses soils with relation to history of civilization and earth history - has been determined according to Red Lists of plants and animals. „Soilwatereconomy-value" and biotic soil value are summarized in the „soil-function-value" (in German: „Bodenfunktionswert", PW_f), which represents the importance of soil for the household of nature.

Formerly evaluation process is based on more ore less arbitrary up- or downgrading evaluation levels in the meaning of species protection, surrounding effects or functional coherence. In this work evaluation process for vegetation and animals is based on a two level system, that prevents jumbling independent features of landscape. For this evaluation of functionally connected parts of landscapes in this way the exact characterisation and differentiation are the main requirements. The approach starts with instructions for differentiation based on data of animal ecology, that lead to a quick and professional charakterisation of habitats.

In order to avoid principle drawbacks of cardinal-scaled evaluation systems the determination of „habitat value“ does not add up numerical values for the different characters of the habitats like number of (endagered) species. It rather assigns a basic value for intact habitats with typical species equipment and structural outfit. Theses basic values for intact biotopes are derived from actual investigation and rise exponentially by different weightening of criteria with increasing importance.

To consider the importance of animal ecology every species out of six species groups is characterized by the criteria „location“, „structure“, „functional connexion“ and „extension“, leading to an indicator class. Based on the specified „habitat value“ (BW_t) the abundance of species within an area is tested to reach the level of habitat value or excel it. Occurance of species with large area demands upgrade the BW_t on the next higher habitat-level. For consideration of visuell and acoustic disturbance this method defines averge influence areas of disturbance effects on habitats in different landscapes.

Although protection of historical landscapes and its characteristic qualities is laid down in law landscape protection is practically limited to official ancient monument preservation or taking inventory of soil- or cultural memorials. Also visual appearence and recreation value is pointed out. But landscape is more than a collection of structure forming elements or the sum of single habitats. It reflects the outcome of a economic and cultural process lasting several generations, sometimes for hundreds or thousand of years leading to a cultural identity of a region. Therefore the process of evaluation and impact assessment of landscape differs between inherent values on the one side and recreation value on the other.

The standardization of landscapes uses the estimation of the own value of landscape by the criteria of originality, spatial structure and peculiarity. Originality and spatial structure can be exacly classified by cardinal-scaled ranking system. Disturbance, peculiarity forming elements and external influence are considered in their sphere of activity. Differing from balancing interferences into soil, vegatation or fauna impacts as well as compensation measures do not effect only one value but depending on the kind of measure mainly the relaxation value of a landscape. Therefore evaluation of impacts is based on the established landscape value leading to actual and predicted recreation value.

Evaluation of impacts and its balancing is done for all considered goods of protection by standardized characters for the affected area and for judging the impacts of single measures. As far as possible these characters are based on scientific background like ability of infiltration on paved surfaces or disturbance sensibility of bird species.

Within a local development planning a very detailed analysis of kind and extent of buildings and not building areas is hardly possible. Parts of different use is summarized and according to the zoning-plan evaluated. This procedure makes it possible to show compensation-deficits leading to minimizing impacts and creating compensation measures.

Even if the significant importance of nature and landscape can hardly been described by abstract evaluation methods, the way shown gives the possibility to protect „cultural memorials“ as well as „landscapes“ in an intensive used region.

6 LITERATURVERZEICHNIS

ADAM, K., KRAUSE, C. L., SCHÄFER, R., 1983: Landschaftsbildanalyse, Methodische Grundlagen zur Ermittlung der Qualität des Landschaftsbildes. Schr.R. Landschaftspfl. Natursch., 25, Bonn-Bad Godesberg.

ADAM, K., NOHL, W., VALENTIN, W., 1987: Bewertungsgrundlagen für Kompensationsmaßnahmen bei Eingriffen in die Landschaft. Forschungsauftrag des Ministers für Umwelt, Raumordnung und Landwirtschaft des Landes Nordrhein-Westfalen., Düsseldorf..

AG BODENKUNDE, 1982: Bodenkundliche Kartieranleitung. 3. Aufl., Hannover.

AG BODENKUNDE, 1994: Bodenkundliche Kartieranleitung. 4. Aufl., Hannover.

AICHER, K., LEYSER, T., 1991: Biotopwertverfahren nach Aicher und Leyser. Im Auftrag des Hessischen Ministeriums für Landwirtschaft, Forsten und Naturschutz, Frankfurt und Wiesbaden.

ANONYMUS, o. J.: Hydropor - Für eine ökologische Flächenbefestigung, Gießen.

ARNOLD, E. N., BURTON, J. A., 1983: Pareys Reptilien- und Amphibienführer Europas. 2. Aufl., Hamburg, Berlin.

AUHAGEN, A., 1995: Biologische Daten zur Bewertung von Eingriffen in Natur und Landschaft und zur Bemessung der Ausgleichsabgabe. Schr.R. Landschaftspfl. Natursch., 43: 281-305, Bonn-Bad Godesberg.

AUWECK, F.A., 1979: Kartierung von Kleinstrukturen in der Kulturlandschaft. Natur und Landschaft, 54(11): 382-387.

BAATZ, D., HERMANN, F.-R., (Eds.), 1982: Die Römer in Hessen, Stuttgart.

BACHFISCHER, R., 1978: Die ökologische Risikoanalyse. Diss. Univ. München.

BASTIAN, O., 1990: Erfassung wertvoller Biotope in der Stadt Dresden. Landschaftsarchitektur, 19(1): 21-24.

BASTIAN, O., 1993: Bewertung von physiognomischen Landschaftseinheiten der Niederlausitz für die naturgebundene Erholung. Mnsk., Dresden.

BASTIAN, O., SCHREIBER, K.-F. (Eds.), 1994: Analyse und ökologische Bewertung der Landschaft, Jena und Stuttgart.

BATTEFELD, K.-U., 1997: Grundsatzfragen des Ökokontos aus der Sicht des Hessischen Naturschutzgesetzes und des neuen Bauplanungs- und Raumordnungsgesetzes. Vortrag am 26.11.1997 im Rahmen der Tagung „Das kommunale Ökokonto“, veranstaltet vom Naturschutz-Zentrum Hessen (NZH) in Wetzlar.

BAUER, G., 1989: Grenzen des „Rote Liste Instruments“ und Möglichkeiten einer alternativen Bewertung von Biotopen. Schr.R. Landschaftspfl. Natursch., 29: 95-106, Bonn-Bad Godesberg.

BAUER, S., THIELKE, G., 1982: Gefährdete Brutvogelarten in der Bundesrepublik Deutschland und im Land Berlin: Bestandsentwicklung, Gefährdungsursachen und Schutzmaßnahmen. Die Vogelwarte, 31(3): 183-391.

BECHMANN, A., 1976: Die Nutzwertanalyse. Zur Theorie und Planung eines Naturschutzinstruments. Habil.-Schrift, Institut für Landschaftspflege und Naturschutz der TU Hannover.

BELLMANN, H., 1993: Heuschrecken: beobachten, bestimmen. 2. Aufl., Augsburg.

BENSE, U., 1992: Methoden der Bestandserhebung von Holzkäfern. In: TRAUTNER, J. (Ed.): Arten- und Biotopschutz in der Planung: Methodische Standards zur Erfassung von Tierartengruppen. Ökologie in Forschung und Anwendung, 5, Weikersheim.

BERGER, C., 1995: Bodenbewertung in Umweltverträglichkeitsuntersuchungen. UVP-Report, 8(1): 10-14.

BERGMEIER, E., NOWAK, B., 1988: Rote Liste der gefährdeten Pflanzengesellschaften der Wiesen und Weiden Hessens. Vogel und Umwelt, 5: 23-33, Wiesbaden.

BERKEMANN, J., 1993: Rechtliche Instrumente gegenüber Eingriffen in Natur und Landschaft (§ 8 BNatSchG). NuR, 15(3): 97-108.

BERNDT, R., HECKENROTH, H., WINKEL, W., 1978: Zur Bewertung von Vogelbrutgebieten. Vogelwelt, 99: 222-226.

BEZZEL, E., 1980: Die Brutvögel Bayerns und ihre Biotope. Versuch der Bewertung ihrer Situation als Grundlage für Planungs- und Schutzmaßnahmen. Anz. orn. Ges. Bayern, 19: 133-169.

BIERHALS, E., KIEMSTEDT, H., PANTELEIT, S., 1986: Gutachten zur Erarbeitung der Grundlagen des Landschaftsplans in Nordrhein-Westfalen - entwickelt am Beispiel „Dorstener Ebene“. Naturschutz und Landschaftspflege in Nordrhein-Westfalen, Düsseldorf.

BITZ, A., FISCHER, K., SIMON, L., THIELKE, R., VEITH, M., 1996: Die Amphibien und Reptilien in Rheinland-Pfalz. Ed.: Gesellschaft für Naturschutz und Ornithologie Rheinland-Pfalz e.V. (GNOR). Fauna und Flora in Rheinland-Pfalz, Beiheft 18/19, Nassau / Lahn.

BLAB, J., 1978: Untersuchungen zu Ökologie, Raum-Zeit-Einbindung und Funktion von Amphibienpopulationen. Ein Beitrag zum Artenschutzprogramm. Schr.R. Landschaftspfl. Natursch., 18: 1-146, Bonn-Bad Godesberg.

BLAB, J., 1980: Grundlagen für ein Fledermaushilfsprogramm. Themen der Zeit, 5, Bonn - Bad Godesberg.

BLAB, J., 1993: Grundlagen des Biotopschutzes für Tiere. Schr.R. Landschaftspfl. Natursch., 24, Bonn-Bad Godesberg.

BLAB, J. , BRÜGGEMANN, P., SAUER, H., 1991: Tierwelt in der Zivilisationslandschaft. Teil II: Raumeinbindung und Biotopnutzung bei Reptilien und Amphibien im Drachenfelser Ländchen. Schr.R. Landschaftspfl. Natursch., 34, Bonn-Bad Godesberg.

BLANA, H., 1978: Die Bedeutung der Landschaftsstruktur für die Vogelwelt. Beitr. Avifauna Rheinland, 12.

BLOCK, B., BLOCK, P., JASCHKE, W., LITZBARSKI, B., LITZBARSKI, H., PETRICK, S., 1993: Komplexer Artenschutz durch extensive Landwirtschaft im Rahmen des Schutzprojektes "Großtrappe". Natur und Landschaft, 68(11): 565-576.

BLUME, E., 1993: Das Verhältnis von Baurecht und Naturschutzrecht nach dem Investitionserleichterungs- und Wohnbaulandgesetz. NVwZ, 10: 941-946.

BLUME, H. P., BRÜMMER, G., 1991: Prediction of heavy metal behaviour in soil by means of simple field tests. Ecotox. Environm. Safety, 22: 164-174.

BOHN, U., 1986: Konzept und Richtlinien zur Erarbeitung einer Roten Liste der Pflanzengesellschaften der Bundesrepublik Deutschland und West-Berlins. Schr.R. f. Veg.kunde, 18: 41-48, Bonn-Bad Godesberg.

BORGWARDT, S., 1994a: Bewertung wassergebundener Befestigungen. Wasserdurchlässigkeit im Vergleich zu Pflaster und Baumscheiben. Naturschutz und Landschaftsplanung, 26(3): 98-101.

BORGWARDT, S., 1994b: Versickerung auf befestigten Verkehrsflächen. Planerische Möglichkeiten des Einsatzes wasserdurchlässiger Pflastersysteme. Ed.: SF-Kooperation GmbH, Beton-Konzepte, Bremen.

BORNHOLDT, G., 1993: In: Hessische Gesellschaft für Ornithologie und Naturschutz e.V. (Ed.): Avifauna von Hessen. 1. Lieferung, Echzell.

BORNKAMM, R., 1980: Hemerobie und Landschaftsplanung. Landschaft und Stadt, 93(8): 49-55.

BOTANISCHE VEREINIGUNG FÜR NATURSCHUTZ IN HESSEN E.V. (BVNH) UND NATURSCHUTZ-ZENTRUM HESSEN E.V. (Eds.), 1991: Lebensraum Magerrasen, Lahnau und Wetzlar.

BRAHMS, M., HAAREN, C. VON, JANSSEN, U., 1989: Ansatz zur Ermittlung der Schutzwürdigkeit der Böden im Hinblick auf das Biotopentwicklungspotential. Landschaft und Stadt, 21(3): 110-114.

BRETSCHNEIDER, H., LECHER, K., SCHMIDT, M. (Eds.), 1982: Taschenbuch der Wasserwirtschaft. 6. Aufl., Hamburg, Berlin.

BRIEMLE, G., EICKHOFF, D., WOLF, R., 1991: Mindestpflege und Mindestnutzung unterschiedlicher Grünlandtypen aus landschaftsökologischer und landeskultureller Sicht, Karlsruhe.

BRIEMLE, G., ELSÄSSER, M., 1992: Die Grenzen der Grünlandextensivierung. Anregungen zu einer differenzierteren Betrachtung. Naturschutz und Landschaftsplanung, 24(5): 196-197.

BROCKMANN, E., 1990: Veränderungen in der Tagfalterfauna Hessens. Verh. Westd. Entom. Tag 1989: 161-172, Düsseldorf.

BÜNGER, L., 1993: Erfassung und Bewertung von Streuobstwiesen. LÖLF-Mitteilungen, 18(3): 14-19.

BUNDESAMT FÜR NATURSCHUTZ (BfN, Ed.), 1996: Arbeitsanleitung für den Geotopschutz in Deutschland. Angewandte Landschaftsökologie, 9, Bonn-Bad Godesberg.

BUNDESFORSCHUNGSANSTALT FÜR NATURSCHUTZ UND LANDSCHAFTSÖKOLOGIE (BFANL, Ed.), 1991: Landschaftsbild - Eingriff - Ausgleich. Handhabung der naturschutzrechtlichen Eingriffsregelung für den Bereich Landschaftsbild, Bonn-Bad Godesberg.

BURKHARDT, R., MIRBACH, E., SCHORR, M., LÜTTMANN, J., RUDOLF, R., SMOLIS, R., MINHORST, K. (Bearb., 1991): Planung vernetzter Biotopsysteme. Beispiel Landkreis Altenkirchen. Ed.: Ministerium für Umwelt Rheinland-Pfalz und Landesamt für Umwelt und Gewerbeaufsicht Rheinland-Pfalz, Mainz und Oppenheim.

BUTTERWECK, J., 1990: Die Vegetation als Indikator des Wasserhaushaltes auf Grünland- und Waldstandorten. Unveröffentlichte Diplomarbeit am Institut für Bodenkunde und Bodenerhaltung der Justus-Liebig-Universität Gießen, Gießen.

DAMMANN, W., 1965: Meteorologische Verdunstungsmessung, Näherungsformeln und die Verdunstung in Deutschland. Die Wasserwirtschaft, 55: 315-321.

DER MINISTERPRÄSIDENT DES LANDES HESSEN (Ed.), 1995: Regionaler Raumordnungsplan für die Region Mittelhessen. Bekanntgegeben mit Erlaß vom 26. April 1995 (StAnz. 23/1995), Wiesbaden.

DEUTSCHER VERBAND FÜR WASSERBAU UND KULTURTECHNIK (DVWK), 1996: Ermittlung der Verdunstung von Land- und Wasserflächen. DVWK-Merkblätter 238/1996, Bonn.

DEUTSCHES INSTITUT FÜR NORMUNG E.V. (DIN), 1992: Entwässerungsanlagen für Gebäude und Grundstücke. Ermittlung der Nennweiten von Abwasser und Lüftungsleitungen. Entwurf DIN 1986, Teil 2, Berlin.

DEXEL, R., 1985: Status und Schutzproblematik der Mauereidechse, Podarcis muralis Laurenti, 1768. Natur und Landschaft, 60(9): 348-350.

DIETRICH, K., KOEPFF, C., 1986: Wassersport im Wattenmeer als Störfaktor für brütende und rastende Vögel. Natur und Landschaft, 61: 220-225.

DÖRHÖFER, G., JOSOPAIT, G., 1980: Eine Methode zur flächendifferenzierten Ermittlung der Grundwasserneubildungsrate. Geologisches Jahrbuch, C 27: 45-65.

EIDLOTH, V., 1997: Historische Kulturlandschaft und Denkmalpflege. Die Denkmalpflege, 55(1): 24-30.

EIKMANN, TH., KLOKE, A., 1988: Nutzungs- und schutzgutsbezogene Orientierungswerte für (Schad-) Stoffe in Böden. In: ROSENKRANZ, D., EINSELE, H., HARRES, H.N. (Eds.): Bodenschutz. Ergänzbares Handbuch der Maßnahmen und Empfehlungen für Schutz, Pflege und Sanierung von Böden, Landschaft und Grundwasser, 1530: 1-86.

ELLENBERG, H., 1979: Zeigerwerte der Gefäßpflanzen Mitteleuropa. Scripta Geobotanica, 9, 2. Aufl., Göttingen.

ELLENBERG, H., 1990: Bauernhaus und Landschaft in ökologischer und historischer Sicht, Stuttgart.

ELLENBERG, H., 1996: Vegetation Mitteleuropas mit den Alpen. 5. Aufl., Stuttgart.

ELSÄSSER, M., 1993: Umweltgerechte Grünlandbewirtschaftung - welche Folgen ergeben sich daraus? Natur und Landschaft, 68(2): 66-72.

ENGELMANN, H.-D., 1978: Zur Dominanzklassifizierung von Bodenarthropoden. - Pedobiologia, 18: 378-380.

FEHN, K., 1997: Aufgaben der Denkmalpflege in der Kulturlandschaft. Die Denkmalpflege, 55(1): 31-37.

FELDER, W., 1994: Naturschutzrechtliche Eingriffsregelung im Bauleitplanungsrecht gemäß § 8a Abs. 1 S. 1 BNatSchG. NuR, 16(2): 53-62.

FELLER, N., 1979: Beurteilung des Landschaftsbildes. Natur und Landschaft, 54(7/8): 240-244.

FLADE, M., 1994: Mittel- und Norddeutsche Brutvogelgemeinschaften. Grundlage für den Gebrauch vogelkundlicher Daten in der Landschaftsplanung, Eching.

FLADE, M., 1995: Aufbereitung und Bewertung vogelkundlicher Daten für die Landschaftsplanung unter besonderer Berücksichtigung des Leitartenmodells. Schr.R. Landschaftspfl. Natursch., 43: 107-146, Bonn-Bad Godesberg.

FORSCHUNGSGESELLSCHAFT FÜR STRASSEN- UND VERKEHRSWESEN, AG „STRASSENENTWURF", 1982: Richtlinie für die Standardisierung des Oberbaus von Verkehrsflächen. Richtlinie für die Anlage von Straßenquerschnitten (RAS-Q). FGSV 295.

FROHMANN, M., 1986: Bautechnik I. Erdbau, Wegebau, Entwässerung, Stuttgart.

GAREIS-GRAHMANN, F.-J., 1993: Landschaftsbild und Umweltverträglichkeitsprüfung: Analyse, Prognose und Bewertung des Schutzgutes „Landschaft" nach dem UVPG. Beiträge zur Umweltgestaltung, Bd. A 132, Berlin.

GEMEINDE BUSECK, 1997: Biotopkartierung der Gemeinde Buseck. Bearb.: Planungsgruppe Prof. Dr. V. Seifert, Buseck und Linden.

GEMEINDE LANGGÖNS, 1997: Landschaftsplan der Gemeinde Langgöns. Entwurfsfassung. Bearb.: Planungsgruppe Prof. Dr. V. Seifert, Langgöns und Linden.

GERKEN, B., MEYER, C., 1994: Kalkmagerrasen in Ostwestfalen. LÖBF-Mitteilungen, 19(3): 32-40.

GÖRLACH, A., 1983: Der Feldhamster (*Cricetus cricetus* L.) im Kreis Gießen / Hessen. Decheniana, 136: 52-53.

GRABSKI, U., 1985: Landschaft und Flurbereinigung. Kriterien für die Neuordnung des ländlichen Raumes aus der Sicht der Landschaftspflege. Schr.R. des Bundesministeriums für Ernährung, Landwirtschaft und Forsten (Ed.), Reihe B: Flurbereinigung, 76.

GRENZ, M., MALTEN, A. (Bearb.), 1995: Rote Liste der Heuschrecken Hessens. Ed.: Hessisches Ministerium der Innern und für Landwirtschaft, Forsten und Naturschutz, Wiesbaden.

GROSJEAN, G., 1986: Ästhetische Bewertung ländlicher Räume am Beispiel von Grindelwald im Vergleich mit anderen schweizerischen Räumen und in zeitlicher Veränderung. Geographica Bernensia, H.P 13.

GROSSMANN, G. U., HOPPE, K., 1991: Nördliches Hessen. DuMont Kunstreiseführer. 2. Aufl., Köln.

GROTHE, H., MARKS, R., VUONG, V., 1979: Die Kartierung und Bewertung gliedernder und belebender Landschaftselemente im Rahmen der Landschafts- und Freiraumplanung. Natur und Landschaft, 54(11): 375-381.

GROTEHUSMANN, D., UHL, M., 1993: Programm zur Bemessung von Versickerungsanlagen nach ATV-Arbeitsblatt A 138. Seminarunterlagen der Ingenieurgesellschaft für Stadthydrologie mbH, Hannover.

GRÜNEWALD, U., WALTHER, J., MIEGEL, K., SCHIEKEL, P., 1989: Rechnergestützter Ansatz zur Bewältigung von land- und forstwirtschaftlichen Nutzungsüberlagerungen. Acta hydrophysica, 33(2/3): 103-123.

HANSKI, I., 1989: Metapopulation dynamiks: help to have more of the same? Tree, 4(4): 113-114.

HARRACH, T., 1987: Bodenbewertung für die Landwirtschaft und den Naturschutz. Z. f. Kulturtechnik und Flurbereinigung, 28: 184-190.

HARRACH, T., 1992: Flächendeckende Ermittlung von für die Nitrataustragungsgefährdung wichtigen Bodeneigenschaften. Mitteilgn. Dtschn. Bodenkundl. Gesellsch., 68: 59-62.

HARRISON, R. L., 1992: Toward a theory of interrefuge corridor design. Conserv. Biol., 6: 293-295.

HARTUNG, H., KOCH, A., 1988: Zusammenfassung der Diskussionsbeiträge des Zauneidechsen-Symposiums in Metelen. Mertensiella, 1: 245-257.

HELLWIG, U., KRÜGER-HELLWIG, L., 1993: Wirkungen von Lenkdrachen auf Vögel. Naturschutz und Landschaftsplanung, 25(1): 29-32.

HESSE, M., HOLTMEIER, F.-K., 1986: Die Veränderungen des Heckenbestandes in Havixbeck / Kreis Coesfeld während der letzten 100 Jahre. Eine Untersuchung zum Kulturlandschaftswandel im Kernmünsterland. Westf. Geograph. Studien, 42: 243-259.

HESSISCHE GESELLSCHAFT FÜR ORNITHOLOGIE UND NATURSCHUTZ E.V. (Ed.),1993: Avifauna von Hessen. 1.-3. Lieferung. Echzell.

HESSISCHE LANDESANSTALT FÜR UMWELT (HLU, Bearb.), 1987: Hessen - Naturräumliche Gliederung. Maßstab 1:200.000. 2. Auflage, Wiesbaden.

HESSISCHES LANDESAMT FÜR BODENFORSCHUNG (Ed.), 1983: Bodenkarte von Hessen 1:25.000, Blatt 5519 Hungen, Wiesbaden.

HESSISCHES MINISTERIUM DES INNERN UND FÜR LANDWIRTSCHAFT, FORSTEN UND NATURSCHUTZ (HMILFN, Ed.), 1996: Rote Liste der Farn- und Samenpflanzen Hessens, Wiesbaden.

HESSISCHES MINISTERIUM FÜR LANDESENTWICKLUNG, WOHNEN, LANDWIRTSCHAFT, FORSTEN UND NATURSCHUTZ (HMLWLFN, Ed.), 1994: Hessische Biotopkartierung (HB). Kartieranleitung. Wiesbaden.

HESSISCHES MINISTERIUM FÜR LANDESENTWICKLUNG, WOHNEN, LANDWIRTSCHAFT, FORSTEN UND NATURSCHUTZ (HMLWLFN), 1994: Investitionserleicherungs- und Wohnbaulandgesetz - hier: Artikel 5, Verhältnis der naturschutzrechtlichen Eingriffsregelung zum Baurecht - §§ 8a-c BNatSchG, Wiesbaden.

HESSISCHES MINISTERIUM FÜR LANDESENTWICKLUNG, WOHNEN, LANDWIRTSCHAFT, FORSTEN UND NATURSCHUTZ (HMLWLFN), 1995: Ausgleichsabgabeverordnung (AAV) vom 09.03.1995. Gesetz- und Verordnungsblatt für das Land Hessen. Teil I, Wiesbaden.

HOISL, R., NOHL, W., ZEKORN-LÖFFLER, S., 1992: Flurbereinigung und Landschaftsbild - Entwicklung eines landschaftsästhetischen Bilanzierungsverfahrens. Natur und Landschaft, 67(3): 105-110.

HOPENSTEDT, A., STOCKS, B., 1991: Visualisierung bzw. Simulation von Landschaftsveränderungen. In: BFANL (Ed.): Landschaftsbild - Eingriff - Ausgleich, 97-120, Bonn-Bad Godesberg.

HOVESTADT, T., ROESNER, J., MÜHLENBERG, M., 1993: Flächenbedarf von Tierpopulationen als Kriterium für Maßnahmen des Biotopschutzes und als Datenbasis zur Beurteilung von Eingriffen in Natur und Landschaft. Berichte aus der Ökologischen Forschung, 1, Jülich.

ITJESHORST, W., GLADER, H., 1994: Galloways - Pflegeeinsatz im Feuchtgrünland. LÖBF-Mitteilungen, 19(3): 57-61.

JEDICKE, E., 1990: Biotopverbund. Grundlagen und Maßnahmen einer neuen Naturschutzstrategie, Stuttgart.

JEDICKE, E., 1992: Die Amphibien Hessens, Stuttgart.

JESCHKE, L., 1993: Das Problem der zeitlichen Dimension bei der Bewertung von Biotopen. Schr.R. Landschaftspfl. Natursch., 38: 77-86, Bonn-Bad Godesberg.

KARL, J., 1994a: Formale und inhaltliche Anforderungen an die Landschaftsplanung. Teil I: Wohnbaulandgesetz und Integration in die Bauleitplanung. Naturschutz und Landschaftsplanung, 26(5): 185-189.

KARL, J., 1994b: Formale und inhaltliche Anforderungen an die Landschaftsplanung. Teil II: Eingriffs-Ausgleichs-Bilanzierung in der Bebauungsplanung. Naturschutz und Landschaftsplanung, 26(6): 221-228.

KARL, J., 1995: Festsetzungsmöglichkeiten im Bebauungsplan zur Verringerung des Direktabflusses und zur Förderung der Grundwasserneubildung - Planungsbeispiel Staufenberg-Süd. Vortrag am 4. Oktober 1995 im Rahmen des Hessisches Wasserforums 1995, veranstaltet vom Naturschutzzentrum Hessen e.V. in Wabern.

KARL, J., 1997: Bodenbewertung in der Landschaftsplanung. Methode zur Bewertung von Eingriffen in das Schutzgut Boden und Wasserhaushalt. Naturschutz und Landschaftsplanung, 29(1): 5-17.

KAULE, G., 1991: Arten- und Biotopschutz. 2. Aufl., Stuttgart.

KIEMSTEDT, H., MÖNNECKE, M,., OTT, S., 1996: Methodik der Eingriffsregelung. Vorschläge zur bundeseinheitlichen Anwendung von § 8 BNatSchG. Naturschutz und Landschaftsplanung, 28(9): 261-271.

KLAUSING, O., 1974: Die Naturräume Hessens. Ed.: Hessische Landesanstalt für Umwelt, Wiesbaden.

KNAPP, R., 1971: Einführung in die Pflanzensoziologie. 3. Aufl., Stuttgart.

KOCK, D., KUGELSCHAFTER, K. (Bearb.), 1995: Rote Liste der Wirbeltiere Hessens. Ed.: Hessisches Ministerium des Innern und für Landwirtschaft, Forsten und Naturschutz. Wiesbaden.

KÖNIG, H., 1994: Rinder in der Landschaftspflege. LÖBF-Mitteilungen, 19(3): 25-31.

KOLESCH, H., HARRACH, T., 1984: Der Einfluß geringer Grundwasserflurabstände auf die Durchwurzelung und Ertragsbildung bei Getreide auf Lößböden der Wetterau. Mitteilungen Dtsch. Bodenkundl. Gesellsch., 40.

KORNECK, D., SCHNITTLER, M., VOLLMER, I., 1996: Rote Liste der Farn- und Blütenpflanzen (*Pteripophyta et Spermatophyta*) Deutschlands. Schr.R. f. Veg.kunde, 28: 21-187, Bonn-Bad Godesberg.

KRAUSE, C. L., 1991a: Lösungsansätze zur Berücksichtigung des Landschaftsbildes in der Eingriffsregelung im Spannungsfeld zwischen Theorie und Praxis. In: BFANL (Ed.): Landschaftsbild - Eingriff - Ausgleich, 75-95, Bonn - Bad Godesberg.

KRAUSE, C. L., 1991b: Die Praxis der Landschaftsbilderfassung am Beispiel Straßenbau. In: BFANL (Ed.): Landschaftsbild - Eingriff - Ausgleich, 121-141, Bonn - Bad Godesberg.

KRAUSE, C. L., 1996: Das Landschaftsbild in der Eingriffsregelung. Hinweise zur Berücksichtigung von Landschaftsbildelementen. Natur und Landschaft, 71(6): 239-245.

KRISTAL, P. M., BROCKMANN, E. (Bearb.), 1995: Rote Liste der Tagfalter Hessens. Ed.: Hessisches Ministerium der Innern und für Landwirtschaft, Forsten und Naturschutz, Wiesbaden.

KÜSTER, H., 1996: Geschichte der Landschaft in Mitteleuropa. Von der Eiszeit bis zur Gegenwart, München.

KUNZMANN, G., VOLLRATH, H., HARRACH, T., 1992: Bewertung von Grünlandbeständen in Mittelhessen für Zwecke des Naturschutzes. Erfahrungen mit dem Bewertungsrahmen von KAULE. In: DUHME, F., LENZ, R., SPANDAU, L. (Eds.): 25 Jahre Lehrstuhl für Landschaftsökologie in Weihenstephan mit Prof. Dr. Dr. h.c. W. Haber. Festschrift mit Beiträgen ehemaliger und derzeitiger Mitarbeiter, 229-251, Weihenstephan.

LAHL, U., FRANK, K., ZETSCHMAR-LAHL, B., 1992: Die Eingriffsregelung in der Bauleitplanung und in der Baugenehmigung. Ein Praxisbericht aus der Sicht der nordrhein-westfälischen Landschaftsbehörde. Natur und Landschaft, 67(12): 580-585.

LAHL, U., ZETSCHMAR, B., 1983: Vorsicht gegenüber vorschnellen "Betonlösungen". Regenwasserentlastung - eine kommunale Aufgabe. Der Gemeinderat, (9): 44 ff.

LANDESAMT FÜR DENKMALPFLEGE HESSEN (Ed.), 1982: Denkmaltopographie Bundesrepublik Deutschland. Baudenkmale in Hessen. Wetteraukreis I, Braunschweig und Wiesbaden.

LANDESAMT FÜR DENKMALPFLEGE HESSEN (Ed.), 1986: Denkmaltopographie der Bundesrepublik Deutschland. Baudenkmale in Hessen. Lahn-Dill-Kreis I, Braunschweig und Wiesbaden.

LANDESAMT FÜR DENKMALPFLEGE HESSEN (Ed.), 1993: Denkmaltopographie der Bundesrepublik Deutschland. Kulturdenkmäler in Hessen. Universitätsstadt Gießen, Braunschweig und Wiesbaden.

LANDESAMT FÜR DENKMALPFLEGE HESSEN (Ed.), 1994a: Denkmaltopographie der Bundesrepublik Deutschland. Kulturdenkmäler in Hessen - Landkreis Limburg-Weilburg, Bd. I: Bad Camberg bis Löhnberg, Wiesbaden.

LANDESAMT FÜR DENKMALPFLEGE HESSEN (Ed.), 1994b: Denkmaltopographie der Bundesrepublik Deutschland. Kulturdenkmäler in Hessen - Landkreis Limburg-Weilburg, Bd. II: Mengerskirchen bis Weinbach, Wiesbaden.

LANDESANSTALT FÜR ÖKOLOGIE, LANDSCHAFTSENTWICKLUNG UND FORSTPLANUNG (LÖLF) UND LANDESANSTALT FÜR FISCHEREI NORDRHEIN-WESTFALEN, 1986: Naturschutzgebiet Monheimer Baggersee / Kr. Mettmann: Kompromißvorschlag für die räumlich-zeitliche Trennung von Angelsport und Artenschutz unter besonderer Berücksichtigung des Angelns vom Boot aus. Gutachten im Auftrag des Ministers ELF / NW. Recklinghausen.

LEITL, G., 1997: Landschaftsbilderfassung und -bewertung in der Landschaftsplanung - dargestellt am Beispiel des Landschaftsplanes Breitungen-Wernshausen. Natur und Landschaft, 72(6): 282-290.

LESER, H., 1983: Geoökologie. Geographische Rundschau, 35(5): 212-221.

LEVINS, R., 1970: Some mathematical questions in biology. Providence RI, Mathematical society, Gustenhaver M.: 77-107.

LICHT, T., 1993: Verinselung von Waldwiesentälern für Heuschrecken und Laufkäfer durch Fichtenquerriegel. Natur und Landschaft, 68(3): 115-119.

LÜDERITZ, V., KUNZE, H., MISSBACH, D., 1995: Die Konzeption für den Naturpark Colbitz-Letzlinger Heide. Natur und Landschaft, 70(7): 302-310.

MADER, H.-J., PAURITSCH, G., 1981: Nachweis des Barriereeffekts von verkehrsarmen Straßen und Forstwegen auf Kleinsäuger der Waldbiozönose durch Markierungs- und Umsetzversuche. Natur und Landschaft, 56(12): 451-454.

MADER, H.-J., SCHELL, C., KORNACKER, P., 1988: Feldwege - Lebensraum und Barriere. Natur und Landschaft, 63(6): 251-256.

MAKATSCH, W., 1977: Wir bestimmen die Vögel Europas. 3. Aufl., Leipzig.

MARKS, R., MÜLLER, M., LESER, H., KLINK, H.-J. (Eds.), 1992: Anleitung zur Bewertung des Leistungsvermögens des Landschaftshaushaltes (BA LVL). Forschungen zur deutschen Landeskunde, 229, Trier.

MEBS, T., 1974: Eulen und Käuze. Kosmos Naturführer. 3. Aufl., Stuttgart.

MEBS, T., 1975: Greifvögel Europas. Kosmos Naturführer. 4. Aufl., Stuttgart.

MEYNEN, E., SCHMITHÜSEN, J. et al., 1953-62: Handbuch der naturräumlichen Gliederung Deutschlands. 2 Bde., Bad Godesberg.

MICHELS, C., 1993: Grünlandextensivierung im Feuchtgebiet Saerbeck. LÖLF-Mitteilungen, 18(2): 51-55.

MICHELS, C., WOIKE, M., 1994: Schafbeweidung und Naturschutz. LÖBF-Mitteilungen, 19(3): 16-25.

MINISTERIUM FÜR UMWELT, REAKTORSICHERHEIT UND LANDWIRTSCHAFT DES LANDES NORDRHEIN-WESTFALEN (MURL, Ed.), 1987: Naturschutz und Landschaftspflege in Nordrhein-Westfalen. Bewertungsgrundlagen für Kompensationsmaßnahmen bei Eingriffen in die Landschaft, Düsseldorf.

MIOTK, P., 1986: Situation, Problematik und Möglichkeiten im zoologischen Naturschutz. Schr.R. f. Veg.kunde, 18: 49-66, Bonn-Bad Godesberg.

MIOTK, P., 1993: Fallbeispiele zur Wirkung wichtiger Biotopparameter unterschiedlicher Qualität auf Biozönosen sowie ein Ansatz zu ihrer Bewertung Schr.R. Landschaftspfl. Natursch., 38: 237-263, Bonn-Bad Godesberg.

MITSCHANG, S., 1993: Die Belange von Natur und Landschaft in der kommunalen Bauleitplanung. Rechtsgrundlagen, Planungserfordernisse, Darstellungs- und Festsetzungsmöglichkeiten, Berlin.

MÜHLENBERG, M., 1989: Freilandökologie. 2. Aufl., Heidelberg.

MÜHLENBERG, M., 1993: Tierökologische Anforderungen an eine Biotopverbundplanung - Grundlagen, Problemstellungen. In: PATZRICH, R., HELBIG, U., SCHWAB, G. (Eds.): „Landschaftsprojekt Lahn-Dill-Bergland": Naturschutzkonzepte und Biotopverbundplanung in landwirtschaftlichen Rückzugsgebieten - Prioritäten, Konzeption, Umsetzung. Schriftenreihe für Natur und Umweltschutz, 9, Gießen.

MÜLLER, F., 1981: Die Bedeutung von Bäumen, Hecken und Feldgehölzen in der Landschaft. Unser Wald, 34(1).

MÜLLER, H., STEINWARZ, D. ,1987: Auswirkungen unterschiedlicher Schnittvarianten auf die Arthropodenzönose einer urbanen Grünfläche. Natur und Landschaft, 63(7/8): 335-339.

MÜNZEL, M., SCHUMACHER, W., 1991: Regeneration und Erhaltung von Kalkmagerrasen durch Schafbeweidung am Beispiel der „Allendorfer Kalktriften" bei Blankenheim / Eifel. Schr.R. Forschung und Beratung, 41: 27-48.

MUTH, W., 1989: Versickerung bei Verbundpflaster. Nr. 8711-UNI, Kurzfassung. Versuchsanstalt für Wasserbau, Fachhochschule Karlsruhe.

NEIDHARDT, C., BISCHOPINCK, U., 1994: UVP-Teil Boden: Überlegungen zur Bewertung der Natürlichkeit anhand einfacher Bodenparameter. „Chancen für mehr Naturschutz". Natur und Landschaft, 69(2): 49-53.

NEUMANN, G. (Ed.), 1970: Gießen und seine Landschaft in Vergangenheit und Gegenwart. Gießen.

NIEDERSÄCHSISCHES LANDESAMT FÜR ÖKOLOGIE (Ed.), 1994: Naturschutzfachliche Hinweise zur Anwendung der Eingriffsregelung in der Bauleitplanung. Inform.d. Naturschutz Niedersachs., 14(1): 1-60.

NOHL, W., 1991: Konzeptionelle und methodische Hinweise auf landschaftsästhetische Bewertungskriterien für die Eingriffsbestimmung und die Festlegung des Ausgleichs. In: BFANL (Ed.) Landschaftsbild - Eingriff - Ausgleich, 59-73, Bonn-Bad Godesberg.

NOWAK, B. (Ed.), 1990: Beiträge zur Kenntnis hessischer Pflanzengesellschaften. Ergebnisse der pflanzensoziologischen Sonntagsexkursionen der Hessischen Botanischen Arbeitsgemeinschaft. Botanik und Naturschutz in Hessen, Beiheft 2, Lahnau.

PAFFEN, K. H., 1948: Ökologische Landschaftsgliederung. Erdkunde, 67-173.

PFLUG, W., 1988: Auswirkungen der Flurbereinigung auf Natur und Landschaft einst und jetzt. Schriftenreihe des Deutschen Rates für Landespflege, 54: 282-290.

PFLUGER, D., INGOLD, P., 1988: Zur Empfindlichkeit von Blässhühnern und Haubentauchern gegenüber Störungen vom Wasser und vom Land. Rev. Suisse de Zool. T., 95: 1171-1178.

PLACHTER, H., 1989: Zur biologischen Schnellansprache und Bewertung von Gebieten. Schr.R. Landschaftspfl. Natursch., 29: 107-135, Bonn-Bad Godesberg.

PLACHTER, H., 1991: Naturschutz, Stuttgart.

PLACHTER, H., 1993: Probleme der Erfassung von "Rote-Liste-Biotopen". Schr.R. Landschaftspfl. Natursch., 38: 135-158, Bonn-Bad Godesberg.

PLANITZ, H., 1996: Die deutsche Stadt im Mittelalter. Von der Römerzeit bis zu den Zunftkämpfen, Wiesbaden.

PUTZER, D., 1989: Wirkung und Wichtung menschlicher Anwesenheit und Störung am Beispiel bestandsbedrohter, an Feuchtgebiete gebundener Vogelarten. Schr.R. Landschaftspfl. Natursch., 29: 169-194, Bonn-Bad Godesberg.

READE, W., HOSKING, E., 1974: Vögel in der Brutzeit, Stuttgart.

RECK, H., 1990: Zur Auswahl von Tiergruppen als Bioindikatoren für den tierökologischen Fachbeitrag zu Eingriffsplanungen. Schr.R. Landschaftspfl. Natursch., 32: 99-119. Bonn-Bad Godesberg.

RECK, H., 1993a: Spezieller Artenschutz und Biotopschutz: Zielarten als Naturschutzstrategie und ihre Bedeutung als Indikatoren bei der Beurteilung der Gefährdung von Biotopen. Schr.R. Landschaftspfl. Natursch., 38: 159-178, Bonn-Bad Godesberg.

RECK, H., 1993b: Landwirtschaftliche Rückzugsgebiete; Prioritäten im Naturschutz aus faunistischer Sicht. In: PATZRICH, R., HELBIG, U., SCHWAB, G. (Eds.): „Landschaftsprojekt Lahn-Dill-Bergland": Naturschutzkonzepte und Biotopverbundplanung in landwirtschaftlichen Rückzugsgebieten - Prioritäten, Konzeption, Umsetzung. Schriftenreihe für Natur und Umweltschutz, 9, Gießen.

RECK, H., 1996: Grundsätze und allgemeine Hinweise zu Bewertungen von Flächen aufgrund der Vorkommen von Tierarten. VUBD-Rundbrief, 16: 10-20.

REIJNEN, R., FOPPEN, R., TER BRAAK, C., THISSEN, J., 1995: The effect of car traffic on breeding bird populations in woodland. III. Reduction of density in relation to the proximity of main roads. Journal of Applied Ecology, 32: 187-202.

RENGER, M., STREBEL, O., 1980: Jährliche Grundwasserneubildung in Abhängigkeit von Bodennutzung und Bodeneigenschaften. Wasser und Boden, 32: 362-366.

RIECKEN, U., 1992: Planungsbezogene Bioindikation durch Tierarten und Tierartengruppen im Rahmen raumrelevanter Planungen. Schr.R. Landschaftspfl. Natursch., 36, Bonn-Bad Godesberg.

RIECKEN, U., BLAB, J., 1989: Konzept und Probleme einer Biotopgliederung als Grundlage für ein Verzeichnis der gefährdeten Tier-Lebensstätten in der Bundesrepublik Deutschland. Schr.R. Landschaftspfl. Natursch., 29, 78-94, Bonn-Bad Godesberg.

RIECKEN, U., RIES, U., SSYMANK, A., 1993: Biotoptypenverzeichnis für die Bundesrepublik Deutschland. Schr-R. Landschaftspfl. Natursch., 38: 301-399. Bonn-Bad Godesberg.

RIECKEN, U., RIES, U., SSYMANK, A., 1994: Rote Liste der gefährdeten Biotoptypen der Bundesrepublik Deutschland. Schr.R. Landschaftspfl. Natursch., 41, Bonn-Bad Godesberg.

SANDNER, E., MANNSFELD, K., BIELER, J., 1993: Analyse und Bewertung der potentiellen Stickstoffauswaschung im Einzugsgebiet der Groen Röder (Ostsachsen). Abh. d. Sächs. Akad. d. Wiss. zu Leipzig, 58(1).

SHAFFER, M. L., 1981: Minimum populationsizes for species conservation. Bio science, 31: 131-134.

SHAFFER, M. L., 1985: The metapopulation and species conservation: the special case of the northern spotted owl. In: Gutiérrez & Carey (eds.): Ecology and management of the spotted owl in the pacific northwest. Portland, OR, U.S.D.A. Forest service, 86-99.

SCHEFFER, F., SCHACHTSCHABEL, P., 1984: Lehrbuch der Bodenkunde. 11. Aufl., Stuttgart.

SCHINK, A., 1994: Die Durchführung von Ersatzmaßnahmen nach § 8a Abs. 3 BNatSchG und die Kostenverteilung nach Abs. 4. Vortrag i.R. der IKU-Fachtagung "Investitions- und Wohnbaulandgesetz: Behandlungs- und Bewertungsprobleme der Eingriffsregelung im Landschafts- und Bebauungsplan".

SCHLÜTER, O., 1906: Die Ziele der Geographie des Menschen, München.

SCHLUMPRECHT, H., VÖLKL, W., 1992: Der Erfassungsgrad zoologisch wertvoller Lebensräume bei vegetationskundlichen Kartierungen. Natur und Landschaft, 76(1): 3-7.

SCHMIDT, R.-G., 1979: Probleme der Erfassung und Quantifizierung von Ausmaß und Prozessen der aktuellen Bodenerosion (Abspülung) au Ackerflächen. Physiogeographica, Basler Beiträge zur Physiogeographie, 1, Bern.

SCHMITHÜSEN, J., 1948: „Fliesengefüge der Landschaft" und „Ökotop". Vorschlag zur begrifflichen Ordnung und Nomenklatur in der Landschaftsforschung. Berichte z. deutschen Landeskde., 5: 74-83.

SCHMITT, C. J. W., WERK, K., 1992: Neue Aufgaben der Landschaftsplanung in Hessen. Naturschutz und Landschaftsplanung, 24(3): 90-96.

SCHMITT, T., SCHMIDT, P., 1992: Entwicklung von Magerrasenstandorten der nördlichen Wetterau seit 1955. Naturschutz und Landschaftsplanung, 24(3): 100-111.

SCHNITTLER, M., LUDWIG, G., PRETSCHER, P., BOYE, P., 1994: Konzeption der Roten Listen der in Deutschland gefährdeten Tier- und Pflanzenarten - unter Berücksichtigung der neuen internationalen Kriterien. Natur und Landschaft, 69(10): 451-459.

SCHÜTZ, P., GRIMBACH, N., 1994: Auswirkungen von Koppelschafhaltung auf Sandmagerrasen. LÖBF-Mitteilungen, 19(3): 51-54.

SCHULZE, W., UHLIG, H. (Eds.), 1982: Gießener geographischer Exkursionsführer. Band II: Mittleres Hessen, Gießen.

SCHWARZ, K., 1989: Der Wald der Stadt Gießen. Entwicklung und Bedeutung. Veröffentlichungen des Oberhessischen Geschichtsvereins Gießen 1, Gießen.

SCHWEPPE-KRAFT, B., 1994: Naturschutzfachliche Anforderungen an die Eingriffs-Ausgleichs-Bilanzierung. Teil 2: Inhalt und Aufbereitung von Planungsunterlagen. Naturschutz und Landschaftsplanung, 26(2): 69-73.

SCHWIND, M., 1951: Kulturlandschaft als objektivierter Geist. Deutsche Geogr. Blätter, 46: 5-28.

SIEBERT, H., 1991: Werra-Meißner-Kreis. BOTANISCHE VEREINIGUNG FÜR NATURSCHUTZ IN HESSEN (BVNH) UND NATURSCHUTZ-ZENTRUM HESSEN E.V. (NZH) (Eds.), 1991: Lebensraum Magerrasen, Wetzlar.

SSYMANK, A., RIECKEN, U., RIES, U., 1993: Das Problem des Bezugssystems für eine Rote Liste Biotope. Schr.R. Landschaftspfl. Natursch., 38: 47-58, Bonn-Bad Godesberg.

STAATLICHE VOGELSCHUTZWARTE FÜR HESSEN, RHEINLAND-PFALZ UND DAS SAARLAND, HESSISCHE GESELLSCHAFT FÜR ORNITHOLOGIE UND NATURSCHUTZ (Bearb.), 1997: Rote Liste der Vögel Hessens. Ed.: Hessisches Ministerium der Innern und für Landwirtschaft, Forsten und Naturschutz, Wiesbaden.

STADT HADAMAR, 1997: Landschaftsplan der Stadt Hadamar. Bearb.: Planungsgruppe Prof. Dr. V. Seifert, Hadamar und Linden.

STADT LIMBURG A. D. LAHN, 1997: Landschaftsplan der Kreisstadt Limburg a. d. Lahn. Bearb.: Planungsgruppe Prof. Dr. V. Seifert, Limburg und Linden.

STADT STAUFENBERG, 1997: Biotopkartierung der Stadt Staufenberg. Bearb.: Planungsgruppe Prof. Dr. V. Seifert, Staufenberg und Linden.

STASCH, D., STAHR, K., SYDOW, M., 1991: Welche Böden müssen für den Naturschutz erhalten werden? Berliner Naturschutzblätter, 35(2): 53-64.

STEYER, D., SCHWAN, M., SCHULZ, F., GLUGLA, G., KÖNIG, B., 1988: Simulationsprogrammsystem ETNA. Mskr. Wasserwirtschaftsdirektion Obere Elbe/Neiße, Dresden.

STOCK, M., BERGMANN, H.H., HELB, H.-W., KELLER, V., SCHNIDRIG-PETRIG, R., ZEHNTER, H.-C., 1994: Der Begriff Störung in naturschutzorientierter Forschung: ein Diskussionsbeitrag aus ornithologischer Sicht. Z. Ökologie u. Naturschutz, 3: 49-57.

STRUCKEN, A., 1990: Umweltverträglichkeitsprüfung und kommunale Planung. In: Städte- und Gemeinderat, (2): 50 ff.

STÜHLINGER, P., 1996: In HENatR, § 1 HENatG, Rdnr. 9, Heidelberg.

SUKOPP, H., 1972: Wandel der Flora und Vegetation in Mitteleuropa unter dem Einfluß des Menschen. Berichte Landwirtschaft, 50: 112-139.

SUKOPP, H., BLUME, H.-P., 1976: Ökologische Bedeutung anthropogener Bodenveränderungen. Schr.R. Vegetationskde., 10: 75-89.

THOMAS, J. A., 1984: The ecology and conservation of Lysandra bellargus (Lepidoptera: Lycaenidae) in Britain. J. Appl. Ecol., 20: 59-83.

TRAUTNER, J. (Ed.), 1992: Arten- und Biotopschutz in der Planung: Methodische Standards zur Erfassung von Tierartengruppen. Ökologie in Forschung und Anwendung, 5, Weikersheim.

TROLL, C., 1950: Die geographische Landschaft und ihre Erforschung. Studium Generale, 1950: 163-181.

UHL, M., GROTEHUSMANN, D., KHELIL, A., SIEKER, F., 1991: Regenwasserversickerung am Beispiel Gelsenkirchen-Schüngelbergsiedlung. In: Institut für Wasserwirtschaft, Universität Hannover (Ed.): Seminar Stadtentwässerung und Gewässerschutz am 25.-27.02.1991. Schriftenreihe Stadtentwässerung und Gewässerschutz 1991: 205-241 (Vorabzug), Hannover.

UHLIG, H., 1956: Die Kulturlandschaft. Methoden der Forschung und das Beispiel Nordostengland, Köln.

UMWELTBUNDESAMT (UBA, Ed.), 1985: Daten zur Umwelt 1986/87. 2. Aufl., Berlin.

USHER, M. B., ERZ, W. (Eds.), 1994: Erfassen und Bewerten im Naturschutz. Probleme - Methoden - Beispiele, Heidelberg, Wiesbaden.

WEIDEMANN, H.-J., 1986: Tagfalter. Band 1: Entwicklung - Lebensweise, Melsungen.

WEIDEMANN, H.-J., 1986: Tagfalter. Band 2: Biologie Ökologie - Biotopschutz, Melsungen.

WERBECK, M., WÖBSE, H. H., 1980: Raumgestalt- und Gestaltungsanalyse als Mittel zur Beurteilung optischer Wahrnehmungsqualität in der Landschaftsplanung. Landschaft und Stadt, 12(3): 128-140.

WILLIAMS, G., 1980: An index for the ranking of wildfowl habitats, as applied to eleven sites in West Surrey, England. Biological Conservation, 18: 93-99.

WILMANNS, O., 1984: Ökologische Pflanzensoziologie. 3. Aufl., Heidelberg.

WILMS, U., BEHM-BERKELMANN, K., HECKENROTH, H., 1997: Verfahren zur Bewertung von Vogelbrutgebieten in Niedersachsen. Inform. d. Naturschutz Niedersachs., 17(6): 219-224.

WISCHMEIER, W. H., SMITH, D. D., 1978: Predicting rainfall erosion losses - a guide to conservation planning. USDA, Agriculture Handbook, 537.

WITSCHEL, M., 1979: Zur Bestimmung des Naturschutzwertes schutzwürdiger Gebiete, durchgeführt am Beispiel der Xerotherm-Vegetation Südbadens. Landschaft und Stadt, 11(4): 147-162.

WITTIG, G., SCHREIBER, K.-F., 1983: A quick method for assessing the importance of open spaces in towns for urban nature conservation. Biol. Conserv. Barking, 26: 57-64.

WÖBSE, H. H., 1992: Historische Kulturlandschaften. Deutsche Kunst und Denkmalpflege, 50(2): 158-163.

WOHLRAB, B., 1976: Beurteilungskriterien und Empfehlungen zur Bodennutzung in Zone II von Schutzgebieten von Grundwasser. Zeitschrift für Kulturtechnik und Flurbereinigung, 17: 221-228.

ZANDE, A.N. VAN DER, KEURS, W. J. TER, WEIJDEN, W.J. VAN DER, 1980: The impact of roads on the densities of four bird species in an open field habitat - Evidence of a long-distance effect. Biological Conservation, 18: 299-321.

ZEPP, H., 1988: Regelhaftigkeit des Wasser- und Stofftransportes in der ungesättigten Zone von Lößdecken. Deutsche Gewässerkundliche Mitteilungen, 32: 7-13.

ZILLIEN, F., 1984: Bewertung der Landschaftselemente nach neuen Vorschriften. Natur und Landschaft, 59(4): 127-128.

ZWÖLFER, H., BAUER, G., HEUSINGER, G., STECHMANN, D., 1984: Die tierökologische Bedeutung und Bewertung von Hecken. Ber. Akad. für Naturschutz Landschaftspfl., Beih. 3 (Teil 2): 1-155, Laufen / Salzach.

Verzeichnis des verwendeten historischen Kartenmaterials:

HESSISCHES LANDESVERMESSUNGSAMT (Ed.), o. J.: Schmitt'sche Karte von Südwestdeutschland (SK 52) 1797. Maßstab 1:57.600. Blätter 47 (Wetzlar / Butzbach) und 48 (Allendorf / Hungen), Wiesbaden.

HESSISCHES LANDESVERMESSUNGSAMT (Ed.), o. J.: Kartenaufnahme der Rheinlande durch Tranchot und v. Müffling 1801-1820 (TMK 25). Maßstab (reduziert) 1:25.000. Blätter 45 Odenhausen, 56 Atzbach, Wiesbaden.

HESSISCHES LANDESVERMESSUNGSAMT (Ed.), o. J.: Karte von dem Grossherzogthume Hessen 1:50.000 (KGH 50). (Generalstabskarte von Hessen (1823-1850). Blätter 22 Giessen, 23 Grossenlinden, 26 Allendorf, 27 Gladenbach, Wiesbaden.

HESSISCHES LANDESVERMESSUNGSAMT (Ed.), o. J.: Höhenschichtkarte von Hessen 1:25.000 (HSK 25) (1886-1921). Blätter 5318 Allendorf (Lumda), 5319 Londorf, 5417 Wetzlar, 5418 Gießen, 5419 Laubach, 5420 Schotten, 5517 Cleeberg, 5518 Butzbach, 5519 Hungen, Wiesbaden.

HESSISCHES LANDESVERMESSUNGSAMT (Ed.), o. J.: Luftbildplanwerk aus den Jahren 1930-1939, Maßstab 1:25.000. Blätter 5215 Dillenburg, 5317 Rodheim-Bieber, 5318 Allendorf („Sichertshausen"), 5417 Wetzlar, 5418 Gießen, 5419 Laubach, 5420 Schotten, 5519 Hungen, Wiesbaden.

HESSISCHES LANDESVERMESSUNGSAMT (Ed.), o. J.: Messtisch-Blätter vom Regierungsbezirk. Aufgenommen vom königl. preuss. Generalstabe. Maßstab 1:25.000. Blätter 2 Eibelshausen, 15 Mengerskirchen, 16 Merenberg, 20 Hadamar, 27 Limburg, Wiesbaden.

6 ANHANG

Anhang 1 (Tab. A: Biotoptypenliste Westliches Mittelgebirge / Südwestdeutsches Mittelgebirgs- / Stufenland)

Tab. A: Biotoptypenliste (in Anlehnung an HMLWLFN, 1993 und RIECKEN et al., 1994)

Nr.[1]	Typ		Ausprägung / BW_t					
01.100	**W**	**LAUB-, MISCH- und NADELWÄLDER**						
	We	**Stark forstlich geprägte Wälder**	**D**	**X**	**B**	**S**	**K**	**N**
	Wek	Nadelforste						
01.220		• eingeführter Baumarten	0,1	0,1	0,4	0,8	-	-
01.120		• heimischer Baumarten	0,1	0,3	0,6	1,0	-	-
01.300	Wem	stark forstlich geprägte Mischwälder	0,3	0,5	0,8	1,2	-	-
	Wee	Laubbaumforste						
01.181		• eingeführter Baumarten	0,1	0,3	0,6	1,0	-	-
01.183		• heimischer Baumarten	0,3	0,5	0,8	1,2	-	-
	Wf	**Naturnahe Wälder nasser bis feuchter Standorte**	**D**	**X**	**B**	**S**	**K**	**N**
01.174	Wfb	Bruch-, Sumpf- und Moorwälder	1,3	1,5	1,8	2,2	2,7	(3,3)
01.173	Wfa	Bachuferwälder						
		• Schwarzerlen-Bachrinnenwald	0,7	0,9	1,2	1,6	(2,1)	-
		• Eschenwälder	0,7	0,9	1,2	1,6	2,1	(2,7)
01.171	Wfw	Weichholzauenwälder						
		• ohne Überflutungsdynamik	0,7	0,9	1,2	1,6	2,1	(2,7)
		• mit Überflutungsdynamik	1,3	1,5	1,8	2,2	2,7	(3,3)
01.172	Wfh	Hartholzauenwälder						
		• ohne Überflutungsdynamik	1,3	1,5	1,8	2,2	2,7	(3,3)
		• mit Überflutungsdynamik	1,4	1,7	2,0	2,5	3,0	(3,3)
01.140	Wfc	Eichen-Hainbuchenwälder (entspricht ggf. Wsn/m)	1,0	1,2	1,5	1,9	2,4	(3,0)
	Wm	**Naturnahe Wälder wechselfeucher bis frischer Standorte**	**D**	**X**	**B**	**S**	**K**	**N**
01.162	Wma	Edellaubbaumwälder	0,7	0,9	1,2	1,6	2,1	(2,7)
	Wmf	Buchenwälder	1,0	1,2	1,5	1,9	2,4	(3,0)
01.110		• basenreicher Standorte						
01.120		• bodensaurer Standorte						
01.150	Wmq	Eichenwälder						
	Wmt	naturnahe Nadelwälder höherer Lagen						
		• montane Fichten-Tannenwälder						
		• hochmontane Fichtenwälder						
	Wt	**Naturnahe Wälder mäßig frischer bis trockener Standorte**	**D**	**X**	**B**	**S**	**K**	**N**
01.130	Wtf	Buchenwälder	1,0	1,2	1,5	1,9	2,4	(3,0)
01.140	Wtc	Eichen-Hainbuchenwälder (entspricht ggf. Wsn/m)						
01.150	Wtq	Eichenwälder trocken-warmer Standorte						
	Ws	**Sonderformen traditionell genutzter Wälder**	**D**	**X**	**B**	**S**	**K**	**N**
	Wsn	Niederwälder	-	1,2	1,5	1,9	2,4	-
	Wsm	Mittelwälder	-	1,2	1,5	1,9	2,4	-
	Wsh	Hutewälder	-	1,5	1,8	2,2	2,7	-

D: Aufwuchs, Naturverjüngung bzw. Kultur
X: Dickung und jüngeres Stangenholz (Ws: stark forstlich überprägte Bestände)
B: Stangen- bis Baumholz-dominierte Bestände (≤ 20-25 cm BHD; Brusthöhendurchmesser) (Ws: durch Nutzungsaufgabe stark überformte, durchgewachsene Bestände)
S: Baumholz-dominierte Bestände mit hohem Anteil > 120 jähr. Bäume (≤ 50-60 cm BHD) oder Stangen- bis Baumholz-dominierte Bestände mit mehrschichtiger Naturverjüngung (Ws: durch Nutzungsaufgabe leicht überformte, in Regeneration befindliche oder durchgewachsene, mit Altbäumen durchsetzte Bestände)
K: Altholzdominierte Bestände mit hohem Anteil > 180 jähriger Bäume oder Baumholz-dominierte Bestände mit mehrschichtigem Aufbau und Naturverjüngung (Ws: in ursprünglicher Nutzung befindliche, typische Bestände)
N: urwaldähnliche Bestände mit annähernd optimaler Verteilung aller Entwicklungsphasen (Ws: -)

1) Biotopschlüsselnummer gemäß Hessischer Biotopkartierung

Tab. A: Biotoptypenliste (Fortsetzung)

Nr.	Typ		Ausprägung / BW_t		
04.000	F	**GEWÄSSER**			
04.100	**Fq**	**Quellen**	s	u	t
	Fqr	Rheokrenen	0,7	1,5	1,8
	Fql	Limnokrenen	0,7	2,4	2,7
	Fqh	Helokrenen und Quellfluren	0,7	2,1	2,4
		s: gefaßt **u:** ungefaßt, überformt **t:** ungefaßt, naturnah			
04.200	**Ff**	**Fließgewässer**	s	u	t
		Fließgewässer der Mittelgebirge			
	Ffk	• Kleine bis mittlere Mittelgebirgsbäche	1,9	2,1	2,4
	Ffm	• Große Mittelgebirgsbäche bis kl. Mittelgebirgsflüsse	2,1	2,4	2,7
	Ffg	• Mittelgebirgsflüsse	2,1	2,4	2,7
		Fließgewässer des Flachlands			
	Ffr	• Kleine bis mittlere Flachlandbäche	1,9	2,1	2,4
	Ffg	• Große Flachlandbäche bis kleine Flachlandflüsse	1,9	2,1	2,4
	Fff	• Flachlandflüsse	1,6	1,9	2,2
04.230	**Fk**	**Künstliche Fließgewässer**			t
	Fkg	Gräben mit ganzjähriger Fließgewässercharakteristik			0,8
	Fkt	Gräben mit temporärer Fließgewässercharakteristik			0,6
	Fkr	technische Rinne mit Halbschale			0,1
	Fkv	Verrohrung			0,0
04.232	Fkk	Kanäle			0,1
04.300	**Fa**	**Altgewässer und ehemalige Flußstrecken**	s	u	t
04.310	Faa	Altarme	1,4	1,6	1,9
04.320	Faw	Altwässer (einschl. Qualmgewässer und Totwässer)	1,4	1,6	1,9
04.400	**Fs**	**Stehende Gewässer (ohne Uferzone)**		u	t
04.410	Fss	Stauseen, Talsperren		-	0,6
04.420	Fst	Teiche		0,6	0,8
04.430	Fsa	Bagger- und Abgrabungsgewässer		0,6	0,8
04.440	Fse	Temporäre Gewässer und Tümpel		1,0	1,2
		Gewässer- und Böschungsstruktur: **s:** stark überformt, ausgebaut **u:** überformt mit naturnahen Elementen **t:** natürlich oder naturnah			
05.000	U	**RÖHRICHTE, UFERFLUREN UND SEGGENSÜMPFE**			
05.100	**Ur**	**Röhrichte, Hochstaudenfluren und Seggenriede**	s	u	t
05.110	Urs	Schilfröhricht	1,4	1,6	1,9
05.130	Urh	Hochstaudenfluren (incl. Uferfluren und Bachröhrichte)	0,8	1,0	1,2
05.140	Urg	Großseggenriede	1,4	1,6	1,9
05.200	Urk	Kleinseggenriede	2,1	2,4	2,7
05.300	**Up**	**Vegetation periodisch trockenfallender Ufer**	s	u	t
	Upf	an fließenden Gewässern	1,4	1,6	1,9
	Ups	an stehenden Gewässern	1,2	1,4	1,6

Tab. A: Biotoptypenliste (Fortsetzung)

Nr.	Typ		Ausprägung / BW_t				
06.000	G	**WIRTSCHAFTSGRÜNLAND**					
06.210	**Gf**	**Grünland nasser bis feuchter, nährstoffreicher Standorte**	**aa**	**ma**	**mr**	**ar**	**sr**
		Dauergrünland					
	Gfe	• extensiv genutzt	(1,0)	1,2	1,4	1,6	1,9
	Gfm	• mäßig intensiv genutzt	(0,6)	0,8	1,0	1,2	-
	Gfi	• intensiv genutzt	0,3	0,5	0,7	-	-
	Gfa	Ansaatgrünland	0,3	-	-	-	-
	Ga	Flutrasen	0,8	1,0	1,2	1,5	-
	Gfb	Naß- und Feuchtgrünlandbrachen					
		• planare bis submontane Höhenlage	0,7	0,9	1,2	1,5	-
		• montane bis hochmontane Höhenlage	0,5	0,7	1,0	1,3	-
06.220	**Gw**	**Grünland (wechsel-) feuchter, nährstoffarmer Standorte**	**aa**	**ma**	**mr**	**ar**	**sr**
		Dauergrünland					
	Gwe	• extensiv genutzt	(1,0)	1,2	1,4	1,7	2,0
	Gwm	• mäßig intensiv genutzt	(0,7)	0,9	1,1	1,4	-
	Gwi	• intensiv genutzt	(0,3)	0,5	0,7	0,9	-
	Gfb	Grünlandbrachen (wechsel-) feuchter Standorte					
		• planare bis submontane Höhenlage	0,7	0,9	1,2	1,5	-
		• montane bis hochmontane Höhenlage	0,5	0,7	1,0	1,3	-
	Gm	**Grünland frischer bis mäßig frischer Standorte**	**aa**	**ma**	**mr**	**ar**	**sr**
06.110		Dauergrünland					
	Gme	• extensiv genutzt	(1,0)	1,2	1,4	1,6	1,9
	Gmm	• mäßig intensiv genutzt	(0,6)	0,8	1,0	1,2	-
06.120	Gmi	• intensiv genutzt	0,3	0,5	0,7	-	-
	Gma	Ansaatgrünland	0,3	-	-	-	-
	Gmb	Grünlandbrache frischer bis mäßig frischer Standorte					
		• ehemals extensiv genutzter Bestände					
		• planare bis submontane Höhenlage	0,7	0,9	1,2	1,5	-
		• montane bis hochmontane Höhenlage	0,5	0,7	1,0	1,3	-
		• ehemals mäßig intensiv genutzter Bestände					
		• planare bis submontane Höhenlage	0,5	0,7	1,0	-	-
		• montane bis hochmontane Höhenlage	0,3	0,5	0,8	-	-
		• ehemals intensiv genutzter Bestände	0,3	0,5	0,8	-	-
	Gt	**Grünland (mäßig) trockener Standorte**	**aa**	**ma**	**mr**	**ar**	**sr**
		Dauergrünland					
	Gte	• extensiv genutzt	(1,0)	1,2	1,4	1,6	1,9
	Gtm	• mäßig intensiv genutzt	(0,6)	0,8	1,0	1,2	-
	Gti	• intensiv genutzt	0,3	0,5	0,7	-	-
	Gta	Ansaatgrünland	0,3	-	-	-	-
	Gtb	Grünlandbrache (mäßig) trockener Standorte					
		• ehemals extensiv genutzter Bestände	0,7	0,9	1,2	1,5	-
		• ehemals mäßig extensiv genutzter Bestände	0,5	0,7	1,0	1,3	-
		• ehemals intensiv genutzter Bestände	0,3	0,5	0,8	-	-
		Artenreichtum (Orientierungswerte, ohne Brache- und Störzeiger):* **aa:** artenarm (< 15 Arten pro 25 m^2 repräsentativer Aufnahmefläche) **ma:** mäßig artenarm (15-25 Arten) **mr:** mäßig artenreich (25-35 Arten) **ar:** artenreich (35-45 Arten) **sr:** sehr artenreich (> 45 Arten)					

*) in Anlehung an KUNZMANN et al. (1992)

Tab. A: Biotoptypenliste (Fortsetzung)

Nr.	Typ		Ausprägung / BW_t				
06.500	**M**	**MAGERRASEN UND HUTUNGEN**					
	Mw	**Übergänge zum Wirtschaftsgrünland**		**b**	**s**	**u**	**t**
	Mwr	Rotschwingel-Straußgras-Rasen		1,2	1,4	1,6	1,9
	Mg	**Magerrasen**	**b**	**ma**	**mr**	**ar**	**sr**
06.520	Mgh	Halbtrockenrasen basenreicher Standorte					
		• gemäht	1,2	1,2	1,6	1,9	2,2
		• beweidet	1,2	1,2	1,4	1,6	1,9
06.530	Mgs	Silikatmagerrasen					
		• gemäht	1,2	1,2	1,6	1,9	2,2
		• beweidet	1,2	1,2	1,4	1,6	1,9
	Mt	**Trockenrasen**			**s**	**u**	**t**
	Mtx	natürliche Trockenrasen (Xerobromion)			2,5	2,7	3,0
06.510	Mts	Sandtrockenrasen			1,6	1,9	2,2
	Mh	**Borstgrasrasen und Zwergstrauchheiden**		**b**	**s**	**u**	**t**
06.540	Mhb	Borstgrasrasen					
		• planare bis submontane Höhenlage		1,8	1,6	1,9	2,2
		• montane bis hochmontane Höhenlage		1,5	1,4	1,6	1,9
06.550	Mhz	Zwergstrauchheide		1,5	1,4	1,6	1,9
		Artenreichtum: s. WIRTSCHAFTSGRÜNLAND **b:** brachgefallen **s:** stark überformt, eutrophiert **u:** überformt, gestört **t:** typische, ± unter traditioneller Nutzung stehende Ausbildung					
07.000	**X**	**SALZWIESEN**					
				b	**s**	**u**	**t**
		naturnahe Salzrasen des Binnenlands		2,4	2,3	2,5	2,7
		anthropogene Salzrasen des Binnenlands		0,4	-	0,4	0,6
		b: brachgefallen **s:** stark überformt, eutrophiert **u:** überformt, gestört **t:** typische Ausbildung					
08.000	**Y**	**MOORE**					
				d	**s**	**u**	**t**
08.100		Hochmoore		2,1	2,7	3,0	3,3
08.200		Übergangsmoore		2,1	2,7	3,0	3,3
		d: stark degeneriert **s:** stark überformt, degeneriert **u:** überformt, gestört **t:** typische Ausbildung					

Tab. A: Biotoptypenliste (Fortsetzung)

Nr.	Typ		Ausprägung / BW_t	
09.000	R	**RUDERALFLUREN**		
09.100	Ra	**Annuelle Ruderalfluren**	**u**	**t**
	Ram	• frischer Standorte		
		• der offenen Landschaft	0,5	0,7
		• im besiedelten Bereich		
		- dörfliche Ruderalvegetation auf stickstoffreichem Untergrund	1,0	1,2
		- sonstige kleinflächige Spontanvegetation	0,4	0,6
	Rat	• trocken-warmer Standorte	1,0	1,2
09.200	Rh	**Ausdauernde Ruderalfluren feuchter bis frischer Standorte (o. Ufersäume)**	**u**	**t**
	Rhw	Waldinnensäume		
		• oligo- bis mesotropher Standorte	1,2	1,4
		• eutropher Standorte	0,5	0,7
	Rhs	Waldaußensäume		
		• oligo- bis mesotropher Standorte	1,4	1,7
		• eutropher Standorte	1,0	1,2
	Rho	Staudensäume der offenen Landschaft (Wegraine etc.)		
		• oligo- bis mesotropher Standorte		
		• planare bis submontane Höhenlage	1,2	1,5
		• montane bis hochmontane Höhenlage	1,0	1,2
		• eutropher Standorte	0,8	1,0
09.300	Rt	**Ausdauernde Ruderalfluren trocken-warmer Standorte**	**u**	**t**
	Rtw	Waldinnensäume		
		• oligo- bis mesotropher Standorte	1,0	1,2
		• eutropher Standorte	0,5	0,7
	Rts	Waldaußensäume		
		• oligo- bis mesotropher Standorte	1,2	1,5
		• eutropher Standorte	1,0	1,2
	Rto	Staudensäume der offenen Landschaft		
		• oligo- bis mesotropher Standorte (planare bis submontane Höhenlage)	1,2	1,5
		• eutropher Standorte	1,0	1,2
		Neophyten-Staudenfluren	-	0,3
01.500	Rw	**Schlagfluren**	**u**	**t**
	Rwg	Rubus-Gestrüpp, Vormäntel	0,7	1,0
	Rws	Schlagfluren	0,7	1,0
		u: überformt, gestört **t:** typische Ausbildung		

Tab. A: Biotoptypenliste (Fortsetzung)

Nr.	Typ		Ausprägung / BW_t	
10.000	**T**	**FELSFLUREN, BLOCK- UND SCHUTTHALDEN SOWIE THEROPHYTENFLUREN**		
	Tf	**Felsfluren und Halden**	**u**	**t**
10.100	Tfe	Felsfluren	1,4	1,6
10.200	Tfh	Block- und Schutthalden	1,9	2,1
	Tfs	Steinbrüche	1,2	1,5
FLS	Tfr	Steinriegel und Trockenmauern	1,2	1,5
FSM	Tfm	Natursteinmauern	0,8	1,0
	Tfg	Höhlen, Stollen, Abris	1,4	1,6
	Tb	**Offene Bereiche mit sandigem oder bindigem Substrat**	**u**	**t**
	Tbw	Anrisse, vegetationsarme Wände		
		• Sandwände	1,2	1,5
GLW		• Lehm- und Lößwände, Hohlwege	1,5	1,7
	Tbr	Vegetationsarme Flächen, Rohböden		
		• Kies- und Schotterflächen	1,2	1,5
GOS		• Sandflächen	1,2	1,5
GOB		• Flächen mit bindigem Substrat	1,0	1,2
10.300	Tbt	Therophytenfluren	1,5	1,8
		u: überformt, gestört **t:** typische Ausbildung		

Nr.	Typ					
11.000	**A**	**ÄCKER UND ACKERWILDKRAUTFLUREN**				
11.100			**b**	**a**	**u**	**t**
	Ae	Extensiv genutzte Äcker				
	Aef	• Äcker flachgründiger Standorte				
11.110		• auf skelettreichen Kalkböden	1,0	1,0	1,2	1,5
11.130		• auf Silikatverwitterungsböden	1,0	1,0	1,4	1,7
11.130		• auf Sandböden	1,0	1,0	1,2	1,5
11.120	Aem	• Äcker mittlerer Standorte	0,7	0,7	1,0	1,2
11.140	Ai	Intensiv genutzte Äcker	0,5	0,7	-	0,3
		b: junge Brache, ackerwildkrautdominiert **a:** ältere Brache mit Hochstauden oder einsetzender Rubus-Sukzession **u:** überformt, gestört, mäßig extensiv genutzt **t:** typische Ausbildung				

Tab. A: Biotoptypenliste (Fortsetzung)

Nr.	Typ		Ausprägung / BW_t
12.000	K	**GÄRTEN UND BAUMSCHULEN**	
12.100	Kn	**Nutz- und Bauerngärten**	t
		gehölzfrei	0,2
		mit Anpflanzungen und Rabatten	0,3
		mit Intensivgehölzkulturen	0,5
	Ko	**Obstgärten**	t
		mit Streuobstbeständen	1,2
	Kf	**Zier- und Freizeitgärten**	t
		gehölzfrei (Zierrasen)	0,2
		mit Anpflanzungen und Rabatten	0,3
		mit gebietsfremden Gehölzpflanzungen	0,4
		mit autochthonen Gehölzpflanzungen	0,5
12.200	Kg	**Erwerbsgartenbau, Obstbau, Baumschulen**	t
	Kgw	Weihnachtsbaumkulturen	0,3
	Kgo	Sonder- und Obstkulturen	
		• Fruchtstrauchkulturen	0,5
		• Spalierobstkulturen	0,5
		• Niederstamm-Obstplantagen	0,5
		• Mittel- und Hochstamm-Obstplantage	0,8
	Kgb	Baumschulen, Gärtnereien	
		• Gärtnereien	0,3
		• Baumschulen, Jungbaumkulturen	0,5
13.000	P	**FRIEDHÖFE, PARKS UND SPORTANLAGEN**	
	Pf	**Friedhöfe**	t
		mit Anpflanzungen und Rabatten	0,3
		mit Altbaumbestand	1,4
	Pp	**Parkanlagen**	t
	Ppg	Grünanlagen, Rasenflächen	
		• mit Parkrasen	
		• artenarm	0,2
		• artenreich	0,5
		• mit Anpflanzungen und Rabatten	0,3
	Ppb	Parks mit Altbaumbestand	1,4
	Ps	**Sport- und Freizeitanlagen**	t
	Pss	Sportplätze	0,1
	Psp	Spiel- und Bolzplätze	0,1
	Psg	Grillplätze, sonstige Freizeitanlagen	0,2

Tab. A: Biotoptypenliste (Fortsetzung)

Nr.	Typ		Ausprägung / BW_t		
14.000	S	**BESIEDELTER BEREICH UND VERKEHRSFLÄCHEN**			
	Sv	**Verkehrsanlagen und Plätze**			**t**
	Svv	Straßenverkehrsflächen und -plätze			
		• asphaltiert oder betoniert			0,0
		• gepflastert (ohne Fugenversiegelung) oder teilbefestigt (einschl. Rasengitter)			0,0
	Svw	Wirtschaftswege, Pfade, wassergebundene Plätze			
		• geschottert, wassergebundene Decke			0,1
		• unbefestigt			0,2
	Svb	• Bahnanlagen			0,1
		Siedlungsflächen und Gebäude	**b**	**u**	**t**
	Sh	historisch gewachsenen Siedlungsgebiete			
		• Burg- und Schloßanlagen, Klöster	1,2[1]	0,8	1,0
		• Dorfanlagen, Mühlen, Einzelgehöfte[2]	0,9	0,5	0,7
	Sw	Wohnsiedlungsgebiete jüngerer Zeit			
	Swa	• Wohngebiete des 19. und frühen 20. Jh.		0,8	1,0
	Swm	• Wohngebiete bis Mitte 20. Jh.		0,4	0,6
	Swn	• Wohngebiete, modern		0,1	0,3
	Sm	Gebiete verdichteter Bebauung			
		• Mischgebiete		0,1	0,3
		• Wohnblockbebauung		0,1	0,3
	Sg	Gewerbe- und Industriegebiete			
	Sgg	• Bebaute Gewerbeflächen	0,8	0,0	0,1
	Sgl	• Lager- und Hofflächen	0,3	0,0	0,1
	So	Öffentliche Einrichtungen, Großformbebauung		0,1	0,3
		b: verfallen, ungenutzt oder sporadisch genutzt **u:** modern überformt bzw. verdichtet und relativ gehölzarm **t:** typische Ausbildung			
	Se	**Ver- und Entsorgungseinrichtungen**			**t**
		Hochbehälter, Brunnen, Trafohäuschen, Kläranlagen			0,1
		Deponien und Rieselfelder (in Betrieb)			0,1

1) Ruinen
2) Fachwerkgebäude, alte Steinbauten, Stallungen und Scheunen

Anhang 2 (Tab. B: Indikatorarten)

Tab. B-1: Artengruppe Vögel

Art	RL	Standort[1]		Struktur		Einbindung[2]		Ausdehnung		b	
Zwergtaucher	3	s1	sfw, sfh	h2	hbc, hbg, hsh	e1	stö	a3	A3[3], GU[4]	7	b4
Haubentaucher	3	s1	sfw, sfh	h2	hbc, hbg, hsh	e1	stö	a2	A2, GU	7	b4
Schwarzhalstaucher	1	s1	sfw, sfh	h3	hbc, hbg, hsh	e1	stö	a3	A3?, GU	8	b4
Kormoran	2	s1	sfw, sfh	h2	hbc, hsw			a2	A3?, GF	5	b3
Große Rohrdommel	0	s3	sfn	h3	hbg, hsh	e3	stö	a4	A4, GU	13	b5
Zwergdommel	1	s3	sfn	h3	hbb, hsh	e3	stö	a3	A3?, GU	12	b5
Graureiher	+			h1	hbw	e2	stö, hbc	-	-?	3	b2
Schwarzstorch	2	s1	sfh	h2	hbw, hsw	e2	stö	a3	A5, WH	8	b4
Weißstorch	1	s1	sfh	h3	hbg, hsm, hne	e2	stö, hbc	a3	A4, GF	9	b5
Schnatterente	1	s3	sfw, sfv	h3	hbc, hbg, hsh	e2	stö	a2	A2?, GU	10	b5
Krickente	1	s2	sfw, sfv	h2	hbc, hbg	e2	stö	a2	A2, GU	8	b4
Stockente	+	s1	sfw	h1	hbc, hbg			-	-	2	b1
Spießente	1	s2	sfw, sfv	h2	hbc, hbg	e2	stö	a4	A4?, GU	10	b5
Knäkente	1	s2	sfw, sfv	h3	hbc, hbg	e2	stö	a2	A2, GU	9	b5
Löffelente	1	s2	sfw, sfv	h3	hbc, hsh	e2	stö	a3	A3?, GU	10	b4
Tafelente	1	s2	sfw, sfv	h3	hbc, hbg, hsh	e2	stö	a2	A2, GU	9	b5
Reiherente	V	s1	sfw	h1	hbc, hbg			a2	A2, GU	4	b2
Wespenbussard	V			h1	hbs, hsw	e1	stö	a2	A4, AH	4	b2
Schwarzmilan	3			h2	hbs, hsw	e2	hbc	a3	A4, GF	7	b4
Rotmilan	+			h1	hbs, hsw	e1	stö	a2	A4, AH	4	b2
Rohrweihe	2	s3	sfn, sfv	h3	hbg, hsh	e2	stö	a5	A5, GU	13	b5
Wiesenweihe	1	s2	sfh	h3	hbg, hsh	e2	stö	a5	A5?, GU	12	b5
Habicht	+			h1	hbh, hsw	e1	stö	-	A2?, WH	2	b1
Sperber	+			h2	hbs, hhx	e1	stö	-	A2?, WH	3	b2
Mäusebussard	+			h1	hbs, hsw	e1	stö	-	A2?, AH	2	b1
Fischadler	0	s2	sfw	h2	hbs, hsw	e3	hbc, stö	a2	A4?, WH	9	b5
Turmfalke	+			h1	hhc, hhi			a1	A3?, AH	2	b1
Baumfalke	3			h2	hbs, hsw	e2	hbc, stö	a2	A4, AH	6	b3
Wanderfalke	2			h2	hhc, hhi	e3	stö	a2	A4, AH	7	b4
Haselhuhn	1			h3	hbi, hsn, hns	e3	stö	a6	A5, WE	12	b5
Birkhuhn	1	s1	snm	h3	hbg, hsk, hsn	e3	stö	a6	A5, GB	13	b5
Auerhuhn	1	s1	shm	h3	hbw, hss, hsz	e3	stö	a2	A4, WH	9	b5
Rebhuhn	2			h3	hbo, hsm, hnd	e2	stö	a1	A3, AA	6	b3
Wachtel	3	s1	sfx, skt	h3	hbo, hsh, hnd	e2	stö	a1	A3, AA	7	b4
Wasserralle	3	s2	sfn	h2	hbc, hbg, hsh	e2	stö	a2	A2, GU	8	b4
Tüpfelsumpfhuhn	1	s3	sfn, sfv	h2	hbc, hbg, hsm	e2	stö	a2	A2, GU	9	b5
Wachtelkönig	1	s2	smn	h3	hbg, hsm, hne	e3	stö	a2	A3, GH	10	b5
Teichhuhn	V	s1	sfw, sfv	h2	hbc, hbg, hsr			-	-	3	b2
Bläßhuhn	+	s1	sfw, sff	h1	hbc, hbg, hsr			-	-	2	b1
Flußregenpfeifer	3	s1	sfw, sff	h3	hbc, hbk	e1	stö	a1	A1, T	6	b3
Kiebitz	2		sfh	h3	hbg, hsm, hne	e3	stö	a2	A3, GF	8	b4
Bekassine	2	s3	sfn	h2	hbg, hsm	e2	stö	a1	A2, GF	8	b4
Waldschnepfe	3	s1	sfh	h2	hbw, hss	e2	stö	a1	A3, WH	6	b3
Uferschnepfe	1	s3	sfn	h3	hbg, hsm, hne	e3	stö	a2	A3?, GF	12	b5
Großer Brachvogel	1	s3	sfh	h3	hbg, hsm, hne	e3	stö	a3	A4?, GF	12	b5
Flußuferläufer	2	s3	sfn, sff	h3	hbc, hbr, hbb		?	a1	A2?, GF	7	b4
Lachmöwe	R	s3	sfw, sfv	h2	hbk, hbg, hsk	e1	hbc	-	-?	6	b3
Flußseeschwalbe	0	s5	sfs°	h3	hbc, hbk, hbd		?	a2	A3?, GF	10	b5
Trauerseeschwalbe	0	s5	sfn, sfs°	h2	hbc, hbg		?	a2	A3?, GF	9	b5

Tab. B-1: Artengruppe Vögel (Fortsetzung)

Art	RL	Standort		Struktur		Einbindung		Ausdehnung		b	
Hohltaube	V			h2	hbh, hsw, hha			a1	A3, WH	3	b2
Ringeltaube	+				hbh, hsw			-	-	-	-
Türkentaube	+				hhe, hhg			-	-	-	-
Turteltaube	+			h2	hbb, hsd			-	-?	2	b1
Kuckuck	V			h1	hbs, hss	e1	stö	a1	A3?, WH	3	b2
Schleiereule	V			h2	hhi, hhj	e1	hbb	-	-?	3	b2
Uhu	2			h3	hbw, hsw, hhc	e3	stö	a2	A4?, WH	8	b4
Sperlingskauz	3	s1	shm	h2	hbh, hsw, hha		hbl	a2	A4?, WH	5	b3
Steinkauz	3			h2	hbe, hsw, hha	e2	stö	a3	A4, JS	7	b4
Waldkauz	+			h2	hbh, hsw, hha			a2	A4, WH	4	b2
Waldohreule	V			h2	hbh, hsw, hbs			a2	A4, WH	4	b2
Sumpfohreule	1	s2	sfh	h3	hbg, hsh, hne	e3	stö	a5	A5, GU	13	b5
Rauhfußkauz	3	s2	shm	h2	hbh, hsw, hha			a2	A4?, WH	6	b3
Ziegenmelker	1	b2	sbs, snm	h3	hbb, hbl, hsz	e2	stö	a3	A2?,GB[5]	10	b5
Mauersegler	+			h1	hhi, hhj			-	-?	1	b1
Eisvogel	3	s2	sff	h2	hbc, hhw			a2	A3, GF	7	b3
Wiedehopf	1	s2	skt	h2	hbe, hsw, hha	e3	stö	a3	A4, JS	10	b5
Wendehals	1	s3	skt	h3	hbe, hsw, hha	e2	stö	a1	A2, JS	8	b4
Grauspecht	+			h2	hbw, hbe, hsw	e2	hbg, hne	a1	A3, WH	5	b3
Grünspecht	V			h2	hbe, hbw, hsw	e2	hbg, hne	a2	A3, JS	6	b3
Schwarzspecht	+			h3	hbw, hsw, hha			a3	A5, WH	6	b3
Buntspecht	+			h1	hbw, hsw, hha			-	A1?, WH	1	b1
Mittelspecht	V			h3	hbw, hsw, hha			a1	A3, WH	4	b2
Kleinspecht	3	s1	sfh	h3	hbw, hss, hbe			-	A2,WH	4	b2
Haubenlerche	1	s1	sfx, snm	h3	hbo, hbb	e2	stö	a2	A1?, GB	8	b4
Heidelerche	1	s1	snm	h3	hbb, hhe	e2	stö	a3	A2, GB	9	b5
Feldlerche	V			h2	hbg, hne	e1	stö	-	A2, AA	3	b2
Uferschwalbe	V			h2	hhw	e1	hbc	-	-	3	b2
Rauchschwalbe	3			h2	hbr, hhj			-	-	2	b1
Mehlschwalbe	3			h2	hbr, hhj			-	-	2	b1
Brachpieper	1	s2	sfx, sbs	h3	hba, hsr	e2	stö	a3	A2?, GB	10	b5
Baumpieper	V			h2	hbs, hsw	e1	stö	-	-	3	b2
Wiesenpieper	V			h2	hbg, hsm, hne	e2	stö	a1	A2, GH	5	b3
Schafstelze	V	s1	sfh	h2	hbg, hsm, hne			a1	A2?, GH	4	b2
Gebirgsstelze	+	s1	shm, sff	h2	hbc, hbk, hhw			a1	A2, GF	4	b2
Bachstelze	+		sff, sfw		hbb, hsn			-	-	-	-
Wasseramsel	V	s2	shm, sff	h1	hbc, hhw			a2	A3, GF	5	b3
Zaunkönig	+		sff	h1	hbw, hss			-	-	1	b1
Heckenbraunelle	+				hbw, hsd			-	-	-	-
Rotkehlchen	+			h1	hbh, hsn			-		1	b1
Nachtigall	+		sfh	h3	hbw, hsd			-	A1, WH	3	b2
Blaukehlchen	3	s2	sfn	h2	hbb, hss, hsd			a2	A2?, GU	6	b3
Hausrotschwanz	+			h1	hhj, hhg			-	-	1	b1
Gartenrotschwanz	3			h3	hbe, hbw, hsw			-	A1, JS	3	b2
Braunkehlchen	2	s1	sfh, snm	h3	hbb, hsh, hne	e1	stö	a1	A2, GH	6	b3
Schwarzkehlchen	2	s1	sfx	h3	hbb, hbo	e1	stö	a2	A2, GT[5]	7	b4
Steinschmätzer	1	s2	sfx, snm	h3	hba, hbo	e1	stö	a2	A2, GT	8	b4
Amsel	+			-	hbw, hbs, hss			-	-	-	-
Wacholderdrossel	+			-	hbs, hbw, hsw			-	-	-	-
Singdrossel	+			h1	hbw, hss			-	-	1	b1
Misteldrossel	+			h1	hbw, hsw			-	A1?, WH	1	b1

Tab. B-1: Artengruppe Vögel (Fortsetzung)

Art	RL	Standort		Struktur		Einbindung		Ausdehnung		b	
Feldschwirl	V			h2	hbb, hsh			-	A2?, AH	2	b1
Schlagschwirl	R	s3	sak, sfn	h3	hbb, hss, hsd			a2	A2?, GU	8	b4
Rohrschwirl	R	s3	shn, sfv	h3	hbb, hsh			a2	A2?, GU	8	b4
Schilfrohrsänger	1	s2	sfh	h3	hbb, hsh	e2	stö	a2	A2?, GU	7	b4
Sumpfrohrsänger	+		sfh	h1	hbb, hsh			-	-	1	b1
Teichrohrsänger	V	s2	sfh	h2	hbg, hsh			a2	A2, GU	4	b2
Drosselrohrsänger	1	s3	sfn	h3	hbg, hsh	e2	stö	a2	A2?, GU	10	b5
Gelbspötter	V			h2	hbw, hss			-	A1, WH	2	b1
Klappergrasmücke	+			h1	hbb, hsd			-	-	1	b1
Dorngrasmücke	V			h2	hbb, hsd			-	A1?, AH	2	b1
Gartengrasmücke	+			h2	hbw, hss			-	-	2	b1
Mönchsgrasmücke	+			h1	hbw, hbs, hss			-	-	1	b1
Waldlaubsänger	+			h1	hbw, hsw			-	A1?, WH	1	b1
Zilpzalp	+			-	hbw, hbs, hsd			-	-	-	-
Fitis	+			h1	hbw, hss			-	-	1	b1
Wintergoldhähnchen	+			h1	hbh, hsw, hhx			-	-	1	b1
Sommergoldhähnchen	+			h1	hbh, hbw, hsw			-	-	1	b1
Grauschnäpper	+			h2	hbw, hbe, hsd			a1	A2?, JS	3	b2
Halsbandschnäpper	R	s3	sak	h2	hbw, hbe, hsd			a1	A2?, JS	6	b3
Trauerschnäpper	+			h1	hbw, hsw, hss			-	A1?, WH	1	b1
Schwanzmeise	+			h1	hbw, hss			-	-	1	b1
Sumpfmeise	+	s1	sfh	h1	hbw, hss			-	-	2	b1
Weidenmeise	+	s1	sfh	h1	hbw, hss			-	-	2	b1
Haubenmeise	+			h1	hbh, hsw, hhx			-	-	1	b1
Tannenmeise	+			h1	hbh, hsw, hhx			-	-	1	b1
Blaumeise	+				hbw, hbe, hss			-	-	-	-
Kohlmeise	+				hbw, hbe, hss			-	-	-	-
Kleiber	+			h1	hbw, hsw, hha			-	-	1	b1
Waldbaumläufer	+			h1	hbw, hsw, hhx			-	-	1	b1
Gartenbaumläufer	+			h1	hbw, hsw			-	-	1	b1
Beutelmeise	V	s2	sfh, sak	h2	hbb, hsd			a2	A2?, U	6	b3
Pirol	V	s1	sfh	h2	hbw, hss			-	A2, WH	3	b2
Neuntöter	V			h3	hbb, hsd, hne	e1	stö	a1	A2, GH	6	b3
Raubwürger	1			h3	hbb, hsd, hne	e2	stö	a4	A5, GH	9	b5
Rotkopfwürger	1	s2	skt	h3	hbb, hbs, hsd	e2	stö	a5	A5, GT	12	b5
Eichelhäher	+			h1	hbw, hsw			-	A1?, WH	1	b1
Elster	+				hbs, hbw, hsw			-	-	-	-
Tannenhäher	V	s1	shm	h1	hbw, hsw, hhx			-	A2?, WH	3	b2
Dohle	3			h2	hhi, hhc			-	-	2	b1
Saatkrähe	+			h2	hbb, hhe			-	-	2	b1
Rabenkrähe	+				hbb, hbw			-	-	-	-
Kolkrabe	3			b2	hbw, hbb, hsw	e2	stö	a3	A5, WH	7	b4
Star	+			h1	hbe, hha					1	b1
Haussperling	V			h1	hhj, hhi			-	-	1	b1
Feldsperling	V			h2	hbe, hbb			-	A2?, AH	2	b1

Tab. B-1: Artengruppe Vögel (Fortsetzung)

Art	RL	Standort		Struktur		Einbindung		Ausdehnung		b	
Buchfink	+				hbw, hss			-	-	-	-
Girlitz	+			h1	hbw, hbs, hss			-	-	1	b1
Grünfink	+				hbw, hbb, hss			-	-	-	-
Stieglitz	+			h1	hbb, hsd, hsr			-	-	1	b1
Erlenzeisig	+			h1	hbw, hss, hhx			-	-	1	b1
Bluthänfling	+			h1	hbb, hsd			-	-	1	b1
Birkenzeisig	+	s1	sab		hbw, hsw			-	-	1	b1
Fichtenkreuzschnabel	+	s1	shm	h1	hbw, hsw, hhx			-	A2?, WH	2	b1
Gimpel	+			h1	hbw, hss, hhx			-	-	1	b1
Kernbeißer	+			h1	hbw, hbs, hbb			-	-	1	b1
Goldammer	+			h1	hbb, hsd			-	-	1	b1
Zaunammer	R	s3	sam, skt	h2	hbb, hsd			a2	A2?, GT	7	b4
Zippammer	1	s3	sam, skt	h3	hbb, hbf, hsk			a2	A2, GT	8	b4
Ortolan	0	s3	sam, skt	h3	hbb, hbo, hsk			a2	A2?, GT	8	b4
Rohrammer	+	s1	hbf, hbv	h1	hbg, hsh			a2	A2, GU	4	b2
Grauammer	2	s2	sfx, snm	h3	hbb, hsm, hne			a1	A2, GH	6	b3

RL: Rote Liste Hessen, Stand: 1997
Angaben zur Brutdichte z.B. in HGON (1993 ff.); siehe auch Anmerkung 1)

Tab. B-2: Artengruppe Säugetiere

Art	RL	Standort		Struktur		Einbindung		Ausdehnung		b	
Reh	+			h1	hbs, hss			-	A1?, WH	1	b1
Rothirsch	+			h1	hbh, hss			a2	A4?, WH	3	b2
Wildschwein	+			h1	hbh, hss			a1	A3?, WH	2	b1
Feldhase	3			h2	hbg, hsm, hnd			a1	A3?, AA	3	b2
Wildkaninchen	+			h1	hbs, hsm			-	-	1	b1
Schermaus	+			h1	hbc, hsr			-	A1?, GF	1	b1
Feldmaus	+				hbo, hsm			-	A2, AA	-	-
Erdmaus	+				hbo, hsr			-	A2, AA	-	-
Rötelmaus	+				hbs, hsd			-	A1, WH	-	-
Gelbhalsmaus	+			h1	hbh, hsd			-	A1, WH	1	b1
Waldmaus	+			h1	hbs, hsd			-	A1, WH	1	b1
Brandmaus	G	s1	sak		hbs, hsr			-	A1, AA	1	b1
Zwergmaus	3			h3	hbg, hsh, hne			-	A2?, AA	3	b2
Hausmaus	+				hhg			-	-	-	-
Hausratte	0			h1	hhy, hhj			-	-	1	b1
Wanderratte	+				hhg, hhz			-	-	-	-
Feldhamster	3	s2	sak, sbl	h3	hbo, hsm, hne			-	A2, AA	5	b3?
Siebenschläfer	+			h3	hbe, hsw, hha			-	A1?, JS	2	b2
Haselmaus	D			h3	hbs, hsd			-	A1, WH	2	b2?
Gartenschläfer	+			h3	hbw, hss, hha			-	A1?, JS	2	b2
Biber	V	s1	sfh, sfw	h2	hbc, hss			a3	A4?, GF	6	b3
Eichhörnchen	+			h1	hbw, hsw			-	A1?, WH	1	b1
Wildkatze	2			h1	hbh, hsw	e3	stö	a3	A5?, WH	7	b4
Luchs	0			h1	hbh, hsw	e3	stö	a3	A5, WH	7	b4

Tab. B-2: Artengruppe Säugetiere (Fortsetzung)

Art	RL	Standort		Struktur		Einbindung		Ausdehnung		b	
Wolf	0			h1	hbh, hsw	e3	stö	a3	A5, WH	7	b4
Fuchs	+			h1	hbs, hsd			-	-	1	b1
Iltis	D			h2	hbc, hhj			a1	A2?, GF	3	b2?
Mauswiesel	D			h2	hbs, hsd			-	A1, AH	2	b1?
Hermelin	D			h2	hbs, hsd			-	A2, AH	2	b1?
Steinmarder	+			h1	hhz, hhj			-	-	1	b1
Baummarder	G			h2	hbh, hsw			a1	A3?, WH	3	b2
Dachs	-			h1	hbh, hsw			a1	A3?, WH	2	b1
Fischotter	0	s1	sfn, sff	h3	hbc, hsr	e3	stö	a4	A5, GF	11	b5
Braunbär	0			h3	hbh, hsw	e3	stö	a3	A5, WH	9	b5
Große Hufeisennase	0	s2	skt	h3	hbe, hhy	e3	hho[6]	-	-?	8	b4?
Kleine Hufeisennase	0			h3	hbe, hhy	e3	hho	-	-?	6	b3?
Kleine Bartfledermaus	2			h3	hbc, hha	?	hho	-	-?	?	b3?
Große Bartfledermaus	2			h3	hbc, hha	?	hho	-	-?	?	b3?
Fransenfledermaus	2			h3	hbe, hha	?	hho, hhc	-	-?	?	b3?
Bechsteinfledermaus	2			h3	hha, hhy	?	hba, hho	-	-?	?	b3?
Großes Mausohr	2			h3	hbe, hhy	e2	hho, hhc	-	-?	5	b3?
Wasserfledermaus	3			h2	hbc, hha	e2	hho, hhc	-	-?	4	b2?
Teichfledermaus	0			h3	hbc, hhy	e2	hho	-	-?	5	b3?
Zweifarbfledermaus	2	s2	sak	h3	hhi, hhy	-	hhi, hhy	-	-?	5	b3?
Nordfledermaus	1		?	h3	hhy, hhi	e1	hhy, hho	-	-?	?	b4?
Breitflügelfledermaus	2	s2	sam	h3	hhy, hhi	e2	hhy, hho	-	-?	7	b4?
Großer Abendsegler	3			h3	hbe, hha	-	hha, hhy	-	-?	3	b2?
Kleiner Abendsegler	2		?	h3	hha	-	hha	-	-?	?	b3?
Zwergfledermaus	3			h2	hhy, hhz	e1	hhy	-	-	3	b2
Rauhhautfledermaus	2			h3	hha	e3	hha	-	-?	6	b3
Mopsfledermaus	1			h3	hhi, hhy	?	hho, hhc	-	-?	?	b4?
Braunes Langohr	2			h3	hbe, hha	e2	hho	-	-?	5	b3
Graues Langohr	2			h3	hbe, hhy	e2	hho	-	-?	5	b3
Langflügelfledermaus	0	s3	sam	h3	hho	e1	hho	-	-?	7	b4
Waldspitzmaus	+		sfh	h1	hbs, hbb			-	A1, WH	1	b1
Schabrackenspitzmaus	+			h1	hbs, hbb			-	A1, WH	1	b1
Zwergspitzmaus	+			h1	hbh, hbs			-	A1, WH	1	b1
Alpenspitzmaus	1	s3	shh		hbb			-	A1, WH	3	b2
Wasserspitzmaus	G	s1	sfh	h2	sff, hbg			a1	A2?, GF	4	b2
Sumpfspitzmaus	2	s2	sak, sfh	h2	hbg			a2	A2?, GU	6	b3
Hausspitzmaus	D			h1	hbg, hbs			-	A1, AH	1	b1?
Feldspitzmaus	2			h3	hbg, hbs			-	A1, AH	3	b2?
Maulwurf	+				hbb			-	-	-	-
Igel	D			h2	hbb, hbs			-	A2?, AH	2	b1?

RL: Rote Liste Hessen, Stand: 1995

Tab. B-3: Artengruppe Reptilien

Art	RL	Standort		Struktur		Einbindung		Ausdehnung		b	
Sumpfschildkröte	1	s3	sfw, sfn	h3	hbc, hbg	e2	stö	a2	A2?, GU	10	b5
Smaragdeidechse	0	s3	sam, skt	h2	hbb, hbo, hsn	e1	met, stö	a2	A2?, GT	8	b4
Zauneidechse	3	s1	sam, skt	h2	hbo, hsk, hsn	e1	met, stö	a2	A2, GT	6	b3
Waldeidechse	V		sab	h2	hbs, hsr, hbo	e1	stö	-	-	3	b2
Mauereidechse	2	s3	sam, skt	h3	hbb, hsn, hhi	e1	met	a1	A1, GT	8	b4
Blindschleiche	V		sfh	h2	hbw, hsn	e1	stö	-	-	3	b2
Äskulapnatter	R	b3	sam, skt	b1	hbb, hhi, hhb	e1	stö	a3	A3?, GT	8	b4
Ringelnatter	V	s1	sfh	h1	hbc, hbg, hhb	e1	stö	a2	A3?, GF	5	b3
Würfelnatter	0	s3	sff, sfw	h3	hbc, hbg, hhb	e1	stö	a2	A3?, GF	9	b5
Schlingnatter	3	s1	sfx, skt	h2	hbo, hsk, hsn	e1	stö	a2	A2, GT	6	b3
Kreuzotter	2	s1	sfh	h2	hbb, hbl, hsz	e1	stö	a6	A5, GB	10	b5

RL: Rote Liste Hessen, Stand: 1995

Tab. B-4: Artengruppe Amphibien

Art	RL	Standort		Struktur		Einbindung		Ausdehnung		b	
Feuersalamander	3	s1	shm, skk	h1	hbw, hbl, hsw	e2	sai (sff)	-	A2?, WH	4	b2
Bergmolch	V		skk	h2	hbc, hbw, hsw	e1	sfw, hhf	a1	A3, WH	4	b2
Fadenmolch	2	s2	saw,shm	h1	hbw, hsw	e2	sfw	a1	A3, WH	6	b3
Teichmolch	V		sfh	h1	hbg, hsn	e1	sfw, hhf	a2	A3, GF	4	b2
Kammolch	2			h3	hbc, hbg	e1	(sfw)	a2	A3, GF	6	b3
Geburtshelferkröte	2	s2	saa, shm	h3	hbk, hba	e3	sfw, hhf	a1	A1, T[10]	8	b4
Gelbbauchunke	2	s2	sar	h3	hbk, hba, hbw	e2	hhf, sfw	a1	A3?,WH	8	b4
Knoblauchkröte	1	s2	(sap) sbs	h2	hbd, hba	e3	sfw	a1	A1, T[10]	8	b4
Erdkröte	V			h1	hbw, hbs	e2	sfw	a1	A3?, WH	4	b2
Kreuzkröte	2		sap, sbs	h3	hbd, hba	e3	dis (sfw)	a1	A3?,AH[11]	6	b3
Wechselkröte	1	s3	sap, sfw	h3	hbc, hbd, hba	e3	dis (sfw)[9]	a1	A3, AH[11]	8	b4
Laubfrosch	1	s3	sfw	h3	hbb, hss	e2	met (sfw)	a2	A2?, GU	10	b5
Moorfrosch	1	s3	sap, sfn	h2	hbc, hbg	e3	sfw (sfd)	a4	A4?, GU	12	b5
Springfrosch	1	s1	skt	h3	hbw, hbs, hss	e1	sfw, sff	a2	A4, WH	7	b4
Grünfrösche *R. esculenta-K.*	3	s1	sfw, sfv	h2	hbc, hbg	e2	met (sfw)	a1	A2?, GF	6	b3
Grasfrosch	V			h1	hbw, hss, hbg	e1	sfw, hhf	a1	A3, WH	3	b2

RL: Rote Liste Hessen, Stand: 1995

Tab. B-5: Artengruppe Heuschrecken

Art	RL	Standort[12]		Struktur		Einbindung		Ausdehnung		b	
Acheta domesticus	+			h2	hhg			-	-	2	b1
Barbitistes serricauda	G		?	h2	hbs, hsr			-	-?	3	b2
Conocephalus discolor	+	s1	sfh, skt	h1	hbr, hsh			a1	A1, GU[13]	3	b2
Conocephalus dorsalis	3	s2	sfh, skw	h2	hbr, hsh			a1	A1, GU	5	b3
Dectivus verrucivorus	2	s3	shm,snm	h3	hbo, hsk			-	A1, GH	6	b3
Ephippiger ephippiger	1	s5	sam, skt	h3	hba, hsk			a2	A2, GT	10	b5
Gryllotalpa gryllotalpa	G			h3	hba, hnd			-	-?	3	b2
Gryllus campestris	3	s2	sfx, skt	h2	hbo, hsk			a1	A1, GT	5	b3
Isophya kraussi	3	s2	sfx, skt	h2	hbb, hsm			a1	A1, GT	5	b3
Leptophytes punctatissima	+		skt		hbb, hsn			a1	A1, GT	1	b1
Meconema thalassinum	+		skk		hbs, hsw			-	-	-	-
Metrioptera bicolor	3	s2	sfx, skk	h2	hbo, hsk, hne			a1	A1, GT	5	b3
Metrioptera brachyptera	3	s2	sfh, skw	h2	hbo, hsm			a1	A1, GF	5	b3
Metrioptera roeseli	+				hbg, hsr			-	-	-	-
Nemobius sylvestris	+	s1	sfx	h1	hbs, hsw			-	-	2	b1
Oecanthus pellucens	3	s3	sam, skt	h1	hbb, hsr			a1	A1, GT	5	b3
Phaneroptera falcata	+	s2	skt	h1	hbs, hsr			a1	A1, GT	4	b2
Pholidoptera griseoaptera	+		sfh, skk		hbs, hsn			-	-	1	b1
Platycleis albopunctata	2	s3	sfx, skt	h2	hbk, hsk			a1	A1, GT	6	b3
Tettigonia cantans	+	s1	shm, skt		hbo, hsm			-	-	1	b1
Tettigonia viridissima	+		sfx, skt		hbb, hsr			-	-	-	-
Chorthippus albomarginatus	+	s1	sfh	h1	hbo, hsm			-	A1, GF	2	b1
Chorthippus apricarius	3	s2	sfx, skt	h2	hbg, hsr, hnd	e1	hbo (A)	-	A1, AA	5	b3
Chorthippus biguttulus	+	s1	sfx, skw		hbo, hsk			-	-	1	b1
Chorthippus brunneus	+	s1	sfx, skw	h1	hba			-	-	2	b1
Chorthippus dorsatus	3	s2	sfh, snm	h2	hbg, hsm			-	A1, GF	4	b2
Chorthippus mollis	V	s2	sfx, skt	h2	hba, hsk			a1	A1, GT	5	b3
Chorthippus montanus	V	s2	sfh, skw	h2	hbr, hsh			a1	A1, GU	5	b3
Chorthippus parallelus	+				hbg, hsm			-	-	-	-
Chorthippus vagans	3	s2	sra, skt	h2	hbf			a1	A1, GT	5	b3
Chrysochraon dispar	3	s2	sfh, skw	h2	hbg, hsr			-	A1, GF	4	b2
Gomphocerippus rufus	V	s2	skt, snm	h1	hbs, hsr			a1	A1, GT	4	b2
Mecosthetus grossus	3	s2	sfh, skh	h2	hbg, hsm			a1	A1, GU	5	b3
Myrmeleotettix maculatus	V	s2	skt, snm	h1	hbd			a1	A1, GT	4	b2
Oedipoda caerulescens	3	s2	sfx, skt	h2	hbf			a1	A1, GT	5	b3
Oedipoda germanica	1	s3	sfx, skt	h3	hbf	e2	hsn (Jr)	a1	A1, GT	9	b5
Omocestus haemorrhoidalis	2	s3	skt, snm	h2	hbo, hsk			a2	A1, GB	7	b4
Omocestus ventralis	2	s3	sfx, skt	h2	hbk, hsk			a1	A1, GT	6	b3
Omocestus viridulus	+	s1	shm		hbo, hsm			-	A1, GH	1	b1
Sphingonotus caerulans	1	s3	sfx, skt	h3	hbd			a1	A1, GT	7	b4
Stenobothrus lineatus	V	s1	sfx, skt	h2	hbo, hsk			a1	A1, GT	4	b2
Stenobothrus nigromaculatus	2	s3	sra, skt	h2	hbf, hsk			a2	A1, GB	7	b4
Stenobothrus stigmaticus	3	s2	skt, snm	h2	hba, hsk			a1	A1, GT	5	b3
Tetrix bipunctata	3	s2	sfx, skt	h1	hsk			a1	A1, GT	4	b2
Tetrix ceperoi	2	s3	skt	h2	hbr			a1	A1, GT	6	b3
Tetrix subulata	V	s2	sfh, skw	h1	hbr			a1	A1, GU	4	b2
Tetrix tenuicornis	+	s1	sfx, skt	h1	hba, hsk			a1	A1, GT	3	b2
Tetrix undulata	+				hbl			-	-	-	-

RL: Rote Liste Hessen, Stand: 1995

Tab. B-6: Artengruppe Tagfalter

Art	RL	Standort		Struktur		Einbindung		Ausdehnung		b	
Carterocephalus palaemon	V	s2	sfh, snm		hbs, hsr			a2	A2?, GT	4	b2
Thymelicus sylvestris	+	s1	snm		hbb, hsr			-	A2?, GH	1	b1
Thymelicus lineola	+		sfx, snn		hbg, hsr			-	-	-	-
Thymelicus acteon	G	s3	snm, skt	h1	hbo, hsh			a2	A2?, GT	6	b3
Hesperia comma	2	s2	snm, skt	h2	hbo			a1	A2?, GH	5	b3
Ochlodes venatus	+		sfh		hbj, hsr			-	-	-	-
Erynnis tages	2	s3	sfx, skt	h2	hbo, hsk			a2	A2?, GT	7	b4
Carcharodus alceae	2	s3	sfx, skt	h2	hbo, hsr			a2	A2?, GT	7	b4
Spiala sertorius	2	s3	skt, srb	h2	hbo, hsk			a2	A2?, GT	7	b4
Pyrgus malvae	V	s2	snm	h2	hbs, hsr			a1	A1, GT	5	b3
Pyrgus serratulae	0	s3	snm, skt	h2	hbo			a2	A2?, GT	7	b4
Parnassus mnemosyne	1	s3	shh, snm	h2	hbs, hsr			-	-?	5	b4?
Papilio machaon	V	s1	snm	h1	hbg, hsm, hne			a1	A2?, GF	3	b2
Iphiclides podalirius	1	s3	sfx, skt	h2	hbb, hsz, hnh	e1	hhu	a3	A3, GT	9	b5
Leptidea sinapis-Komplex*	3	s1	sfx, snm	h1	hbb, hsr			a2	A2?, GT	4	b2
Colias hyale	3	s1	sfx, snm	h1	hbo, hsr			a2	A2?, GT	4	b2
Colias alfacariensis	G	s3	skt, srb	h2	hbo, hsr	e3	hhp	a1	A1?, GT	9	b5
Colias crocea	+	s1	sfx, snm	h1	hbo, hsr			a1	A2?, GH	3	b2
Gonepteryx rhamni	+		skk		hbs, hsd			-	-	-	-
Aporia crataegi	2	s2	skt	?	hbb, hsd			-	-?	?	b3?
Pieris brassicae	+				hbo, hsm, hhn			-	-	-	
Pieris rapae	+				hbo, hsm, hhn			-	-	-	
Pieris napi	+			h1	hbj, hsr			-	-	1	b1
Anthocharis cardamensis	+		skk	h1	hbs, hsr			-	-	1	b1
Apatura iris	V	s1	skk	h2	hbi, hsw			-	-	3	b2
Apatura ilia	0	?	skt	?	hbi, hsw			-	-	?	b5?
Limenitis camilla	2	s1	skk	h3	hbi, hss, hhp			-	-	?	b4?
Limenitis populi	R	s3	sah, skk	h3	hbi, hss, hhf	e3	hbo	-	-	9	b5
Nymphalis polychlorus	1	s3	sfx, skt	h3	hbi, hss, hne	e3	hbb	-	-	9	b5
Nymphalis urticae	+		snn, skt		hbg, hsr			-	-	-	-
Nymphalis antiopa	2	s3	sab, skk	h3	hbi, hss, hne	e3	hbb	-	-	9	b5
Nymphalis io	+		skt, snn		hbg, hsr			-	-	-	-
Vanessa atalanta	+				hbb, hsr			-	-	-	-
Vanessa cardui	+		sfx		hbg, hsr			-	-	-	-
Nymphalis c-album	+		sfh, skk	h1	hbs, hsr			-	-	1	b1
Araschnia levana	+		sfh, skk	h1	hbj, hsr			-	-	1	b1
Argynnis paphia	V			h2	hbs, hsr			-	-	2	b1
Argynnis aglaja	3	s2	snm		hbo, hsr			a2	A2?, GT	4	b2
Argynnis adippe	3	s1	skt	h1	hbs, hsr	e2	snm, hbo	-	-	4	b2
Argynnis niobe	0	s3	shm, skk		hbg, hsm			-	-	?	b4
Issoria lathonia	V	s2	snm, skt	h2	hba, hsk, hnd			-	-	4	b2
Brenthis ino	+	s1	sfh	h1	hbg, hsr			a2	A3, GF	4	b2
Boloria selene	2	s3	sfn, snm	h1	hbg, hsm, hne			a1	A2, GF	5	b3
Boloria euphrosyne	2	s3	snm, skt	h1	hbs, hsr			-	-	?	b3
Boloria dia	2	s3	snm, skt	h1	hbo, hsk			-	-	?	b3
Melitaea cinxia	1	s3	snm, skt	h2	hbo, hsk			a1	A1, GT	5	b3
Melitaea phoebe	0	s3	snm, skt	h2	hbs, hsr			a2	A2?, GT	7	b4
Melitaea diamina	1	s3	sfn, snm	h2	hbg, hsr			a1	A2?, GF	6	b3
Melitaea athalia	2	s3	snm	h2	hbg, hsm, hne			-	A1, GH	5	b3
Euphydryas aurinia	1	s3	(sfn), snm	h3	hbg, hsm,hnm			-	A1, GF	6	b3

Tab. B-6: Artengruppe Tagfalter (Fortsetzung)

Art	RL	Standort		Struktur		Einbindung		Ausdehnung		b	
Melanargia galathea	+	s1	sfx, snm	h1	hbg, hsm, hne			a1	A2?, GH	3	b2
Hipparchia hermione	01	s3	sfx, sbs	h2	hbw, hsw, hhx			-	-	6	b3
Aulocera circe	1	s3	snm, skt	h2	hbb, hsh			-	-	5	b3
Erebia ligea	2	s3	snm, skt	h2	hbs, hsr			-	-	5	b3
Erebia aethiops	1	s3	sfx, skh	h2	hbj, hsr			-	-	5	b3
Erebia medusa	2	s3	snm	h1	hbg, hsr	e1	hbs	a1	A2?, GH	6	b3
Maniola jurtina	+			h1	hbg, hsm, hne			a1	A2, GH	2	b1
Aphantopus hyperantus	+		sfh, skk	h1	hbi, hsr			-	-	1	b1
Maniola tithonus	2	s3	skw	h1	hbi, hsr			-	-	4	b2
Coenonympha pamphilus	+	s1	snm, skt	h1	hbg, hsm, hne			a1	A2?, GH	3	b1
Coenonympha arcania	V	s1	snm	h2	hbb, hsm			a1	A2?, GH	4	b2
Pararge aegeria	+			h1	hbj, hss			-	-	1	b1
Lasiommata megera	3	s2	sfx, skt	h1	hba, hhl			a2	A2?, GT	5	b3
Lasiommata maera	1	s3	sfx, snm	h2	hbo, hhs			a2	A2?, GT	7	b4
Hamearis lucina	2		skk	h1	hbj, hbs			a2	A2?, GT	?	b3?
Callophrys rubi	V	s2	sfx, snm	h1	hbo, hsr			a1	A2, GH	3	b2
Thecla betulae	V	s1	skt	h2	hbs, hbj			a1	A2, GH	4	b2
Neozephyrus quercus	+			h2	hbs, hsw, hhe			-	A2, WH	2	b1
Satyrium acaciae	2	s3	sfx, sbs	h2	hbb, hsz			a2	A2, GT	7	b4
Satyrium ilicis	1	s3	sfx, sbs	h2	hbs, hsd			-	A2, WH	5	b3
Satyrium w-album	1	?	skk	h3	hbs, hsw, hhp			-	A2, WH	?	b4?
Satyrium pruni	V	s1	skt	h2	hbs, hsd			a1	A2, GH	4	b2
Lycaena helle	1	s3	sfn, skk	h2	hbg, hsm			a2	A3, GF	7	b4
Lycaena phlaeas	+	s1	sfx, snm	h1	hba, hsm			a2	A2?, GT	4	b2
Lycaena dispar	0	s3	saa, sfn	s3	hbg, hsm, hne			a2	A3, GF	8	b4
Lycaena virgaureae	2	s3	shm, skk	h1	hbl, hsm			a1	A2?, GF	5	b3
Lycaena tityrus	2	s3	sfh, snm	h1	hbg, hsm, hne			a1	A2?, GF	5	b3
Lycaena hippothoe	2	s3	sfn, snm	h2	hbg,hsm, hne			a2	A2, GT	7	b4
Cupido minimus	3	s2	snm, skt	h2	hbo, hsm, hhp			a2	A2?, GT	6	b3
Celastrine argiolus	+		skk	h1	hbi, hss			-	-	1	b1
Glaucopsyche alexis	1	s2	sfx, skt	h3	hbi, hsr, hnw	e2	snm, hbo	a2	A2?, GT	9	b5
Glaucopsyche arion	1	s3	sfx, snm	h2	hbo, hsk			a2	A2?, GT	7	b4
Glaucopsyche teleius	1	s3	sfh, snm	h2	hbg, hsr, hne			-	A1, GF	5	b3
Glaucopsyche nausithous	3	s3	sfh, snm	h2	hbg, hsr, hne			-	A1, GF	5	b3
Plebeius argus	2	s3	sfx, snm	h1	hbg, hsr			a2	A1, GB	6	b3
Plebeius idas	0	s3	snm, skt	h3	hbo, hsr	e2	?	a1	A1, GT	9	b5
Polyommatus agestis	2	s3	snm, skt	h1	hbo, hsr			a1	A1, GT	5	b3
Polyommatus semiargus	V			h1	hbg, hsr			-	-	1	b1
Polyommatus coridon	1	s3	srk, skt	h3	hbo, hsm, hhp	e2	hbs, hbw	a1	A1, GT	9	b5
Polyommatus bellargus	0	s3	srk, skt	h3	hbo, hsm, hhp	e2	hbs, hbw	a1	A1, GT	9	b5
Polyommatus icarus	+	s1	snm	h1	hbg, hsm, hhp			-	A1?, GH	2	b1

RL: Rote Liste Mittelhessen, Stand: 1995

*) Nach BROCKMANN (1998, mündl.) tritt in Deutschland in jüngster Zeit auch *L. reali* als eigene Art auf.

Tab. B-7: Wertbestimmende Kriterien und ihre Ausprägungsformen

	Kriterium		Unterkriterium		Ausprägung
s	**Standort**	sa	Kontinentalität / Areal (regional anzupassen)	sab	boreal, nord- (ost-) europ. Verbreitung
				saa	atlantisch, nordwesteurop. Verbreitung
				sak	kontinental, (süd-) osteurop. Verbr.
				saw	westliche Verbreitung
				sam	mediterran, südwesteurop. Verbreitung
		sh	Höhenstufe	sap	planar-kolline Verbreitung
				shm	submontan - montan
				shh	hochmontan
		sf	Wasserhaushalt	sff	offenes Wasser, fließend
				sfw	offenes Wasser, stehend
				sfs	zeitweise überstaut
				sfv	Verlandungszone
				sfd	dystroph-oligotroph (Gewässer)
				sfo	naß, ombrogen
				sfn	naß, sumpfig (GW-Einfluß)
				sfh	feucht bis naß
				sfx	mäßig trocken bis trocken
		sr	Bodenreaktion	sra	sauer
				srb	basenreich
				srk	kalkhaltig
		sb	Bodenart	sbh	torfig (Hochmoor)
				sbl	Löß, Lößlehm (locker, tiefgründig)
				sbs	sandig
		sn	Nährstoffversorgung	snm	nährstoffarm, mager[14]
				snn	nährstoffreich, eutroph
		sk	Mikroklima	skk	kühl-schattig, luftfeucht
				skh	feucht-warm, beschattet
				skt	trocken-warm, besonnt
				skw	im Jahresgang stark schwankend
		s1:	• Die Art repräsentiert eine den Biotoptyp charakterisierende und dessen Struktur und somit das Vorkommen der Art beeinflussende, vom Mittel abweichende Standorteigenschaft oder ist an bestimmte, naturräumlich begrenzte Standorteigenschaften gebunden (Kontinentalität, Höhenstufe)		
		s2:	• Die Art repräsentiert eine das Vorkommen der Art stark beeinflussende, stark vom Mittel abweichende oder selten gewordene Standorteigenschaft oder ist an bestimmte, naturräumlich eng begrenzte Standorteigenschaften gebunden.		
		s3:	• Die Art repräsentiert eine das Vorkommen der Art bestimmende, extreme oder sehr selten gewordene Standorteigenschaft oder ist an bestimmte, naturräumlich sehr eng begrenzte Standorteigenschaften gebunden		

Tab. B-7: Wertbestimmende Kriterien und ihre Ausprägungsformen (Fortsetzung)

Kriterium		Unterkriterium		Ausprägung	
h	**Struktur**	hb	Vegetationsbedeckung (horizontal)	hbf	felsig
				hbd	sandig (Oberfläche)
				hbr	lehmig, schlammig, Rohboden
				hbt	lehmig, trocken
				hbk	kiesig, schottrig, steinig
				hbc	limnisch oder gewässernah
				hba	vegetationsarm, allgemein
				hbo	grasig-krautig, lückig, gehölzfrei
				hbg	grasig-krautig, geschlossen, gehölzfrei
				hbb	grasig-krautig, mit Einzelgehölzen
				hbe	grasig-krautig, mit Einzelbäumen
				hbs	Waldrand (außen), licht, besonnt
				hbi	Waldrand (innen), licht (z.B. Hutewald)
				hbj	Waldrand (außen, innen), überstellt
				hbl	Lichtung, Blöße, randlich überstellt
				hbw	Wald, hochwüchsig, licht
				hbh	Wald, hochwüchsig, geschlossen
		hs	Vegetationsschichtung (vertikal)	hsk	grasig-krautig, kurzrasig
				hsm	grasig-krautig, mittelwüchsig
				hsh	grasig-krautig, hochwüchsig
				hsr	grasig-krautig, ruderal (Säume)
				hsz	Zwergsträucher, Krüppelschlehen
				hsn	Gehölz, niederwüchsig, lückig
				hsd	Gehölz, geschlossen
				hss	Gehölz, mehrschichtig
				hsw	Gehölz, hochwüchsig
		hh	Sonderstrukturen	hhe	Einzelbäume, Einzelgehölze
				hha	Altholz (Höhlen, tote Äste)
				hht	Totholz (stehend oder liegend)
				hhx	Nadelholz
				hhm	Moose und Flechten
				hhn	Kulturpflanzen
				hhp	spezielle (Wirts-) Pflanzen
				hhr	Altgras, Stroh, hohle Halme
				hhk	Kot
				hhb	Kompost, Strohballen
				hhd	Gänge, Erdlöcher, Erdhaufen
				hhq	Quellaustritte
				hhf	Wasserflächen (Tümpel, Fahrspur)
				hhv	Schlenken, Bulten, Laggs
				hhh	Hochmoor (Schwingrasen)
				hhl	Anrisse, Böschungen
				hhw	Abbruchkanten, Lößwände
				hhu	Überhänge, Klippen
				hhc	Felswände (Steinbruch, Fels)
				hhs	Lesesteinhaufen, Stützmauern
				hho	Höhlen, Stollen
				hhg	Gebäude, innen, allgemein
				hhi	Mauern, Türme, Kirchen, Ruinen

Tab. B-7: Wertbestimmende Kriterien und ihre Ausprägungsformen (Fortsetzung)

Kriterium		Unterkriterium		Ausprägung	
				hhj	Scheunen, Ställe, Schuppen
				hhy	Dachböden
				hhz	Gebäude (außen), Siedlungsraum
		hn	Nutzungsformen	hnd	Ackerbrache, Dreifelderwirtschaft
				hne	Extensive Wiesennutzung
				hnm	Streuwiesennutzung
				hnh	Huteweidenutzung (Offenland)
				hnw	Waldweidenutzung
				hns	Schneitelwirtschaft (Niederwald)
				hna	Abplacken (Heide)
		h1:	• Die Art repräsentiert eine den Biotoptyp charakterisierende und das Vorkommen der Art beeinflussende Struktur oder typische Ausstattung (typische Qualitäten, vgl. RIECKEN UND BLAB 1989). • Die Art zeigt einen deutlichen Vorkommensschwerpunkt in einer oder höchstens zwei, sich strukturell ähnelnden Biotoptypengruppen.		
		h2:	• Die Art repräsentiert eine das Vorkommen der Art stark beeinflussende, aber (in Verbindung mit einer wertgebenden Standorteigenschaft) selten auftretende typische Qualität oder • die Art repräsentiert eine nicht charakterisierende, aber für die Art generell vorkommensbestimmende und seltene Struktur oder Ausstattung (Mangelfaktoren, vgl. RIECKEN UND BLAB 1989). • Die Art zeigt einen deutlichen Vorkommensschwerpunkt in nur einem Teil der Biotoptypen einer Gruppe.		
		h3:	• Die Art repräsentiert eine das Vorkommen der Art stark beeinflussende, aber (in Verbindung mit einer wertgebenden Standorteigenschaft) sehr selten auftretende typische Qualität oder • die Art repräsentiert für die Art generell vorkommensbestimmende und sehr seltene Mangelfaktoren. • Die Art zeigt einen deutlichen Vorkommensschwerpunkt in einem oder wenigen, strukturell ähnlichen Biotoptypen.		
e	Einbindung	kom	obligatorischer, vom Hauptlebensraum funktional getrennter Teillebensraum (auch durch Angabe der maßgeblichen Standort- oder Struktureigenschaft)		
		sai	saisonal und räumlich getrennter Teillebensraum (Winterquartier, Laichplatz)		
		per	periodisch auftretender (Pionier-) Lebensraum sog. „r-Strategen"		
		met	Lebensraum standorttreuer, aber bodengebundener und auf Anschlußbiotope innerhalb eines unzerschnittenen Raumes angewiesener Arten (Meta-Population)		
		dis	Gesamtlebensraum von Arten „springender Dislokation"		
		stö	störungsfreier Lebensraum		
		e1:	• Die Art zeigt eine signifikante Bindung an einen außerhalb des Hauptlebensraums liegenden, in seiner standörtlichen oder nutzungsbedingten Ausbildung wertgebenden Teillebensraum (Komplexbewohner) oder • die Art (nur Fledermäuse) besiedelt räumlich entfernt liegende Winterquartiere (Baumhöhlen, Gebäude), vermag hierfür aber nur mittelgroße Entfernungen (bis ∅ 250 km) zu überbrücken (nach BLAB 1980) oder • die Art (nur Fledermäuse) besiedelt räumlich entfernt liegende, seltene Winterquartiere (Höhlen, Stollen), vermag hierfür aber große Entfernungen (> 250 km) zu überbrücken oder • die Art zeigt Bindung an eine periodisch auftretende, aber räumlich versetzt liegende, standörtlich oder nutzungsbedingt eher selten Ausbildung des Lebensraums (r-Stratege). • die Art ist aufgrund der Kleinflächigkeit ihres Lebensraums trotz geringer Flächenansprüche der Population an erreichbare Anschlußbiotope gebunden oder • die Art zeigt eine hohe Störanfälligkeit (stö).		

Tab. B-7: Wertbestimmende Kriterien und ihre Ausprägungsformen (Fortsetzung)

	Kriterium		
		e2:	• Die Art zeigt bei geringer Mobilität (Heuschrecken) eine signifikante Bindung an einen außerhalb des Hauptlebensraums liegenden, in seiner standörtlichen oder nutzungsbedingten Ausbildung wertgebenden Teillebensraum oder • die Art zeigt bei starker Bodengebundenheit eine vorkommensbestimmende Bindung an einen außerhalb des Hauptlebensraums liegenden, in seiner standörtlichen oder nutzungsbedingten Ausbildung wertgebenden Teillebensraum (Amphibien) oder • die Art (nur Fledermäuse) besiedelt räumlich entfernt liegende Winterquartiere (Baumhöhlen, Gebäude), vermag hierfür aber nur geringe Entfernungen (bis ∅ 20 km) zu überbrücken oder • die Art (nur Fledermäuse) besiedelt räumlich entfernt liegende, seltene Winterquartiere (Höhlen, Stollen), vermag hierfür aber mittelgroße Entfernungen (bis ∅ 250 km) zu überbrücken oder • die Art zeigt Bindung an eine periodisch auftretende, aber räumlich versetzt liegende, standörtlich oder nutzungsbedingt seltene Ausbildung des Lebensraums oder • die Art zeigt bei grundsätzlicher Standorttreue einen Hang zur „springenden Dislokation" oder ist aufgrund der Kleinflächigkeit ihres Lebensraums an erreichbare Anschlußbiotope gebunden (Meta-Population) • die Art zeigt eine sehr hohe Störanfälligkeit (stö).
		e3:	• Die Art zeigt bei geringer Mobilität eine vorkommensbestimmende Bindung an einen außerhalb des Hauptlebensraums liegenden, in seiner standörtlichen oder nutzungsbedingten Ausbildung wertgebenden Teillebensraum oder • die Art zeigt bei starker Bodengebundenheit eine vorkommensbestimmende Bindung an einen u.U. weit außerhalb des Hauptlebensraums liegenden, in seiner standörtlichen oder nutzungsbedingten Ausbildung wertgebenden Teillebensraum (Amphibien) oder • die Art (nur Fledermäuse) besiedelt räumlich entfernt liegende, seltene Winterquartiere (Höhlen, Stollen), vermag hierfür aber nur geringe Entfernungen (bis ∅ 20 km) zu überbrücken oder • die Art zeigt Bindung an eine periodisch auftretende, aber räumlich versetzt liegende, standörtlich oder nutzungsbedingt sehr seltene Ausbildung des Lebensraums oder • die Art zeigt bei grundsätzlicher Standorttreue einen Hang zur „springenden Dislokation" oder ist aufgrund der Kleinflächigkeit ihres Lebensraums an erreichbare Anschlußbiotope gebunden (Meta-Population) und ist als Offenlandbewohner deshalb an großräumig unzerschnittene Gebiete angewiesen • die Art zeigt eine besonders hohe Störanfälligkeit.

a	Ausdehnung		AA	AH	WH	Jr, Js	GH	GF	GT	GU	WE	GB, Y
		A0:	-	-	-	-	-	-	-	-	a1	a1
		A1:	-	-	-	-	-	-	a1	a1	a2	a2
		A2:	-	-	-	a1	a1	a1	a2	a2	a3	a3
		A3:	a1	a1	a1	a2	a2	a2	a3	a3	a4	a4
		A4:	a2	a2	a2	a3	a3	a3	a4	a4	a5	a5
		A5:	a3	a3	a3	a4	a4	a4	a5	a5	a6	a6

→ abnehmende Häufigkeit ± wertgebender Ausprägungen der jeweiligen Arealgrößen eines Landschaftstyps (i. S. von Biotopkomplex)

Tab. B-7: Wertbestimmende Kriterien und ihre Ausprägungsformen (Fortsetzung)

b	Indikatorwert	Stufe	Punkte	Indikatoreigenschaft der Art[15]
		b1	1-2	• Die Art indiziert charakteristische, nicht generell verbreitete und deshalb erhaltenswerte Eigenschaften des Lebensraums.
		b2	3-4	• Die Art indiziert besondere, nur in bestimmten Lebensräumen oder bestimmten Ausprägungen eines Lebensraums vorkommende und deshalb schutzwürdige Eigenschaften.
		b3	5-6	• Die Art indiziert eine Kombination besonderer, nur in bestimmten Lebensräumen oder bestimmten Ausprägungen eines Lebensraums vorkommender Eigenschaften (s3-h3) oder • die Art indiziert insbesondere hinsichtlich Ausdehnung und Einbindung sehr seltene Ausprägungen eines Lebensraums.
		b4	7-8	• Die Art indiziert eine Kombination besonderer, nur in bestimmten Lebensräumen oder bestimmten Ausprägungen eines Lebensraums vorkommender Eigenschaften in Verbindung mit hinsichtlich Ausdehnung und Einbindung sehr seltenen Ausprägungen eines Lebensraums oder • die Art ist bei besonderen Lebensraumansprüchen im Gebiet von Natur aus selten.
		b5	≥ 9	• Die Art indiziert eine Kombination besonderer, nur in bestimmten Lebensräumen oder bestimmten Ausprägungen eines Lebensraums vorkommender Eigenschaften in Verbindung mit hinsichtlich Ausdehnung und Einbindung ausgesprochen seltenen Ausprägungen eines Lebensraums oder • die Art ist bei besonderen Lebensraumansprüchen im Gebiet von Natur aus sehr selten.

Tab. B-8: Wertbestimmende Kriterien und ihre Ausprägungsformen, Artengruppe Pflanzen

s	Standort	Arten	s3	s2	s1				s1	s2	s3
		Bestand	s3		s2	s1		s1	s2	s3	
		F/ mF	< 3,5	< 4,0	< 4,5	< 5,0		> 6,5	> 7,0	> 7,5	> 8,0
		R/ mR			< 3,5	< 4,0		> 6,0	> 7,0	> 8,0	
		N/ mN	< 3,0	< 3,5	< 4,0	< 4,5					

b	Indikatorwert	Stufe	Punkte	Indikatoreigenschaft der Art bzw. des Vegetationsbestands
		b1	1	• Die Art/Gesellschaft zeigt in einem Kriterium ein vom Mittel abweichendes ökologisches Verhalten
		b2	2-3	• Die Art/Gesellschaft zeigt in mindestens zwei Kriterien ein vom Mittel abweichendes ökologisches Verhalten oder • die Art/Gesellschaft zeigt in einem Kriterium ein vom Mittel stark abweichendes ökologisches Verhalten
		b3	4-5	• Die Art/Gesellschaft zeigt in mehreren Kriterien ein vom Mittel abweichendes ökologisches Verhalten oder • die Art/Gesellschaft zeigt in zwei Kriterien ein vom Mittel stark abweichendes ökologisches Verhalten • die Art/Gesellschaft zeigt in einem Kriterium ein vom Mittel extrem abweichendes ökologisches Verhalten

Anmerkungen:

1) Angaben zu Standort und Struktur beziehen sich bei Komplexbewohnern auf den limitierenden Lebensraum, also in der Regel den Lebensraum, in dem auch das Bruthabitat liegt, nicht jedoch auf dieses allein. Die angegebenen Struktureigenschaften charakterisieren bei höheren Tieren die Makrostruktur. (Bsp.: hbs-hsw: Waldrand-Offenland-Bewohner [Bussard], hbs-hsd: Bewohner des strukturreichen Offenlands [Fuchs]).

   Die Indikatorwerte gelten für biotoptypische Vorkommen einer Art. Höhere Einstufungen (z.B. von h2 auf h3 bei der Feldlerche) aufgrund einer überdurchschnittlichen Individuendichte sind möglich, wenn die Abweichungen aus den Biotopeigenschaften hergeleitet werden können und offenbar von dauerhafter Natur sind. So führt eine Brutdichte der Feldlerche von rd. 1 BP / ha in einem kleinparzellierten Ackerbaugebiet zur Anhebung ihrer Indikatoreignung von h2 auf h3. Massenvorkommen von Arthropoden (z.B. Tagfaltern) sind häufig klimatischen Ursprungs und zeitlich begrenzt, weshalb keine Aufwertung erfolgt.

2) Angaben zur Einbindung beziehen sich in der Regel auf das Nahrungsbiotop, sofern dies vom Hauptlebensraum, in dem auch die Reproduktion erfolgt, abweicht. Ausnahmen bilden z.B. der Weißstorch, dessen Vorkommen vorrangig an die Struktur des Jagdbiotops und nicht die des Bruthabitats gebunden ist sowie wandernde Amphibien, deren Reproduktionsstätten i.d.R. deutlich kleiner als ihr Jahreslebensraum sind. Grundsätzlich sind nur Biotope oder Strukturen berücksichtigt, die zwar das Vorkommen einer Art maßgeblich bestimmen, aber nicht regelmäßiger Bestandteil des Hauptlebensraums sind, dessen obligate Strukturen in der Spalte „Struktur“ aufgeführt sind. Angaben zur Störempfindlichkeit unter Verwendung von HELLWIG & KRÜGER-HELLWIG (1993), PUTZER (1989) sowie PFLUGER & INGOLD (1988).

3) Angaben zur Ausdehnung beziehen sich grundsätzlich auf den übergeordneten Biotopbereich, bei Arten der Stillgewässer (Enten) also in der Regel auf eine Sumpf- oder Teichlandschaft (GFU). Der Einstufung liegt bei Vögeln das *Vorkommen* der Art zugrunde, bei immobilen Artengruppen (Amphibien, Reptilien, Arthropoden) die erforderliche Mindestgröße des Lebensraum einer Population „MPV“). Ausnahmen bilden Arten mit enger Bindung an Sonderstandorte („T“, vgl. Amphibien) oder Fließgewässer, bei denen die in Tab. 28 anhand der Lauflänge differenzierten Arealstufen der *Biotoptypengruppe* (Ff) gelten.

4) Zugrunde gelegt wird der heutige Vorkommensschwerpunkt der jeweiligen Art (Bsp.: Der Raubwürger ist am häufigsten in extensiv genutzten Wiesenlandschaften des Hügel- und Berglands (GH) zu finden, seine Arealstufe A5 wird mit a4 deshalb niedriger eingestuft als bei einem Schwerpunkt des Vorkommens in den kaum noch vorhandenen Hutelandschaften des Berglands (GBH, a6).

5) GB = GBH, Y; GT = GBT

6) Winterquartier

7) bx?: Einstufung geschätzt

8) ?: Einstufung aufgrund mangelnder Daten unklar

9) Laichhabitat; bei Arten mit geringer Wanderungsaktivität erfolgt die Einstufung in e1 - bei entsprechend höherer Bewertung des Jahreslebensraums

10) Die Arealstufe orientiert sich am aktuell häufigsten aquatischen Lebensraum der Art in aufgelassenen Abgrabungen (T) (ursprünglicher Lebensraum: dynamischer Flußauen). Aufgrund der üblicherweise isolierten Lage dieses Biotoptyps gilt bei Arten des Offenlands grundsätzlich e3, bei Waldarten e2.

11) aufgrund „springender Dislokation“ (BLAB 1986; zitiert in JEDICKE, 1992) zwischen geeigneten Biotopen sehr großer, aber nicht näher zu charakterisierender Gesamtlebensraum einer Population

12) Bei extrem seltenen Arten (Bsp. *E. ephippiger*) kann der maximal mögliche Wert (s3) überschritten werden.

13) Arten mit deutlichem Schwerpunkt in Sumpf*biotopen* werden in der Arealbewertung den Sumpflandschaften (GFU) zugeordnet, auch wenn sie als Arten der Fluß- und Bachniederungen gelten.

14) nur, wenn nicht durch andere Standorteigenschaften impliziert (sfx, skt)

15) Bei der Lebensraumbewertung auf Grundlage der Indikatoreigenschaften von (Pflanzen-) und Tierarten ist zu unterscheiden zwischen der Aussagekraft hinsichtlich standörtlicher Eigenschaften i.w.S. (Standort, Struktur) und Raumeigenschaften der übergeordneten Landschaft (Einbindung, Ausdehnung). Lebens-räume, deren Standort- und / oder Struktureigenschaften mit b3 bewertet werden, d.h. in zumindest einem Kriterium eine optimale Ausprägung erkennen lassen (s3 oder h3), besitzen hohe (b2) bzw. höchste (b3) Schutzwürdigkeit. Die Indikatorstufen b4 und b5 dienen allein der Bewertung des übergeordneten Biotop-bereichs (Bsp.: Das Vorkommen des Warzenbeißers (*Decticus verrucivorus*) (s3, h3: b3) ist für den betref-fenden Grünlandstandort nicht weniger bedeutsam einzustufen als das Vorkommen des Raubwürgers (s0, h3, e2, a6: b5), ist im Gegenteil sogar höher einzustufen, da sich die wertgebenden Eigenschaften des Vogels maßgeblich auf die Raumstruktur der Landschaft beziehen.

GIESSENER GEOGRAPHISCHE SCHRIFTEN

herausgegeben von
den Hochschullehrern des Instituts für Geographie
der Justus-Liebig-Universität Gießen

Heft 1:	PFEIFER, W., 1957: Die Paßlandschaft von Nigde. Ein Beitrag zur Siedlungs- und Wirtschaftsgeographie von Inneranatolien. 151 S., 5 Ktn., 4 Fig., 14 Tab.	vergriffen
Heft 2:	UHLIG, H., MANSHARD, W., GERSTENHAUER, A., 1962: Beiträge zur Geographie tropischer und subtropischer Entwicklungsländer. Indien - Westafrika - Mexiko. 96 S., 7 Ktn., 21 Fig., 24 Abb., 3 Tab.	vergriffen
Heft 3:	FAUTZ, B., 1963: Sozialstruktur und Bodennutzung in der Kulturlandschaft des Swat (Nordwesthimalaya). 119 S., 5 Ktn., 4 Fig., 12 Zeichn., 16 Abb.	DM 14,80 € 7,60
Heft 4:	MERTINS, G., 1964: Die Kulturlandschaft des westlichen Ruhrgebiets (Mühlheim - Oberhausen - Dinslaken). 235 S., 8 Ktn., 14 Fig., 23 Abb., 10 Tab.	DM 25,00 € 12,80
Heft 5:	HERRMANN, R., 1965: Vergleichende Hydrogeographie des Taunus und seiner südlichen und südöstlichen Randgebiete. 152 S., 10 Ktn., 12 Fig., 19 Tab.	vergriffen
Heft 6:	Festkolloquium, 1965: 100 Jahre Geographie in Gießen (mit Beiträgen von UHLIG, H., MANSHARD, W., LAUTENSACH, W., PANZER, W. u. KRÜGER, H.). 72 S., 2 Fig., 25 Abb.	vergriffen
Heft 7:	ROHDENBURG, H., 1965: Untersuchungen zur pleistozänen Formung am Beispiel der Westabdachung des Göttinger Waldes. 76 S., 2 Ktn., 23 Fig., 16 Abb., 1 Tab.	DM 18,00 € 9,20
Heft 8:	FREITAG, U., 1966: Verkehrskarten, Systematik und Methodik der kartographischen Darstellung des Verkehrs mit Beispielen zur Verkehrsgeographie des mittleren Hessens. 112 S., 26 Ktn., 2 Tab.	vergriffen
Heft 9:	RÖLL, W., 1966: Die kulturlandschaftliche Entwicklung des Fuldaer Landes seit der Frühneuzeit. 199 S., 26 Ktn., 20 Fig., 17 Abb., 68 Tab.	vergriffen
Heft 10:	ENGELHARDT, K., 1967: Die Entwicklung der Kulturlandschaft des nördlichen Waldeck seit dem späten Mittelalter. 269 S., 27 Ktn., 6 Fig., 22 Abb., 40 Tab.	vergriffen
Heft 11:	Nicht erschienen, vom Programm abgesetzt.	
Heft 12:	HOTTES, K., 1967: Die Naturwerkstein-Industrie und ihre standortprägenden Auswirkungen. Eine vergleichende industriegeographische Untersuchung, dargestellt an ausgewählten europäischen Beispielen. 270 S., 15 Ktn., 1 Fig., 8 Abb., 41 Tab. sowie Beiheft: Die Betriebe der Standortgemeinschaft Aquaniens. 24 S.	DM 45,00 € 23,00
Heft 13:	KÜCHLER, J., 1968: Penang - Kulturlandschaftswandel und ethnisch-soziale Struktur einer Insel Malaysias. IX und 165 S., 24 Ktn., 31 Fig. u. Tab., 27 Abb.	DM 12,00 € 6,10
Heft 14:	MOEWES, W., 1968: Sozial- und wirtschaftsgeographische Untersuchung der nördlichen Vogelsbergabdachung - Methode zur Erfassung eines Schwächeraumes. 232 S., 36 Abb., 14 Tab.	vergriffen

Heft 15:	SEIFERT, V., 1968: Sozial- und wirtschaftsgeographische Struktur- und Funktionsuntersuchung im Landkreis Gießen unter besonderer Berücksichtigung regional-planerischer Gesichtspunkte. 208 S., 29 Ktn., 45 Tab.	vergriffen
Heft 16:	SIMMS, A., 1969: Assynt - die Kulturlandschaft eines keltischen Reliktgebietes im nordwestschottischen Hochland. III u. 111 S., 8 Bilder, 15 Ktn., 8 Abb.	vergriffen
Heft 17:	MERTINS, G., 1969: Die Bananenzone von Santa Marta, Nordkolumbien. Probleme ihrer Wirtschaftsstruktur und Möglichkeiten der Agrarplanung. 66 S., 9 Abb., 2 Ktn.	vergriffen
Heft 18:	JAHN, G., 1969: Die Beydaglari. Studien zur Höhengliederung einer südwestanatolischen Gebirgslandschaft. 163 S., 10 Ktn., 10 Fig., 12 Tab.	vergriffen
Heft 19:	MÄCKEL, R., 1969: Untersuchungen zur jungquartären Flußgeschichte der Lahn in der Gießener Talweitung. 36 S., 18 Abb., 9 Profile.	vergriffen
Heft 20:	Beiträge zur Geomorphologie der wechselfeuchten Tropen: FÖLSTER, H., 1969: Slope Development in SW-Nigeria During Late Pleistocene and Holocene. 54 p., 6 maps, 15 figures, 9 photos. ROHDENBURG, H., 1969: Hangpedimentation und Klimawechsel als wichtigste Faktoren der Flächen- und Stufenbildung in den wechselfeuchten Tropen an Beispielen aus Westafrika, besonders aus dem Schichtstufenland Südost-Nigerias. 96 S., 8 Textfig. u. Ktn., 54 Photos, 18 Luftbildserien.	vergriffen
Heft 21:	BARTELS, G., 1970: Geomorphologische Höhenstufen der Sierra Nevada de Santa Marta (Kolumbien). 56 S., 6 Ktn., 3 Textfig., 35 Photos.	DM 12,00 € 6,10
Heft 22:	WENZEL, H.-J., 1970: Strukturzonen und Funktionsbereiche im Iserlohner Raum (Märkisches Sauerland) in Gliederung, Aufbau und Dynamik und in ihrer Bedeutung für die Planung. 116 S., 39 Abb., 9 Tab.	DM 18,00 € 9,20
Heft 23:	(Sonderheft I): HERRMANN, R., 1970: Zur regionalhydrologischen Analyse und Gliederung der nordwestlichen Sierra Nevada de Santa Marta (Kolumbien). 88 S., 46 Textfig., 8 Ktn.	DM 22,00 € 11,30
Heft 24:	HERBERICH, E., 1971: Untersuchungen über die zeitliche und räumliche Immissionsverteilung im Stadtgebiet München. 80 S., 47 Abb., 19 Tab.	vergriffen
Heft 25:	JÄGER, F., 1972: Entwicklung und Wandlung der Oberharzer Bergstädte - Ein siedlungsgeographischer Vergleich. 177 S., 52 Abb., 17 Tab., 17 Photos, 68 Anlagen.	vergriffen
Heft 26:	LEIB, J., 1972: Die Nahbereichsgemeinde. Methoden zur Struktur- und Funktionsuntersuchung von Gemeinden in der verstädterten Zone der Mittelstadt und Beispiele aus Krofdorf-Gleiberg und Vetzberg. 234 S., 25 Abb., 130 Tab.	DM 20,00 € 10,20
Heft 27:	STREIT, U., 1973: Ein mathematisches Modell zur Simulation von Abflußganglinien (am Beispiel von Flüssen des Rechtsrheinischen Schiefergebirges). 97 S., 14 Abb., 10 Tab., 1 Karte.	vergriffen
Heft 28:	SCHLIEPHAKE, K., 1973: Geographische Erfassung des Verkehrs - Ein Überblick über die Betrachtungsweise des Verkehrs in der Geographie mit praktischen Beispielen aus dem mittleren Hessen. 112 S., 13 Ktn.	vergriffen

Heft 29:	STREMPLAT, A., 1973: Die Flächenbilanz als neues Hilfsmittel für die Regionalplanung - dargestellt am Beispiel von Oberhessen. 61 S., 8 Ktn., 19 Abb.	vergriffen
Heft 30:	MEYER, R., 1973: Der Knüll als Entwicklungsgebiet. Materialien und Überlegungen zum Problem der Landesentwicklung in peripheren Mittelgebirgsräumen. 96 S., 13 Ktn., 4 Abb., 22 Tab.	vergriffen
Heft 31:	(Sonderheft II): SCHÄTZL, L., 1973: Räumliche Industrialisierungsprozesse in Nigeria - Industriegeographische Untersuchung eines Entwicklungslandes. 221 S., 25 Abb., 75 Tab.	vergriffen
Heft 32:	GIESE, E. (Hrsg.), 1975: Symposium „Quantitative Geographie" Gießen 1974. Möglichkeiten und Grenzen der Anwendung mathematisch-statistischer Methoden in der Geographie. 209 S.	DM 20,00 € 10,20
Heft 33:	NIPPER, J., 1975: Mobilität der Bevölkerung im engeren Informationsfeld einer Solitärstadt. Eine mathematisch-statistische Analyse distanzieller Abhängigkeiten, dargestellt am Beispiel des Migrationsfeldes der Stadt Münster. IX u. 101 S., 30 Abb., 4 Diag., 32 Tab.	vergriffen
Heft 34:	GÜSSEFELD, J., 1975: Zu einer operationalisierten Theorie des räumlichen Versorgungsverhaltens von Konsumenten. (Empirisch überprüft in den Mittelbereichen Varel und Westerstede und den Bereichsausschnitten Leer und Oldenburg). 149 S., 60 Abb., 22 Tab., 3 Ktn.	DM 20,00 € 10,20
Heft 35:	UHLIG, H., u. LIENAU, C. (Hrsg.), 1975: 1. Deutsch-Englisches Symposium zur Angewandten Geographie Gießen - Würzburg - München 1973. 1. German-English Symposium on Applied Geography Gießen - Würzburg - München 1973. 254 S.	vergriffen
Heft 36:	(Sonderheft III): MÄCKEL, R., 1975: Untersuchungen zur Reliefentwicklung des Sambesi-Eskarpmentlandes und des Zentralplateaus von Sambia. 162 S., 31 Abb., 4 Tab., 56 Photos.	vergriffen
Heft 37:	LIENAU, C., 1976: Bevölkerungsabwanderung, demographische Struktur und Landwirtschaftsform im West-Peloponnes. Räumliche Ordnung, Entwicklung und Zusammenhänge von Wirtschaft und Bevölkerung in einem mediterranen Abwanderungsgebiet. 120 S., 15 Abb., 11 Farbkarten, 18 Tab., Neugriechische Zusammenfassung.	vergriffen
Heft 38:	DESSELBERGER, H., 1975: Schule und Ujamaa - Untersuchungen zur Wirtschaftsentwicklung und zum Ausbau der Primarschulen in der Tanga Region/Tansania. 135 S., 13 Ktn., 10 Diag., 19 Tab.	vergriffen
Heft 39:	LEIB, J., 1976: Justus-Liebig-Universität, Fachhochschule und Stadt. Probleme des Zusammenhanges zwischen Hochschul- und Stadtentwicklung aufgezeigt am Beispiel der Universitätsstadt Gießen.	vergriffen
Heft 40:	RIEGER, W., 1976: Vegetationskundliche Untersuchungen auf der Guajira-Halbinsel (Nordost-Kolumbien) - Natürliche Halbwüsten-, Trockenbusch-, Dornbaum-, Kakteendornbusch- und Halophyten-Gesellschaften des Untersuchungsgebietes in pflanzensoziologischer, ökologisch-standortskundlicher und dynamischer Sicht. 142 S., 19 Abb., 21 Tab., 16 Photos.	vergriffen

Heft 41:	SCHOLZ, U., 1977: Minangkabau - Die Agrarstruktur in West-Sumatra und Möglichkeiten ihrer Entwicklung. 213 S., 32 Ktn., 23 Tab., 3 Abb., 46 Photos.	vergriffen
Heft 42:	CORVINUS, F., 1978: Regionale Analyse von Volkszählungen in Südnigeria. 132 S., 31 Abb., 33 Tab., 2 Diagr.	DM 23,00 € 11,80
Heft 43:	BOCKENHEIMER, Ph., 1978: Struktur und Entwicklung ausgewählter Kibbuzim in Israel. 272 S., 33 Ktn., 26 Abb., 125 Tab., 18 Photos.	vergriffen
Heft 44:	WITTENBERG, W., 1978: Neuerrichtete Industriebetriebe in der Bundesrepublik Deutschland 1955 - 1971. 181 S., 23 Ktn., 69 Tab., 15 Abb.	DM 25,00 € 12,80
Heft 45:	KOHL, M., 1978: Die Dynamik der Kulturlandschaft im oberen Lahn-Dillkreis. Wandlungen von Haubergswirtschaft und Ackerbau zu neuen Formen der Landnutzung in der modernen Regionalentwicklung. 181 S., 55 Fig. (einschl. 4 Farbkarten), 55 Tab.	vergriffen
Heft 46:	STREIT, U., 1979: Raumvariante Erweiterung von Zeitreihenmodellen: Ein Konzept zur Synthetisierung monatlicher Abflußdaten von Fließgewässern unter Berücksichtigung von Erfordernissen der wasserwirtschaftlichen Planung. 105 S., 10 Ktn./Abb., 15 Tab.	vergriffen
Heft 47:	MEURER, M., 1980: Die Vegetation des Grödner Tales/Südtirol. IX u. 287 S., 78 Abb., 58 Tab., 30 Photos, 1 Karte als Beilage.	DM 40,00 € 20,50
Heft 48:	RÖLL, W., SCHOLZ, U., UHLIG, H. (Hrsg.), 1980: Symposium „Wandel bäuerlicher Lebensformen in Südostasien". 168 S.	DM 25,00 € 12,80
Heft 49:	MÜLLER, U., 1981: Thimi - Social and Economic Studies on a Newar Settlement in the Kathmandu Valley. IV u. 99 S., 11 Fig., 12 Tab., 18 Photos.	DM 25,00 € 12,80
Heft 50:	JANISCH, P., 1982: Weilburg/Lahn. Funktionswandel einer ehemaligen Residenzstadt seit dem 18. Jahrhundert. VI u. 157 S., 37 Ktn., 32 Abb., 10 Tab.	DM 27,50 € 14,10
Heft 51:	SCHIEBER, M., 1983: Bodenerosion in Südafrika - Vergleichende Untersuchungen zur Erodierbarkeit subtropischer Böden und zur Erosivität der Niederschläge im Sommerregengebiet Südafrikas. X u. 143 S., 67 Abb., 49 Tab.	DM 25,00 € 12,80
Heft 52:	KRAFT, B., 1983: Die Folgenutzungsauswahl und zielorientierte Rekultivierung von Baggerseen dargestellt am Beispiel des Abgrabungsgebietes Lippstadt-Ost. X u. 175 S., 67 Abb., 21 Tab., 15 Photos, 2 Pläne als Beilage.	DM 28,00 € 14,30
Heft 53:	(Sonderheft IV): NIPPER, J., 1983: Räumliche Autoregressivstrukturen in raum-zeitvarianten sozio-ökonomischen Prozessen. VIII u. 101 S., 43 Abb., 11 Tab.	DM 37,00 € 18,90
Heft 54:	WEISE, O., CHRISTIANSEN, T., DICKHOF, A., HAHN, A., LOOSER, U., SCHORLEMER, D., 1984: Die Bodenerosion im Gebiet der Dhauladhar Kette am Südrand des Himalaya/Indien. IV u. 74 S., 21 Abb., 3 Ktn., 4 Tab., 8 Photos.	DM 18,00 € 9,20
Heft 55:	HEYBROCK, G., 1984: Der Tayrona-Trockenwald Nord-Kolumbiens. Eine Ökosystemstudie unter besonderer Berücksichtigung von Biomasse und Blattflächenindex (LAI). VIII u. 104 S., 19 Abb., 20 Tab., 2 Photos.	DM 20,00 € 10,20
Heft 56:	MÜLLER, U., 1984: Die ländlichen Newar-Siedlungen im Kathmandu-Tal. Eine vergleichende Untersuchung sozialer und ökonomischer Organisationsformen der Newar. VIII u. 181 S., 24 Abb., 43 Tab., 17 Photos.	DM 29,00 € 14,80

Heft 57:	RÜHL, R., 1984: Biologischer Erosionsschutz unter besonderer Berücksichtigung von Nebeneffekten. 103 S., 29 Abb., 4 Tab., 27 Photos.	vergriffen
Heft 58:	UHLIG, H. (Ed.), 1984: Spontaneous and Planned Settlement in Southeast Asia. Forest Clearing and Recent Pioneer Colonization in the ASEAN Countries and two Case-Studies on Thailand. Giessener Geographische Schriften und Asien-Institut Hamburg (sale and distribution). 332 S., 7 Abb., 30 Ktn., 51 Photos.	vergriffen
Heft 59:	HEIN, G., 1985: Die Fleuthkuhlen am Niederrhein - Untersuchung und Bewertung von Feuchtgebieten im Rahmen der Naturschutzplanung. VI u. 121 S., 14 Abb., 25 Tab., 17 Ktn., 11 Photos.	DM 22,00 € 11,30
Heft 60:	KLÜTER, H., 1986: Raum als Element sozialer Kommunikation. V u. 190 S., 19 Abb., 17 Tab., 13 Ktn.	DM 23,00 € 11,80
Heft 61:	REYNDERS, H., 1987: Zwergstrauchheiden am Unteren Niederrhein. Maßnahmen zur Erhaltung und zum Schutz des Arteninventars auf der Grundlage kulturhistorischer, bodenkundlicher und vegetationskundlicher Untersuchungen. IV u. 170 S., 34 Abb., 40 Tab.	DM 22,00 € 11,30
Heft 62:	GIESE, E. (Hrsg.), 1987: Aktuelle Beiträge zur Hochschulforschung. IV u. 164 S., 41 Abb., 6 Farbkarten, 41 Tab.	DM 27,00 € 13,80
Heft 63:	(Sonderheft V): SCHOLZ, U., 1988: Agrargeographie von Sumatra. Eine Analyse der räumlichen Differenzierung der landwirtschaftlichen Produktion. VI u. 251 S., 29 Abb., 16 Ktn., 22 Tab., 40 Photos.	DM 44,70 € 22,90
Heft 64:	KOTTKAMP, R., 1988: Systemzusammenhänge regionaler Energieleitbilder. Raumordnung als Koordinierungs- und Entwicklungsaufgabe ökonomischer, ökologischer, technischer und rechtlicher Anforderungskomponenten der Energiebereitstellung im Verbrauchssektor Haushalte und Kleinverbraucher. V u. 150 S., 33 Abb., 10 Schemata, 18 Tab.	DM 19,00 € 9,70
Heft 65:	SCHORLEMER, D., 1990: Die Al Mahwit Provinz/Jemen. Das natürliche Entwicklungspotential einer randtropischen Gebirgsregion. VII u. 150 S., 56 Abb., 36 Tab., 15 Photos, 5 Farbkarten.	DM 29,00 € 14,80
Heft 66:	SCHMITT, T., 1989: Xerothermvegetation an der Unteren Mosel. Schutzwürdigkeit und Naturschutzplanung von Trockenbiotopen auf landschaftsökologischer Grundlage. VIII u. 183 S., 26 Abb., 35 Tab., 13 Photos, 2 Farbkarten als Beilage.	DM 25,00 € 12,80
Heft 67:	TURBA-JURCZYK, B., 1990: Geosystemforschung. Eine disziplingeschichtliche Studie zur Mensch-Umwelt-Forschung in der Geographie. V u. 126 S., 10 Abb. ISBN 3-928209-00-0	DM 15,00 € 7,70
Heft 68:	SEIFERT, C., 1990: Meteorologische Analyse der Wind- und Strahlungsverhältnisse in deutschen Mittelgebirgen. Ermittlung der Energiepotentiale kleiner Windenergieanlagen und photovoltaischer Systeme. X u. 188 S., 67 Abb., 45 Tab. ISBN 3-928209-01-9	vergriffen
Heft 69:	SCHMITT, E., 1991: Biotopverbundmodell Oberer Mittelrhein. Möglichkeiten und Grenzen der Vernetzung xerothermer Biotope. VIII u. 201 S., 18 Abb., 30 Tab., 11 Fotos, 9 Farbkarten. ISBN 3-928209-02-7	DM 27,00 € 13,80

Heft 70:	HEINRICH, H.-A., 1991: Politische Affinität zwischen geographischer Forschung und dem Faschismus im Spiegel der Fachzeitschriften. Ein Beitrag zur Geschichte der Geographie in Deutschland von 1920 bis 1945. XVIII u. 420 S., 69 Abb., 63 Tab. ISBN 3-928209-03-5	DM 35,00 € 17,90
Heft 71:	POHLE, P., 1993: Manāṅ: Mensch und Umwelt in Nepāl-Himālaya. Untersuchungen zur biologischen und kulturellen Anpassung von Hochgebirgsbewohnern. ISBN 3-928209-04-3	DM 39,50 € 20,20
Heft 72:	HÄRTLING, J.W., 1993: Kommunale Entsorgung in der kanadischen Arktis. Umweltaspekte von Wasserversorgung, Abwasserentsorgung und Abfallwirtschaft in der Baffin-Region, Nordwest-Territorien, Kanada. IX u. 153 S., 24 Abb., 41 Tab., 4 Photos. ISBN 3-928209-05-1	vergriffen
Heft 73:	SCHMIDT, P., 1994: Naturschutz in der Wetterau. Rahmenplanung für einen integrierten Naturschutz auf der Grundlage flächendeckender Analyse und Bewertung des Naturraumes. VII u. 268 S., 20 Tab., 6 Photos, 4 Farbkarten. ISBN 3-928209-06-X	DM 30,00 € 15,30
Heft 74:	WOLLESEN, D., 1997: Landschaftsökologische Vergleichsstudie zur Nordeuropäischen Tundra (NW-Spitzbergen/N-Schweden). Systemanalyse und regionale landschaftsökologische Gebietskennzeichnung. VIII u. 257 S., 75 Abb., 42 Tab., 4 Photos, 8 SW-Karten, 2 Farbkarten als Beilage. ISBN 3-928209-07-8	DM 30,00 € 15,30
Heft 75:	CHRISTIANSEN, T., 1998: Geographical Information Systems for Regional Rural Development Projects in Developing Countries. Potential and limitations of an innovative technology for the planning and management of a special type of technical cooperation project. XI u. 239 S., 27 Abb. (davon 7 Farbkarten), 19 Tab., 22 S. Anhang. ISBN 3-928209-08-06	DM 35,00 € 17,90
Heft 76/1:	POHLE, P., 2000: Historisch-geographische Untersuchungen im Tibetischen Himalaya. Felsbilder und Wüstungen als Quelle zur Besiedlungs- und Kulturgeschichte von Mustang (Nepal). Textband. ISBN 3-928209-09-4	DM 35,00 € 17,90
Heft 76/2:	POHLE, P., 2000: Historisch-geographische Untersuchungen im Tibetischen Himalaya. Felsbilder und Wüstungen als Quelle zur Besiedlungs- und Kulturgeschichte von Mustang (Nepal). Abbildungsband. VII u. 58 S., 56 Abb., 4 Farbtafeln, 28 Tafeln. ISBN 3-928209-09-4	DM 15,00 € 7,70
Heft 77:	POHLE, P. & HAFFNER, W., 2001: Kāgbeni - Contributions to the Village's History and Geography. ISBN 3-928209-10-8	DM 35,00 € 17,90
Heft 78:	WEISE, J., 2001: Kommunale Landschaftsplanung im Kalkflugsandgebiet Mainz-Ingelheim - Ein Beitrag zur Theorie des Biotopverbundes. ISBN 3-928209-11-6	DM 35,00 € 17,90
Heft 79:	KARL, J., 2001: Landschaftsbewertung in der Planung. Verfahren zur flächenbezogenen Analyse und Bewertung des Naturhaushalts und zur Prognose der Wirkung von Eingriffsplanungen und Kompensationsmaßnahmen am Beispiel der kommunalen Bauleitplanung Hessen. VI u. 241 S., 94 Tab., 26 S. Anhang. ISBN 3-928209-12-4	DM 35,00 € 17,90